生物產業技術概論

吳文騰 主編

國立清華大學出版社
中華民國九十八年三月

作者簡介　（按姓氏筆劃排序）

朱一民 先生　國立清華大學化學工程系教授

宋信文 先生　國立清華大學化學工程學系教授

李文乾 先生　國立中正大學化學工程系教授

吳文騰 先生　國立清華大學化學工程系教授

吳夙欽 先生　國立清華大學生命科學系教授

吳建一 先生　大葉大學生物產業科技學系助理教授

林景寬 先生　嘉年生化產品有限公司總經理

徐祖安 先生　國立清華大學化學工程系助理教授
　　　　　　國家衛生研究院生物技術與藥物研究組副研究員

高穗生 先生　農業藥物毒物試驗所生物藥劑組研究員兼組長

胡育誠 先生　國立清華大學化學工程學系助理教授

陳國誠 先生　國立清華大學化學工程系教授
　　　　　　原子能委員會副主委

陳松青 先生　國立清華大學化學工程學系博士生

陳志威 先生　偉科生物技術股份有限公司副總經理

曾耀銘 先生　朝陽科技大學副校長、生物技術研究所教授

廖啓成 先生　財團法人食品工業發展研究所副所長

序

PREFACE

爲配合生物產業之發展，清華大學於 1998 年開始設立生物技術產業學程。在此學程中，有一必修課是由化工系開的生物產業技術概論。此課程由清大化工系與生命科學系的教授及邀請校外的專家共同主講。生物產業技術概論的課在清華大學化工系開設五年來，雖然每年上課內容均有一些變動，但我們還是覺得將主要的內容編成一本書，以方便教學。本書就是以這門課的講義爲主幹所編著而成。

生物產業技術相當廣泛，本書分成兩大部分，一是應用領域，另一是專門技術。在應用領域方面，可以簡單用“**HAS FEE**”表示，以方便記憶，其中 **H** 代表醫療（Health Care）；**A** 代表農業（Agriculture）；**S** 代表特用化學品（Specialty Chemicals）；**F** 代表食品（Food）；兩個 **E** 分別代表環境（Environment）及能源（Energy）。

在應用領域中之醫療方面，由清華大學化工系胡育誠教授撰寫「生技醫藥」、宋信文教授及陳松青先生撰寫「生醫材料簡介」。農業方面，由朝陽科技大學曾耀銘教授及藥毒所高穗生博士撰寫「微生物農藥」。特用化學品方面，由嘉年生技公司林景寬總經理撰寫「生技特用化學品」。食品方面，由食品工業發展研究所副所長廖啓成博士撰寫「食品生技」。環境方面，由清大化工系陳國誠教授及大葉大學生物產業科技系吳建一博士撰寫「生物技術在環境保育之應用」。能源方面，由清大化工系吳文騰教授及偉科生技公司副總經理陳志威博士撰寫「生質能源」。

在專門技術方面，由陳國誠教授撰寫「酵素技術」；吳文騰教授撰寫「醱酵技術」；清華大學生命科學系吳夙欽教授撰寫「動物細胞培養」，國家衛生研究院徐祖安博士撰寫「基因重組蛋白表達」；中正大學化工系李文乾教授簡介「功能基因體學」；清華大學化工系朱一民教授撰寫「生化分離程序」。

本書是由多位學者專家有系統整合的集體著作，內容寬廣，值得作爲生技產業簡介的教材或從事生技產業人士的參考書。本書之完成要感謝清大化工系之研究助理鄭海鵬先生，他在編排上花了很多的心力。

吳文騰

於清華大學化工系
2003 年 9 月 10 日

目錄

CONTENTS

第一章

生技醫藥

BIOMEDICAL DRUGS

胡育誠

1-1 緒言

過去在眾多的藥物來源中，大致可分成化學合成、生化方法（如以微生物醱酵生產抗生素）及自動植物當中萃取之天然醫藥品。後二種往往受限於來源或萃取方法而無法擴大產量。自從 1973 年基因重組技術（recombinant DNA technology）出現後，分子生物學的進展便突飛猛進，並且衍生出目前生物技術各領域當中最重要的產業：生技醫藥。譬如過去欲得 5 毫克的生長激素抑制因子(somatostatin)須從 50 萬頭羊的腦中萃取，但基因重組技術的出現可讓我們將此因子的基因置入微生物細胞後，只需 9 公升的醱酵液即可得到相同產量。如此一來，過去難以取得的藥物便不再一藥難求，而生產成本也可大幅降低。基因重組技術的衍生，也讓我們可以改變基因特性，而製造出非天然，但效果更佳的藥物出來。

由於基因工程技術的出現，Genentech 這家公司在 1978 年便已製造出第一個基因重組藥物：胰島素，並於 1982 年獲准上市。胰島素的成功上市，刺激了生技製藥業的蓬勃發展，並吸引了大量人力與資源的投入，至西元 2000 年，至少已有 60 種以上的生技藥物上市，並預估在 2004 年達到 158 億美元的銷售額，也因此生技醫藥構成了目前生物技術當中最重要的一塊領域。目前生物技術在醫藥衛生領域的主要產品包括疫苗、治療型藥物、疾病診斷用的抗體與基因探針。另外尚有許多開發中的新技術，例如轉殖基因動植物、基因治療、癌症及治療用疫苗等[1]。

1-2 基因工程

1953 年華生（James Watson）與克里克（Francis Crick）共同解開 DNA（去氧核糖核酸）雙螺旋結構後，1960 年訊息 RNA（messenger RNA）被發現，1961 年奈倫堡（Marshall Nirenberg）等人則破解了遺傳密碼，了解何種 RNA 可製造出何種胺基酸及蛋白質，因此建立了分子生物學的中心教條：

$$\text{DNA} \xrightarrow{\text{轉錄}} \text{RNA} \xrightarrow{\text{轉譯}} \text{蛋白質}$$

簡單而言，DNA 藉由 ATGC 的字母排列方式而有不同的組合，正如電腦以 0 與 1 的排列儲存資訊。DNA 上的某一段句子（即基因）會根據其攜帶的密碼（每三個字母代表一個胺基酸），藉由細胞內的轉錄（transcription）過程製造出 RNA，而 RNA 則經轉譯（translation）過程合成出胺基酸長鏈。這些胺基酸長鏈會再經由摺疊（folding）及其他轉譯後處理（post-translational modification）而形成有適當三維結構且具有活性的蛋白質，此過程被稱爲基因表現（gene expression），是天然細胞中隨時在進行的過程，並且受基因上游的啓動子（promoter）及許多其他因素控制，以決定基因的開啓或關閉。蛋白質是細胞內主要執行各種生物功能的分子，不同的蛋白質可扮演不同的角色，例如血紅素可攜帶氧氣，各種酵素負責催化無數生化反應， 膠原蛋白則是構成人體最豐富的結構蛋白質等等（表 1.1），因此它是掌控細胞與生物生理的主要物質；它也控制了每個人的外表（如膚色、毛髮）、健康、甚至心理狀態。因爲 DNA 的序列決定了何種蛋白質可被表現，所以 DNA 被稱爲上帝所賦予的遺傳密碼。

1973 年柯恩（Stanley Cohen）與波耶（Herbert Boyer）等人根據前人的發現發明了重組 DNA 技術。此技術乃以限制內切酶（restriction endonuclease）切割目標 DNA 旁的特定 DNA 序列與另一 DNA 質粒（plasmid），並以黏接酶（ligase）將兩段 DNA 重組後，送入細菌內並大量表現此重組基因（圖 1.1）。

表 1.1 蛋白質之代表性功能

蛋白質功能	例 子
結構	膠原蛋白、黏連蛋白
催化	各種酵素（如聚合酶與澱粉酶）
輸送	血紅蛋白、離子通道（ion channel）
調控	胰島素、生長因子
保護	各種抗體

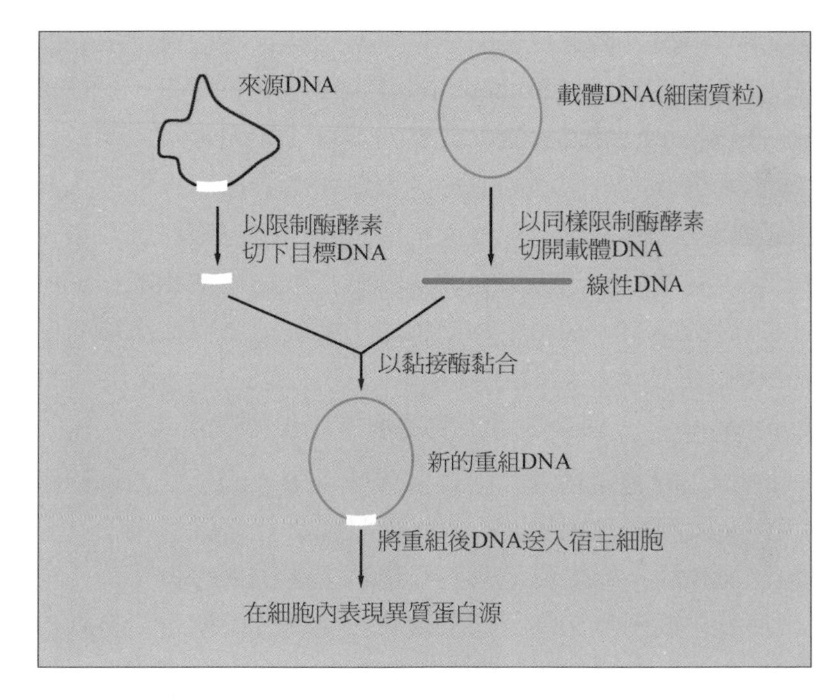

圖 1.1 重組 DNA 方法。目標 DNA 與載體 DNA（細菌質粒）均用同樣之限制酶酵素（剪刀）切割，再以黏接酶（膠水）將兩段 DNA 黏接起來而形成一重組 DNA。目標 DNA 需要與載體 DNA 結合以便在細胞內複製，同時避免被細胞分解掉。送入細胞之重組 DNA 可在宿主細胞內表現異源蛋白質。

利用剪刀（限制內切酶）與膠水（黏接酶），人們可以將特定基因（如人類胰島素基因）與異源基因（如細菌質粒）接合並送入大腸桿菌內，利用大腸桿菌爲宿主大量表現出胰島素，因此展開了基因工程的時代。之後，各種嶄新的生物技術相繼被發明，包括：單株抗體製造技術（1975）、DNA定序（1978）、轉殖基因動物（1981）、聚合酶連鎖反應（1983）等等，這些技術的出現，促成了生技醫藥的快速成長。

1-3 基因工程

1-3-1 蛋白質藥物（recombinant protein drug）

由於生物體內各種蛋白質控制了生理狀態，因此許多疾病與缺乏某些蛋白質有關。如胰島素不足會引起糖尿病；洗腎過程會造成紅血球死亡及貧血，紅血球生成素（erythropoietin）則可改善貧血症狀。過去蛋白質藥物主要來源爲從人（血液或尿液）或動物器官（如胰臟）中萃取。這種方法產率、產量都很低，來源不易取得，因此成本非常高；同時由於各種傳染病如愛滋病與狂牛病盛行，很難保證這些藥物不被病原體污染。因此自胰島素上市後，各種用於治療用途的基因重組蛋白質便相繼被開發上市。以基因工程生產的藥物，利用生物細胞爲工廠製造，可在實驗室中即作篩檢確保不受病原體污染，同時在轉殖蛋白質基因時，可利用強力的啓動子（strong promoter），使蛋白質表現量增強以提昇產量。

早期的宿主細胞常選用大腸桿菌或酵母菌，因爲此類細胞較易培養，容易利用生化反應器放大生產規模，產量較大且培養基較便宜。但大腸桿菌或酵母菌爲較簡單的生物，有些蛋白質生產出來會無法適當地摺疊成正確的三維形狀，或因無法進行適當轉譯後處理，而使蛋白質缺乏其應有功能。轉譯後處理包括胺基酸長鏈的切割（cleavage）、摺疊（folding）、醣基化（glycosylation）、磷酸化（phosphorylation）與雙硫鍵形成（disulfide bond formation）等等[2]。這些轉譯後處理會影響到胺基酸長鏈在細胞內是否正確形成應有的三維結構，並進一步影響到蛋白質的形狀、功能、穩定性及免疫性質等。一般人類的蛋白質均需較精密的修飾，因此以細菌生產出的蛋白質可能無法達到所要求的藥效。面對此狀況，可選用較高等的生物細胞如中國倉鼠卵巢、人類胚胎腎臟、非洲綠猴腎臟等哺乳動物細胞作為生產工具。這些細胞在演化上較先進，因此可用來表現需要較精密修飾的蛋白質分子[3]。相較之下，大腸桿菌如同初級加工廠，可用來生產較不需要精密修飾之蛋白質，成本也較低廉；而哺乳動物細胞便如同晶圓廠，可將單純的晶圓（胺基酸長鏈）經由一連串的製程製造出高價值的晶片（蛋白質）。但動物細胞較難培養，產量較低，所需細胞用培養基成本也較高昂，因此若細菌製出的蛋白質品質符合需求，仍當選用細菌作為宿主細胞。

另外，許多藥物進入人體後很快便被水解而失效。這些問題可藉由基因工程解決或改進，譬如可將基因上加入一些 DNA 片段、刪除某些序列，或置換掉某些序列，使表現出來的蛋白質能在人體內有較高穩定性並能"欺騙"免疫系統，使其不會對蛋白質攻擊。甚至我們可將一長段 DNA 切成碎片，再將其任意重組，並從中挑出可表現最佳蛋白質性質的部分，此種做法稱為 DNA 洗牌（DNA shuffling）[4]。另外也可藉由一些化學方法修飾以改善穩定性，如在蛋白質上接上聚乙二甘醇（PEG），所接上之 PEG 可有效增加蛋白質在體內的穩定性。最近已有此種接上 PEG 的干擾素（用於治療 C 型肝炎）被核准上市。

目前已核准上市的蛋白質藥物包括生長因子、凝血因子、介白素（interleukin）干擾素（interferon, IFN）及各種酵素（表 1.2）。這類基因重組藥物在過去十年平均成長率為 12%至 14%，且預估在 2004 年可達到 158 億美元的市場。其中最成功的當屬紅血球生成素，年銷售額可高達 30 億美元，也使其開發公司 Amgen 成為世界最大生技公司。另外，干擾素也是應用普遍的基因重組蛋白質。干擾素為由許多免疫細胞所分泌之細胞素，可分為 α 、 β 、 γ 三大類，最近又發現另兩種：IFN ω 與 IFN τ 。在人體中 IFN α 已被發現有 16 種，IFN β 與 IFN γ 則各只有一種[5]。由於干擾素可調控免疫功能，因此它具有抗病毒，抗發炎及抗腫瘤等多種用途，為目前應用普遍之一種生技藥物（表 1.2）。

表 1.2 代表性之基因重組蛋白質藥物

產品商標（蛋白質）	醫療應用	研發／製造公司	核准
Humulin（胰島素）	治療糖尿病	Genentech/Eli Lilly	1982
Roferon-A（IFN γ -2a）	治療髮型細胞白血病（hairy cell leukemia）及卡波西肉瘤（AIDS-relatedKaposi's sarcoma）	Genentech	1987
Activase（tPA）	治療急性心肌梗塞	Genentech	1987
Humatrope（rhGH）	治療兒童生長賀爾蒙不足	Eli Lilly	1987
Intron A（IFN α -2b）	治療髮型細胞白血病、卡波西肉瘤，非 A、B 型肝炎（non-A, non-B hepatitis）及生殖器疣（genital warts）	Biogen/Schering-Plough	1988
Epogen（EPO）	治療洗腎或其他療程所造成貧血（刺激紅血球生成）	Amgen	1989
Procrit（EPO）	治療洗腎所造成貧血（刺激紅血球生成）	Ortho Biotech	1989
Alferon（IFN α -n3）	生殖器疣	Interferon Sciences	1989
Actimmune（IFN γ -1b）	治療慢性肉芽腫病（granulomatosis）	Genentech	1990
Neupogen（G-CSF）	治療洗腎所造成貧血（刺激白血球生成）	Amgen	1991
Leukine（GM-CSF）	治療骨髓移植所造成貧血（刺激白血球生成）	Immunex	1991
Prokine（GM-CSF）	治療骨髓移植所造成貧血（刺激白血球生成）	Hoechst-Roussel	1991
Proleukin（IL-2）	治療腎細胞惡性腫瘤（renal cell carcinoma）	Immunex/Chiron	1992
Recombinate（clotting factor VIII）	治療 A 型血友病（hemophilia A）	Baxter HealthCare/Genetics Institute	1992

表 1.2 代表性之基因重組蛋白質藥物（續）

產品商標（蛋白質）	醫療應用	研發／製造 公司	核准
Bioclate（clotting factor VIII）	治療 A 型血友病	Centeon	1993
Pulmozyme（DNase I）	治療纖維性囊腫	Genentech	1993
Neutropin（GH）	治療兒童生長賀爾蒙不足	Genentech	1994
NovoSeven（clotting factor VIIa）	治療 A 型血友病	Novo-Nordisk	1995（EU）
Roferon A（IFN α-2a）	治療髮型細胞白血病	Hoffman La Roche	1995
Revatase（tPA）	治療急性心肌梗塞	Boehringer Manheim/Centocor	1996
Avonex（IFN β-1a）	治療多發性硬化症（multiple sclerosis）	Biogen	1996
Benefix（clotting factor IX）	治療 B 型血友病	Genetics Institute	1997
Wellferon（IFN α-n1）	治療 C 型肝炎	Wellcome Research Laboratories	1999

附註：

tPA（tissue plasminogen activator）：組織纖維蛋白溶酶原啟動蛋白

IFN（interferon）：干擾素

EPO（erythropoietin）：紅血球生成素

GH（growth hormone）：生長賀爾蒙

IL（interleukine）：介白素

G-CSF（Granulocyte colony-stimulating factor）：粒性細胞生長因子

GM-CSF（Granulocyte-macrophage colony-stimulating factor）：粒性細胞-巨噬細胞生長因子

Clotting factor：凝血因子

由於生技製藥的蓬勃發展與光明前景，美國已有各類生物技術公司達 1000 多家，其中 70%均從事醫藥產品的研發製造。當中較知名的生技公司包括 Genentech、MedImmune、Biogen、Chiron 及 Immunex 等。

1-3-2 抗體（antibody）

另一類重要的明星生技產品爲單株抗體（monoclonal antibody）。抗體爲免疫系統的 B 細胞所分泌出的蛋白質，它是由兩條重鏈（heavy chain）與兩條輕鏈（light chain）所組成的 Y 型分子（圖 1.2），在分子上有兩個區域胺基酸序列變化特別大，此變化決定了抗體會與何種抗原結合，也是實際與抗原結合的區域。當體內有外來的物質（會誘發免疫反應的抗原，immunogen）如細菌、病毒或其他巨分子入侵，B 細胞上的受體可與免疫原上的抗原決定部位（epitope）結合並刺激大量同類抗體的分泌，這些相同的抗體稱爲單株抗體。生物體內隨時有許多的免疫原，且每一免疫原也有不同抗原決定部位誘發不同抗體的產生，這些不同抗體的集合便是多株抗體（polyclonal antibody）。抗體上的抗原結合部位可與抗原產生特異性的結合，其結合便是由其胺基酸序列決定。結合之後抗體可將抗原中和掉產生沉澱，或誘發補體（complement）反應將抗原溶解，或引發其他免疫反應（如巨噬細胞）將抗原消滅。由於這些性質，抗體早已被用來作爲一種藥物，譬如解蛇毒的血清即是一種多株抗體。

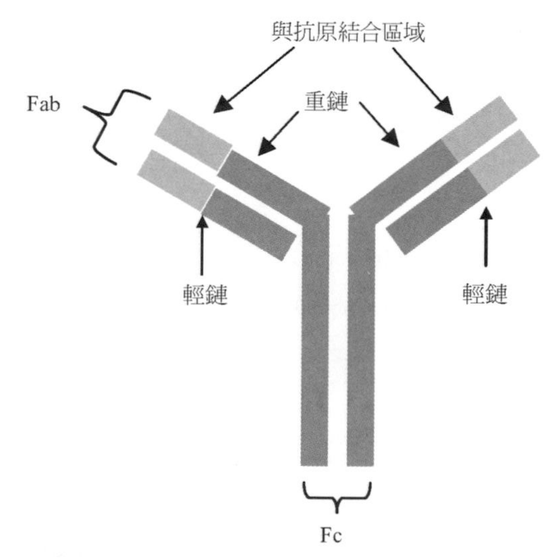

圖 1.2 抗體爲由兩條重鏈，兩條輕鏈組合而成的蛋白質

但多株抗體仍然含有許多不純物質，用於人體往往會引發無法預期的副作用，因此單株抗體的特異性（specificity）與純度便成為其最大的優點。單株抗體的製造乃源起於 1975 年柯樂（Georges Kohler）與邁爾斯坦（Cesar Milstein） 成功結合骨髓瘤細胞可無限生長與 B 細胞可分泌單株抗體的特性而製造出融合瘤細胞（hybridoma）。我們可藉由連續培養融合瘤細胞的方式，持續大量製造特定的單株抗體，單株抗體的特異性使它可與某些致病的分子結合而作為一種藥物。例如約 25%至 30%的原發性乳癌病人中有過度 HER2 表現的現象，這些病人會比腫瘤細胞無過度 HER2 表現的病人的存活時間短。1998 年核准的 Herceptin 即為一單株抗體，它可選擇性地與 HER2 結合而抑制此蛋白質的過度表現。臨床實驗顯示可延長病人壽命約九個月。

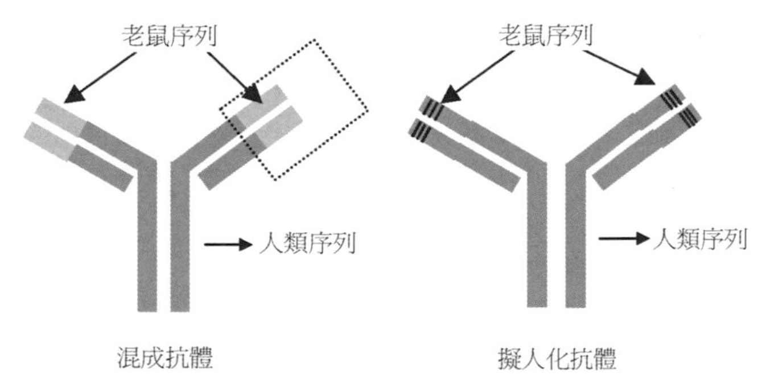

圖 1.3 擬人化抗體之改造。抗體原本均從老鼠身上得到，因此均帶老鼠序列；但我們可用基因工程改變老鼠所帶之抗體基因序列，使所帶基因與人類基因序列相同， 而形成混成抗體或擬人化抗體。

過去的融合瘤細胞均為老鼠細胞，因此分泌出的抗體其胺基酸序列仍有相當多部分為老鼠的序列，這些抗體進入人體仍會被人體免疫系統視為外來物質而加以摧毀，因而降低其治療效果。此問題可將部分老鼠序列置換掉而改成與人類序列相同，而製出混成式（chimeric）抗體解決，或者更進一步將大多數序列置換，只留下最重要的抗原結合部位（CDR）為老鼠序列，而製出擬人化抗體（圖 1.3）[2]。這些擬人化抗體多數序列與人類抗體序列相同，因此可減低免疫反應。例如一些風濕性關節炎是由於體內過多的腫瘤壞死因子（TNF）會與免疫細胞結合而誘發發炎反應，1998 年核准的 Enbrel 就是一種與 TNF 結合以抑制過強免疫反應的擬人化抗體。

另外，單株抗體的特異性也可讓它作爲魔術子彈（magic bullet）應用在醫學顯影上。例如，欲檢測某種癌症，便可製造出可與此種癌細胞產生特異性結合的抗體，並將此抗體的尾端接上同位素後將此抗體注射入體內。由於抗體的特異性，它可像巡弋飛彈般精準地與它的靶標（癌細胞）結合，之後可利用所帶同位素以 X 光顯影而精確地標定患部。由於眾多的優點，單株抗體爲目前生技醫藥領域最爲熱門的一種藥物，許多傳染性疾病（如愛滋病）、免疫疾病（如風濕性關節炎）或癌症（如攝護腺癌等）均有以單株抗體治療的例子，至少已有 300 種以上的單株抗體在臨床實驗階段，並已有多種抗體上市（表 1.3）[6]。

表 1.3　1996-2000 年核准之單株抗體藥物

產品商標名	醫療應用	研發/製造 公司	核准
Myoscint	心血管顯影	Centocor	1996
ProstaScint	癌症顯影	Cytogen	1996
Zenapax	預防急性器官排斥	Hoffman-LaRoche	1997
Rituxan	治療 B 細胞非哈其森淋巴瘤	IDEC Pharmaceutical/Genentech	1997
Enbrel	治療風濕性關節炎	Immunex	1998
Herceptin	治療轉移性乳癌	Genentech	1998
Remicade	治療 Crohn's disease	Centocor	1998
Synagis	預防呼吸道融合病毒（respiratory syncytial virus）	MedImmune	1998
Simulect	預防急性器官排斥	Novartis Pharmaceuticals	1998

1-3-3　代謝工程（metabolic engineering）

自 1928 年富蘭明（Alexander Fleming）偶然發現青黴菌（*Penicillium notatum*）內的青黴素（penicillin）可抑制許多細菌生長後，抗生素便被普遍應用作爲抗菌藥物，且應二次大戰需要，於 1943 年開始在美國量產。抗生素的需求，不僅刺激了生技製藥，也帶動了生化工程的發展，許多醱酵技術便是奠基於抗生素的生產。目前已有 6000 種以上抗生素被發現，臨床上常用約 100 種，每年產量超過 10 萬噸，產值則超過 50 億美元。治療用抗生素主要爲利用黴菌醱酵所得之天然產物，但產量或品質未必盡如人意，醱酵與純化技術的進步雖可提高產量，但工程技術上亦有極限。代謝工程的出現可提供提高產量與效率的另一途徑。所謂代謝工程乃在了解細胞代謝路徑及生產產物時的代謝瓶頸後，利用基因工程方法以去除代謝瓶頸而達到提高產量或提昇產品品質的目的。如金黴素是由鏈球菌產生，但醱酵過程中若細胞濃度很高時往往會因氧氣供應不足造成產量下降，此時可將嗜氧菌內一種 Vhb 基因轉殖入細菌內，此基因與人類血紅蛋白類似，可攜帶氧氣，因此在鏈球菌內表現 Vhb 可使鏈球菌在低氧濃度時更易自胞外取得氧氣而持續生產金黴素。諸如此類的方法已被視爲新一代基因工程技術的重要應用。

1-3-4　轉殖基因動植物（Transgenic animals and plants）

除了利用生物細胞作爲製造蛋白質的工廠外，1980 年代興起的基因轉殖技術也使動物或植物均可能作爲生產藥用蛋白質的工具。基因轉殖動物係指利用載體將目標基因以顯微注射（microinjection）方式送入受精卵或胚胎幹細胞內，在這當中有些基因會進入細胞核中，並與染色體內基因進行基因重組（genetic recombination），因而達到將基因加入，或截斷染色體內某特定基因的目的。此人爲的基因突變之後會隨胚胎發育與細胞複製而使所有細胞內都帶有此外來基因，因而使下一代的基因能產生此變異。1996 年誕生的複製羊桃莉則使此技術更向前邁進一步（圖 1.4）[7]。複製動物乃是在培養皿中將目標基因送入體細胞（如乳腺細胞），然後將基因改造後的細胞核（細胞核體）以核轉移（nuclear transfer）方式送入另一已移除細胞核的卵子（細胞質體），並模擬受精使其成為受精卵。在培養皿中將受精卵培養至囊胚（八個細胞階段）後便可植入代理孕母子宮使其發育成下一代動物。

顯微注射與核轉移最大的不同在顯微注射時僅部分基因為異源，但複製動物絕大多數的遺傳物質均來自細胞核體（例如乳腺細胞）而非卵子；並且複製動物的轉殖基因操作可在體細胞進行（可大量培養），之後先行篩選帶有轉殖基因的細胞並使之進入 G_0 期（細胞週期的一段，可視為冬眠期）再植入去核的卵子；而顯微注射時的轉殖基因操作須在受精卵上進行，待子代生下後再進行篩選。後者須在顯微鏡下將目標基因注入非常多的受精卵，此步驟非常繁瑣。相對地，進行核轉移時因細胞核體已先行篩選過，因此注入卵子的細胞核均帶有目標基因，因此核轉移在操作上比進行顯微注射來的簡便。雖然複製動物技術上仍有瓶頸，如成功率偏低、許多受精卵無法正常發育或生下來也容易早夭，但此一技術已造成一大突破[8]。這些轉殖基因動物，其好處之一便是讓我們可將蛋白質基因放入乳牛、山羊或豬的乳腺細胞，利用乳腺細胞特定的啓動子（如乳球蛋白（lactoglobulin））驅動異源基因的表現，而使乳汁中含有此藥用蛋白質。以乳汁生產蛋白質藥物的好處包括：

1. 產量大：每頭牛每年可生產 10000 公升牛乳，且乳球蛋白為乳汁中重要蛋白質，因此濃度相當高。
2. 品質佳：牛羊等為高等動物，因此所製造出蛋白質相當接近人類蛋白質。
3. 易純化：牛乳或羊乳內成分單純，因此利於純化。

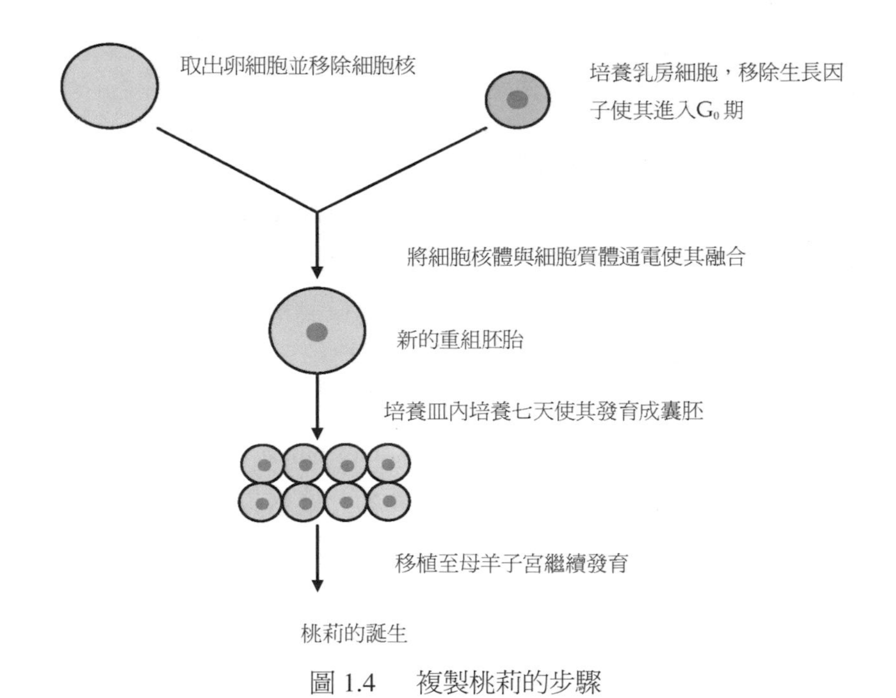

圖 1.4　複製桃莉的步驟

目前已有利用複製羊[9]生產的凝血因子進入臨床實驗的例子，若能成功應用，將會大幅節省生產成本。另外在進行中的研究也有以轉殖基因雞的雞蛋或以轉殖基因植物生產蛋白質等，例如將抗體基因送入雞蛋或香蕉，便可在飲食中達到攝取藥物的目的。

另一更長遠的應用將是以複製動物作爲器官來源[4]。異種器官移植時最大的問題是排斥，此乃因移植的器官表面會有特定的醣蛋白，這些醣蛋白的胺基酸序列隨物種不同而異，因此當豬的器官移植至人體時，免疫系統會辨認此入侵者而引發強烈的免疫反應（排斥）。目前國內研發中的複製豬，已可將器官表面會導致排斥反應的醣蛋白改成擬人化蛋白。如此再利用豬的臟器作器官移植時便可能避免嚴重的排斥反應。此種技術已在美國進行臨床實驗中。

1-4 疫苗

疫苗為對人體進行主動免疫以預防傳染病最有效的手段。最早使用疫苗的正式記載始於 1796 年英國醫生金納（Edward Jenner）發現被牛痘（cowpox）感染的人不會被天花（smallpox）感染（二者為相近之病毒），因此他利用從牛痘病人膿皰取出之滲出液注射一個八歲男孩，並發現確實可對天花產生免疫力。至十九世紀時，法國科學家巴斯德（Louis Pasteur）成功地發明了細菌培養及如何減弱炭疽菌與狂犬病毒毒性的技術，並應用這些毒性減弱的病原體作為非活化疫苗（inactivated vaccine）。利用類似的概念，之後也發明了利用不斷傳代（passage）使病原體產生突變而使毒性減低的減毒疫苗（attenuated vaccine）。這些非活化或減毒疫苗的原理都是在體內注入適當的免疫原以刺激免疫系統產生抗體及其他免疫反應，當有相對應的抗原進入體內，預先存在的抗體便可消滅入侵者。目前已長期使用的疫苗包括白喉桿菌、百日咳桿菌、肺結核桿菌、小兒麻痺病毒、麻疹病毒、天花病毒等疫苗，這些疫苗的問世，對預防傳染性疾病作出了不可抹滅的貢獻，並在 1980 年完全消滅天花。

但這些傳統疫苗的生產過程須倚賴培養這些病毒或細菌，對工作人員健康威脅極大。同時即使以福馬林非活化病原體，或傳代減毒，仍難百分之百保證毒性已減弱至對健康不具威脅的程度，因此時至今日仍偶爾有因使用疫苗而致病的例子。另一重要的限制為並不見得所有病原體都可培養，如 C 型肝炎病毒至今仍未有有效方法大量生產，即使可大量培養也未必可發展成疫苗，如愛滋病就無法以傳統疫苗預防，因此基因工程疫苗便成了另一選擇。

1-4-1 次單元疫苗

傳統疫苗均是將整個病原體注入體內，但並非每個部份均可誘發免疫反應，次單元疫苗則是將病原體內最易產生抗體的部分（如蛋白質）基因選殖出來，利用製造蛋白質藥物的方法加以生產作為疫苗。此類基因重組疫苗成分已知，同時並不含有病原體的核酸或其他可能引起副作用的成分（如細菌細胞壁上的內毒素），因此安全性上較傳統疫苗好很多，同時也容易大量生產。目前已上市的次單元疫苗有由默克（Merck）與葛藍素-史美克占（Glaxo-Smithkline）分別製造的 B 型肝炎疫苗。B 型肝炎爲台灣人的國病，也是全世界廣爲流行的傳染病之一，全球帶原者估計多達二億人，長期感染容易造成肝硬化及肝癌的發生。過去須從大量 B 肝帶原者的血液中萃取肝炎病毒作爲 B 型肝炎疫苗，然而在血液來源，成本及安全性上均是很大的問題。1986 年美國核准了 Merck 的次單元疫苗上市，他們是將 B 肝病毒表面抗原（HBsAg）的基因放入酵母菌中大量表現，HBsAg 可形成 22 nm 的空殼粒子，且具有相當強的免疫效果，因此爲一相當有效的疫苗。國內在 1980 年代開始推動新生兒全面施打 B 肝疫苗計劃，成功地將幼兒感染率大幅降低，使目前國內帶原者人數降至三百萬人左右，對國民健康有卓越的貢獻。除此之外，正在研製或已上市的次單元疫苗還包括疱疹病毒疫苗、流行性出血熱疫苗、輪狀病毒疫苗、乳頭瘤病毒疫苗及腦膜炎奈賽球菌疫苗等。

1-4-2 多價疫苗

次單元疫苗主要針對單一抗原設計，新的設計則希望能發展多價（multivalent）疫苗（圖 1.5），以在一次施打或口服時能同時預防多種疾病或能防治不同細菌或病毒株。如葛藍素-史美克占已發展出同時預防白喉、百日咳、破傷風（tetanus）與 B 型肝炎的多價疫苗。另外正發展中還有針對愛滋病毒的多價疫苗。此種疫苗可將愛滋病毒上最易誘發免疫反應的抗原決定部位以實驗或生物資訊學方法找出，再將這些部位製成多胜肽（polypeptide）後，再將這些抗原與載體結合。所形成之混成載體，同時帶有多個免疫原，因此可望刺激多種抗體產生，而對人體有更廣泛保護效果。

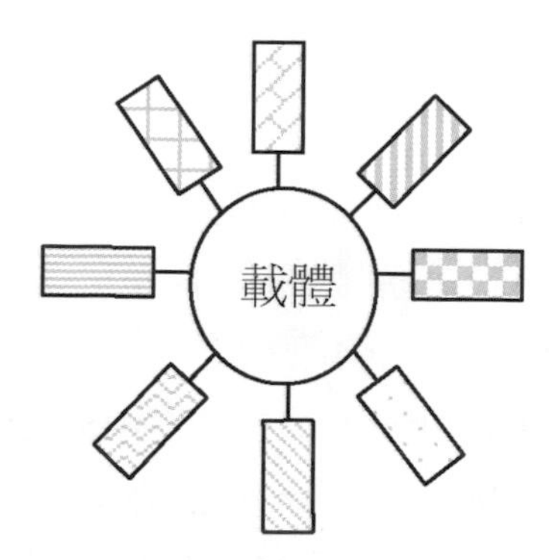

圖 1.5　多價疫苗示意圖。中間爲載體，周圍接上多種不同多胜肽以作爲免疫原，刺激抗體產生。

1-4-3 DNA 疫苗

相較於次單元疫苗，另一發展中的疫苗爲 DNA 疫苗。此種疫苗主要好處爲直接將基因注入體內，若基因能進入細胞表現，則可利用人體爲工廠製造出免疫原來直接刺激免疫系統。此方法主要好處爲不須在體外大量製造並純化蛋白質，因此可節省成本，並且以人體細胞製造的蛋白質，會更接近天然免疫原。但 DNA 疫苗缺點在細胞並不易吸收所注入 DNA，因此要達到疫苗效果往往需要大量 DNA 重複注射，且注入後 DNA 最後的命運是分解或崁入染色體永遠留在體內並不易評估。若會崁入染色體，則應注意是否會打斷正常基因的表現而產生不可預期的副作用。

1-4-4 腫瘤疫苗

在抗體的應用上，我們希望逃避免疫反應的作用，但近二十年來發展迅速的免疫療法則反其道而行，希望喚醒沉睡的免疫系統來對抗體內一些異常的發展， 所衍生的一個重要應用便是腫瘤疫苗。先前的疫苗著重的是預防，而腫瘤疫苗則用於治療，例如用於消除腫瘤手術後的轉移、復發等，其主要原理在增強免疫系統對腫瘤細胞的辨視與作用。通常腫瘤細胞表面會有一些標記蛋白質，亦即它是此腫瘤表現而正常細胞並不表現的，如肝癌細胞表現的甲胎蛋白（α-fetal protein），黑色素瘤表現的 MAGEI 等。

這些標記蛋白質可讓免疫系統辨認爲腫瘤細胞，因而啓動體內的免疫細胞來消滅腫瘤。但此類免疫反應通常太弱而無法發揮作用。因此目前發展中的一種癌症疫苗就是利用基因工程的方式製造出這些標記蛋白質的片段，再將它與樹突細胞（dendritic cell）結合注入體內。這些樹突細胞爲免疫細胞的一種，專門負責將標記蛋白質展現在表面，並開始敲鑼打鼓告訴週遭的免疫系統有癌症細胞在體內發展。另一發展爲在細胞內表現 B7 基因，它的產物爲共刺激分子（co-stimulatory factor），也可促進免疫細胞對腫瘤標記的識別，進而增加免疫細胞的產生以幫助消滅腫瘤。

1-5　疾病診斷

傳統的疾病診斷需要根據臨床症狀加上生化檢驗判斷，但若臨床症狀或生化檢驗出現病徵時往往爲時已晚。對於傳染病則常需自檢體中取樣本作細菌或病毒培養，再作各項生化分析，這種方法往往耗時良久，效率不佳也可能有污染情形發生，況且有些病毒或衣原體類的病原體至今仍無法有效作體外培養，因此往往對病情的改善或防止疫情擴散幫助不大。現代生物技術的進展則提供了更快速、簡便也更靈敏的檢測方法，這些檢驗方法的基本原理均是根據生物分子間的特定作用力，可分類如下：

1-5-1　蛋白質類

1. 以單株抗體檢驗檢體中特定的抗原。
2. 以基因重組蛋白質作爲抗原，檢驗檢體中特定的抗體。

利用抗原或抗體作爲檢驗標的，最常使用的便是酵素連結免疫吸附法（enzyme-linked immuno-sorbant assay, ELISA）。

(1) ELISA 用於檢驗抗體

免疫原（如細菌或病毒）進入體內可誘發特定抗體的產生，因此這些抗體可作爲檢驗體內是否有這些免疫原的標誌物（圖 1.6）。首先將抗原（多爲免疫原上的特定蛋白質，可用基因工程大量製造）固定在 96 孔盤上，經洗滌後加入待檢樣本，若內含病原體誘發的第一抗體

（primary antibody），則經反應後可連結固定在盤上。理論上由於抗原與抗體的特異性，只有相對應的第一抗體會被固定在盤上，其他不會與抗原結合的雜質可經洗滌移除，之後加入可與第一抗體結合的第二抗體（secondary antibody）。此第二抗體通常與第一抗體的 Fc（抗體上胺基酸序列變化較少區域）部位結合，且已與酵素接合，在反應後酵素被固定在此複合物上，即可加入無色底物（substrate）使其反應變色並測量反應時所產生的顏色變化。此顏色改變的程度在一定範圍內可呈線性，檢測時會同時作一標準檢量線（standard curve），因此可用來作定性與定量分析。目前常用的酵素有鹼性磷酸酯酶（alkaline phosphatase）與辣根過氧化物酶（horseradish peroxidase），對應之底物則分別可用對硝基苯酚磷酸鹽（pNPP）與四甲基聯苯胺（tetramethylbenzidine, TMB）。

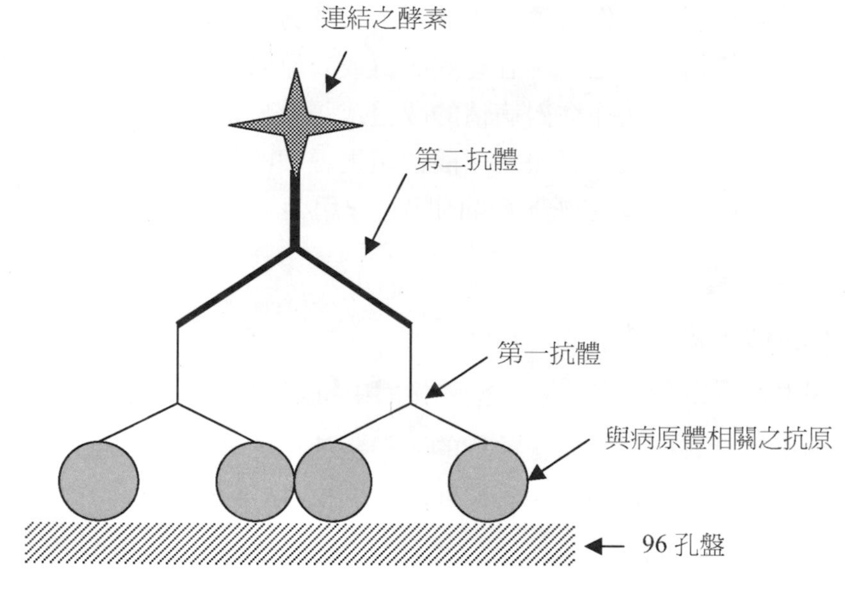

圖 1.6　ELISA 檢測檢體內特定抗體之流程

(2) ELISA 用於檢驗抗原

若用於檢測抗原，可將此免疫原（如愛滋病毒上的蛋白質）注射入動物體內（如老鼠或兔子）以得到第一抗體，將此抗體固定在 96 孔盤上，經過洗滌後加入樣本（如病人血液），若內含愛滋病毒則其抗原會與抗體結合，之後加入第二抗體（用同種抗原免疫另一種動物所產生抗體）使其與抗原結合，再加入另一抗體-酵素複合物與第二抗體結合，最後加入酵素的底物與之反應經顏色變化判讀結果。除傳染性疾病外，其他疾病如癌症發生時也往往產生特定的抗原或抗體，也可藉由 ELISA 判斷。

1-5-2 核酸類：如核酸探針（寡核苷酸）

以核酸探針作爲分析工具，主要是利用核酸與其互補（complementary）核酸間會產生特異性結合的特性。最早源起於南方點墨法（Southern Blot）以 DNA 探針檢驗特定 DNA，之後有北方點墨法（Northern blot）檢驗 RNA。1978 年 DNA 的限制性片段長度多型性（RFLP）被用於鐮刀型細胞貧血症的產前診斷後，利用 DNA 診斷的技術便飛快進步。1983 年發明的聚合酶連鎖反應（PCR）進一步地加快檢驗的速度與精確度，而近年快速發展的基因晶片技術更可望提供快速且精確的診斷。而這些檢驗技術的應用也從傳染性疾病、法醫鑑定、親子診斷延伸到遺傳疾病、癌症等方面。

1. 聚合酶連鎖反應（PCR）

爲慕里斯（Karry Mullis）在 1983 年發明，主要是利用兩段會與待檢測 DNA 結合的寡核苷酸引子（primer）與 DNA 結合後，利用 DNA 聚合酶（DNA polymerase）催化此段 DNA 的複製。PCR 主要步驟包括：

(1)昇溫（如 95℃）使雙股 DNA 分開（denaturation）

(2)降溫（如 55℃）使引子結合至 DNA 上（annealing）

(3)昇溫（如 75℃）使聚合酶作用開始 DNA 的複製（extension）

此三步驟持續 30 個循環後理論上可由 1 個 DNA 分子複製出 2^{28} 個由二段引子所夾集的 DNA 區域(但實際上由於昇溫降溫過程造成聚合酶活性減弱或原料不足，往往只得到 10^5-10^6 個分子）。此二段引子決定了待測 DNA 上被放大的區域，因此必須與待檢物 DNA 上具有相當特異性的區域結合。譬如欲檢測 B 型肝炎病毒，可先製備出與 B 肝病毒 DNA 上特定區域相結合的引子，之後以 PCR 將 DNA 的分子數目複製到一定量後，以凝膠電泳或其他方法偵測此段放大的 DNA。若能得到放大的 DNA 分子，表示檢體中帶有病毒，PCR 無法放大則表示檢體中沒有 B 肝病毒。此方法可在幾小時內得到檢驗結果，且可利用少量的檢體（如一滴血或唾液）即可檢測，因此非常靈敏，也正逐步取代傳統方法。

目前生物醫學的進步與人類基因組計劃的完成，揭露出更多基因資訊，也讓我們可從中找出更多與疾病相關的特定部位，因而能利用 PCR 方式檢驗。例如鐮刀型細胞貧血症是由於血紅蛋白基因的第六個密碼子發生突變（由 CCTGAGG 變成 CCTGTGG），使其所轉譯的胺基酸由纈胺酸變成麩胺酸，此突變使血紅蛋白失去攜氧的能力因而致病，也使一限制內切酶（CvnI）的切位消失。

利用 PCR 檢驗時可以二個在 CvnI 切位外的引子（引子 1 與 2）放大此 DNA 區域，然後以 CvnI 酵素切割放大後 DNA 片段，再以凝膠電泳分析。若此 DNA 區域爲正常基因，則會有三個 CvnI 切位，以 CvnI 切割會產生四個 DNA 片段（如圖 1.7）。但若有突變產生會僅有二個 CvnI 切位，相同切法將只會產生三個片段，因此以凝膠電泳可容易的分辨是否有突變產生。

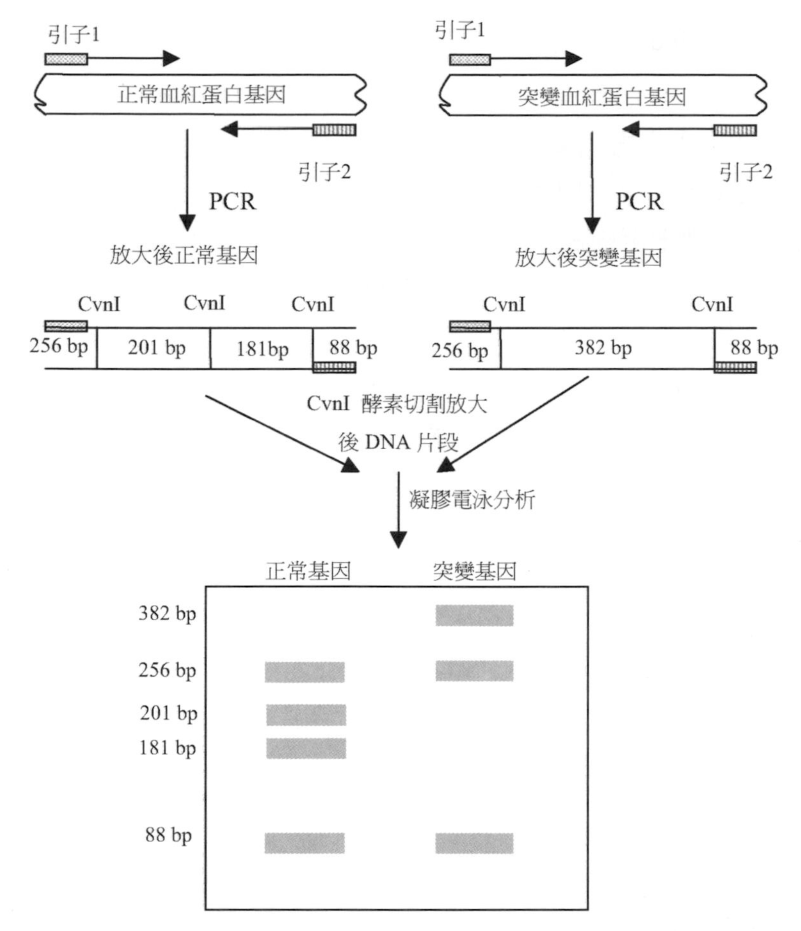

圖 1.7 以 PCR 檢驗鐮刀型細胞貧血症所造成血紅蛋白基因突變

利用 PCR 我們可在 DNA 層次上檢驗，在未發病前就可檢測出突變或病原體的存在，因此相當靈敏且可達到事前預防的目的。除此之外，PCR 也衍生出各種不同的變化及應用，譬如可藉 PCR 幫助選殖基因，在製備重組 DNA 時可藉由 PCR 放大 DNA 片段並導入突變或加入限制酶切位、性別鑑定，近來 real-time PCR 的發明更使 DNA 的檢測可作定量分析。

2.生物晶片（Biochips）

生物晶片包括基因晶片、蛋白質晶片與實驗室晶片。前二者原理與前述 ELISA 與南方點墨法相似，均是利用特定核酸探針或抗原（抗體）與檢體反應，視反應與否可得知病源是否存在。主要差別在於生物晶片可將多個（數十至數萬）DNA 或蛋白質片段固定在小型的晶片上（如玻璃或高分子膜），因此同一檢體可同時與多個標誌物反應而達多重檢測目的。例如，與多種癌症相關的基因可一併放在基因晶片上，只要一點細胞便可用 PCR 將細胞內的相關訊息 RNA 放大轉換成互補 DNA（cDNA）並以螢光染料標定，然後與晶片上的基因反應，透過適當的清洗與儀器判讀，藉顏色變化或激發之螢光值便可以得知細胞內是否帶有癌症相關的突變或基因表現。生物晶片也可應用於傳染病的檢測，目前國內已有腸病毒晶片問市，上面包含數種腸病毒 DNA 探針，因此可快速檢驗出幼童是否被病毒感染及被何種腸病毒感染。

基因晶片更是生物醫學研究的重要利器，譬如可將細胞內與代謝相關的基因放在晶片上，在追蹤代謝相關疾病時，可藉細胞內基因與晶片上固定之 DNA 反應程度得知細胞中相對應基因之含量，而同時觀察這些基因在細胞內的表現情況。藉由這些數據，可分析比較疾病發生時與正常細胞內基因表現模式的異同，並進而找出與此疾病相關的基因。

實驗室晶片則是利用微機電技術將實驗室進行的生化分析或反應微縮至小型晶片中進行，如目前發展中的 PCR 晶片便是將 PCR 所需進行的昇溫、降溫、 反應等動作在微蝕刻的管路（channel）中進行，因微管路中表面積與體積比大，容易散熱，因此影響 PCR 速率主要因素的升降溫可更快速進行。30 個循環甚至可在十分鐘內完成，而達到更快速精確的目標。

1-6　基因治療（Gene therapy）

生技製藥主要方式是在體外利用細胞製造大量蛋白質，然後以純化後的蛋白質作爲藥物，但許多遺傳疾病是由於基因缺陷造成某種蛋白質（如受體或酵素）製造太少或過多所造成。例如苯酮尿症（phenylketonuria）是由於體內無法正常製造苯胺基丙酸水解酶（phenylalanine hydroxylase）以致無法代謝血液內的苯胺基丙酸，因此會造成新生兒的智力發育障礙。雖然可藉由藥物與飲食控制，但畢竟不是治本之道，因此基因治療便應運而生。所謂基因治療便是利用適當方法將目標基因送入細胞內，希望目標基因在細胞核內可藉由基因重組（genetic recombination）的過程正確地崁入染色體而將有缺陷的基因修復，或至少可在細胞內表現以彌補未正常表現的蛋白質。其最終目標爲希望此修復後的基因能長期穩定地持續表現[10]。

世界上第一個基因治療的臨床試驗是在 1990 年於美國進行，由安德生（French Anderson）主持，對象爲一患了嚴重複合性免疫缺陷症（severe combined immunodeficiency disease, SCID）的女孩，患者會由於腺苷酸脫胺酶（ADA）的缺乏而造成免疫系統的 T 與 B 細胞死亡而造成免疫力喪失。安德生等人將她本身的 T 細胞取出，利用病毒將正常的 *ada* 基因導入細胞，並將帶有修復基因的自體細胞送回體內，經四年治療後確實能維持病人生命。不過，患者病情儘管減輕，在治療同時也有服用藥物，因此無法證明利用基因治療可以製造足夠的蛋白質以完全治癒小女孩。但此實驗至少證明基因治療爲可行的做法，因此之後便有許多基因治療的臨床實驗展開，目標多爲單一基因缺陷所造成疾病，如（表 1.4）所示。

表 1.4 各種單一基因缺陷所造成之相關疾病

疾病	基因缺陷	標的細胞
遺傳性肺氣腫	α 1-antitrypsin	肺或肝細胞
血友病 A	第八凝血因子缺乏	肝、骨髓細胞、自體纖維母細胞
血友病 B	第九凝血因子缺乏	
纖維性囊腫	CFTR 基因突變導致肺上皮細胞鹽分輸送異常	肺內空氣通道
血膽脂醇過多症	低密度膽固醇受體缺陷	肝細胞
地中海型貧血症	血紅蛋白基因缺陷	骨髓細胞
頭頸鱗狀癌	p53 抑癌基因突變	腫瘤細胞

目前基因治療的目標細胞可分成兩大類[11]，分別爲：

1. 自體細胞（ex vivo）：將患者本身體細胞取出大量培養，並在實驗室中導入正常基因將基因缺陷修復後，再將細胞輸入回體內。
2. 體內細胞（in vivo）：直接將正常基因以各種方法送入體內，希望正常基因能送入細胞並修復缺陷基因。若無法修復，至少也希望此基因能表現，以彌補缺乏的蛋白質。

要將基因送入細胞則有多種不同方法[4]：

1-6-1 病毒載體（viral delivery system）

病毒可自然感染細胞，因此爲一高效率的基因傳送系統。但在設計任何一種病毒載體時，最重要的便是須將病毒本身會致病的基因剔除，同時也須避免病毒發生突變而產生有傳染力且會致病的病毒。

表 1.5　常用之病毒與非病毒載體

	載體	可攜帶基因大小	優點	缺點
病毒類載體	反轉錄病毒	7-7.5 kb	崁入宿主細胞染色體，可長期表現	崁入正常基因位置可能造成病變，不會感染停止分裂的細胞；病毒不易大量製造與純化
	腺病毒	~28 kb	可感染停止分裂細胞，病毒製造時濃度非常高	基因作短暫表現；免疫反應強，產生具感染性的病毒機會大
	腺相關病毒	3.5~4 kb	崁入人體的第十九對染色體；可長期表現；無致病力	所能攜帶基因大小受限
	單純疱疹病毒（HSV）	~50kb	容量大，可攜帶多個基因；可感染神經細胞	可能活化體內潛伏的 HSV
非病毒類載體	微脂粒	不限	毒性低，可攜帶較大基因	基因傳送效率較差
	裸露 DNA（naked DNA）	不限	簡單；毒性低	基因傳送效率較差；DNA 容易被分解

目前常用的病毒有反轉錄病毒（retrovirus）、腺病毒（adenovirus）、腺相關病毒（adeno-associated virus）與簡單疱疹病毒（herpes simplex virus, HSV）等。這些病毒各有其優缺點（表 1.5），如反轉錄病毒爲最早使用也是最普遍的載體，它可將目標基因崁入細胞染色體，因此可長期表現所需蛋白質，但反轉錄病毒只能將基因送入會分裂的細胞，對於體內許多不會分裂的細胞（如腦、神經細胞）則無法成功。同時，若目標基因被崁入染色體內調控細胞生長的基因位置而將其截斷，則可能引發癌症。腺病毒則可感染不分裂細胞（quiescent cell），同時也已用來作爲預防呼吸道感染的

疫苗，因此也可作爲基因治療載體，不過臨床實驗中發現會產生強烈副作用，此乃因腺病毒本身基因也會在細胞內表現，而誘發強烈的免疫反應，因此新開發的載體已作改良將病毒本身基因去除。腺相關病毒則是另一種可將基因崁入染色體的病毒，此病毒本身並不會造成病症，因此相對安全，但在製造此病毒時，需要利用腺病毒提供必要蛋白質，因此在製造腺相關病毒後，需確保裡面並不含有腺病毒才不會造成不必要副作用；此外，腺相關病毒本身非常小，因此所能攜帶目標基因大小只能到 4.5kb，因而限制了它的用途。至於簡單疱疹病毒則可感染神經細胞，因此適合用於治療神經退化性疾病，如帕金森氏症，艾茲海默症等。

1-6-2　非病毒載體（nonviral vector）

可利用裸露 DNA（naked DNA）直接將帶有目標基因的質粒 DNA 以注射或點滴送入體內，此方法非常簡便，但往往 DNA 送入細胞效率不高；即使 DNA 進入細胞，裸露 DNA 也容易被細胞內酵素分解，而無法進入細胞核內表現。目前有人嘗試製備人造人類染色體（human artificial chromosome）解決被分解的問題，但人造染色體爲相當大的分子，並不易進入細胞。

磷脂質（phospholipid）爲同時帶有親水與疏水性質的分子，當磷脂質濃度夠高時其疏水端會自發性聚集而形成微脂粒（liposome）。若與 DNA 混合，則其疏水端可將 DNA 包覆起來，而將親水端暴露在外。由於細胞膜主要成分亦爲磷脂質，因此磷脂質與細胞膜接觸時可利用融合現象將 DNA 送入細胞。此方法已廣泛使用於 DNA 轉染（transfection）入細胞，因此也被用於基因治療，但一般而言，微脂粒傳送效率並不高。

DNA 複合物原理與微脂粒類似（圖 1.8），但磷脂質由一設計之複合物取代，此複合物一般由兩部分組成：聚陽離子（polycation）與配體（ligand）。聚陽離子常用聚離胺酸（polylysine），因其所帶正電可吸引 DNA 上負電，並進而將它包覆起來；而配體則負責與細胞上受體結合並進入細胞。視所結合受體不同，配體可爲醣蛋白、抗體、醣類或其他生物分子，DNA 在進入細胞內後，可形成內核體（endosome）而逃避酵素分解 DNA，並將 DNA 送入細胞核。

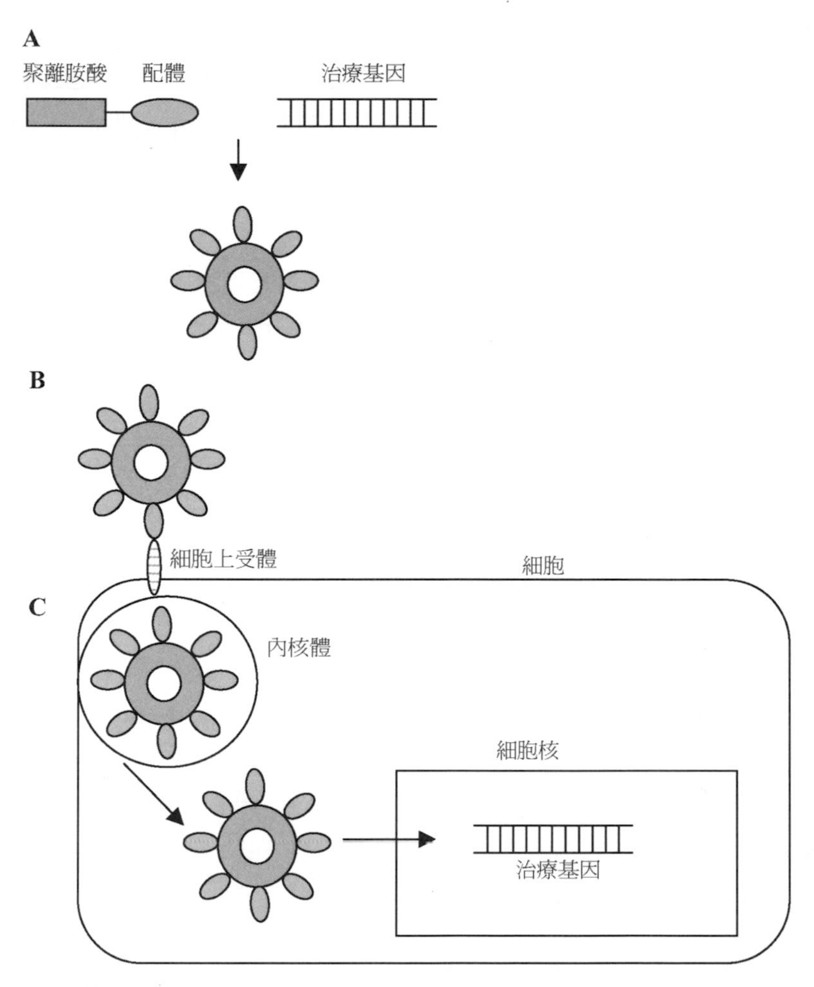

圖 1.8　藉 DNA 複合物傳遞 DNA。 A：聚陽離子（polycation）與配體（ligand）結合並將 DNA 包覆起來；B:配體與細胞上受體結合並進入細胞；C:DNA 複合物在胞內被包覆在內核體（endosome），並在 DNA 進入細胞核前脫離內核體並進入細胞核內作基因表現。

根據缺陷基因的不同，基因治療可有不同的策略：基因置換、基因修正、基因修飾及基因失活等。前三種方法主要是使修復之正常基因在細胞核表現以彌補蛋白質不足，但有些疾病卻是因為蛋白質表現過多造成，此種情形則須抑制其基因表現。目前常用的策略有利用反義 RNA（antisense RNA）。當基因轉錄後，首先形成單股 RNA，此時可導入與其序列互補的反義 RNA 使二者結合，因此後續的轉譯過程便被阻止，而使蛋白質合成無法繼續進行。反義 RNA 可在體外合成或以質粒形式送入細胞內表現，以達到抑制基因表現的目的。

除了用於遺傳疾病的治療，基因療法也被用於治療其他疾病如心血管疾病與癌症。例如 1980 年代證實血管增生（angiogenesis）可由不同的生長因子刺激，如血管內皮細胞生長因子（VEGF）與纖維母細胞生長因子（FGF），因此血管栓塞等疾病便有可能以載體送入 VEGF 的基因來促進血管增生以治療。至於癌症的形成則往往與致癌基因（如 *ras*）過度表現以致正常細胞過度生長或轉化，或抑癌基因（如 p53）未表現以致癌細胞過度繁殖有關。對於前者可利用反義技術抑制致癌基因表現，對於後者則可利用基因載體將抑癌基因送入癌細胞以抑制腫瘤擴散。另一種方法則是以表現產物直接破獲癌細胞，如腫瘤壞死因子（TNF）。將 TNF 基因導入癌細胞可使腫瘤組織分泌 TNF 而直接破壞腫瘤。

人類基因組計劃的進行，已讓我們對更多疾病的成因有更多了解，其中許多遺傳疾病的成因也在此計劃進行期間被揭開，如乳癌基因與杭丁頓舞蹈症基因等。這些致病基因的揭開，可使我們更了解如何去設計治療基因以治療這些基因缺陷所造成疾病。但在此同時 也有更多技術性問題產生，如：

1. 如何將治療基因正確送入目標細胞？
2. 多少目標細胞需得到治療基因以達到治療效果？
3. 治療基因會過度表現而產生另外副作用嗎？
4. 治療基因須正確調控以達最好效果嗎？
5. 治療基因的療效能維持多久?我們需要重複注入基因嗎？
6. 治療基因是否會被崁入其他重要基因位置而導致副作用？

最後一個問題爲最難回答也關係最重要的安全性。先前在法國由費雪（AlainFischer）針對嚴重複合性免疫缺陷症進行的基因治療，在 11 名病童中治癒了 9 名。但在療程結束後 2 年半，卻發現一名病童白血球大量增生，經分析發現有些病毒將攜帶的基因插入 11 號染色體上一個叫做 LMO2 的基因上，LMO2 被破壞時會導致無法控制的細胞分裂和癌症。經過多次嘗試，費雪等人已相信接受這種攜帶基因的病毒治療的男童大多會出現同樣問題。另外，1998 年在賓州大學所進行的臨床實驗，也曾造成一名男性死亡。

不過，從 1990 到 1998 年間超過 300 個以上的臨床實驗與 3000 個以上的病例上證實基因治療確實有亮麗的遠景與潛力，但要做到安全與實用，還有待更多努力與時間。

1-7　結語

由上述介紹可知，生物技術對醫學進展有莫大的貢獻，基因工程、分子生物學、細胞生物學、遺傳學、免疫學等生物醫學相關知識在近幾十年有飛快的進展，使更多的藥物、診斷與治療方法被發展出來；而生化工程、細胞培養、材料科學等技術的進展，則使這些新發明得以大量生產與普及化。但橫亙在眼前的還有許多長久未解的難題，如癌症、艾茲海默症、人類老化，以及層出不窮的新疾病與生化武器威脅如 SARS、炭疽熱、天花等。此外，現有的許多蛋白質與基因療法仍可能產生許多副作用，並且不是對人人都有效。人類基因圖譜的完成加上生物資訊、奈米科技、蛋白質體學等新技術的出現與發展，將有望使人類對基因與疾病有更多的認識，因而使我們了解個人的基因差異及爲何同樣的療法對某些人有效但對其他人無效。這些進展都有助於我們在未來幾十年克服更多的健康問題，但需要更多跨領域人才的投入。

1-8 問題與討論

1. 重組 DNA 技術是基因工程的基本核心，請簡述重組 DNA 技術的分法及其重要性。

2. 請簡述抗體的結構、功能，與其應用於生技藥品時所需要考量的問題（如單株、擬人化等）。

3. 目前所使用的基因工程疫苗有哪些，其優缺點為何。

4. 目前檢驗試劑的檢驗方法有哪兩大類，簡述其應用原理。

5. 基因治療的工具分為病毒載體和非病毒載體，其優缺點各為何。

參考文獻

1. Barnum, S. R., **Biotechnology: an introduction**, New York: Wadsworth Publishing Company, 1998.

2. Watson, J. D., Gilman, M., Witkowski, J. and Zoller, M., **Recombinant DNA**, 2nd Ed. New York: W.H. Freeman and Co., 1992.

3. Freshney, R. I., **Culture of animal cells, a manual of basic technique**, 4th Ed. New York: Wiley-Liss, 2000.

4. Glick, B. R. and Pasternak J. J., **Molecular Biotechnology: Principles and Applications of Recombinant DNA**, 2nd Ed. Washington D. C.: ASM Press, 1998.

5. Walsh G., **Proteins: biochemistry and biotechnology**, New York: John Wiley and Sons, 2002

6. Chu, L. and Robinson, D. K., "Industrial choices for protein production by large-scale cell culture," *Curr Opin Biotechnol*, 12, 180-187, 2001.

7. Wilmut, I., Schnieke, A. E., McWhir, J., Kind A. J. and Campbell K. H., "Viable offspring derived from fetal and adult mammalian cells," *Nature*, 385, 810-813, 1997.

8. Gurdon, J. B. and Colman, A., "The future of cloning," *Nature*, 402, 743-746, 1999.

9. Schnieke, A. E., Kind, A. J., Ritchie, W. A., Mycock, K, Scott, A. R., Ritchie, M., Wilmut, I., Colman, A. and Campbell, K. H., "Human factor IX transgenic sheep produced by transfer of nuclei from transfected fetal fibroblasts," *Science*, 278, 2130-2133, 1997.

10. Somia, N. S. and Verma, I. M., "Gene therapy, trials and tribulations," *Nature Reviews*, 1, 91-99, 2000.

11. Anderson, W. F., "Human gene therapy," *Nature*, 392, 25-30, 1998.

第二章

生醫材料簡介

INTRODUCTION OF BIOMEDICAL MATERIALS

宋信文　陳松青

2-1　緒論

生醫材料（Biomedical Materials）為用於製造體內或體外使用的醫學器材材料，這些醫學器材基本上直接或間接的會與人體的組織、體液或血液等接觸。因此在製造這些醫學器材時除了一般材料的物理、化學性質外，還需考量其與人體組織、體液或血液等接觸時的生物相容性質（biocompatibility）。所謂的生物相容性質涵蓋了當材料與人體組織、體液或血液等接觸時，其界面或各自所發生的一切現象，例如：蛋白質的吸附、血栓的產生、免疫反應、材料的分解速率等等。

2-1-1　理想生醫材料要件

傳統的生醫材料研發概念認為，適用在人體內理想的生醫材料必須符合以下的條件：

1. 良好的生物相容性質：也就是材料本身與人體組織、體液或血液接觸後，其發生的一切現象必須符合臨床使用的情況。例如：植入的人工血管，希望它不會產生血栓的現象；相反的止血棉（hemostat）反而是希望它立即產生栓塞的現象，以利傷口的立即止血。
2. 惰性（inert）：傳統的概念是期望材料與人體的組織、體液或血液接觸後，彼此皆不發生任何變化。然而這項概念在過去三、四十年臨床所累積的經驗發現，由於人體免疫反應與排斥現象的發生，是不可能實現的。

最近幾年取而代之的爲『組織工程』（Tissue Engineering）的概念，期望植入的材料，能促使週遭宿主的細胞能遷徙並增生於材料之上，隨著材料的慢慢分解，與組織的再生，來重建病變的組織。如此宿主免疫系統看到的將是自己的細胞與組織，而不再有強烈的免疫反應與排斥現象發生。

3. 無毒性（non-toxic）：很自然的聯想，一個有毒性的材料，當然會不利於與其接觸的人體組織、體液或血液。
4. 不產生過敏（non-allergic response）：過敏現象基本上就是材料本身會不斷地引起宿主的免疫反應，使得週遭組織發生紅腫、發膿，甚至潰爛的現象。
5. 不致癌（non-carcinogenic）：材料本身可能由於物理刺激或化學或生物的反應，導致宿主周遭組織細胞的突變，進而產生癌化的現象。
6. 適當的機械性質：使用材料的機械性質應與其替代宿主組織所擔任的工作儘可能匹配。例如：人工血管的順應性（compliance）與其植入宿主後的血栓產生或內膜增生（intimal thickening），有相當密切的關係。
7. 容易獲得且便宜：在經濟的考量上，當然希望所使用的材料 ，是各國健保制度願意給付也負擔得起的。一項健保制度不願意給付的醫學器材，在醫療市場上是不可能會有競爭力的。

2-1-2 硬組織與軟組織

人體的組織，依其機械性質大約可分爲所謂的硬組織與軟組織。人體的硬組織基本上有骨骼與牙齒，而其他部位的組織包括血液等皆被歸類爲軟組織。

2-2 生醫材料的分類

臨床上使用的生醫材料可以分爲四大類，分別爲：金屬與合金材料（metals and alloys）、陶瓷材料（ceramics）、高分子材料（polymers）與生物組織材料（biological materials）。基本上前兩項用來替代人體的硬組織，後兩項則常用來做人體軟組織上的生醫材料。

2-2-1 金屬與合金材料

臨床上常用的金屬與合金材料又可以分爲三類：

1. 以鐵爲基材的合金材料（iron-based alloys）

   以鐵爲基材的合金生醫材料，主要爲不銹鋼（stainless steel）。較常使用的醫用不銹鋼爲代號 AISI（American Institute of Steel and Iron）316L 的鋼材，代號中的 L（low carbon）是指鋼材中的碳含量低於 0.03%的低碳鋼。過去的臨床經驗發現，高碳鋼會影響不銹鋼植入人體後的腐蝕性（corrosion），進而影響其機械性質。316L 不銹鋼的組成爲：鉻（Cr）—18.4%、鎳（Ni）—13.8%、錳（Mn）—1.8%、鉬（Mo）—2.2%與碳（C）—＜0.03%，其餘成份則爲鐵（Fe）。不銹鋼材在臨床上主要的應用有骨折固定、人工關節、人工骨骼與血管支架等（圖 2.1）。

圖 2.1　不銹鋼材質製成的血管支架

2. 以鈷爲基材的合金材料（cobalt-based alloys）

   應用在臨床上的鈷合金材料組成成份爲：鈷（Co）—62.5%、鉻（Cr）—30%、鉬（Mo）—5%與碳（C）—0.5%，主要的應用有假牙、骨折固定與人工關節等。

3. 以鈦為基材的合金材料（titanium-based alloys）

鈦金屬很容易在其表面產生氧化，常以氧化鈦（氧約佔 0.9%）或 Ti-6Al-4V 鈦合金的方式應用在生醫材料上。Ti-6Al-4V 原為航太工業上使用的一種合金材料，其組成成份為：鈦（Ti）—90%、鋁（Al）—6% 與釩（V）—4%，主要的應用有骨折固定、人工關節、人工心臟瓣膜的支架（圖 2.2）與心律調整器的外殼等。

圖 2.2 碟籠式人工心臟瓣膜其支架為鈦合金所製成

2-2-2 陶瓷材料

應用於醫學上的陶瓷材料有氧化鋁（alumina, Al_2O_3），β-磷酸三鈣（tricalcium phosphate, $Ca_3(PO_4)_2$），氫氧基磷灰石（calcium hydroxyaptite, $Ca_{10}(PO_4)_6(OH)_2$）與所謂的生醫玻璃（組成成份為 SiO_2、CaO、Na_2O 與 P_2O_5 等）等，其主要應用有骨骼填充材料、人工骨骼表面修飾與假牙等。

2-2-3 高分子材料

高分子材料依其來源又可分類為，合成高分子材料（synthetic polymers）與天然高分子材料（naturally occurring polymers）。常用的合成高分子生醫材料有聚甲基丙烯酸甲酯（polymethylmethacrylate, PMMA）、聚乙烯（polyethylene, PE）、矽膠（silicone rubber or polydimethylsiloxane）、聚

酯類高分子（polyester）、四氟化聚乙烯（polytetrafluoroethylene, PTFE）與聚胺基甲酸酯（polyurethane, PU）等。

1.合成高分子材料

⑴聚甲基丙烯酸甲酯

聚甲基丙烯酸甲酯是以甲基丙烯酸甲酯（MMA）為單體，經自由基（free radical, R •）起始反應後，形成聚甲基丙烯酸甲酯。其反應式如下（圖 2.3）：

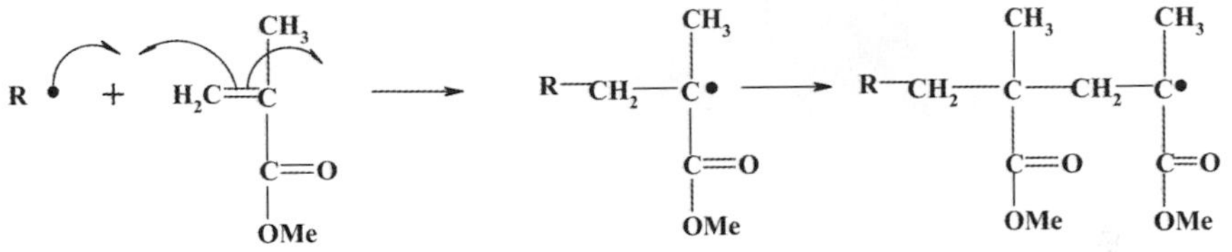

$$R\bullet + H_2C{=}C(CH_3)(C{=}O)OMe \longrightarrow R{-}CH_2{-}C^{\bullet}(CH_3)(C{=}O)OMe \longrightarrow R{-}CH_2{-}C(CH_3)(C{=}O\,OMe){-}CH_2{-}C^{\bullet}(CH_3)(C{=}O)OMe$$

圖 2.3　聚甲基丙烯酸甲酯合成反應方法

常使用的起始自由基為：benzoyl peroxide, light, radiation, oxygen 與 environmental heat 等。聚甲基丙烯酸甲酯在生醫材料主要的應用有假牙、骨水泥（bone cement）與隱形眼鏡（contact lens）等。

⑵聚乙烯

聚乙烯的化學結構式為（圖 2.4）：

$$\left[-\mathrm{CH_2}-\mathrm{CH_2}- \right]_n$$

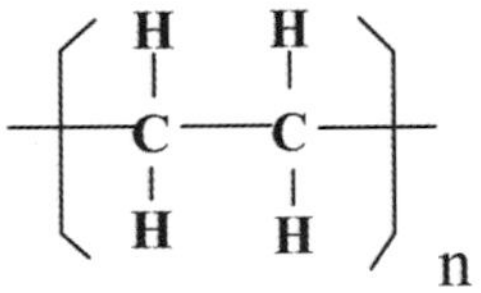

圖 2.4　聚乙烯的化學結構式

依其密度可分為低密度聚乙烯（low density polyethylene, LDPE）、高密度聚乙烯（high density polyethylene, HDPE）與超高分子量聚乙烯（ultra high molecular weight polyethylene, UHMWPE）。低密度聚乙烯

的主要應用為心導管（catheter, 圖 2.5），而超高分子量聚乙烯的應用為骨折固定與人工關節等。

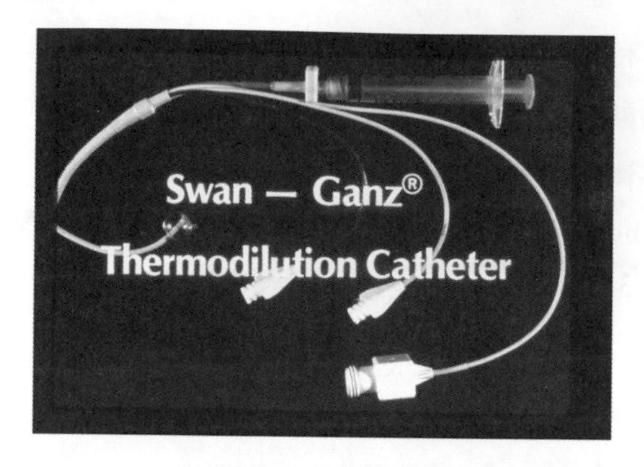

圖 2.5 心導管

⑶矽膠

矽膠的化學結構式為（圖 2.6）：

$$\left[\begin{array}{c} CH_3 \\ | \\ -Si-O- \\ | \\ CH_3 \end{array}\right]_n$$

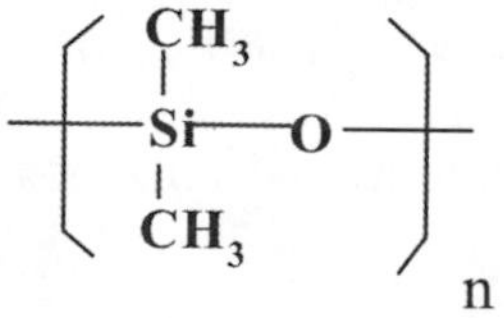

圖 2.6 矽膠的化學結構式

其在生醫材料上的應用有：人工心臟瓣膜的球閥（圖 2.7）、人工血管、心導管以及用來隆乳、隆鼻與隆下巴等美容手術的填充材料等。其中用來隆乳的矽膠填充物在 1980 年代與 1990 年初期，發現其分解碎片疑似可能改變隆乳婦女的免疫系統（Immune system），導致風濕性關節炎。使得銷售該產品的公司（Dow Corning），因官司纏訟及龐大和解賠償金的負擔而結束營業。但文獻上亦有研究報導，使用矽膠隆乳的婦女，其血漿可能含有可以殺死乳癌細胞的物質。因此裝有矽膠隆乳袋的婦女，其患有乳癌的機率要比一般婦女來得低，其詳細的作用機制，目前仍不是很清楚。

圖 2.7　球籠式人工心臟瓣膜其球閥為矽膠所製成

⑷聚酯類高分子

聚酯類高分子是由具有羧基（carboxyl group）與羥基（hydroxyl group）的單體，經 polycondensation 共聚合所得到的共聚物。在生醫材料裡較知名的聚酯類高分子材料有達克隆（Dacron），與聚乳酸（polylactic acid, PLA）及聚苷醇酸（polyglycolic acid, PGA）或其共聚物等。達克隆為 1960～1970 年常用的織衣高分子材料，其結構式如下（圖 2.8）：

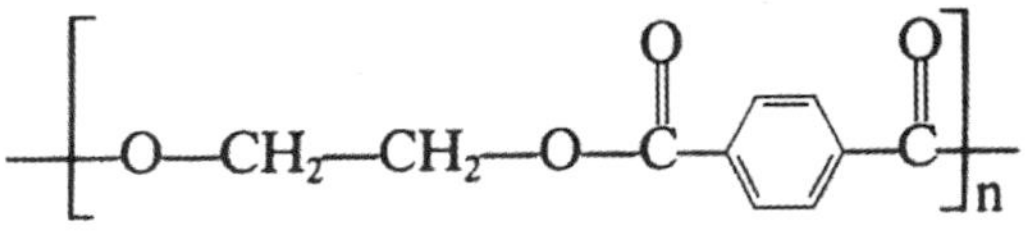

$$-\left[O-CH_2-CH_2-O-\overset{\overset{\displaystyle O}{\|}}{C}-C_6H_4-\overset{\overset{\displaystyle O}{\|}}{C}\right]_n-$$

圖 2.8　達克隆的化學結構式

達克隆在生醫材料上的應用主要有：大口徑人工血管（內徑大於 10mm，圖 2.9），人工心臟瓣膜的縫合布圈（sewing ring）（圖 2.10）以及人工韌帶等。

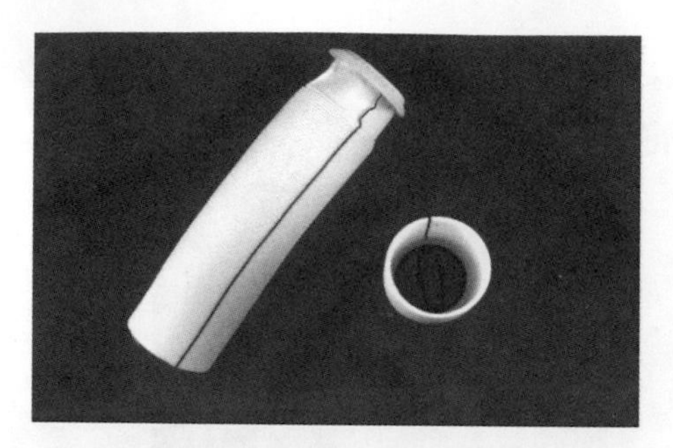

圖 2.9　以達克隆所製成的大口徑人工血管

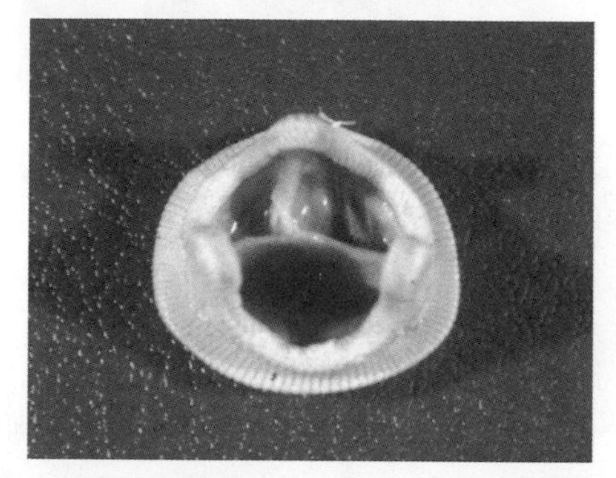

圖 2.10　人工心臟瓣膜的縫合布圈是以達克隆所製成的

聚乳酸與聚苷醇酸的化學結構式如（圖 2.11）所示，這兩種聚酯類高分子在生醫材料上主要的應用有：手術縫線、藥物控制釋放載體（Controlled drug delivery systems）、整形移植材料與組織工程支架（tissue-engineering scaffolds）等[1]。

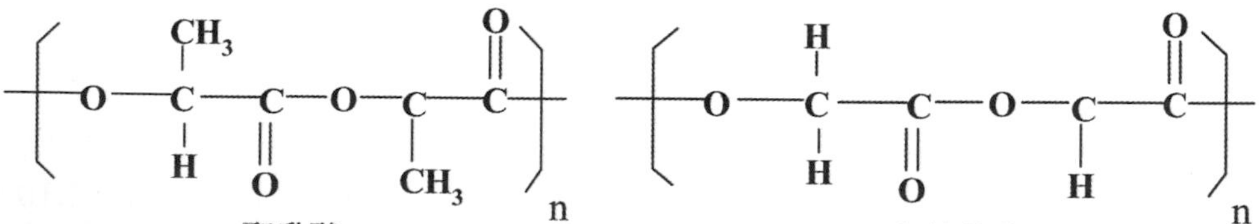

$$\left[-O-\underset{H}{\overset{CH_3}{C}}-\underset{O}{\overset{}{\underset{\|}{C}}}-O-\underset{CH_3}{C}-\overset{O}{\overset{\|}{C}}-\right]_n \qquad \left[-O-\underset{H}{\overset{H}{C}}-\underset{O}{\underset{\|}{C}}-O-\underset{H}{C}-\overset{O}{\overset{\|}{C}}-\right]_n$$

聚乳酸　　　　聚甘醇酸

圖 2.11　聚乳酸與聚苷醇酸的化學結構式

(5)四氟化聚乙烯

四氟化聚乙烯的化學結構式爲（圖 2.12）：

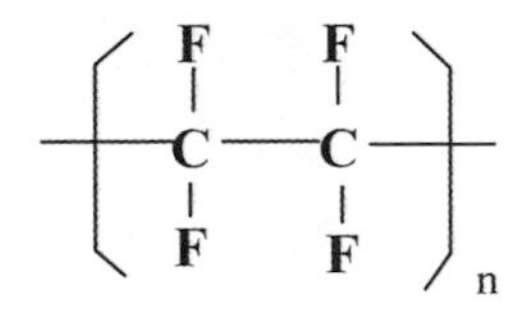

圖 2.12　四氟化聚乙烯的化學結構式

其化性相當惰性，在生醫材料上的應用有中口徑人工血管（Artificial Blood Vessel）（內徑約 4～10mm，圖 2.13）、人工韌帶與用於胸腔或腹腔手術的補綴片（patch）等。

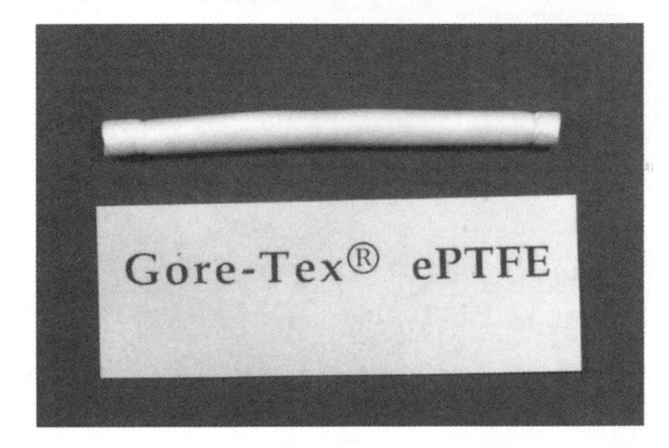

圖 2.13　以四氟化聚乙烯所製成的中口徑人工血管

(6)聚胺基甲酸酯

聚胺基甲酸酯的化學結構式爲（圖 2.14）：

$$\left[-\overset{O}{\overset{\|}{C}}-\underset{H}{\underset{|}{N}}-C_6H_4-\underset{H}{\underset{|}{N}}-\overset{O}{\overset{\|}{C}}-O-CH_2-CH_2-O- \right]_n$$

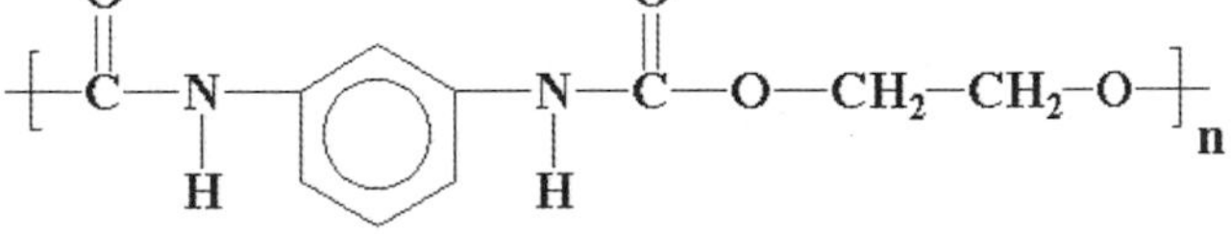

圖 2.14　聚胺基甲酸酯的化學結構式

其在生醫材料上的應用有：人工血管與人工心臟的心室袋狀物（圖 2.15）等。

圖 2.15 人工心臟的心室袋狀物為聚胺基甲酸酯所製成

2.天然高分子材料

常用的天然生醫高分子材料有來自動物的膠原蛋白（collagen）、明膠（gelatin）、透明質酸（hyaluronic acid）、幾丁質（chitin）與幾丁聚醣（chitosan）及其衍生物等，與來自植物的褐藻酸（alginate）與纖維素（cellulose）及其衍生物等。

⑴膠原蛋白[2]

生物組織除了含 60～70%的水份之外，主要的成份為膠原蛋白（collagen）、黏聚醣（mucopolysaccharides）以及彈性蛋白（elastin）等。其中又以膠原蛋白的含量最高，其乾重約佔生物組織的 70%，濕重約佔生物組織的 30%，以下謹就膠原蛋白的結構作一介紹。

膠原蛋白分子是由大約 1000 個胺基酸聚合而成的多胜肽鏈（polypeptide chain），其中最主要的胺基酸有苷胺酸（glycine, 33.5%）、脯胺酸（proline, 12%）和羥脯胺酸（hydroxyproline, 10%）。由於羥脯胺酸為膠原蛋白中特有的胺基酸，所以生物組織中膠原蛋白的含量可由羥脯胺酸的含量推算得知。膠原蛋白分子一級結構是以每隔三個胺基酸殘基，出現一個苷胺酸的方式排列而成；二級結構則利用多胜肽鏈分子內的氫鍵形成左旋的 α -螺旋（ α -helix）結構，一般稱爲 α -鏈（ α -chain）。由於組成膠原蛋白結構的多胜肽鏈上含有多量的羥脯胺酸，所以三條 α -chain 可以靠著彼此間的氫鍵與疏水性（hydrophobicity）的交互作用，而以右旋方式互相纏繞，形成一個三股螺旋結構（triple helix）的蛋白質稱爲原膠原蛋白（tropocollagen）（圖 2.16）。原膠原蛋白分子的直徑約爲 1.5nm、長度約爲 300nm[3]。

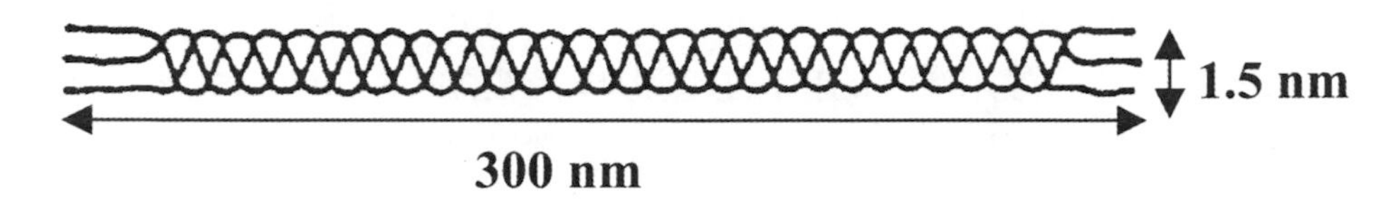

圖 2.16 原膠原蛋白分子的結構示意圖（依文獻[3]修改而成）

膠原蛋白分子的合成主要在纖維母細胞（fibroblast）中進行，一開始形成前膠原蛋白（procollagen）分子（圖 2.17），其兩端上有非螺旋的分子部份，當分泌到細胞外時才將尾端非螺旋的分子部份斷裂，形成一典型的三股螺旋結構的原膠原蛋白分子，再藉由自身交聯反應聚集以形成膠原纖維。

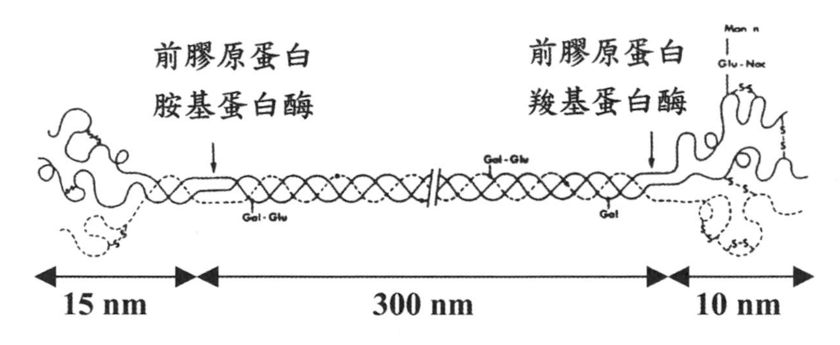

圖 2.17 前膠原蛋白分子的結構示意圖（依文獻[3]修改而成）

膠原蛋白分子的自身交聯包括了分子內的交聯（intramolecular crosslink）與分子間的交聯（intermolecular crosslink, 圖 2.18）[3]。分子內的交聯主要是離胺酸（lysine）或羥離胺酸（hydroxylysine）末端的自由胺基，經由體內的離胺酸氧化酶（lysyl oxidase）轉化成醛基（aldehyde group），而此醛基可與另一醛基經由醛醇縮合（aldol condensation）反應形成分子內的交聯。膠原蛋白分子內的交聯，通常發生在其多胜肽鏈非螺旋區上的胺基末端。另外，分子間的交聯主要是經由醛醇縮合後的衍生物，直接再與組織胺酸（histidine）的側鏈形成組織胺酸-醛醇交聯（histidine-aldol crosslink），接著會再與另一離胺酸或羥離胺酸末端上的自由胺基形成西福鹼（Schiff base）分子間的交聯，形成一由四個胺基酸殘基的交聯鍵結[3]。

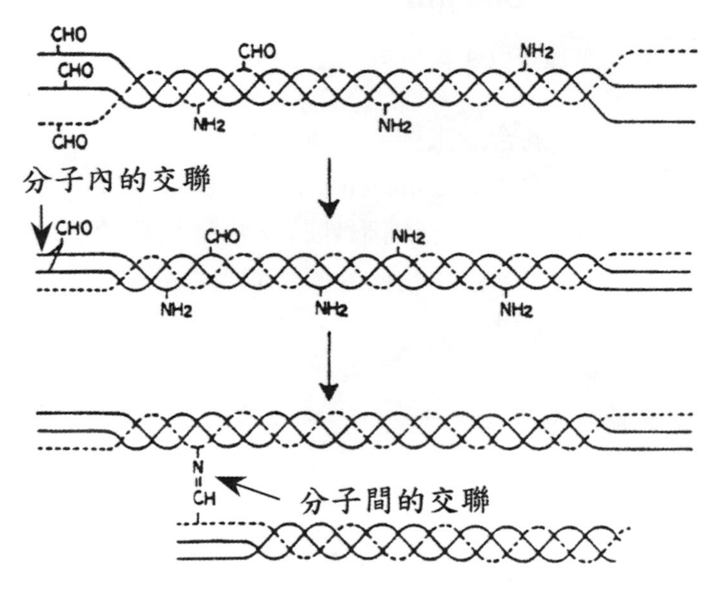

圖 2.18 膠原蛋白分子自身交聯反應示意圖（依文獻[3]修改而成）

接下來謹就膠原蛋白分子藉由分子內及分子間的自身交聯及其極性區與非極性區，聚合成膠原纖維做一介紹。由於原膠原蛋白的分子的表面有特定的極性與非極性區域，因此會造成其以非對齊方式平行排列聚合成細纖維（microfibrils），此細纖維於穿透式電子顯微鏡下，可觀察到其具特徵之週期性相間隔的黑白帶狀。在體內，此細纖維可能進一步平行排列聚合成較粗的膠原纖維。

因此膠原纖維形成的步驟，是先由 5 個長約 300nm、直徑約 1.5nm 的原膠原蛋白分子，以 1/4.5 分子長度的錯位縱向聚集（此排列方式通常稱為 1/4 錯位），形成一直徑約為 3.5～4.0 nm 的細纖維（圖 2.19）。而細纖維彼此間可以側向聚集的方式（lateral aggregation）排列在一起，形成一直徑約為 30nm 的次纖維（subfibrils），而細纖維彼此間的距離，根據文獻上[4]指出約為 1.3～1.7nm（圖 2.19）。另外，細纖維彼此間也能以尾端接尾端聚集的方式（end-to-end aggregation）排列在一起，而這些次纖維會再更進一步聚集形成更粗的膠原纖維（collagen fibers）。

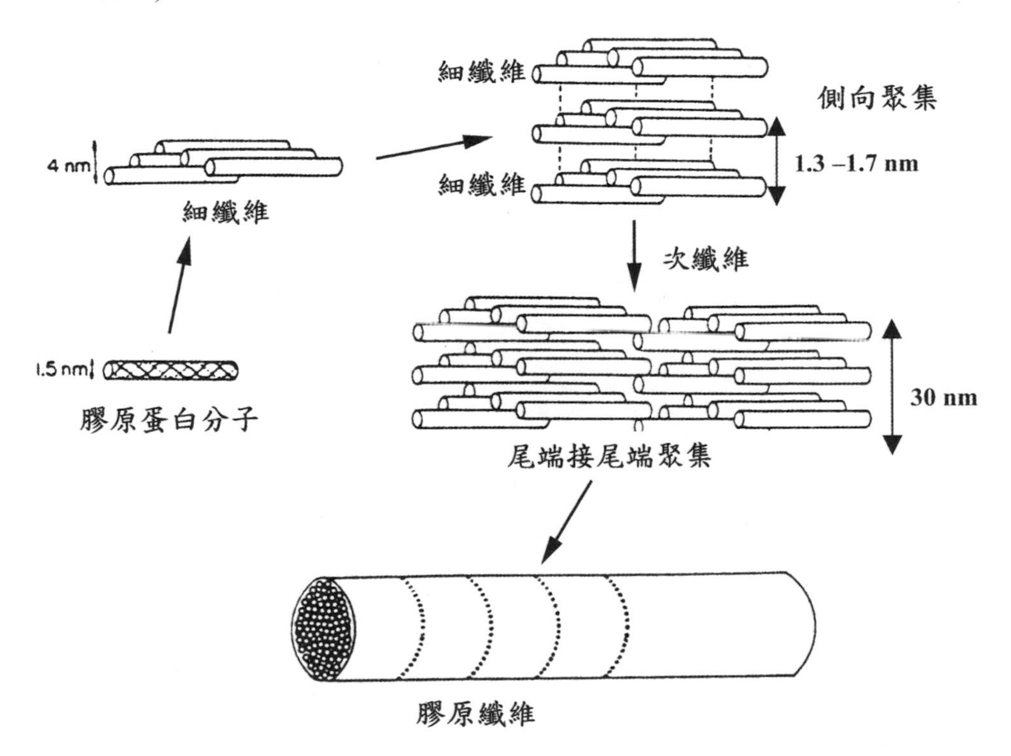

圖 2.19 膠原纖維組成示意圖（依文獻[3]修改而成）

膠原蛋白可以從生物組織裡萃取純化出來之後[5]，直接或再經過重組做為生物組織材料。由於免疫排斥的問題，這些膠原蛋白生醫材料必須先經過交聯劑的交聯處理（cross-linking）後，才能植入人體。由於膠原蛋白具有良好的生物相容性、機械強度以及可製做成多孔性的結構，因此非常適用於做為細胞培養的基材、暫時的組織填充材料以及製做各式人工器官的基材等。

⑵明膠

明膠基本上為變性（denature）之膠原蛋白分子，通常以熱水長時間處理豬或牛的皮膚、韌帶、肌腱或骨頭，所得到的水溶性蛋白質總稱為明膠。明膠的水溶液在低溫時（～4℃）成膠，高溫時成水溶液狀態，為一生物可分解的材料。明膠在生醫材料上經交聯修飾後可以用來做為生物膠（biological glue, 圖 2.20）、傷口敷料（wound dressing, 圖 2.21）或藥物制放載體（drug carrier, 圖 2.22）[6-8]。

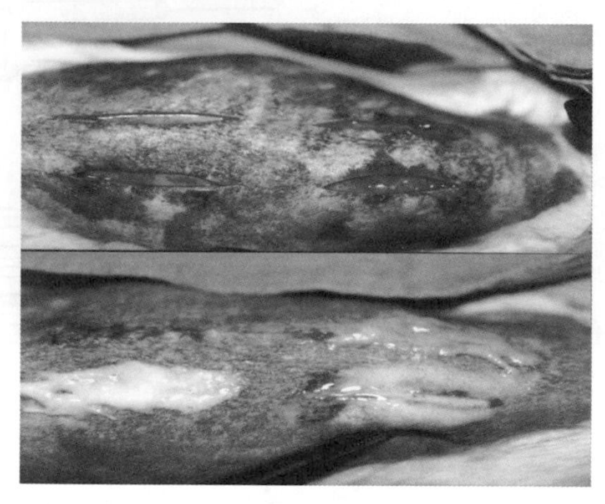

圖 2.20 以明膠經交聯修飾後製成之生物膠用於動物傷口的癒合應用

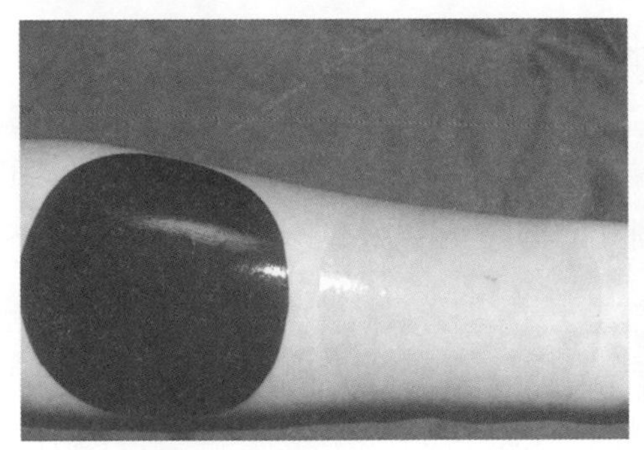

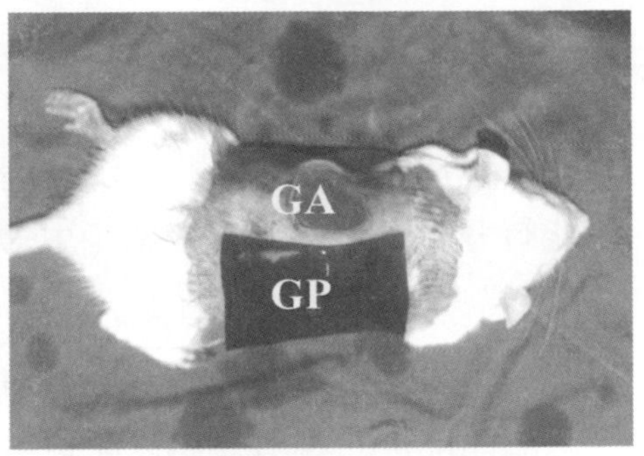

圖 2.21　明膠經交聯修飾後製成之傷口敷料於動物傷口的癒合應用

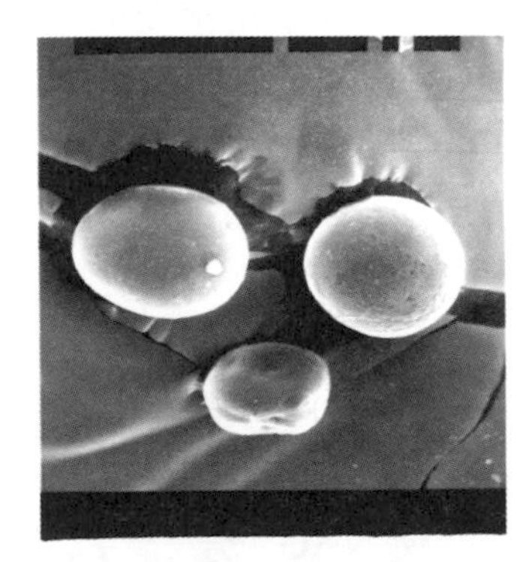

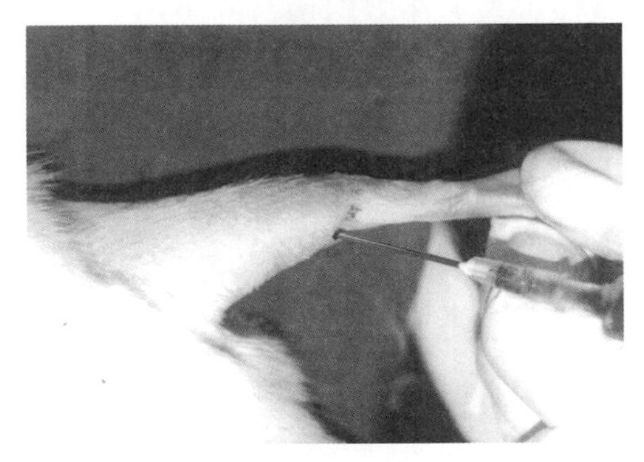

圖 2.22　以明膠經交聯修飾後之藥物制放載體電子顯微鏡照片

⑶透明質酸[9]

透明質酸爲一帶許多負電荷的重複性雙醣單元天然高分子（圖 2.23），分佈於動物體結締組織的細胞外間質內，其水溶液爲具黏彈性的水膠，有潤滑、吸震、保護細胞等功能。

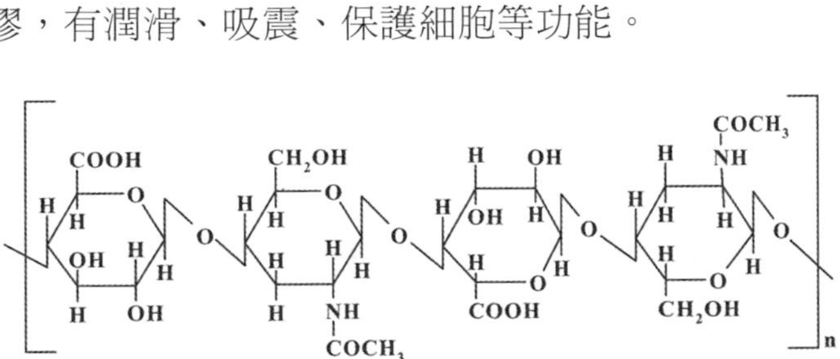

圖 2.23　透明質酸的化學結構式

透明質酸可以從雞冠或牛的關節液或水晶體等生物組織裡，萃取純化出來，其分子量約為 2×10^6～6×10^6。另一方法為利用微生物來醱酵生產透明質酸，由此方法生產出來的透明質酸，由於生產過程中可能有分解透明質酸的酵素產生，因此其分子量較低，大約在 5×10^5～2×10^6。

臨床上，醫生將高分子量的透明質酸直接注入關節中，來增加病患關節部位的潤滑作用以減輕疼痛。在眼科的應用上，醫生將透明質酸注入病患眼睛前房鞏固其形狀，以避免角膜在白內障手術時受到機械性傷害。在傷口癒合的應用上，透明質酸扮演著相當重要的角色。剛出生的嬰兒結締組織內的透明質酸的含量為其一生中最高，因此傷口容易完全復原不留傷疤。而當年紀越大時，由於其結締組織內透明質酸的含量遞減，因次傷口較難癒合且易留下傷疤。

⑷幾丁質與幾丁聚醣[10]

幾丁質[poly（β-1,4-N-acetyl-D-glucosamine）]又稱為殼質素，是一種從甲殼類動物的外殼中萃取分離而得之多醣類聚合體，它是一種N-乙醯葡萄糖胺（N-acetyl-D-glucosamine，簡稱 NAG）分子，以 β-1,4 結合的直鏈狀多醣類（圖 2.24）。幾丁質在自然界中之分佈很廣，除了存在於甲殼類動物（如蝦、蟹、昆蟲的外殼）之外，還包括了微生物界（細菌的細胞壁或菇類）及植物界的藻類等。

幾丁聚醣[poly（β-1,4-glucosamine）]又稱殼醣素，是由幾丁質經由不同程度的脫乙醯基反應而得的非均一性聚合體。幾丁聚醣為 N-乙醯葡萄糖胺與 N-葡萄糖胺為結構單元之共聚合體，而 N-葡萄糖胺結構單元在聚合體中之含量通常高於 60%以上（圖 2.25）。幾丁聚醣可溶解於稀有機酸中，因此提昇了幾丁聚醣的利用價值。目前幾丁質及幾丁聚醣的應用包括了工業材料、廢水處理、化妝品、工業釀造、機能性食品以及生醫材料等，其各類型專利已超過一百項。由於幾丁聚醣良好的生物相容性、無毒性、可生物體內分解（溶菌酶）、價格便宜以及生產原料不虞匱乏等優點，使得幾丁聚醣成為近年來高分子生醫材料中頗受重視的材料。

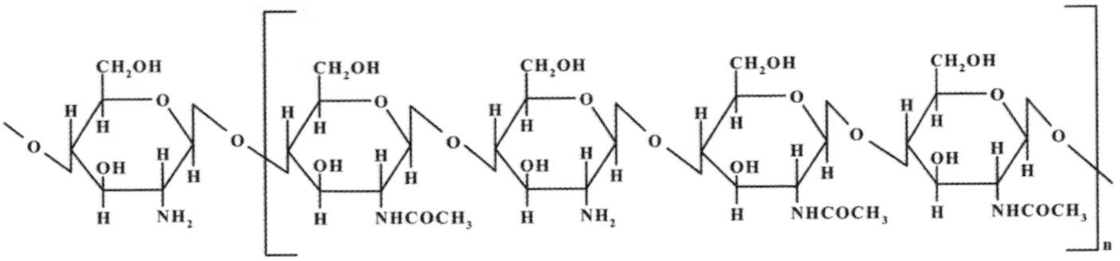

圖 2.24 幾丁質的化學結構式

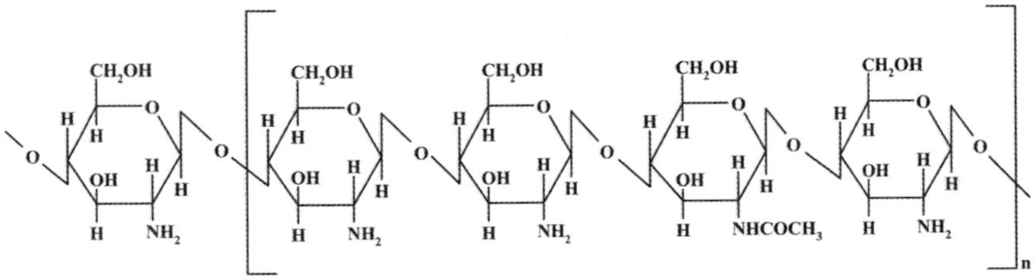

圖 2.25 幾丁聚醣的化學結構式

幾丁聚醣及其衍生物在過去的研究中曾應用於各種不同方向之研究，例如過去在外科手術中使用的手套為了避免其與組織黏膜的沾黏，通常會在手套上覆蓋一層滑石粉、氧化鎂做為潤滑劑，然而文獻中曾指出這些物質可能會與人體組織發生不良之反應。而幾丁聚醣由於其可被生物體吸收及分解，且對生物體無毒性，易於高溫、高壓下滅菌，因此已有專利被應用於此範圍。幾丁質與幾丁聚醣也已成功的被用來製作傷口敷料。另外幾丁聚醣在過去研究中已被證實，具有抑制傷口癒合過程中過度纖維化的形成，也可用來作為一多孔性三度空間的人工細胞外間質，因而成為近年來組織工程領域中生醫材料的主流。

⑸褐藻酸鹽

褐藻酸鹽為一帶許多負電荷的多醣類高分子（圖 2.26），以鈣鹽或鎂鹽存在於褐藻類植物中。可以稀鹼萃取褐藻類後，再用鹽酸

（HCl）、氯化鈣（$CaCl_2$）使之沈澱再精製而得，分子量約爲 240,000。褐藻酸鹽於室溫下可溶於水或鹼性溶液中，配製成黏稠之溶液，可以作爲醫藥或化妝品的乳化劑或增稠劑。另外，褐藻酸鹽可與二價陽離子如鈣或鎂等，形成網狀結構之膠體離子錯化合物，作爲包覆動物細胞或藥物的載體[9]。

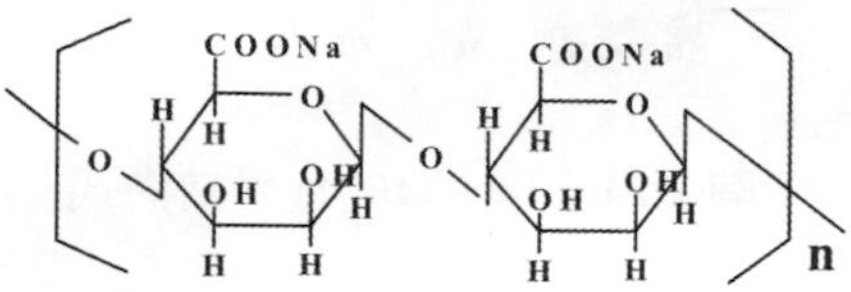

圖 2.26　褐藻酸鹽的化學結構式

(6)纖維素及其衍生物

纖維素爲構成植物體木質部與其表皮細胞的主要成分，爲天然界存在最豐富的有機高分子（圖 2.27）。由於纖維素不易被溶劑溶解，因此必須經過高溫酯化等化學反應後溶製成薄膜，例如 Cellophane, Curophane 與 cellulose acetate 等[11]。以這些材料做成的薄膜或中空纖維，已在血液透析洗腎機上使用了相當長的一段時間。目前亦被用來隔離胰島細胞或肝細胞做爲人工胰臟與人工肝臟等，以避免人體免疫系統的攻擊，但仍允許細胞新陳代謝所需要的養分與氧氣等或產生的尿素與二氧化碳等通過。

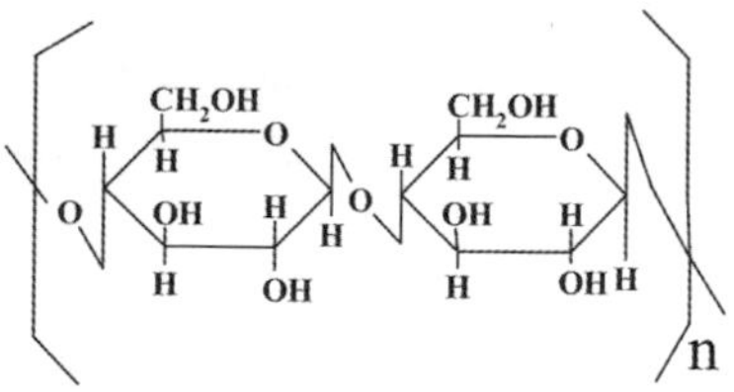

圖 2.27　纖維素的化學結構式

纖維素衍生物在醫藥上爲一常用的材料，如用來做爲藥物的緩釋劑、間質錠、膜衣錠或膠囊等[9]。其他纖維素衍生物如甲基纖維素、乙基纖維素與羥丙基甲基纖維素等也被常用來做爲藥物釋放的載體。甲基纖維素是線型結構的高分子，其結構如（圖 2.28）所示是纖維素的衍生物，目前廣泛應用在食品加工業上做爲食品增稠劑。纖維素本身由於其結晶度過高，因而不能溶於水或有機溶劑中，在纖維素的基環上有 3 個羥基（OH），當一部分羥基裡的氫原子（H）被甲基（CH_3）取代形成甲基纖維素時，便會使得纖維素的結晶度降低，因此可以溶於水或有機溶液中。

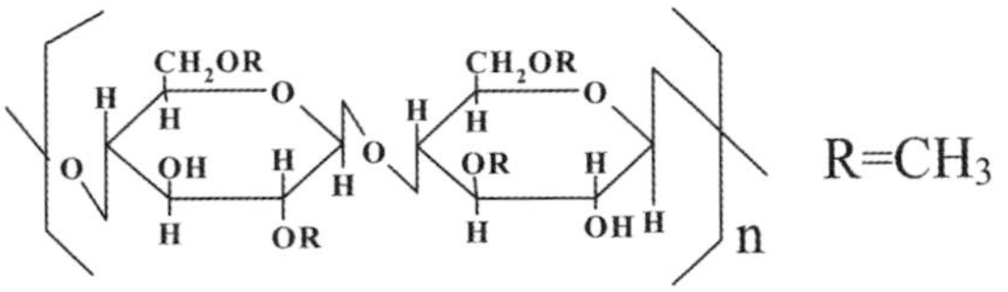

R=CH_3

圖 2.28 甲基纖維素的化學結構式

甲基纖維素爲一具有最低臨界溶解溫度（lower critical solution temperature，LCST）的材料，能利用溫度的變化藉由一種簡單的相轉移（sol-gel transition）而成膠。由於此溫度敏感的特徵，使得甲基纖維素能不經由化學交聯反應，提供可適用於人體內簡單又安全的藥物釋放系統。

甲基纖維素針對溫度的成膠機制如（圖 2.29）所示[12]，當其分子鏈於水溶液中時，其親水端（圖中細線部分）和親水端會因凡得瓦作用力而吸引在一起，而疏水端（圖中粗線部分）和疏水端亦會相互吸引。當溫度小於最低臨界溶解溫度時，由於甲基纖維素分子鏈上極性的官能基能和水分子之間形成廣泛的氫鍵，使得甲基纖維素分子呈現親水特性而能溶解於水。而當溫度漸漸升高時，甲基纖維素分子會慢慢的膨脹進而曝露出其疏水官能基（甲基）於溶液中，當溫度大於最低臨界溶解溫度時，甲基纖維素分子鏈上有足夠的疏水作用力，致使其能藉由分子鏈間甲基彼此的疏水作用力，形成物理性的交聯凝聚進而成膠。

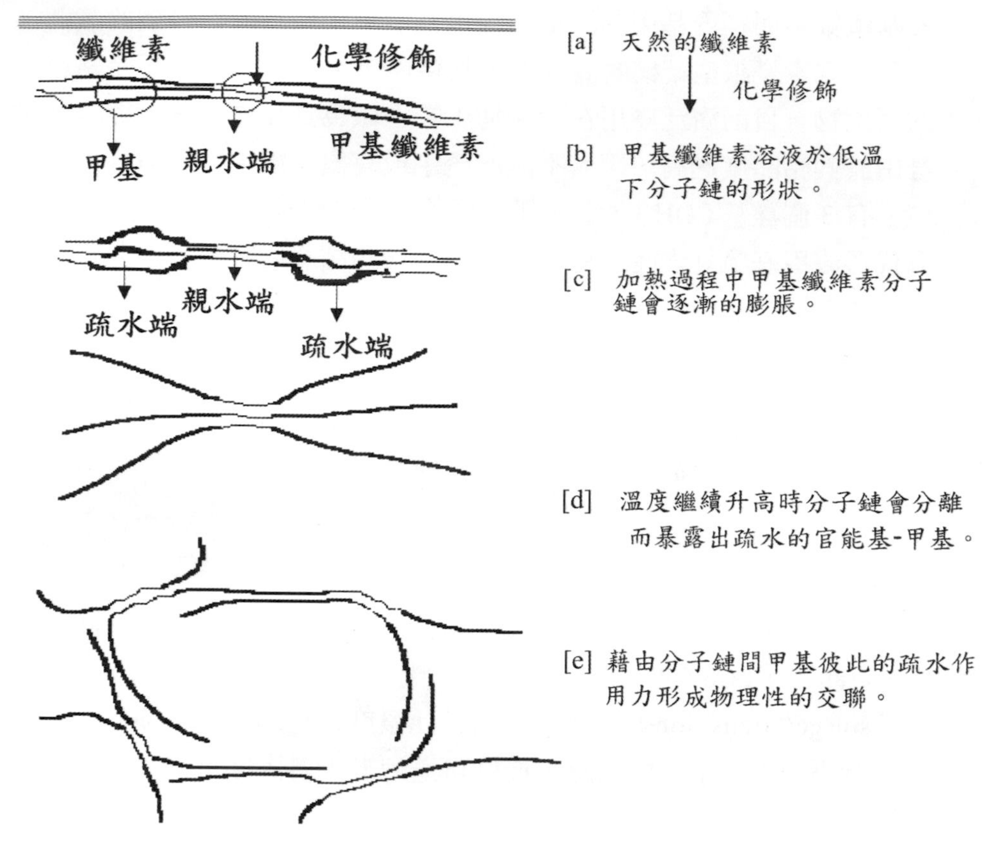

圖 2.29 甲基纖維素的成膠機制（依文獻[12]修改而成）

2-2-4 生物組織材料

生物組織材料在臨床上的應用非常的廣泛，例如傷口敷料、人工心臟瓣膜（heart valve prostheses）、人工補綴片、人工血管、人工肌腱和人工韌帶等。目前臨床上常使用的生物組織材料大致可分為三類：自體移植材料（autograft）、同種移植材料（homograft）和異種移植材料（heterograft）。

自體移植材料是從病人自己本身取下來的健康生物組織，用來修補或替代病變的生物組織，例如臨床上在矯治冠狀動脈血管硬化的繞道（bypass）手術時，常用病人自己胸內的內胸動脈（internal thoracic artery）或者是腿上的隱靜脈（saphenous vein）。這種自體移植的生物組織材料由於沒有免疫排斥的問題，因此在所有的生物組織材料中，它的生物相容性最好壽命也最長。它的主要缺點是來源有限，以及病人得多挨上一刀以取下健康的生物組織，來替代病變的生物組織。另外在被取下來健康生物組織的部位上，其原來正常的生理功能多少會受到一些影響。

同種移植材料是從捐器官者身上取下來的生物組織，經過抗生素等的滅菌手續處理後再種回病人的身上，它的保存通常是在液態氮裡（-196℃）。這種同種移植材料在植入人體之後，當然會受到病人體內免疫系統的攻擊，因此在臨床上的壽命比不上自體移植的生物組織材料。此外由於愛滋病和肝炎等病毒傳染的顧慮，使得有些醫生不太敢使用這種同種移植的生物組織材料。

異種移植材料是從動物體上取下來的生物組織材料，一般來說，這些動物器官組織含有豐富的膠原蛋白。同樣的，這些動物器官組織也必須先經過交聯劑的交聯處理後才能植入人體，因爲人體的免疫系統與酵素會攻擊任何外來的物質，使得植入的器官細胞死亡以及組織退化，進而導致植入器官的衰死。交聯處理能夠穩定器官的組織，增強器官組織對抗人體免疫系統與酵素的攻擊能力。但是動物細胞經過交聯劑的交聯處理之後，其組織細胞通常會死亡，因此對於某些需要靠活的細胞來執行新陳代謝的器官，如心臟、肝臟與腎臟等來說，這種交聯處理方式非常的不適合。但是對於某些器官如血管、韌帶、肌腱、心臟瓣膜以及軟骨等來說是可以接受的，因爲這些器官在人體裡主要只是負責執行一些特定的機械功能，並不需要靠活的細胞來維持其正常的功能。

異種生物組織材料在植入人體之後，面臨的第一個問題就是體內免疫系統及酵素的攻擊，免疫系統及酵素的攻擊往往會造成材料被分解而無法發揮其功能。爲了使材料在植入人體之後，具有抵抗體內的免疫系統及酵素攻擊的能力，同時增加本身的機械強度，以及延長材料在體內的壽命，這些異種生物組織材料在植入人體之前，皆必須先經過交聯劑的化學交聯修飾。

目前以交聯劑化學修飾異種生物組織的方式可分爲兩種：一種是交聯劑直接與生物組織上的自由胺基形成穩固的交聯鍵結，如戊二醛（glutaraldehyde）、環氧化物（epoxy compound）與京尼平（genipin）等；另一種則是交聯劑先活化生物組織上的羧基，再與另一自由胺基形成胜肽鍵結，如碳化二亞胺（carbodiimide）等。

臨床上最常使用的生物組織交聯劑爲戊二醛，但是以戊二醛交聯處理的生物組織材料在臨床應用方面，會發生組織硬化、鈣化及纖維化等問題。根據文獻上的記載，這些問題可能與戊二醛的毒性過高有關。1990 年代初期本實驗室曾使用了環氧化物來交聯處理生物組織，雖然環氧化物的毒性較戊二醛爲低，且鈣化的現象也改善了許多，但是由於使用環氧化物交聯處理的生物組織，其交聯程度比戊二醛交聯處理的生物組織爲低，因此其機械強度及抗酵素分解的能力等，均不如戊二醛交聯處理的生物組織。

近年來本實驗室著手使用一種從中藥梔子果實裡（圖 2.30），萃取純化出來的天然交聯劑一京尼平，來交聯處理生物組織[13]。在傳統中藥上京尼平及其衍生物常被用來治療各種免疫性疾病及肝病等。另外，京尼平也常被用來當做天然食用色素。由以上的兩種應用，可推測由梔子的果實萃取出來的京尼平其毒性應相當的低。而我們早期的實驗結果[13]，亦證實了天然交聯劑京尼平的毒性，比目前常使用的幾種化學交聯劑（戊二醛與環氧化物等）要來得低很多。

圖 2.30 梔子的果實及花

於一老鼠皮下植入實驗裡[13]，我們也證實了以京尼平交聯處理的生物組織相容性，比以戊二醛或環氧化物交聯處理的生物組織來的好。而從另一實驗裡[13]，我們亦發現以京尼平交聯處理的生物組織，其交聯程度與戊二醛交聯處理的生物組織相當，而比環氧化物交聯處理的生物組織要來的好。

另一種常使用的交聯劑爲水溶性的碳化二亞胺，其中又以 1-ethyl-3-（3-dimethyl aminopropyl）-碳化二亞胺（EDC）被使用的最多，文獻上指出 EDC 已被使用於胜肽的合成、蛋白質的結合與其複合物的生成及肝素（heparin）接枝修飾膠原蛋白等的應用。

2-3 結語

由以上的介紹可知傳統的工業材料包括金屬與合金、陶瓷材料與高分子材料等，皆被嘗試著用來做生醫材料。在 1976 年以前，只要醫生敢用，任何材料皆可被用在人體上，但過去臨床的經驗告訴我們，適合用在人體的生醫材料，不像一般工業上的應用，必須考慮人體複雜的免疫系統反應。因此在 1976 年美國國會通過食品藥物法規之後，生醫材料就如同藥物一般，必須通過相當嚴謹的體外及動物實驗，進而臨床測試後方可上市。而現今生醫材料的研究已不再是一個單獨領域的知識即可勝任，跨化學、化工、生物、生理、免疫及醫學等不同知識領域，已是研究生醫材料所必須具備有的基礎。

2-4 問題與討論

1. 目前臨床上使用的人工心臟瓣膜可以分為機械式瓣膜（mechanical valve）與組織式瓣膜（tissue valve）兩大類，請上網查一下這兩類人工心臟瓣膜分別採用哪些生醫材料來製造的。

2. 何謂可分解的生醫材料（biodegradable materials）？試舉三類你所熟悉的生醫材料，它們在人體的應用有那些？試述它們於人體分解的機制為何？

3. 血管支架（vascular stent）為臨床上血管硬化病人矯治，常用的一種醫學器材，試上網了解此器材於臨床上安裝於硬化血管的方式。其製造方法與所使用的材料有那些？

4. 功能性高分子在生醫材料上的應用有一專有名稱-smart polymer，試述 smart polymer 的分類及其工作的原理。

5. 何謂自體組織生醫材料（autograft）？同種組織生醫材料（homograft）？與異種組織生醫材料（heterograft）？

參考文獻

1. 黃義侑，〈生分解性 PLA 及其共聚物在醫學上的應用〉，《化工技術》，台北市：化工技術雜誌社，第 40 期，152～159，1996。
2. 馬純媛，《以 Genipin 或 Carbodiimide 交聯生物組織材料的交聯結構與交聯性質探討》，國立中央大學碩士論文，2000。
3. Nimni, M. E., **Collagen**, Vol. I, Florida: CRC Press, Boca Raton, 1988.
4. Zeeman, R., Dijkstra, P. J., van Wachem, P. B., van Luynb, M. J. A., Hendriksc, M., Cahalanc, P. T. and Feijena, J., “Successive epoxy and carbodiimide cross-linking of dermal sheep collagen,” *Biomaterials*, 20, 921-931, 1999.
5. 黃玲惠，〈膠原蛋白生物技術〉，《化工技術》，台北市：化工技術雜誌社，第 40 期，136～141，1996。
6. 黃登茂，《新型生物膠的研發與其體外及體內實驗的評估》，國立中央大學碩士論文，1998。
7. 張文祥，《新型傷口敷料的研發與其體外與體內實驗的評估》，國立中央大學碩士論文，1999。
8. 梁晃千，《以天然交聯劑 Genipin 交聯明膠的藥物制放微粒載體：體外與體內性質評估》，國立中央大學碩士論文，2000。
9. 王盈錦、張淑真，〈高分子生醫材料〉，《化工技術》，台北市：化工技術雜誌社，第 98 期，110～129，2001。
10. 糜福龍，《幾丁聚醣應用於藥物與疫苗傳輸系統之設計及研究》，國立中央大學博士論文，1997。
11. 楊銘乾、林其昌，《中空纖維在血液透析上的應用》，《化工技術》，台北市：化工技術雜誌社，第 61 期，144～159，1998。
12. Haque A., “Thermogelation of methylcellulose, Part 1: Molecular structures and processes,” *Carbohydrate Polymers*, 22, 161-173, 1993.

13. 蔡承致，《由中藥梔子果實裡萃取純化天然交聯劑 Genipin 及其在生醫材料上的應用》，國立中央大學博士論文，2000。

第三章

微生物農藥

MICROBIAL PESTICIDE

曾耀銘　高穗生

3-1 緒論

台灣地處亞熱帶氣候，高溫多濕，病蟲害種類繁多，又因農作物複種指數高，集約栽培的結果更導致病蟲害猖獗蔓延。長久以來農民爲確保收成，多以施用化學農藥爲主，以降低田間病蟲害密度，減少損失，維持作物產量和品質。邇來，隨著國際貿易之快速成長與 WTO 之參與，新病蟲害問題不斷發生，農民無藥可施，甚而使用非推薦之化學藥劑進行防治；又長期使用相同藥劑，致使病蟲害產生抗藥性，短期或連續採收之作物，由於採期間仍有病蟲害發生，被迫噴藥防治，諸多因子使作物農藥殘留超過標準。二〇〇一年農業委員會公佈之資料顯示，抽驗田間即將採收及集貨市場蔬菜樣品 6,868 件中，合格率已達 98.4%，一般水果 5264 件樣品合格率 98.2%，觀光果園採樣 464 件合格率達 98.5%。惟其中少數樣品超過容許量或測得含有「不得檢出」之農藥，引發媒體重視和消費者之疑慮，引起拒買的風波，農民亦遭受嚴重損失。另外，尚包括農藥對環境之污染，對非標的生物的傷害和生態平衡之破壞等諸多副作用。因此不論是站在降低對化學農藥之依賴性或在有害生物綜合管理（IPM）的策略應用上，生物農藥均提供了另外一種安全、經濟且有效的選擇。

生物農藥與傳統化學藥劑有明顯的不同，因生物農藥具有無毒性的作用機制，標的的特異性，和在環境中能被生物所生產。若依來源作分類包括了：①微生物農藥（microbial pesticide），包涵細菌、真菌、藻類、原生動物或病毒。其作用機制可經由毒素的生產（如蘇力菌，*Bacillus thuringiensis*）、侵入寄生（如白殭菌，*Beauveria*）、病原性（如桿狀病毒）和競爭（如病毒用於植物之交叉保護）。②生化農藥（biochemical pesticide），有四個明顯的生物功能類別：(a)化學傳訊素、(b)荷爾蒙、(c)天然植物調節劑及(d)酵素。③植物生產之農藥（plant-produced pesticide），包括導入植物中之物質，其目的在於將其作爲農藥使用者。蘇力菌屬於微生物農藥製劑的一種，而含有蘇力菌殺蟲基因的轉殖作物（transgenic crop）亦屬於植物生產之農藥。但若依施用對象則可分爲生物殺蟲劑（bioinsecticide）、生物殺菌劑（biofungicide）和生物殺草劑（bioherbicide）。生物農藥遠較傳統化學藥劑危險性較少；專一性較高。對人、畜、野生動物、害蟲的天敵和有益昆蟲無害；生物農藥使用少量即有效，分解快速，暴露風險低，無污染問題；無殘留量的問題，施用後可立即採收，不需訂定安全採收日期；可以作爲有害生物綜合管理（Integrated Pest Management, IPM）的一個方法，和化學藥劑搭配使用，可降低化學農藥之使用量；不容易產生抗藥性；研發費用低，容易登記上市。因此，發展生物農藥已經是一種世界性的潮流，可以維護農業生態的永續經營，台灣在農業生物技術研發高唱入雲之際，當然也不能自外於大勢之所趨。事實上，台灣在生物農藥（植物保護用生物製劑）產業上有其獨特的優勢和利基。

台灣地處熱帶和亞熱地區，有 2/3 的面積爲山地，高山聳立，生物相的分佈可自熱帶，溫帶到寒帶，因此有高度龐雜度的病原微生物資源。而且國內植物保護研究人員致力於生物農藥之研發和推動已有相當時日，累積相當多的經驗與技術，有些特定的研究項目成效斐然，距離商品化的地步，就差臨門一腳。根據一九九九年之農業年報顯示，目前台灣地區短期蔬菜之栽培面積爲 118,437 公頃，至二〇〇〇年底有機栽培農作物包括水稻，果樹，蔬菜，茶葉等共計 1012.5 公頃，邇來松材線蟲爲害松林，疫情相當嚴重，而松樹林面積達 122,903 公頃。這些短期作物，連續採收的作物，有機栽培之作物，水源涵養地區之松林及城市內之行道樹，公園內之觀賞植物，倉儲的食物，均不適合使用化學藥劑來處理，而微生物製劑就成爲唯一的替代方案。另外，對付抗藥性嚴重的害蟲如小菜蛾、甜菜夜蛾，使用微生物殺蟲劑亦為不可避免的選擇。

政府對作物之有害生物的綜合管理（IPM），亦有政策上之輔導和支援，更強化了微生物製劑在 IPM 所扮演的角色。再加上獨特的血緣和地緣關係與類似的耕作系統，使得台灣得天獨厚，有潛力成為亞太地區生物農藥之研發，產銷及應用技術中心。政府在台南設置台南科技工業園區農業生物技術產業專業區，亦在竹南科學園區設置生物技術產業專業區，並輔導、促進研究發展，運用民間科專及主導性新產品開發計畫補助研發經費。在推動投資方面，可運用行政院開發基金 200 億參與投資，推動成立生技創投公司。其目標在於建立生物農藥商品化生產技術及設備規劃，設廠；本土性生物農藥新產品開發；推動生物農藥之試量及生產工廠；生物農藥之註冊登記和推廣和應用。預期績效在期望新產品建立後，可減少進口數量，預估十年後產值達新台幣 30 億元；關鍵技術之建立將可促進相關工業升級；取代化學農藥之使用，減少農藥殘留造成之社會問題；改善化學藥劑長期使用所造成之污染問題，及對天敵和非標的生物之副作用，以提升大眾生活的環境品質和生態品質。

本文將就微生物農藥包括微生物殺蟲劑、微生物殺菌劑、微生物殺草劑作介紹供同道參考。

3-2 微生物殺蟲劑（Microbial Insecticide）

感染昆蟲之主要微生物為細菌、病毒、原生動物、真菌和立克次小體。這些微生物會使昆蟲生長發育延緩、降低生殖潛能，或直接殺死昆蟲。細菌為最常使用之微生物殺蟲劑，病毒和真菌次之。日本金龜子芽孢桿菌（*Bacillus popilliae*）和緩死芽孢桿菌（*B. lentimorbus*）會造成日本金龜子和其他金龜子幼蟲的乳化病（milky disease）。需利用活體培養生產困難，成本較高。而蘇力菌不需寄主也能繁殖，可以人工培養基培養，有利於商品化生產，病毒亦有相當的潛力作為微生物殺蟲劑，超過 1,200 種病毒之寄主為鱗翅目，膜翅目和雙翅目，而桿狀病毒則最為人所知，包括核多角體病毒（nuclear polyhedrosis virus, NPV）和顆粒體病毒（granulosis virus, GV）。真菌屬於植物界中的真菌門（Eumycota）蟲生病原真菌大約有 90 個屬和 700 種，可分爲 5 個亞門：鞭毛亞門（Mastigomycotina）、接合菌亞門（Zygomycotina）、子囊菌亞門（Ascomycotina）、擔子菌亞門（Basidiomycotina），和不完全菌亞門（Deuteromycotina）。但只有少數的接合菌綱（Zygomycetes）之蟲霉目（Entomophthorales）及線菌綱（Hyphomycetes）之鏈孢霉目（Moniliales）的種類研究比較深入。主要用於害蟲防治的蟲生病原真菌均屬鏈孢霉目，鏈孢霉科（Moniliaceae），如黑殭菌（*Metarhizium anisopliae*）、白殭菌（*Beauveria bassiana*）、綠殭菌（*Nomuraea rileyi*）及蠟蚧輪枝菌等（*Verticillium lecani*）。原生動物體形小、單細胞生物，在許多棲所均可見到。其形狀，顏色，和形態變異頗大。它們具有有性和無性繁殖的現象。經描述 15,000 種中有 1,200 種與昆蟲有關聯，有的更具病原性。蟲生病原原生動物分屬於 6 個門：動鞭毛門（Zoomastigina），根足門（Rhizopoda），頂複合門（Apicomplexa），微孢子蟲門（Microspora），單孢子蟲門（Haplosporidia）纖毛蟲門（Ciliophira）。有微生物防治的潛力之微孢子蟲門中，包括了微粒子屬（*Nosema*），具褶子孢蟲屬（*Pleistophora*）和變態微孢子蟲（*Vairimorpha*）。目前只有蝗蟲微粒子病（*N. locustae*）一種原生動物登記上市，防治蝗蟲。所謂微生物殺蟲劑係指用於害蟲防治的微生物或其有效成分，經由配方所調製成之產品，其微生物來源包括細菌、真菌、病毒和原生動物等一般由自然界分離所得，但也可以由人工品系改良，如人爲誘變選汰或遺傳工程改造者。本節將就重要之微生物殺蟲劑蘇力菌，桿狀病毒及蟲生病原真菌作較詳盡的說明。

3-2-1 蘇力菌

蘇力菌是一種革蘭氏陽性、桿狀、能形成孢子的細菌，在芽孢生殖過程會產生殺蟲結晶蛋白質（insecticidal crystal protein, ICP）具有殺蟲的效果。蘇力菌分布於七大洲，日本列島、台灣、英國、小笠原群島。至於是否在深海、地球地下深處、化石和太空存在，尚無所悉。蘇力菌可從許多地方分離出來，包括罹病蟲、昆蟲棲所、各種土壤、不同植物的葉片、植物源的材料、靜水和流水、海水、海和潮間混有鹽味的沖積物、牛犢之墊床和羊毛、哺乳類、爬蟲類和鳥類的排泄物及活化污泥等。

一九三八年在法國出現第一個蘇力菌產品，至今全世界蘇力菌產品超過 100 種以上，佔生物農藥販售量 90%以上。因爲蘇力菌的專一性和作用機制，被認爲是蟲害防治的一種安全的選擇，一直是有害生物綜合管理較佳的防治法。依據蘇力菌之鞭毛抗原（Flagellar antigen），目前有 70 個血清型（serotype）共 83 血清亞種（serovar）。近年提出之區分殺蟲結晶基因（*cry* gene）和其蛋白質產物的命名法，至今共有 40 大類 250 種明顯的殺蟲結晶蛋白基因和 21 細胞溶解因子（cytolytic-factor, *cyt*）。蘇力菌主要的產物爲 δ-內毒素（δ-endotoxin）也就是殺蟲結晶蛋白質，另有一些二次代謝產物如 β-外毒素（β-exotoxin），免疫抑制劑 A（immue inhibitor A），數種磷脂酵素（phospholipase），α-外毒素（α-exotoxin）及卵磷脂酵素（lecithinase）。另有研究顯示幾丁質分解酵素（chitinase）和 zwittermicin 能增進殺蟲結晶蛋白之毒性。最近自蘇力菌分解出一種新的殺蟲毒素稱之爲營養期殺蟲蛋白（vegetative insecticidal protein, ViP）.ViP3A 對鱗翅害蟲有較廣的殺蟲效果。殺蟲結晶蛋白的作用之機制是一種多步驟的程序（multistep process），包括了蛋白質之溶解和處理，毒素的結合，細胞膜的相互作用，孔洞的形成，細胞解離，細菌敗血症（bacterial septicemia）和死亡。在取食後，殺蟲結晶蛋白質因中腸鹼性條件（pH 高於 9.5）受到溶解，形成 130kDa 之原毒素（protoxin）。原毒素在中腸鹼性件和蛋白質分解酵素（proteinase）之作用下分解成 60～70kDa 之毒素（toxin）。此活化之毒素和座落於柱狀細胞之頂刷狀邊膜（apical brush border membrane）特殊蛋白質接受器（receptor）相結合。至少有兩類的受器：一種爲鈣粘著蛋白（cadherin），另外一種爲氨肽酵素（aminopeptidase）。當毒素和這些特殊的受器結合時，毒素就穿入細胞膜，形成孔洞，擾亂細胞的功能，當在柱狀細胞頂膜形成孔洞時，會造成離子流動。

Knowles 和 Ellar（1987）提出膠體-滲透解離（colloid-osmotic lysis）機制，他們認為在上皮細胞之細胞膜形成 0.5～1nm 之小孔，會導致離子和水之流入。由於孔洞的形成細胞腫脹終致解離。Knowles 和 Dow（1993）提出之模式強調(K^+ PUMP)之停止，會使柱狀細胞腫脹和滲透解離。腸道完整性受到瓦解肇致死亡。腸道完整性之破壞使蘇力菌和其他細菌有機會進入體腔，昆蟲之血淋巴又是細菌生產最佳培養基。通常在取食後 2～3 天，因細菌敗血症而使昆蟲致死。

蘇力菌產品佔整個生物農藥市場之 90%，許多產品均以蘇力菌庫基塔基亞種（*Bt kurstaki* HD-1）為主，如 Dipel Thuricide 和 Biobit，主要是其對 100 種以上的鱗翅目害蟲有效。其他以專一性較強的蘇力菌品系為主的產品其市場較狹窄。由於對哺乳動物毒性之關切，歐洲和北美市場的蘇力菌產品均不含 β-外毒素。目前主要的蘇力菌產品是由對鱗翅目有活性的庫斯塔基亞種和魚占澤亞種（*Bt aizawai*）、對雙翅目有效的以色列亞種（*Bt israelensis*）和對鞘翅目有活性的擬步行蟲亞種（*Bt tenebrionis*）所組成。其劑型種類繁多，對農業、森林和衛生害蟲均有良好的防治效果。

3-2-2 桿狀病毒

桿狀病毒（Baculoviruses）為對節肢動物有專一性、桿狀具有被膜之病毒（enveloped viruses）、且有環狀雙股之 DNA 基因體（cirular double -stranded DNA genome）。近來病毒分類國際委員會（International Committee on Taxonomy, ICTV）重新更改桿狀病毒之分類，桿狀病毒科現在區分為兩個屬 ①核多角體病毒（Nucleopolyhedrovirus，前稱 nuclear polyhedrosis vivus）及 ②顆粒體病毒（Granulovirus, 前稱 granulosis virus）。而非包涵體桿狀病毒包括犀角金龜病毒（*Oryctes rhinoceros* virus, OrV）和玉米穗蟲病毒（*Heliothis zea* virus 1，HzV-1）已經從桿狀病毒科中移出，並未定位到任何的科去。

桿狀病毒僅自節肢動物中被分離，主要源自 4 個目的昆蟲，鱗翅目（Lepidoptera，膜翅目（Hymenoptera），雙翅目（Diptera）和鞘翅目

（Coleoptera）。在桿狀病毒之複製週期（replicative cycle）中，產生兩種病毒粒子表型（phenotype）。一種病毒粒子之表型稱之爲包涵體衍生病毒，（occlusion derived virus, ODV），包埋在一種結晶蛋白介質，即包涵體中。包涵體在核多角體病毒之形狀爲多角體，含有許多病毒粒子，而顆粒體病毒屬之形狀爲卵圓柱形，僅含有一個病毒粒子（兩個則少見）。包涵體衍生病毒在顆粒病毒屬在病毒被膜中，僅含有一個核蛋白鞘（nucleocapsid），核多角體病毒屬之包涵體衍生病毒則每一個病毒粒子含有一單一之核蛋白鞘稱之爲單核蛋白鞘核多角體病毒（SNPV）或含有多個核蛋白鞘稱之爲多核蛋白鞘核多角體病毒（MNPV）。第二種表型稱之爲出芽性病毒（buded virus, BV），又稱爲胞外病毒（extracellular virus, ECV），在感染的初期產生，出芽性病毒由單一核蛋白鞘產生，能自受感染細胞之原生質膜（plasma membrane），出芽進入胞外液中（extracellular fluid）。其被膜（membrane envelope）並不緊密，且含有病毒編碼醣蛋白之被膜突起（peplomer）。核蛋白鞘爲桿狀直徑 30～55nm，長 250～300nm，含有一個單一雙股環狀超螺旋 DNA，90～160 kb 大小。病毒分類國際委員會編列的 633 種具潛力的桿狀病毒中有 15 種核多角體病毒已定位（assigned），而 483 種屬於暫定種（tentative）。顆粒體病毒包括 5 種已定位和 131 種暫定種。一般而言，一種桿狀病毒之名稱包括兩個部份，病毒自何種寄主昆蟲分離而來，和包涵體形成的類別，如加州苜蓿夜蛾（*Autographa california*）之多核蛋白鞘核多角體病毒（*Autographa californica* MNPV or Ac MNPV）。

核多角體病毒廣泛分佈到 400 種節肢動物種類，分屬 7 個昆蟲目：鱗翅目、膜翅目、雙翅目、鞘翅目、纓尾目、毛翅目和甲殼綱中之十足目（Decapoda）。一般而言，大多數核多角體病毒之寄主範圍侷限於原分離寄主之同科或同屬一種或數種昆蟲。有少數例外，有較廣的寄主範圍：①加州苜蓿夜蛾核多角體病毒，感染鱗翅目中，10 科超過 30 種昆蟲；②芹菜夜蛾核多角體病毒（*Anagrpha falcifera* NPV）感染鱗翅目，10 科超過 31 種昆蟲；③甘藍夜蛾核多角體病毒（*Mamestra brassicae* MNPV），自鱗翅目四科 66 種測試昆蟲中，感染 32 種昆蟲。顆粒體病毒感染 100 種昆蟲，但僅感染鱗翅目昆蟲，寄主範圍與核多角體病毒相較則更狹窄，大多數侷限於單一種類。病毒感染使得寄主幼蟲衰弱導致發育取食和移動性之減少，增加被捕食之機會。當昆蟲幼蟲取食到多角體，多角體向中腸移動，中腸之鹼性環境和蛋白分解酵素的作用，溶解了多角體鞘而釋放出具感染力之核蛋白鞘。釋放出核蛋白鞘與中腸表皮細胞結合，遷移至細胞質，在細胞核中脫鞘。在細胞核內病毒複製，並產生子代核蛋白鞘，發芽穿過感染細胞之原生質膜進入蟲體之循環系統。昆蟲開放式循環系統，使得病毒可以入侵其他組織。使得整體蟲體組織造成二次感染，核蛋白鞘也能被包裹在細胞核內之多角體中，也可能在蟲體中繼續分佈感染。幼蟲後（Post-larval）之影響包括了蛹和成蟲體重減輕，生殖能力和壽命減少。多角體約 1～10 μm 大小，能構成受感染幼蟲乾重 30%之重量。每一受感染細胞有超過 30 以上之多角體，一隻老熟幼蟲在死亡之前可產生 10^{10} 個多角體。受感染之幼蟲是否會繼續取食至死，因病毒種類和環境而異。受感染幼蟲攀爬至植物頂端倒懸其而死，染病死亡時間 4～8 天，受生物和非生物因子影響而定。桿狀病毒寄主範圍之特異性高，在自然界能造成流行病，降低昆蟲之棲群。故而，被認爲農林害蟲具吸引力的微生物防治劑，是化學防治之替代方案。至於桿狀病毒在蟲害上之應用，最主要的方法在於將病毒製成殺蟲劑以噴灑方式使用，此外，尚有一些頗具前瞻性的防治法：包括流行疫病的預測、古典生物防治、半古典生物防治、病毒資源管理、寄生性天敵和捕食性天敵之協助、自動傳染、病毒的早期引進、方格式引進。但由於病毒殺蟲時間長、寄生範圍窄、在環境中易受紫外線破壞、毒力低，使得發展受到限制。可借製劑配方和遺傳工程來改善其殺蟲性質。紫外線保護劑、增強因子和佐劑之添加有助於其在田間之表現。

桿狀病毒適合做爲生物性殺蟲劑，噴灑桿狀病毒來防治害蟲成功的例子相當多。到目前爲止共有 32 種商品化之病毒殺蟲劑，但其中 Elcar 已撤銷登記。許多產品用於森林害蟲防治，且多爲政府單位登記者。森林爲使用病毒殺蟲劑最佳環境，因其生態系統相當穩定，經濟爲害限界高，經常受到對森林有專一性的害蟲爲害。此外，主要幾個林產國家如加拿大和瑞典法令禁止於森林地區使用化學殺蟲劑。在此情況下蟲害防治有效且合法的方法，就是使用生物製劑如蘇力菌和病毒。

森林害蟲如吉普賽舞蛾，天幕毛蟲（*Malacosoma naustria*），歐洲松葉蜂，紅頭松葉蜂（*N. lecontei*），花旗松毒蛾（*Orgyia pseudotsugata*），雪毒蛾（*Stilpnotia salicis*）均能以其核多角體病毒殺蟲劑商品聾行防治。蘋果蛀心蛾（*Cydia. Pomonella*）以其顆粒體病毒（CpGV）防治時，有良好效果，九年防治效果的比較，均有不俗的表現。除了對蘋果蛀心蛾有良好效果外，由於其選擇性高，不傷天敵，天敵因而受到保育，從而避免爲了防治其他害蟲而使用化學藥劑。使用 CpGV 防治蘋果蛀心蛾要比使用固殺松（Gusathion MS）對天敵的傷害少得多，因爲經 CpGV 處理的蘋果葉片上的歐洲葉數目爲化學處理的百分之一，遠低經濟爲害限界，而化學藥劑處理的蘋果樹，其葉片受到嚴重的傷害，栽植蘋果的農民則不可避免地一定要加添使用殺蟲劑。目前 CpGV 共有三種產品已有兩種產品爲前註冊（pre-registration）狀態，可以提供果農防治在蘋果，梨子和胡桃樹上蘋果蛀心蛾。1993 年甘藍夜蛾核多角體病毒(*Mamestra brssicae* NPV)經 Calliope 公司以 Mamestrin 之商品名在法國註冊上市，用來防治甘藍上之甘藍夜蛾。尙可用來防治非洲地區棉花上之害蟲，亦可用於番茄上害蟲之防治。據稱該公司每天可生產三十萬頭幼蟲足夠生產處理一百公頃所需的病毒。每公頃可施用 5 公升約相當於每公頃 10^{13}PIB 之劑量。此產品在害蟲產卵期間，每 7 天需施用一次，因其對紫外線敏感，且對幼期之幼蟲有較高的活性之故。Calliope 之另一產品 Spodopterin 則是用來防治在非洲地區棉花田已經產生抗藥性的海灰翅夜蛾（*Spodoptera littoralis*）。每公頃 4 公升的量約相當於每公頃 10^{13}PIB。而在歐洲則擬用於防治溫室中之 *Spodoptera* sp.。

在國內，農藥所亦成功地利用甜菜夜蛾幼蟲大量生產甜菜夜蛾核多角體病毒。自埔里滿天星上甜菜夜蛾病蟲體內分離之核多角體病毒，經穿透式電子顯微鏡觀察該病毒外形爲不規則且大小不一的多角體，在每一病毒粒子中含有 1 至 6 個長桿狀之核蛋白鞘，其中以含 2～4 個最常見。由電子顯微鏡及組織病理切片之觀察可證實此病毒爲甜菜夜蛾核多角體病毒。另外，尚可利用 PCR-RFLP 技術鑑定甜菜夜蛾核多角體病毒。核多角體病毒對本省甜菜夜蛾幼蟲具高度之致命力，以接種源飲入法求得一至五齡幼蟲之 LC50 依序為 11.6 $\times10^5$、6.9 $\times10^4$、4.1 $\times10^4$、3.7 $\times10^5$ 及 5.2 $\times10^6$ PIBs/ml，顯著隨著幼蟲齡期之增長，其對病毒之感受亦明顯下降。由於甜菜夜蛾核多角體病毒對甜菜夜蛾幼蟲具有頗高之致病力，具有開發成為微生物殺蟲劑之潛力，目前大量生產流程已告確立。依據食物消耗量、病毒生產幼蟲死亡率及雜菌污染程度，認為甜菜夜蛾核多角體病毒生產條件為：接種培養基為 1.54 ±0.23g（直徑約 1cm，高約 0.5cm），接種濃度為 2 $\times10^5$ PIBs/cm^2（培養基表面），30℃下培養，接種後第 5～6 天收獲。收獲之病毒經打碎過濾。裝瓶後冷凍備用。在量產過程中亦同時研製多種自動化機械，包含自動化飼料切割裝填系統，包裝系統及真空收集系統，這些自動化之裝置均有助於大量生產流之自動化，以降低人力需求及生產成本。在製劑配方之發展方向，在添加展著劑（Bivert）之後具有增效作用。另外在添加尿酸之後，具有對紫外線保護之作用。亦嘗試利用噴霧乾燥機，將病毒製成粉劑。此外，農藥所並與工業技術研究院化工所合作研發含有抗紫外線效果之微膠囊化病毒製劑，以提高田間防治效果。

至於核多角體病毒田間應用之情形，則以甜菜夜蛾核多角體病毒在青蔥甜菜夜蛾防治上實例作說明。宜蘭縣青蔥栽培面積全省第二位。每年夏季，尤其是 6 月間甜菜夜蛾發生密度較高的時期，成蟲產卵於葉尖，幼蟲潛入蔥管內，啃食葉肉，繁殖力特強，嚴重時期銕被食殆盡，甚至導至廢耕。過去農民使用化學殺蟲劑來對抗，但成效不彰。農藥所於 1989～1991 年在宜蘭之青蔥田進行多次試驗，以核多角體病毒防治甜菜夜蛾，發現病毒之施用量在 1.5～2.0 $\times10^{12}$ PIBs/ha（添加展著劑 0.25% Bivert），防治效果顯著。1996 年示範推廣辦理示範，涵蓋之地區包括三星、壯圍、宜蘭市和員山等宜蘭青蔥主要產區。據初步調查每公頃可節省農藥之花費達 8～10 萬元新台幣。此項推廣示範計畫由農林廳支助半數經費，農民亦需自行負擔半數經費。農會負責聯繫，農藥所則負責提供病毒並訓練農民更有效地應用此微生物殺蟲劑。

3-2-3　蟲生病原真菌

蟲害防治用的真菌謂之蟲生病原真菌（*Entomoathogenc fungi*），又稱真菌殺蟲劑（mycoinsecticides or fungal insecticides），主要用於蟲害防治之蟲生病原真菌爲不完全菌亞門的種類。包括了寄主範圍較窄的粉蝨座殼孢（*Aschersonia aleyrodis*）僅感染粉蝨和軟介殼蟲。黑殭菌之寄主有 300 種涵括了鱗翅目，鞘翅目，直翅目和半翅目。白殭菌有超過 700 種之寄主之記錄。湯氏多毛菌（*Hirsutella thompsonii*）防治柑桔銹蜱相當成功。綠殭菌屬和擬青黴菌屬有些種類會感染重要的土壤害蟲和一種重要的粉蝨。蠟蚧輪枝菌（*Verticillium lecanii*）經常引起蚜蟲和介殼蟲的流行病。蟲生病原真菌有接觸活性（contact activity），能主動侵入有外骨骼或表皮的昆蟲類。入侵在口器之節間皺摺（inter-segmental folds）或經由氣孔，那些部位局部高濕有助於孢子發芽，且表皮軟更易穿透。黑殭菌和白殭菌有忌水性（hydrophobic spore），能和昆蟲表皮相結合，而這些孢子是因取食或移動在土壤或植物表皮面沾附而來，一旦沾在表皮上，孢子即和臘質的外表皮（epicuticle）之生化刺激有所反應，即化學趨性（chemotaxis），在 9～12 小時內發芽。不久真菌即停止在表皮表面水平的生長，利用包含機械壓力和表皮降解酵素混合物（脂類分解酵素、蛋白質分解酵素和幾丁質分解酵素）的作用，穿透攻擊和溶解表皮。真菌一旦突破表皮和下面的真皮層，即開始入侵血腔，在血淋巴內繁殖。只要在昆蟲體內，如白殭菌就會分泌白殭菌素（Beauvericin），弱化寄主之免疫系統。一般而言在發芽 24 小時內，真菌在寄主體內迅速增殖。以菌絲體（mycelium）或酵母菌狀芽生孢子（yeast-like blastospore）之方式生長。感染的寄主停止取食，變得遲滯，2～7 天後相當快地即死亡。當真菌在蟲屍上形成芽孢時，即完成生活史（life cycle）。

1. 白殭菌

白殭菌寄主範圍廣，而且致病力強，可寄生 15 個目 149 個科的 700 多種昆蟲及　類。按種數排列，昆蟲寄主範圍分佈最多的種科依次是夜蛾、瓢蟲、天牛、尺蠖蛾等。白殭菌和卵孢白殭菌爲兩種研究較徹底的昆蟲病原真菌。在蘇聯及中國大陸已被大量的使用。捷克斯拉夫有兩種產品，Boverol 和 Boversil。美國則有 Naturalis-L。蘇聯之產品 Boverin 被推荐用來防治不同的害蟲。主要針對馬鈴薯甲蟲（*Leptinotarsa decemlineata*）和蘋果蛀心蟲（*Cydia pomonella*）。大多數都和降低劑量的殺蟲劑混合來增加對標的害蟲的感受性。在中國大陸的白殭菌是除了蘇力菌外，最常使用在微生物防治的病原微生物。在數以百計的生產單位或人民公社生產，用以防治歐洲玉米螟（*Ostrinia nubilalis*）松毛蟲（*Dendrolimus* spp.）和葉蟬（*Nephotettix* spp.）。在 1977 年有 40 萬公頃玉米田以白殭菌處理來防治歐洲玉米螟。當以每公頃 19 公斤含有 5 $\times 10^9$ 孢／克 之粉劑施用或以每公頃1200公升含有0.1～0.2 $\times 10^9$ 孢子／毫升來噴灑時，能殺死 80%三齡至四齡松毛蟲。近年來在西半球此菌再度引起較大的興趣，被測試用於防治馬鈴薯甲蟲。由於利用液體培養基表面培養（liquid medium surface culture）大量繁方法之發展強化了工業界對此真菌的興趣。另外，從白殭菌之培養濾液中分離出白殭菌素 I（beauvericin I）對蚊幼蟲和細菌有毒。亦有研究者自培養液中分離出類白殭素 II（bassianolide II），能使家蠶幼蟲肌肉呈特異的遲緩症狀，最後死亡。

2.黑殭菌

黑殭菌分佈於全世界，可能是自然土壤植物區系（flora）的一部分，可以由昆蟲自土壤餌集此一蟲生病原真菌。自德國 Darmstadt 地區不同的群落生境（biotope）選取 100 個土樣，可分離出 40 株黑殭菌菌株，而黑殭菌大孢變種則侷限於南太平洋之犀角金龜子。黃綠黑殭菌很少被發現在西歐，但時常自罹病的非洲蝗蟲上分離到。黑殭菌類可以用不同的選擇性培養自土壤中輕易地分離到。由於黑殭菌分佈廣，也就是說很容易從許多昆蟲上分離得到。依據調查黑殭菌的寄主範圍，能寄生分屬 7 個目，超過 200 種以上的昆蟲。主要寄主爲鞘翅目，共有 134 種昆蟲，主要爲象鼻蟲科，叩頭蟲科，和金龜子科，至於雙翅目和膜翅目則少受感染。目前可自包括鱗翅目，鞘翅目，直翅目和半翅目之 300 種昆蟲分離鑑定出黑殭菌來。黑殭菌品系不同，寄主範圍差異甚大，如果要針對一特殊的標的害蟲做防治時，必需要進行生物檢定以便篩選出毒力最強之品系。自從 Metschnikoff 和 Krassilstschik 古典防治調查之後，有許多有關利用此真菌做為生物防治劑之實例。Muller-kogler 報導棕櫚害蟲犀角金龜（*Oryctes rhinceros*）可以用此真菌來防治。目前在許多太平洋群島和東南亞已經很成功地利用黑殭菌來防治犀角金龜。此菌可以用簡單的方法生產，並和一種桿狀病毒一起使用，是一種在綜合防治計畫中很重要的工具。

文獻中以本真菌防治甲蟲類包括金花蟲，象鼻蟲和金龜子，已所在多是。目前以黑殭菌或黃綠黑殭菌來防治白蟻，非洲沙漠蝗及蟑螂已受到相當的重視。在巴西，此菌大量地用在牧草和甘蔗害蟲如沫蟬（*Mahanava posticata*）之防治。本菌之產品 "Metaquino"用在數個特區，幾千公頃的田地上。黑殭菌在澳洲被用於防治長鼻白蟻（*Nasutitermes exitiosus*），初步田間試驗結果相當不錯。在本省此菌用來防治青蔥上之甜菜夜蛾和可可椰子之紅胸葉蟲（*Brontispa longissima*）成效蜚然。此菌可以用殺菌過的白米，燕麥或小麥糠來大量生產，可以有分子孢子懸浮液，乾粉或粒劑等劑型。目前有 Metaquino 和 Bio-path 兩種產品，前者用來防治沫蟬，後者則用來防蟑螂。黑殭菌之培養物含有黑殭菌素（destruxin）A, B, C, D, E 和脫甲基黑殭菌素 B（desmethyldestruxin B）。黑殭菌素曾被視為新世代殺蟲劑。將黑殭菌素接種到大蠟蛾（*Galleria mellonella*）幼蟲時，造成破傷風性的麻痺。亦在受真菌感染的幼蟲中產生，對病徵的發展頗為重要。在幼蟲中迅速產生黑殭菌素會使昆蟲致死。黑殭菌素被取食時對昆蟲有毒，經體壁則無。

3.綠殭菌

綠殭菌能自然發生於許多鱗翅目害蟲上，能寄生於 30 多種鱗翅目害蟲特別對夜蛾科害蟲的致病力更強，且常引發流行病。美國應用該菌作微生物殺蟲劑，誘發流行病及生態系統調節等途徑防治危害大豆的夜蛾類幼蟲，取得顯著的效果。日本研究人員認為，該菌廣泛分布於水田，適宜於防治雜食性的斜紋夜蛾等害蟲。綠殭菌在害蟲防治中的真正重要意義還在於流行性病的誘發調整及通過調節生態系發揮其在綜合管理中的自然控制作用。綠殭菌自然流行的循環過程如下述：

⑴在土壤中越冬存活的分生孢子，早春時使豆苗和新生多年雜草帶菌。

⑵取食帶菌植株的敏感幼蟲被感染。

⑶感染幼蟲爬行移動將病原擴散到全植株。

⑷初感染幼蟲死亡，蟲屍上形成的分生孢子增加了田間分生孢子量和侵染源。

⑸在春末和夏季，感染反覆發生，孢子量不斷增加，由於風的擴散夏季流行病發生。

⑹夏末秋初敏感幼蟲群局部被消滅。

⑺死亡幼蟲及其形成的分生孢子重新使土壤帶菌。

綜合上所述，越冬孢子的數量，早春的有效寄主，適宜的感染條件和擴散條件等，是決定綠殭菌自然流行性病發生和發展的重要因素。在過去幾年對綠殭菌做過不少的研究，此菌可做爲日後真菌殺蟲劑的候選者。

3-2-4　蠟蚧輪枝菌

蠟蚧輪枝菌是爲人熟識的節肢動物之病原真菌。最早於 1861 年被描述於粉蝨、蚜蟲和介殼蟲。此外亦記錄尚可寄生綿褐帶卷蛾（*Adoxophyes privatama*）和茶刺蛾（*Iragoides faseiata*）等。本菌爲歐洲第一個商品化的真菌。英國自 1981 年起即以 Vertalec 之名來防治蚜蟲，後來以 Mycotal 爲名來防治溫室中之粉蝨。第一次實驗是在菊花上進行，防治的對象爲數種蚜蟲包括了桃蚜（*Myzus persicae*）。後來又證實本菌亦可使用於食用作物如胡瓜或茄子上蚜蟲之防治。芽生孢子和分生孢子同樣有效，但安定性較差。由於潛伏期（incubation period）較長大約十日，故必須及早將病原引入正在增長的害蟲棲群中去。此引入方式，使得施用 1～2 次之後，真菌能建立起來並有數週的高防治率。此真菌和一種營養基質（nutrient substrate）混合調製，能誘發發芽和部分在葉表之腐生生長。如此蠟蚧幹枝菌可宿存於棲群中並可攻擊其他健康的蚜蟲。每天至少有 10～12 小時，溫度在 15～25℃，相對濕度在 85%以上，才能得到有效的防治。配合其他植物保護方法如殺蟲劑之施用亦屬必要。在田間使用此菌之所以效果不佳，則因不適當的濕度條件使然。本菌在捷克有更一步的利用，在蘇聯則以 Verticillin 之名在利用。1988 年荷蘭 Koppert 公司亦加入生產，其產品經測試防治溫室中之胡瓜及番茄之溫室粉蝨成效卓著。經測試，其對菸草粉蝨（*Bemisia tabaci*）1～3 齡之若蟲均能造成 90%之死亡率。

3-3 微生物殺菌劑及微生物殺草劑

3-3-1 微生物殺菌劑（Microbial Fungicide）

植物之病害乃是由於病原菌、感受性寄主和環境相互作用之結果。因此，在防治之本質上，生物防治劑是以病害過程和病原菌做爲標的。防治病害過程（指治療）之策略與防治病原菌是有差別的。能夠寄生和破壞病原菌的微生物，應在種植作物之前施用。微生物如其作用在於與病原菌競爭營養之供應和空間，或以分泌對病原菌有害之代謝產物（具抗生作用）阻礙病原菌之生長，這類拮抗微生物（antagonist），在種植時施用。與病原菌相競或直接攻擊病原菌之拮抗微生物可與土壤混合加到畦裏，進行種子處理，或做葉面或果實噴灑。微生物殺菌劑在設施作物和收穫後爲害之處理較具成效，因環境因子較易控制。在防治農藝和園藝作物病害時，微生物殺菌劑和化學殺菌劑彼此互補之作用，故應和化學殺菌整合使用。根據微生物殺菌劑施用之標的，可將其分成三類：土媒病原菌，葉面病害及在儲藏期收穫後之腐爛。

1. 土媒病原菌之微生物殺菌劑

利用細菌和真菌殺菌劑在根圈（rhizosphere）進行防治較葉部（phyllosphere）爲成功。但開發生物殺菌劑做爲土媒病原菌之防治需要考慮到許多因子，例如：影響到生物殺菌劑長期存活的因子，包括物理性因子：土壤種類，溫度，pH 值和基勢能（matric potential）。生物性因子：能在介質上定殖的能力，競爭，存活結構，寄主之基因體（genome），植物病原菌對生物殺菌劑之抗性。至於影響作用速度的因子，包括生物殺菌劑發芽和復原的時間，自製劑中釋放之情形，生長速度和移動至作用點的狀況。病原菌之生長速率，生態區位（niche）之保護程度及毒素的產生。

用於土媒病害防治的細菌和放線菌類（Actinomycetous）之生物殺菌劑，是以枯草桿菌（*Bacillus subtilis*）、放線農桿菌（*Agrobacterium rabiobacter*）、螢光假單孢菌（*Pseudomonas fluorescens*）、*Burkhoderia cepacia*、產氣腸桿菌（*Enterobacter aerogenes*）和淺灰綠鏈黴菌（*Streptomyces griseoviridis*）為主。枯草桿菌對植物病原菌和細菌具有拮抗作用，至少會產生 66 種不同的抗生物質，多屬分子量範圍在 270～4,500Da 的胜肽類，由一些特殊氨基酸組成，大多數為環狀結構。可分為三類，孢內環狀胜肽脂類；孢外環狀胜肽脂類及孢外環狀胜肽類。Gustafson 公司之產品 Kodiak®，是以 *B. subtilis* GBO3 為主，種子處理，用以防治棉花、豆類苗期病害，對絲核菌（*Rhizoctonia*）及鐮孢菌（*Fusarium*）有效。其製劑為可濕性粉劑能和數種種子處理的化學殺菌劑相容。Epic®以 *B. subtilis* GBO7 為主，可防治棉花田之苗期病害如絲核菌和鐮孢菌。以放線農桿菌 K84 為主的兩種產品 Galltrol®或 Norback 84-C®能有效地防治核果之腫瘤桿菌（A. *tumefaciens*），主要歸因於其能產生一種抗生物質，農業素（agrocin）使然。另有重組放線農桿菌（K 1026 衍生而來），能阻止農業素之抗藥性自放線農桿菌轉移至腫瘤農桿菌。此重組品系以 NoGall®為商品名，自 1988 年於澳洲上市。另外一種細菌拮抗菌產氣腸桿菌 B8 對果腐病（*Phytophthora cactorum*）造成之腫瘤和根腐有防治效果。Ecogen 公司出產之 Dagger G®，含螢光假單孢菌，能防治棉花苗期之病害。另一螢光假單孢菌 Conquer®在澳洲能有效地防治洋菇之褐斑病假單孢菌（*P. tolassil*）。而螢光假單孢菌 WCS374 之製劑

Biocoat®，可用於蘿蔔和康乃馨種子包覆以防治鐮孢菌。以灰鏈黴菌爲主的產品 Mycostop®，其可濕性粉劑含有菌絲和孢子能以乾粉施用到種子或懸浮於水中浸泡，噴灑或浸透種子。對康乃馨萎凋病，胡瓜根腐，小麥鐮孢病，花椰菜猝病等有防治效果。

真菌殺菌劑主要爲絲狀菌如綠黏帚黴菌（*Gliocladium virens*）和哈茨木黴菌（*Trichoderma harzianum*）。環境條件如溫度和濕度影響真菌殺菌劑的生長和存活，因而限制其效果。這些真菌殺菌劑可用以防治根部爲害之病害如腐黴菌（*Pythium*）與絲核菌以及葉部真菌病害如白粉病和灰黴菌（*Botrytis*）。美國康乃爾大學的研究人員利用原生質體結合（protoplast fusion）技術，將哈茨木黴菌 T-12 和 T-25 兩品系結合，生產一雜交菌哈茨木黴菌 1295-22 品系。對許多植物病原真菌包括菊花灰黴菌（*B. cinerea*）有效，能夠保護玉米、大豆、馬鈴薯、棉花、菜豆、花生、草坪、園藝作物之根系，不受鐮孢菌、 絲核菌和腐黴菌之爲害。該菌能和化學殺菌劑相容，在種植時可以直接施用在經過化學殺菌劑處理過之種子。以哈茨木黴菌 1295-22 品系爲主，有兩種產品 RootShield®和 Bio-Trek 22®登記上市。另有一產品由 Mycotech 開發，含有兩種互補的木黴菌品系商品名爲 EcoGard™，對許多土壤病害有效，能有效地防治草莓之灰黴菌。綠黏帚黴菌 GL21 之粒劑，商品名 SoilGard®能防治土壤病害如腐黴菌，立枯絲核菌（*R. solani*）及蝴蝶蘭白絹病（*Sclerotium rolfsii*）等。因綠黏帚黴菌 GL21 能產生抗生物質，黏帚毒素（gliotoxin），具生防活性，爲防治終極腐黴菌（*P. ultimum*）和立枯絲核菌之關鍵因子。寡雄腐黴菌（*P. oligandrum*）是一種具攻擊性的真菌寄生菌（*mycoparasite*），可用於防治植物病原真菌。甜菜種子以寡雄腐黴菌之卵孢子（oospore）包覆，可以有效地防治終極腐黴菌造成之猝倒病（damping-off）。寡雄腐黴菌之商品名爲 Polygandron®。另有黑麴黴菌（*Aspergillus niger*）AN27 爲主的商品 Kalisena®可以防治土媒病原，包括萎凋病（*F. oxysporium*）、根腐菌（*F. solani*）、腐黴菌、立枯絲核菌和菌核菌（*S. sclerotiorum*）。

2.空氣傳播植物病害之微生物殺菌劑

哈茨木黴菌 T-39 之商品爲 Trichodex®，可以防治葡萄之菊花灰黴病。*Ampelomyces quisqualis* M10 之商品名品爲 AQ10®，此一超寄生菌（hyperparasite），能有效地防治葡萄白粉病（*Uncinula necator*），胡瓜白粉病在中度病害壓力下，亦能得到相當不錯的防治效果。螢光假單孢菌 A506 其商品名爲 Blight Ban A506®，可以防治梨和蘋果的火疫病（*Erwinia amylovora*）。

3.蔬果收穫後病害之微生物殺菌劑

丁香假單孢菌（*Pseudomonas syringae*）ESC11 此拮抗細菌能有效地防治受傷的梨、蘋果和柑桔果實之擴展青黴菌（*Penicillium expansum*）。亦可防治梨之菊花灰黴病。其商品名爲 BioSave11®。Aspire®是以親油假絲酵母菌（*Canadida oleophila*）爲主之產品施用到柑桔、梨果、葡萄和蘋果，保護傷口不受病原真菌的入侵。該酵母菌能以與主要病原菌青黴菌（*Penicillium* spp.）發芽孢子競爭空間和養分的方式抑制腐爛。以 Aspire®和 200 μg/ml的腐絕（thiabendzole）混用，可以減少綠黴和青黴（*P. digitatum and P. italicum*）造成腐爛的發病率，其效果和使用傳統的化學殺菌劑相仿。另外，由白地黴菌（*Geotrichum candidum*）造成的腐爛，傳統化學殺菌劑不能防治，而 Aspire®卻有相當有效的防治效果。Burkhoderia cepacia（Wisconsin IsoJ82）商品名爲 Deny®可防治蘋果和梨之菊花灰黴病。

3-3-2 微生物殺草劑（Microbial Herbicide）

生物殺草劑爲植物病原菌、源自植物病原菌或其他微生物之植物毒素（phytotoxin）做爲防治雜草之用。整個雜草生物防治之基礎，在於營造有利病原菌之生態平衡，促進疾病進行。故應篩選合適的病原菌或可在多樣性環境中有作用的病原菌。絕大多數之生物殺草劑爲真菌病原菌。近來亦有可能考慮使用細菌當成生物殺草劑。真菌殺草劑（mycoherbicide）未來的潛力在於對付化學殺草劑難以有效防治的雜草。包括防治寄生性雜草；

防治與作物有近緣關係之雜草，此種情況需要高選擇性；防治對化學殺草劑已產生抗藥性的雜草；防治之雜草其為害之作物較特別，且栽種面積小、開發化學殺草劑成本上不合經濟原則。發展植物病原真菌作為真菌殺草劑進行相當順遂。作為真菌殺草劑之侯選真菌需要具備某些必要的特徵：真菌可以生體外之方式生產；產品在培養和儲藏時具安定性，無侷限其感染性之休眠因子；在一個相當廣泛的環境中能感染寄主。具有此種特性之真菌，一般為兼性病原菌（facilative pathogen）。在美國和加拿大共有四種產品登記。

美國亞培公司註冊了一種棕櫚疫病菌（*Phytophthora palmivora*）用來防治柑桔園的莫倫藤（*Morrenia odorata*）。其商品名為 DeVine®，為一種活的厚膜孢子（chlamydospore），萌後（post-emergent）施用於柑桔樹四周土壤，在施用後 2～4 週後，感染莫倫藤之苗和成熟的蔓。先感染土壤中之蔓，再攻擊根部，最後整個寄主植物受感染，而不會損及柑桔樹，防治效果高達 100%，且持續達 2 年之久。阿肯色大學，美國農部和 Upjohn 公司合作開發出 Collego®，含有皂角長孢炭疽菌（*Collectotrichum gloeosporioides f.* sp. *aeschynomene*）乾燥孢子。該菌為兼性腐生菌，當接種到維州皂角（*Aeschynomne viriginica*）時會造成寄主致命的莖和葉部之萎凋。當皂角莖之高度超過水稻，在尚未開花前，施用 Collego®。在施用後兩週內莖部形成病痕（lesion），隨時迅速致死。能提供長期的防治，無需定期再施用。加拿大沙斯卡頓市（Saskatoon）之 Philom Bios 生技公司開發出 BioMal®的真菌殺菌劑。僅能感染加拿大西部雜草圓葉錦葵（*Malva pusilla*）並能非常有效地殺死它。田間施用時，真菌孢子停留在葉表，發芽長出菌絲。此線狀的延伸物作用像小的鉤子一樣，能使其穩固於葉子的外表。然後此真菌，錦葵長孢炭疽菌（*C. gloeosporioides f.* sp. *malvae*）即穿透葉片感染整株植物。雜草則因為不能取得水分或營養而腐爛、死亡。最後此病原菌真產生更多的孢子，隨風攜帶到另外的圓葉錦葵使之造成感染。此真菌能破壞圓葉錦葵葉片結構，但不能侵害其他植物。此項特性十分重要，因為此雜草常在近緣之農作物附近生長。在此情況下，化學殺草劑之使用受到限制，因爲農作物會受害。使用 BioMal®，既會除去雜草又不會危及作物和環境。

莎草屬（*Cyperus* spp.）這類常見雜草，化學殺草劑難以有效防治。替代方案，可利用具特異性殺草活性之微生物來防治此問題雜草，而不會感染作物。鐵荸薺（*C. exculentus*）爲南非和北美在甘蔗、玉米、馬鈴薯、棉花和大豆田之主要雜草，Dr. BioSedge®，是以縱溝銹菌（*Puccinia canaliculata*）爲基礎的生物殺草劑，據報導能有效地防治鐵荸薺。已經由 Tifton Innovation Crop. 公司商品化生產。另外，應用真菌病原（*Dactylaria higginsii*）防治沙草屬之雜草包括土香（*C. rotundus*），鐵荸薺和碎米莎草（*C. iria*）獲得專利。亦有研究者利用莖生殼二孢（*Ascochyta caulina*）做爲真菌殺草劑，防治藜科（Chenopodiaceae）之雜草，特別是年生雜草白藜（*Chenopodium album*）亦獲得專利。這些真菌殺草劑感染和疾病之發展需要特殊條件，如露水期（dew period），需超過 24 小時。此外，肉桂鏈格孢（*Alternaria cassiae*）可做爲防治鈍葉決明（*Cassia obtusfolia*）之真菌殺草劑，在同時以嘉磷塞（glyphosate）處理時，效果會更好。嘉磷塞能壓制雜草之防禦反應，因其降低雜草之植物防禦素（phytoalexin）之產生，而和病原菌有協力作用。

3-4 微生物農藥的生產

任何生物技術產品的開發如果無法大量生產，便無實際應用價值。爲使生物性農藥也能像化學農藥一樣普遍被使用，產程的研究必須迎頭趕上，才有機會促使生物防治的觀念建立。生物性農藥的產程開發上牽涉到的問題包括：生產、回收或純化、製劑配方、基礎的製造流程及成本控制等，涵蓋的範圍從生命科學到工程科學都有。其中生產、回收及製劑配方是產品的主要來源管道。至於產程的最適化（optimization）更是生物性農藥從生產、營運到商品化最重要的工作之一，也是生物性農藥能否成功跨進病蟲害防治領域的關鍵。

3-4-1 醱酵量產

生物性農藥及其相關領域所應用的微生物涵蓋了細菌、真菌、病毒、原生動物與線蟲等，然而目前較具應用價值的仍以細菌類和真菌類這兩大類爲大宗。一般這類微生物的培養，不外乎利用醱酵的方式來進行擴大化（scale-up）與量產。以醱酵規模來說，小至實驗室搖瓶（shaker flask）及小型醱酵槽（1～100 公升不等），大至試驗工廠（pilot plant）及商業化的正式生產（100～100 萬公升不等）都有。儘管微生物的需求會因來源的不同而有若干程度上的差異，然而一般微生物的培養方式仍不脫離固態醱酵（solid fermentation）與液態醱酵（submerged fermentation）兩種。

1. 固態醱酵

在實驗室裡，最簡單的固態培養就是利用洋菜基的平面培養（agar plate）或斜面培養（slant）。除此之外，目前較常使用的是太空包，當然也有特殊設計的固態培養裝置，只是固態醱酵的認證是非常難的工作，如醱酵產物取樣的代表性和重複性，便是一明顯的問題。近年來，固態醱酵槽的形式也有了若干的改進如：盤式醱酵槽、堆積床（Packed bed）通氣系統、間歇壓力式（Periodic pressure solid state fermenter, PPSSF）、圓桶式（cylindrical type）醱酵槽和分層式等，在實際使用上，真菌使用固態培養的例子則遠超過細菌類微生物。理想的固態醱酵系統是能夠將固、液和氣相物質均勻混合在醱酵槽中。一般真菌以固態基質爲支撐物，由固相或液相養分代謝生長，產生的代謝物、二氧化碳、新生質能量、水分和熱能排出系統。對於好氧性之微生物而言，氧氣之傳送也是另一項需要克服的問題。對於真菌類生物殺蟲劑，其生長較緩慢，固態培養或許剛好能合於所需。此外，真菌菌絲的生長會增長和分支，受環境因子所控制，諸如：培養基的可利用性、溫度、酸鹼值和水分活性或相對濕度等。固態醱酵系統的不均質性嚴重的影響真菌的生長，其中最爲困難的問題是真菌質量乾重的定量，取而代之則以 DNA、ATP、麥角醇和 Glucosamine 做爲生質能的指標。但不可諱言的是，固態醱酵的放大策略至今仍然付之闕如，因此必須在電腦的應用、生長模式的建立和對真菌生理的瞭解更爲加強後，才能發展醱酵放大的最佳策略。在小規模的生產中，固態培養的成本較低，操作設備也簡單，同時有較高之產率，然而一旦生產的規模逐漸擴大，甚至到達商業化程度時，固態培養反而又變得複雜且成本就比液態醱酵爲高，同時無菌操作的維持也變得較難。真菌類生物殺蟲劑如 *Metarhizium anisopliae*, *Beauveria bassiana*, *Hirsutella thompsonii*, *Trichoderma* sp.等，目前大都使用固態方式進行醱酵，而且成效良好。

2.液態醱酵

液態醱酵時，微生物是在與外界隔絕下，於醱酵槽內的液態培養基中進行醱酵，同時液體需要加以攪拌並通入經過除菌的空氣（某些情形則是需要氮氣或二氧化碳）才能開始培養。不同於前述之固態醱酵，現在絕大部分之生物性農藥都是採用這種方式培養，尤其是在大規模的商業生產。由於醱酵是在液態下進行，因此培養基的組成具有高度的選擇性，舉凡天然的培養基或是化學組成培養基皆可自由的調配，同時在滅菌上也比較沒有死角。當然爲了成本上能與化學農藥相抗衡，生物性農藥的菌種培養基之成本也是估算的重點。

液態醱酵的規模，小自 0.2 公升，大到超過 1,000,000 公升都有，而最常使用的醱酵槽形式是攪拌式（stirred tank reactor, STR）醱酵槽。STR 一般是中置軸式附有各式之攪拌翼，配合轉速的調整，對於醱酵液體的均勻度有十足的幫助，同時對於溫度的平衡（包括散熱）、pH 的調整、空氣（特別是氧氣的傳送）的溶解，以及培養基的濃度分佈皆可藉由攪拌來完成。然而，因高速攪拌產生之剪應力對於某些培養物（如動、植物細胞）易造成的傷害及可觀之動力消耗，都是在設計及操作上需要予以考慮的。目前已有其它型式的醱酵槽如氣泡塔式（bubble column）、氣舉式（airlift）等發展出來。此類醱酵槽之設計較爲簡單，且因爲是利用氣體循環代替傳統的機械攪拌，故相對之剪應力及動力消耗較低，特別適合較脆弱之動、植物細胞培養。另外，單位體積功率所產生之質傳效果也較 STR 爲高，對於需要充足氧氣之好氣性微生物生長比較有利。

利用氣舉式醱酵槽與傳統 STR 生產好氧性微生物在質傳效果較好之反應器中有較好的效果。從另一個角度來看，對於生產成本的效益上，高效率產能的醱酵設備，顯然能夠降低產品的單位成本。另一方面，根據進出料方式的不同，液態醱酵又可分為下列四種形式：①批式培養（Batch culture）；②饋料批式（Fed-batch culture）；③連續式培養（Continuous culture）；④半連續式培養（Semi-continuous or draw-fill culture）。液態醱酵有使用不同形式反應器及各種不同的操作方式，至於其間的組合，需視微生物及產物的特性與要求而定。事實上，醱酵的型態、培養基之種類及醱酵槽之型式，因微生物及產物之種類而異，有必要做個別的探討。例如最有名的蘇力菌即是採用 STR 的液態批式醱酵。其它的生物殺蟲劑如 *Aschersonia aleyrodis*, *Conidiobolus obscuous*, *Bacillus sphaericus*, *Colletotrichum*, *Verticillium lecanii* 等，也都是採用液態醱酵。至於某些病毒是以生體內（*in vivo*）昆蟲宿主飼育方式或以生體外（*in vitro*）的昆蟲細胞培養方式進行增殖，屬於比較特殊的例子，在產程開發上瓶頸較多，應用量產難度上也較高。

3-4-2　產品回收純化

大部分的生物性產品分離回收程序約略包括四個程序：①不溶物的去除；②產物的分離；③純化；④精製。並非所有的生物性農藥皆需要上述四個步驟的處理，或許某些產品只需其中之一到二個步驟，這完全取決於產品的特性與要求或是商品化之型態。而大部分的生物性農藥產品事實上都是由下列幾項單元操作組合，來進行回收的工作：

1. 離心（centrifugation）：離心可說是用得最多的回收方法之一，它也是固液分離最方便的方法，而且目前在離心的操作上已有連續運轉的能力，使得它可以處理大型（或連續式）醱酵槽所產生的產品。利用離心只能做簡單的固液分離，對於產物若是分佈於固液兩相的話，那就比較不適合使用這種方法。而利用梯度（gradient）分佈來分離不同密度物質的超高速離心，可以改善這個問題，只是所費不貲且又費時，除非是高價位之產品，否則並不合乎經濟效益。

2. 過濾或濃縮（filtration or concentration）：過濾是一項最直接的固液分離操作技術，簡單如傳統的濾紙、濾布到最近發展的逆滲透（reverse osmosis, RO）及超過濾（ultrafiltration）等。傳統的過濾分離方式僅適合含大顆粒或者如真菌菌絲體之類的產物；但細菌甚至病毒類之產物，則因容易造成過濾裝置的阻塞，是一項大困擾。而超過濾則是利用幫浦將醱酵液壓送通過濾膜（0.1～1 μm），經液體所產生的剪力，可以移去累積在過濾膜表面之粒子，以抑制濾餅的生長。由於流通管內之壓力差大（～125 psig），因此濃縮的效率頗佳。

3. 乾燥（drying）：對於大體積的樣品除了利用連續離心之外，也可使用噴霧乾燥方式。乾燥效率大多取決於醱酵液的固體含量或溶質濃度而定，對於一般濃度低的生物殺蟲劑醱酵液而言，它的效率就比較差一些。改進的方法是在醱酵液中加入一些配方之類的填充料，以提高溶質濃度。當然也可先使用其它濃縮方法進行前處理，再予以噴霧乾燥。基本上，中、小型噴霧乾燥的設備昂貴，操作成本亦高。但某些產品經過噴霧乾燥之後便可直接包裝上市，而無需其它加工處理，因此採用者還是大有人在。

除了上述三項基本的操作方式之外，還包括蒸發（evaporation）、萃取（extraction）、吸附（adsorption）、沉澱（precipitation）及結晶（crystallization）等各式單元操作。由於產品特性上的差異及操作規模的考量，這些操作通常只在特定產品的回收上使用，因此使用的機會並不多。產品的回收，除需考量產品之特性外，亦需與將來製劑配方之型式配合。因為產品的回收大部分的工作都是在移去水份，以達到濃縮的目的，所以去水份方式的選擇會受殘餘物質的影響，而生物殺蟲劑的產物，如孢子或毒性物質若處於極端溫度、pH 及乾燥度的環境中會造成不安定，甚至失去活性，這使得選擇回收方式的工作更需謹慎。

3-4-3　製劑配方

生物性農藥的製劑配方要求主要原則都是在能保持它的效力並且以一種爲市場所接受的製劑型式，達到它有效使用的目標。製劑配方的先決條件需要具有安定性、良好的櫥架壽命（shelf-life）及使用方便等，同時爲了接受成本及市場壓力的挑戰，它們得需具備以下諸項特點：①有足夠高的效力，甚至可以飛機噴灑的方式施用；②具有均勻的效力，即使是不同批的產品；③具有物理、微生物的穩定性；④良好的分散及可混合性；⑤施用後，能夠維持長時間的效用；⑥適當的黏著性，使它容易附著在作物及害蟲上，同時不易被雨水沖刷；⑦具有抗紫外線能力。除此之外，對於製劑配方的黏度、可濕性、懸浮性及與傳統施用器具或是其它農藥間的相容性，也都是在開發製劑配方時需一併考慮的。目前生物性農藥的製劑配方大致上可歸納成下列四種型式：①粉劑型（powder or dust formulations）；②流動性濃縮劑型（flowable concentrates）；③高力價濃縮型（high potency concentrates）；④顆粒型（granules）。此外，利用擠壓（extrusion）或微胞囊（microencapsulation）技術所發展出的另一種劑型也頗受重視。此種可做爲藥性釋放控制（control release）系統的劑型目前已廣爲研究及開發。

1. 粉劑型配方：有可濕性（wettable）及固體原體（dust）兩大類產品。雖然此種配方有可塑性高的特性，但在使用時容易因風力的關係而產生飛揚情形，造成施用者呼吸傷害。最近有一些新崛起的配方技術：如將粉粒產品與具有自然分解性之天然聚合物（如修飾澱粉）共同擠壓成型之產品；或是將粉粒（或液體原體之溶液）包埋在小膠囊中，以控制毒效釋放的速度之微膠囊系統等，將某些特定的生物殺蟲劑產品配方製作帶入一個新領域。其製作手法將應用現有醫藥的基礎及化學農藥的常識配合新技術的開發，使得粉劑及顆粒型產品的再加工有了新風貌。
2. 流動性配方：包括油性包埋或是水溶性懸浮劑（suspension concentrate）及乳化劑（emulsifiable concentrate）型式是最常施用的型式之一，尤其在國外常以飛機噴灑農藥，此類產品算是最佳選擇。同時它也比較容易附著在作物及害蟲上，直接作用最爲明顯。另一方面，如果溶劑無法均勻地分散溶質的話，有可能造成產品的不安定。因此在操作上需注意各相之間的物理特性差異，同時也要避免高溫，以免縮短它在櫥架上的有效時間。

3. 高力價濃縮型配方：通常為減少體積，以符合超低體積（ultra low volume, ULV）的應用原則，採用高力價的濃縮劑型是必要的，當然此類產品之單價較高。濃縮的方式可採用噴霧乾燥、冷凍乾燥或者如前述回收純化之方法予以提高產物濃度，除了必要之添加劑（如抗紫外線劑、延展劑等）之外，儘量減少其他惰性物質及水份的存在。

4. 顆粒型配方：此乃製劑型態中最普遍且在安全方面最理想的一種。目前生物殺蟲劑的產品中已有不同顆粒大小、自我分散型碇劑（self-dispersing tablets）或煤球狀（briquette）等。它們在施用上都非常的方便，特別適用於水坑或小容器等環境之蟲害控制。顆粒型的產品也可利用前述微膠囊及擠壓成型（與適當之黏著劑或聚合物混合）方式做成另一種配方。

為配合使用時的需要，除了配方主體外，另需加入一些添加劑，如延展劑（extender）、可濕劑（wetting agent）或乳化劑（emulsifier）、分散劑（dispersant）及黏著劑（sticker）等。綜合這些物質的特性，才能使得生物殺蟲劑在田間使用時發揮最大的效率。事實上同一種生物殺蟲劑產品也可以做成不同形式的配方，端視市場要求及施用對象與環境條件的差異而定。例如許多公司已經把蘇力菌（*Bacillus thuringiensis* H-14）做成包括可濕性粉劑、水溶懸浮劑、顆粒狀及煤球狀等各種型態的商品。生物性農藥講究製劑配方，不單只是確保它的效力及使用上的方便，同時也提高它的賣點，增加最後成品的價值。

3-4-4 產品最適化之建立

雖然產程是結合多種技術與學科之操作，但是操作程序內或是程序與程序之間，都需要有最適當的配合才能提昇整體程序之效率。換言之，總體的生物性農藥產程從基礎的菌種篩選、培養基選擇、醱酵槽生產及回收純化之操作條件、製劑配方與售價之平衡等等，在在都牽涉到最適化問題。

這些過程中，每一個階段都有不同的考慮因素，而這些因素又和生物性農藥產程的開發息息相關。因此，產程的最適化問題其實也是生物性農藥發展的核心問題。以產品開發的最重要兩個問題：培養基組成與醱酵條件之最適化爲例，傳統一對一改變因子（factor）的作法是既浪費時間又不科學。雖然進行爲數不少的實驗，卻仍然難以瞭解因子之間的交互作用情形。當然這種方式也無法建立一個完整的模式來說明變數（因子）與回應值（response）之間的關係。因此，選擇一個有效率的最適化方法是有其必要性。

在尋找程序最適化的方法中，回應曲面法（Response Surface Methodology, RSM）是最廣泛被使用的工具之一。1951 年 Box 及 Wilson 首先提出這個方法，並且用它來尋找實驗的最佳條件。基本上 RSM 是利用統計學與數學模式的理論，從事先設計好的實驗中取得的數據即時分析，同時建立一個或多個（視回應數的多寡而定）多變函數模式，並以此模式表示測試因子對回應（response）的影響及受測因子間之關係及交互影響對整體回應之變化，同時可求得最適當之相對參數座標。因此，以此種方式來改進製程或者尋找最適條件，成爲最佳的選擇。

3-4-5 生物檢定

絕大部份的生物性製劑都缺乏有效的成分分析系統，這是因爲產品本身之複雜性與特異性，加上某些製劑的作用其實是由兩種或兩種以上之所共同完成的，也增加分析上的困難度。所以在沒有國際公認非常正確的分析方法問世之前，生物檢定仍然是發展生物性農藥不可或缺的工具。換句話說，除了少數發展較成熟的生物殺蟲劑產品（如蘇力菌）有其特別之分析方法之外，生物檢定可說是品質管制最重要的一環，只是生物檢定需要很正確的執行，否則徒然浪費時間及金錢，更沒有任何意義。爲達到此一目標，標的害蟲的蟲齡、大小必維持一定，同時也要有安定及衛生的昆蟲育種環境，才能取得較準確的試驗結果，當然對照標準也需要謹慎選擇，否則會誤導結果。品質管制的檢驗設計，其精神主要就是要讓每批產品以生物檢定系統決定其國際效力單位（IU）以控制品質之一致與穩定性，以蘇力菌爲例，美國環境保護署就以 HD-1-S-1980 作爲新的標準菌株，並定義其標準配方之 IU 值爲 16,000 IU/mg。而生物檢定系統所用之標準試測昆蟲選定爲擬尺蠖（*Trichoplusia ni*）及玉米螟（*Heliothis virescens*）。產品或商品之力價則可由下列公式來獲得。

$$產品IU = \frac{LC_{50}(HD-1-S-1980)}{LC_{50}(Sample)} \times 16{,}000\ IU/mg \qquad (3.4.1)$$

其中，LC_{50}爲半致死濃度。

在台灣，以埃及斑紋（*Aedes aegypti*）、小菜蛾及斜蚊夜盜蛾（*Spodoptera litura*）爲標的之蘇力菌生物殺蟲劑生物檢定方法已經建立，可作爲產品規格之訂定參考。至於昆蟲產生性真菌如黑殭菌、白殭菌（*Beauveria* sp.）等孢子產品以甜菜夜蛾（*Spodoptera exigua*）進行生物藥性測定的方法也已成熟。除此之外，昆蟲病毒或是原生動物及線蟲之生物檢定方法或是品質管制工作則因施用技術難度較高、量產不易，寄主專一性較高及市場普及性較差等問題，使它們應用在害蟲防治上，尚待各方面研究之加強。由於生物檢定之差異性較大，就連餵食方式的不同也會引起結果的差異。當然，一如前面所提，供試昆蟲之篩選，育種以及蟲齡（或大小）等都須有嚴格的規範，才能成爲品管的基礎依據。

3-4-6 田間試驗

在實驗室的試驗並無法準確的預測生物性農藥在田野的表現，是眾所週知的。因此產、官、學、研及使用者都一致認爲田間試驗有其必要性。事實上它也是進行農藥登記前必須完成的一項程序。田間試驗其實就是一個大規模的生物檢定，由於是在一個開放的空間進行試驗，它的影響因素相形來得複雜並且難以預測，但它仍然是發展製劑、應用技術、施用時間所必須要有的訊息來源，一但這些能達到最適化，則產品推出商品化便爲期不遠。

3-4-7 生物性農藥形態的分析

生物性農藥與形態學的關聯性淵源很深，1901 時 Ishiwata 第一次發現家蠶軟化病急速死亡的現象，被稱之為“猝倒病”，並從蟲體液中分離出一種桿狀細菌就是現在的蘇力菌亞種 *B. thuringiensis subsp. sotto*。它的發現成為蘇力菌作為微生物農藥研究的起點。Hannay 第一次發現蘇力菌的殺蟲活性與伴孢晶體（δ-內毒素）有關，之後 Hannay & Fitz-James 證實伴孢晶體是一種蛋白質。伴孢晶體用顯微鏡觀察伴隨著芽孢的形成而形成，它的形態只有用高解析度的電子顯微鏡才能探討。蘇力菌各品種的伴孢晶體形態可分為數類型：①對鱗翅目幼蟲有毒伴孢晶體為菱形，其中包括長菱形、偏長菱形、細小菱形和尖菱形等；②對雙翅目（蚊）幼蟲有毒性的伴孢晶體的形態則為不規則形，有多邊形、近似圓形和球形等；③蘇力菌中也會觀察到鑲嵌形伴孢晶體，為大晶體中嵌有小的晶體，可能可以殺死鞘翅目的害蟲。

有些蘇力菌株同時產生兩種以上的伴孢晶體，則殺蟲圖譜更廣。由 Kao 等人在台灣本土分離的 A3～4 菌株，利用電子顯微鏡觀察，發現它是一株生產多種菱形及含有鑲嵌體及一個菌體細胞內含有一至四個伴孢晶體的優良菌種，有高產量的δ-內毒素的晶體與孢子，因此形態學可以判斷此產程可作適當的應用。

另外，具有菌絲的真菌類微生物，在工業生產上以第二次代謝物為主體，也在大量的開發中。這些真菌在培養中呈現游離的菌絲或聚集體（菌球）或人為的聚合的細胞群，每一種形態與培養醱酵的情況都有關連。因為形態可以影響生產的代謝物，所以觀察所形成的菌球形態對代謝物的影響，是具有重要的指標意義。例如在一個看似均勻生長的菌絲球，可能因為菌球及不移動的細胞同時受內在及外在物質及熱度的限制，因此生長只限於氧氣供給充足的外圍區域。這種因為物質傳遞的限制而造成菌絲球內部不均勻的顯微變化，只有在顯微鏡下才能觀察得到。這些細部結構的勾勒，讓微生物的培養又多了一個探討的管道。事實上，影響菌絲結成菌球的因素很多，而形成菌絲球有時是產生二次代謝物或分泌物的必要先決條件。例如利用 *Aspergillus niger* 生產 polygalacturonidase 時，當菌絲球聚結越緊，則 polygalacturonidase 的合成越多，不論使用的是何種培養基，此種酵素的產率比分散的菌絲要高出 100 倍。但是對於其它菌種分泌酵素，則或許自由的菌絲才是最適當的代謝產物形態，可見形態變化的瞭解，其實有極大的研究價值。而這種種的變化及差異，一般都需藉由高解析能力的電子顯微鏡觀察，才能一窺其中的奧妙，由此可知生物性農藥研究中，形態的重要性。

3-5 結語

由於微生物製劑對天敵，人，畜，植物安全無毒選擇性強，不會污染空氣、水域和土壤，具有保護環境品質的特性和優點，開發成本低，病蟲害亦不易產生抗性，某些害蟲病原微生物和病毒和某些細菌（乳化菌）尚具有長期防蟲的作用，是頗值重視的一種非農藥防治技術，但微生物防治並不能完全取代其他防治，單獨應用微生物防治也有其不足之處，因此與化學防治等其他措施不應相互排斥，而必須相互密切配合，截長補短相輔相成，在綜合蟲害防治體系中共同發揮應有的協調作用。

雖然近年來微生物防治在本省有突飛猛進的成果，但不容諱言的，本土性微生物製劑之工業化、標準化和商品化生產問題仍待解決，突顯產品量少，滿足不了農民需求之瓶頸。同時面臨西方高科技生物及遺傳工程產品之衝擊。對國內植物保護用微生物製劑之研究方向吾人有下列數項期許提供同好共勉：

1. 重視本土性微生物資源之調查、篩選、鑑定和品系改良：台灣地處熱帶和亞熱帶，且地形複雜，作物栽培制度變化亦多，病原微生物資源豐饒。針對關鍵病蟲害選擇有效微生物病原，篩選有效品系，鑑定其分類地位，以育種和遺傳操縱技術進行品系改良，以育成穩定品系使具有高殺蟲及殺菌效果和殺蟲及殺菌範圍。

2.加強分子生物學及遺傳工程之研究：順應世界潮流，利用分子生物學和遺傳工程技術，有效地利用本地微生物資源開發嶄新的微生物製劑或基因轉殖作物，以更有效地進行微生物防治。

3.瞭解微生物製劑的作用機制：微生物殺蟲或殺菌劑作用機制之闡明，有助於醱酵產程之開發及產品品質之改善。

4.建立田間施用技術：包括施用技術合理化之研究，如微生物製劑之間混合及微生物與化學藥劑之搭配或混用，田間生態因子之掌握，和加強病原微生物在田間流行疫病學之瞭解。另外，因微生物防治造成的問題，如小菜蛾對蘇力菌產生抗藥性應如何應對及抗藥性管理政策之擬訂。又，伴隨遺傳工程之精進而帶來的基因轉殖作物之風險評估、毒性測試和管理，亦應未雨綢繆妥作因應。

5.建立大量生產流程之技術：選擇優良品系，配合適當之培養基，進行良好的醱酵產程操作，以獲得生產最適化，降低生產成本，縮短流程提升生產的品質。

6.開發新製劑配方和品質管制的研究：利用微膠囊化技術、流體床（fluidized bed）造粒，取食促進劑，紫外線保護劑和其他輔佐劑之添加，以增加田間效果和櫥架壽命，此外，誘餌劑之開發亦應列入考慮。同時建立標準化的生物檢定及各類生化、免疫、化學和遺傳工程技術以確保良好品質。

表 3.1～表 3.8 列出已上市之微生物農藥。

3-6 問題與討論

1.何謂生物農藥？其優點何在？

2.微生物殺蟲劑之定義。

3.試說明蘇力菌殺蟲之機制。

4.試說明一般細菌性生物農藥的製程。

參考文獻

1. 吳美貌、曾耀銘、徐泰浩，〈蘇力菌素高產率醱酵暨高效液相層析全程偵測探討〉，《技術學刊》，8（2）：223～230，1993。

2. 高穗生，〈蘇力菌—一種取之不盡的自然資源〉，《生物農藥研究與發展研討會專刊》，17.1～17.12，1994。

3. 高穗生、蔡勇勝，〈蟲生病原真菌在蟲害防治上之利用〉，《藥試所專題報導》，第三十八期，12pp，1995。

4. 高穗生、蔡勇勝，〈蟲生病原真菌在蟲害防治上之利用〉，《藥試所專題報導》，第三十九期，16pp，1995。

5. 高穗生，〈利用桿狀病毒防治作物害蟲〉，《植物保護新科技研討會專刊》，臺灣省農業試驗所特刊第 57 號，161～180，1996。

6. 高穗生、曾經洲，〈利用生物技術來改善蘇力菌殺蟲結晶蛋白〉，《藥試所專題報導》，第四十九期，8pp，1998。

7. 高穗生，〈淺談微生物殺蟲劑〉，《農藥產業專題 ChemNE 產業研究》，82pp，1998。

8. 曾經洲、高穗生，〈外源凝集素在植物抗蟲上扮演的角色〉，《藥試所專題報導》，第四十一期，5pp，1996。

9. 曾耀銘、鄭宏盈，〈微胞強化超過濾技術回收蘇力菌素的測試與探討〉，《技術學刊》，10（2）：261～268，1995。

10. 曾耀銘、吳文騰、高穗生、王順成，〈生物農藥—蘇力菌素的研究開發〉，《國科會科學發展月刊》，28（5）：350～353，2000。

11. 蔡勇勝、高穗生，〈黑殭菌素在蟲生真菌致病過程中所扮演的角色〉，《藥試所專題報導》，第六十七期，12pp，2002。

12. 劉炳嵐、曾耀銘，〈醱酵法生產的微生物殺蟲劑—Bacillus thuringiensis〉，《國科會科學發展月刊》，17（12）：1460～1473，1989。

13. 劉炳嵐、馮國慶、曾耀銘，〈生物程序工程在生物性農藥產程的應用〉，《化工》，47（2）：40～57，2000。

14. Chen, J. W., Liu, B. L. and Tzeng, Y. M., "Purification and quantification of destruxins A and B from Metarhizium anisopliae," *Journal of Chromatography A*, 830(1): 115-125, 1999.

15. Crickmore, N., Zeigler, D. R., Schnepf, E., Van Rie, J., Lereclus, D., Baum, J., Bravo, A. and Dean, D. H., "Bacillus thuringiensis toxin nomenclature," http://www.biols.susx.ac.uk/home/Neil_Crickmore/Bt/ (date site accessed), 2003.

16. Feng, K. C., Liu, B. L. and Tzeng, Y. M., "Verticillium lecanii spore production in solid-state and liquid-state fermentations," *Bioprocess Engineering*, 23(1): 25-29, 2000.

17. Feng, K. C., Liu, B. L. and Tzeng, Y. M., "Morphology of parasporal endotoxin crystals from cultivations of Bacillus thuringiensis subsp. kurataki isolate A3-4.," *World Journal of Microbiology and Biotechnology*, 17(2): 119-123, 2001.

18. Feng, K. C., Liu, B. L. and Tzeng, Y. M., "Morphological characterization and germination of aerial and submerged spores of an entomopathogenic fungus Verticillium lecanii," *World Journal of Microbiology and Biotechnology*, 18(3): 217-224, 2002.

19. Glare, T. R. and Callaghan, M. O., **Bacillus thuringiensis: Biology, Ecology and Safety**, N. Y.: Wiley, 350pp, 2000.

20. Hall, F. R. and Menn, J. J., **Biopesticides: Uses and Delivery**, N. J.: Humana Press, 626pp, 1999.

21. Hsu, T. H., Tzeng, Y. M. and Wu, M. M., "Insecticidal activity and HPLC correlation of thuringiensin from fermentation and two-phase aqueous separation processes," *Pesticide Science*, 50(1): 35-41, 1997.

22. Khetan, S. K., **Microbial Pest Control.**, N. Y.: Marcel Dekker, Inc., 300pp, 2001.

23. Khuri, A. I. and Cornell, J. A., **Response surfaces**, N. Y.: Marcel Dekker, Inc., 1987.

24. Kim, L., **Advanced Engineered Pesticides**, N. Y.: Marcel Dekker, Inc., 430pp, 1993.

25. Lisansky, S. G. and Coombs, J., **Biopesticides** Vol. I., CPL Scientific Limited, Berkshire, 1989.

26. Liu, C. M. and Tzeng, Y. M., "Quantitative analysis of thuringiensin by micellar electrokinetic capillary chromatography," *Journal of Chromatography A*, 809(1-2): 258-263, 1998.

27. Liu, C. M. and Tzeng, Y. M., "Quantitative analysis of thuringiensin by high-performance liquid chromatography using adenosine monophosphate as an internal standard," *Journal of Chromatographic Science*, 36(7): 340-344, 1998.

28. Liu, B. L. and Tzeng, Y. M., "Water content and water activity for the production of cyclodepsipeptides in solid-state fermentation by Metarhizium anisopliae," *Biotechnology Letters*, 21(8): 657-661, 1999.

29. Liu, B. L., Tzeng, Y. M., and Wei, J. D., "Recovery of insecticidal activity of solubilized delta-endotoxin protein from Bacillus thuringiensis subsp. Kurstaki," *Pest Management Science*, 56(5): 448-454, 2000.

30. Lohmann, D. and Hondt, C. D., "Pesticides formulations - Innovations and developments," ACS. Washington D.C., 1988.

31. Sebesta, K., Farkas, J. and Horska, K., "Microbial control of pests and plants diseases," 1970-1980, New York: Marcel Dekker Inc., 1981.

32. Tsai, S. F., Liu, B. L., Liao, J. W., Wang, J. S., Hwang, J. S., Wang, S. C., Tzeng, Y. M., and Ho, S. P., "Pulmonary toxicity to intratracheally administered thuringiensin of Bacillus thuringiensis in Sprague-Dawley male rats," *Toxicology*, 186(3): 205-216, 2003.

33. Tsun, H. Y., Liu, C. M., and Tzeng, Y. M., "Recovery and purification of thuringiensin from fermentation broth of Bacillus thuringiensis," *Bioseparation*, 7(6): 309-317, 1999.

34. Tzeng, Y. M., Tsun, H. Y., and Chang, Y. N., "Recovery of thuringiensin with cetylpyridinium chloride using micellar-enhanced ultrafiltration process," *Biotechnology Progress*, 15(3): 580-586, 1999.

35. Van Diesche, R. G. and Bellows, Jr. T. S., **Biological Control**, N. Y.: Chapman & Hall, 447pp, 1996.

36. Williamson, F. A. and Smith, A., **Biopesticides in Crop Protection**（DS95）, U. K.: PJB Publications Ltd. Surrey, 120pp, 1994.

表 3.1 已上市之細菌殺蟲劑產品

細菌名 (Bacteria)	產品名 (Product)	目標害蟲 (Target pest)	生產廠商或國家 (Producer / Country)
Bacillus popilliae	Doom	日本金龜子	美國，Necessary Trading Co.
Bacillus popilliae	Doom and Japidemic	日本金龜子	美國，Fairfax Biological Laboratory Inc.
Bacillus popilliae	Grub Attack	日本金龜子	美國，Peaceful Valley Farm Supply
Bacillus popilliae	Milky Spore	日本金龜子 六月金龜子	美國，Henry Field
Bacillus popilliae	Milky Spore Disease	日本金龜子	美國，Peaceful Valley Farm Supply
Bacillus popilliae	Milky Spore Granules	日本金龜子	美國，Mellinger's
Bacillus popilliae	Milky Spore Powder	日本金龜子	美國，Mellinger's
Bacillus sphaericus	Spherimos	蚊類幼蟲	日本，住友
Bacillus sphaericus	Spherix	蚊類幼蟲	印度
Serratia entomophila	Invade	草坪害蟲	美國，Monsanto

表 3.2 已上市之蘇力菌殺蟲劑產品

品系背景 (Strain background)	產品名 (Product)	目標害蟲 (Target pest)	生產廠商或國家 (Producer / Country)
aizawai (Transconjugant)	Agree	鱗翅目幼蟲	美國，Thermo Triology,
aizawai	Certan	大蠟蛾	美國，Thermo Triology,
aizawai (Transconjugant)	Design	鱗翅目幼蟲	美國，Thermo Triology,
aizawai	Florbac	小菜蛾，斜紋夜蛾，埃及棉捲蟲	日本，住友
aizawai	Selectyn	鱗翅目幼蟲	日本，Kyowa Hakko Kogyo Co. Ltd.
aizawai	Xentari	鱗翅目幼蟲	日本，住友
aizawai+kurstaki	Bacillex	鱗翅目幼蟲	日本，Shiongi & Co. Ltd.
alesti	BIP	鱗翅目幼蟲	前蘇聯，VPO Biopreparat
dendrelimus	Dendrobacillin	鱗翅目幼蟲	俄國，NPO Vector 前蘇聯，VPO Biopreparat
israelensis	Acrobe	蚊，蚋之幼蟲	美國，Cynamid
israelensis	Bactimos	蚊，蚋之幼蟲	日本，住友
israelensis	Bactis	蚊，蚋之幼蟲	義大利 Compagania di Ricerca Chimica
israelensis	Backtokulicid	蚊，蚋之幼蟲	前蘇聯，VPO Biopreparat
israelensis	Biolar	蚊之幼蟲	俄國，NPO Vector
israelensis	BLP	蚊之蚋之幼蟲	俄國
israelensis	Bt	蚊，蚋之幼蟲	美國，Becker Microbial Inc.
israelensis	Gnatral	蕈蚊，蚊，蚋之幼蟲	日本，住友
israelensis	Moskitocid	蕈蚊，蚊，蚋之幼蟲	克羅埃西亞，Herbos
israelensis	Moskitur	蚊，蚋，蕈蚊之幼蟲	捷克，JZD Slusovice
israelensis	Mosquito Control	蚊，蚋之幼蟲	美國，West Coast Ladybug Sales

表 3.2 已上市之蘇力菌殺蟲劑產品 (續)

品系背景 (Strain background)	產品名 (Product)	目標害蟲 (Target pest)	生產廠商或國家 (Producer / Country)
israelensis	Mosquito dunks	雙翅目之幼蟲	美國，Natural Pest Controls
israelensis	Skeetal	蚊，蚋之幼蟲	日本，住友
israelensis	Teknar	蚊，蚋之幼蟲	美國，Thermo Triology
israelensis	Vectobac	蚊，蚋之幼蟲	美國，Abbott
kurstaki	Able	鱗翅目幼蟲	美國，Thermo Triology
kurstaki	Bacillan	鱗翅目幼蟲	波蘭
kurstaki	Bacillus Spray	鱗翅目幼蟲	美國，Arbico
kurstaki	Bacillus Spray	鱗翅目幼蟲	英國，Organic Farmers and Growers
kurstaki	Bactospeine	鱗翅目幼蟲	日本，住友
kurstaki	Bactucide	鱗翅目幼蟲	義大利，Compagania di Ricerca Chimica
kurstaki	Bathurin 82	鱗翅目幼蟲	捷克，JZD Slusovice
kurstaki	Baturad	鱗翅目幼蟲	克羅埃西亞，Herbos
kurstaki	Bernan BT I, III, V	鱗翅目幼蟲	美國，Bactec Co.
kurstaki	Biobit	鱗翅目幼蟲	日本，住友
kurstaki	Biocot	鱗翅目幼蟲	日本，住友
kurstaki	Biodart	鱗翅目幼蟲	英國，Zeneca
kurstaki	BMP123	鱗翅目幼蟲	美國，Becker Microbial Products
kurstaki	Collapse	鱗翅目幼蟲	日本，住友
kurstaki (Transconjugant)	Condor	鱗翅目幼蟲	美國，Ecogen
kurstaki	Costar	鱗翅目幼蟲	美國，Thermo Triology
kurstaki (Recombinant)	Crymax	鱗翅目幼蟲	美國，Ecogen
kurstaki	Crystalline	鱗翅目幼蟲	俄國，NPO Vector

表 3.2 已上市之蘇力菌殺蟲劑產品 (續)

品系背景 (Strain background)	產品名 (Product)	目標害蟲 (Target pest)	生產廠商或國家 (Producer / Country)
kurstaki	Cybout	鱗翅目幼蟲	美國，Cynamid
kurstaki (Transconjugant)	Cutlass	鱗翅目幼蟲	美國，Ecogen
kurstaki	Delfin	鱗翅目幼蟲	美國，Thermo Triology
kurstaki	Dipel	鱗翅目幼蟲	日本，住友
kurstaki	EnCapcide 1	鱗翅目幼蟲	美國，Lim Labs
kurstaki	Fermone Bt	鱗翅目幼蟲	美國，Fermone Co. Inc
kurstaki (Transconjugant)	Foil	鞘翅目幼蟲，鱗翅目幼蟲	美國，Ecogen
kurstaki	Futura	鱗翅目幼蟲	日本，住友
kurstaki	Gomelin	鱗翅目幼蟲	俄國，NPO Vector
kurstaki	Halt	鱗翅目幼蟲	印度，Wockhardt
kurstaki	Javelin	鱗翅目幼蟲	美國，Thermo Triology
kurstaki	Larvo BT	鱗翅目幼蟲	美國，Fermone Co, Inc
kurstaki	Lepidocide	鱗翅目幼蟲	俄國，NPO Vector
kurstaki (Recombinant)	Lepinox	鱗翅目幼蟲	美國，Ecogen
kurstaki	Nubilacid	鱗翅目幼蟲	克羅埃西亞，Herbos
kurstaki (Recombinant)	Raven	鱗翅目幼蟲，鞘翅目幼蟲	美國，Ecogen
kurstaki	Sok	鱗翅目幼蟲	Nor-Am
kurstaki	Steward	鱗翅目幼蟲	美國，Thermo Triology
kurstaki	Thuricide	鱗翅目幼蟲	美國，Thermo Triology
kurstaki	Thuridan	鱗翅目幼蟲	波蘭
kurstaki	Toaro	鱗翅目幼蟲	日本，Towagosei Chem. KK
kurstaki	Vault	鱗翅目幼蟲	美國，Thermo Triology
kurstaki	Wormbuster	鱗翅目幼蟲	美國，Bactec Co.

表 3.2 已上市之蘇力菌殺蟲劑產品 (續)

品系背景 (Strain background)	產品名 (Product)	目標害蟲 (Target pest)	生產廠商或國家 (Producer / Country)
morrisoni	Bernan BT II	鱗翅目幼蟲	美國，Bactec Co.
san diego	M-one	鞘翅目幼蟲	美國，Mycogen
tenebrionis	DiTerra	鞘翅目幼蟲	日本，住友
tenebrionis	Novodor	鞘翅目幼蟲	日本，住友
tenebrionis	Trident	鞘翅目幼蟲	美國，Thermo Triology
thuringiensis	Baktukal	鱗翅目幼蟲	南斯拉夫，Serum-Zavod, Kalinovica
thuringiensis	Bathurin	鱗翅目幼蟲	捷克，Spolana Neratovice
thuringiensis	Bitoxibacillin	鱗翅目幼蟲， 科羅拉多甲蟲，　類	俄國，NPO Vector
thuringiensis	Exotoksin	鱗翅目幼蟲，蠅幼蟲	前蘇聯
thuringiensis	Gomelin	鱗翅目幼蟲	俄國，NPO Vector
thuringiensis	Insectin	鱗翅目幼蟲	前蘇聯
thuringiensis	Muscabac	蠅類幼蟲	Farmos
thuringiensis	Thurindhgin	鱗翅目幼蟲	羅馬尼亞
thuringiensis	Thuringin	鱗翅目幼蟲， 蠅類幼蟲	前蘇聯
thuringiensis	Thurintoks	鱗翅目幼蟲	羅馬尼亞
thuringiensis	Toxobacterin	鱗翅目幼蟲	前蘇聯
thuringiensis	Turingin	鱗翅目幼蟲	前蘇聯，VPO Preparat
Psendomonas fluorescens (Encapsulated ICP)	Mattch	鱗翅目幼蟲	美國，Mycogen
Psendomonas fluorescens (Encapsulated ICP)	M-Trak	鞘翅目幼蟲	美國，Mycogen
Psendomonas fluorescens (Encapsulated ICP)	MVP	鱗翅目幼蟲	美國，Mycogen

表 3.3　已上市真菌殺蟲劑

真菌名 (Fungus)	產品名 (Product)	目標害蟲 (Target pest)	生產廠商或國家 (Producer / Country)
Aschersonia aleyrodis	Aseronija	粉蝨、介殼蟲	前蘇聯，All Union Inst.
Aspergillus sp.	Aschersonin	粉蝨、介殼蟲	前蘇聯，All Union Inst.
	Asper G.	甲蟲	日本，Shinsyu Creative G. Co.
Beauveria bassiana	Naturalis-L.	棉鈴象、甘藷粉蝨、葉蟬	美國，Fermone Co.
	Naturalis-L-225	蚜蟲、薊馬、　　、粉蝨	美國，Fermone Co.
	Bio-Save	家蠅	美國
	Biotrol FBB	介殼蟲	日本，住友
	BotaniGard™	粉蝨、蚜蟲、薊馬	美國，Mycotech
	Mycocide GH	蝗蟲、蚱蜢、蟋蟀	美國，Mycotech
	Mycotrol-ES	粉蝨、蚜蟲	美國，Mycotech
	Mycotrol-GH	蝗蟲、蟋蟀	美國，Mycotech
	Mycotrol-WP	粉蝨、蚜蟲、薊馬	美國，Mycotech
	Mycotrol Biological Insecticide	粉蝨	美國，Mycotech
	Boverin	馬鈴薯甲蟲、蘋果蠹蛾、松毛蟲、歐洲玉米螟	前蘇聯
	Boverol	馬鈴薯甲蟲	前捷克
	Boverosil	馬鈴薯甲蟲	前捷克
	Conidia	蟑螂、咖啡漿果蛀蟲	德國，AgrEvo
	Ostrinil	玉米螟	法國，NPP(Calliope)
B. brongniartii	Biolisa	天牛及其他爲害桑樹和柑桔之害蟲	日本，Nitto Denko
	Betel	甘蔗金龜子	法國，NPP(Calliope)

表 3.3 已上市真菌殺蟲劑 (續)

真菌名 (Fungus)	產品名 (Product)	目標害蟲 (Target pest)	生產廠商或國家 (Producer / Country)
B. brongniartii	Engerlingspilz	鰓角金龜	瑞士，Andermatt Biocontrol AG.
	Schweizer-Beauveria	鰓角金龜	瑞士，Eric Schweizer
	Melocont	鰓角金龜	奧國，Kwizda
Conidiobolus obscurus	Entomophthorin	蚜蟲	立陶宛
Metarhizium anisopliae	Bio1020	葡萄黑耳啄象	德國，Bayer
	Bio-Path	蟑螂	美國，Ecoscience
	Bio-Blast	白蟻	美國，Ecoscience
	Back-off-1	介殼蟲、粉蝨	美國
	Biocontrol	甘蔗沫蟬	巴西
	Biotrol FMA	蚊子	日本，住友
	BioGreen™	甘蔗沫蟬	巴西
	Biomax	甘蔗沫蟬	巴西
	Combio	甘蔗沫蟬	巴西
	Metapol	甘蔗沫蟬	巴西
	Metarhizium	粉蝨	前蘇聯
M. flavoviride	Green Muscle	蝗蟲、蚱蜢	英國，CABI
Hirsutella thompsonii	ABG-6178	柑桔銹蜱	日本，住友
	Mycar	柑桔銹蜱	日本，住友
Paecilomyces farinosus	Paecilomin	柑桔粉介殼蟲	前蘇聯
P. fumosaroseus	Biobest	粉蝨、蚜蟲	美國，WR Grace
	PreFeRal	粉蝨	比利時，Biobest

表 3.3 已上市真菌殺蟲劑 (續)

真菌名 (Fungus)	產品名 (Product)	目標害蟲 (Target pest)	生產廠商或國家 (Producer / Country)
Verticillium lecanii	MicroGerm Plus	蚜蟲、薊馬	丹麥，Chr Hansen Biosystems
	Mycotal	粉蝨、蚜蟲	荷蘭，Koppert
	Thriptal	薊馬	荷蘭，Koppert
	Vertalec	蚜蟲	荷蘭，Koppert
	Verticon	粉蝨	前蘇聯
	Verticillium	蚜蟲	前蘇聯，NPO Vector

表 3.4 已上市之病毒殺蟲劑

病毒名 (Virus)	產品名 (Product)	目標害蟲 (Target pest)	生產廠商或國家 (Producer / Country)
Adoxophyes orana GV	Capex	茶姬捲葉蛾	瑞士，Andermatt Biocontrol
Agrotis segetum GV	Virin-OS	黃地老虎	俄國，NPO Vvector
Anticarsia gemmatalis NPV	Multigen	黎豆夜蛾	巴西，Agroggen S/A Biol Ag
Anticarsia gemmatalis NPV	Polygen	黎豆夜蛾	巴西，Agroggen S/A Biol Ag
Autographa californica MNPV	VPN 80	加州自蓿夜蛾，擬尺蠖，小菜蛾，甜菜夜蛾，棉潛蛾，頂燈蛾，大豆夜蛾	瓜地馬拉，Agricola El Sol
Cydia pomonella GV	Carpovirusine	蘋果蠹蛾	法國，NPP(Calliope)
Cydia pomonella GV	Decyde	蘋果蠹蛾	美國，MicroGeneSys
Cydia pomonella GV	Granusal	蘋果蠹蛾	德國，Behringwerke AG
Cydia pomonella GV	Granupom	蘋果蠹蛾	德國，AgrEvo
Cydia pomonella GV	Madex	蘋果蠹蛾	瑞士，Andermatt Biocontrol
Cydia pomonella GV	Virin-Cyap	蘋果蠹蛾	俄國，NPO Vvector

表 3.4 已上市之病毒殺蟲劑 (續)

病毒名 (Virus)	產品名 (Product)	目標害蟲 (Target pest)	生產廠商或國家 (Producer / Country)
Heliothis armigera NPV	Virin Khs	玉米穗蟲類	俄國，NPO Vecter
Heliothis armigera NPV	10 億 PIB/克棉鈴蟲可濕性粉劑	棉鈴蟲	中國大陸，中科院武漢病毒所
Heliocoverpa zea NPV	Gemstar	玉米穗蟲，菸芽夜蛾	美國，Thermo Triology
Hyphantria cunea NPV+GV	Virin ABB	美國白蛾	俄國，NPO Vector
Lymantria dispar NPV	Disparvirus	吉普賽舞蛾	加拿大，Canadian Forest Service
Lymantria dispar NPV	Gypcheck	吉普賽舞蛾	美國，USDA Forest Service
Lymantria dispar NPV	Virin-ENSh	吉普賽舞蛾	俄國，NPO Vector
Malacosoma neustria NPV	Virin-KSh	天幕毛蟲	俄國，NPO Vector
Mamestra brassicae NPV	Mamestrin	甘藍夜蛾，玉米穗蟲類	法國，NPP(Calliope)
Mamestra brassicae NPV	Virin-EKS	夜盜蛾類	俄國，NPO Vector
Neodiprion lecontei NPV	Lecontvirus	紅頭松葉蜂	加拿大，Canadian Forest Service
Neodiprion sertifer NPV	Monisarmiovirus	黃松葉蜂	芬蘭，Kemira
Neodiprion sertifer NPV	Neocheck-S	黃松葉蜂	美國，USDA Forest Service
Neodiprion sertifer NPV	Preserve	黃松葉蜂	美國，MicroGeneSys
Neodiprion sertifer NPV	Sentifervirus	黃松葉蜂	加拿大，Canadian Forest Service
Neodiprion sertifer NPV	Virin-Diprion	黃松葉蜂	俄國，NPO Vector
Neodiprion sertifer NPV	Virox	黃松葉蜂	英國，Oxford Virology
Orgyia pseudotsugata NPV	TM Biocontrol-1	花旗松毒蛾	美國，USDA Forest Service
Orgyia pseudotsugata NPV	Virtuss	花旗松毒蛾	加拿大，Canadian Forest Service
Phthorimaea operculella GV	PTM baculovirus	馬鈴薯塊莖蛾	秘魯，International Potato Center
Pieris rapae GV	PrGV(W1-78)	紋白蝶	中國大陸，武漢大學病毒所
Plutella xylostella GV	PxGV	小菜蛾	中國大陸，武漢大學病毒所
Spodoptera exigua NPV	SPOD-X	甜菜夜蛾	美國，Thermo Triology
Spodoptera littoralis NPV	Spodopterin	海灰翅夜蛾	法國，NPP(Calliope)
Spodoptera litura	斜紋夜蛾 NPV 殺蟲劑	斜紋夜蛾	中國大陸，中山大學昆蟲所
Spodoptera sunia NPV	VPN 82	Spodoptera sunia	瓜地馬拉，Agricola El Sol
Spodoptera salicis NPV	Virin LS	雪毒蛾	俄國，NPO Vector

表 3.5 已上市之原生動物殺蟲劑

原生動物名 (Protozoa)	產品 (Product)	目標害蟲 (Target pest)	生產廠商或國家 (Producer / Country)
Nosema locustae	Grasshopper Control	蝗蟲	美國, Beneficial Insectary
Nosema locustae	Grasshopper Parasite	蝗蟲	美國, Peaceful Valley Farm Supply
Nosema locustae	Grasshopper Spore	蚱蜢和 15 種蝗蟲	美國, Mellinger's
Nosema locustae	Nolo Bait	蝗蟲	加拿大, Better Yield Insects
Nosema locustae	Nolo Grasshopper Bait	蝗蟲	美國, Peaceful Valley Farm Supply
Nosema locustae	Semaspore	蝗蟲	美國, Biofac Inc

表 3.6 已上市之真菌殺菌劑

真菌名 (Fungus)	產品名 (Product)	目標病害 (Target pest)	生產廠商或國家 (Producer / Country)
Ampelomyces quisqualis	AQ10	白粉病	美國，Ecogen
Candida olecophila	Aspire	柑桔、蘋果之儲藏後腐爛	美國，Ecogen
Coniothyrium minitans	Conithyrin	菌核病	蘇聯
	Contans	—	德國，Prophyta Malchow Poel
Fusarium oxysporum	Fusaclean	萎凋病、根腐病	法國，NPP
	Biofox C	萎凋病	義大利，SIAPA
	Micromax	萎凋病	義大利，SCAM
Giocladium virens	GiloGard	腐敗病、立枯病	美國，WRGrace
	SoilGard	—	美國，Thermo Triology
Giocladium sp.	GiloMix	促進生長與土壤微生物競爭	芬蘭，Kemira Ago Oy
Phlebia gigantea	P. g. Suspension	樹木之 Heterobasidion annosum	英國，Ecological Labs.
	Rotstop	樹木之 Heterobasidion annosum	芬蘭，Kemira Ago Oy
Pythium oligandrum	Polygrandron	甜菜之幼苗猝倒病	斯洛伐克，Vyzkummy ustov

表 3.6 已上市之真菌殺菌劑 (續)

真菌名 (Fungus)	產品名 (Product)	目標病害 (Target pest)	生產廠商或國家 (Producer / Country)
Trichoderma harzianum	F- Stop	種子殺菌處理	美國，Cornell
	Trichodex	灰黴病	以色列，Makhteshim-Agan
	T-22G	腐敗病、立枯病	美國，Bioworks Inc.
	T-22HB		
	T-35	立枯病、萎凋病	以色列，Makhteshim-Agan
	Bio-Ag22G	腐敗病、立枯病	美國，Wilbur-Ellis
	Bio-Trek22G	腐敗病、立枯病	美國，Wilbur-Ellis
	Supraavit	各類真菌	丹麥，Bonegaard and Reitzel
T. lignorum	Trichodermin-3	萎凋病	保加利亞及俄國
T. polysporum and T. harzianum	Binab T	銀葉病	瑞典, Bio-Inovation AB
	Binab Ultra-Fine	樹	瑞典, Bio-Inovation AB
T. viride and T. harzianum	Trichosel	銀葉病、潰瘍病、莖腐病	紐西蘭, Agrimm Technologies
	Trichoject	銀葉病、潰瘍病、莖腐病	紐西蘭, Agrimm Technologies
	Trichodowels	銀葉病、潰瘍病、莖腐病	紐西蘭, Agrimm Technologies
T. viride Trichoderma spp.	Tricho	銀葉病	紐西蘭, Agrimm Technologies
	Trichopel	萎凋病、腐敗病、立枯病	紐西蘭, Agrimm Technologies
	ANTI-FUNGUS	苗腐病、腐敗病	比利時, Grondonsmettingham De Cuester
	TY	苗腐病、腐敗病、白絹病	以色列, Mycontrol
	Promot	各類真菌	美國, J. H. Biotech. Inc.
Verticillium dahliae	—	榆樹荷蘭病	荷蘭

表 3.7 已上市之細菌殺菌劑

細菌 (Bacteria)	產品名 (Product)	目標病害 (Target pest)	廠商或國家 (Producer / Country)
Agrobacterium radiobacter K84	Galltrol-A	根頭瘤腫病	美國,AgBioChem Inc.
A.radiobacter	Galltrol-A	根頭瘤腫病	美國,Peaceful Valley Farm Supply
A.radiobacter	Nogall, Diegall	根頭瘤腫病	澳洲,Bio-Care Technology Ltd.
A.radiobacter	Dygall	根頭瘤腫病	紐西蘭,Agtech Developments
A.radiobacter	Norbac 84c	根頭瘤腫病	美國,New Bioproducts, Inc.
Bacillus subtilis IPM-215	Bactophyt	真菌和細菌病害	俄國,NPO Vector
Bacillus subtilis	Epic	灰黴病	美國,Gustafson
Bacillus subtilis	Kodiak, Kodiak HB	真菌病	美國,Gustafson
Bacillus subtilis	MBI600	灰黴病	英國,MicroBio
Bacillus subtilis GBO3	System 3	種子處理	美國,Helena Chemical Co.
Bacillus subtilis	台灣寶	豌豆白粉病	中華民國，光華農化
Burkholderia cepacia type Wisconsin M36	Blue Circle	腐敗病菌，鐮刀病菌，疫病,線蟲	美國,CCT Corp
Psendomonas cepacia	Intercept	腐敗病菌,立枯絲核菌	美國,Soil Technologies Co.
Psendomonas fluorescens	Dagger G	腐敗病菌,立枯絲核菌	美國,Ecogen
Psendomonas fluorescens	BlightBan A 506	噴灑處理	美國,Plant Health Tech.
Psendomonas fluorescens	Conquer	噴灑處理	澳洲,Maurai Foods
Psendomonas fluorescens	Victus	噴灑處理	美國,Sylvan Spawn
Psendomonas solanaceurum	Pssol	青枯病	法國,Natural Plant Protection
Psendomonas syringae ESC10	Bio-save 100/1000	收穫後浸泡或土壤施用	美國,EcoScience
Psendomonas syringae ESC11	Bio-save 110	收穫後浸泡或土壤施用	美國,EcoScience
Streptomyces griseoviridis	Mycostop	鐮刀菌,立枯絲核菌	芬蘭, Kemira

表 3.8 已上市真菌殺草劑

真菌名 (Fungus)	產品名 (Product)	目標雜草 (Target pest)	生產廠商或國家 (Producer / Country)
Alternaria crassa	Casst	決明屬雜草	美國，Mycogen
Cephalosporium diospyri	—	柿屬雜草	美國，Oklahoma
Colletotrichum coccodes	Velgo	麻	美國，Mycogen
Colletotrichum gleosporioides f.sp. *aeschynomene*	Collego	維州皂角	美國，Encore Technologies
Colletotrichum gleosporioides f.sp. *aeschynomene*	Luboa I	維州皂角	中國大陸
Colletotrichum gleosporioides f.sp. *clidemiae*	—	牡丹科雜草	中國大陸
Colletotrichum gleosporioides f.sp. *cuscutae*	Luboa II	兔絲子	中國大陸
Colletotrichum gleosporioides f.sp. *malva*	BioMal	錦葵屬雜草	加拿大，Phim Bios
Colletotrichum gleosporioides	—	山龍眼科雜草	南非，Plant Protection Research Institute
Colletotrichum truncatum	Myx1621	山螞蝗屬雜草	美國，Mycogen
Colletotrichum truncatum	Coltru	田菁屬雜草	美國，Mycogen
Fusarium oxysporum var. *orthoceras*	Product-F	列當	俄國
Phytophthora palmivora	Devine	莫倫藤	日本，住友
Puccinia canaliculate	Dr Biosedge	黃土香	美國，Tifton Innovation Co.

表 3.9 已上市之細菌殺草劑

細菌名 (Bacteria)	產品 (Product)	目標雜草 (Target pest)	生產廠商或國家 (Producer / Country)
Pseudomonas syringae pv. *tagetis*	—	薊屬雜草	美國，Encore Technologies
Xanthomonas campestris pv. *poaea*	Camperico	早熟禾	日本，Japan Tobacco

第四章

生技特用化學品

SPECIALTY BIOCHEMICALS

林景寬

4-1 緒論

生技特用化學品係指利用生物程序、生物代謝產物所產生具有特定用途之化學品，其大致包含有：胺基酸產品、酵素、天然色素、天然高分子、天然界面活性劑、天然香料、天然抗氧化劑、微生物代謝產物及其他未經歸類之產品[1，2]。其產品特性爲附加價值高、生命週期長、產品多樣化，產品使用於特定用途，市場規模較小，且著重於技術研發，係相當適合中小企業研發生產的利基產品，相信它也是當前之生物科技及未來生技產業的發展上極重要的領域之一。

早期的生技特用化學品大部份是動、植物的粗萃取物且產業並不發達，直到六零年代以後近代生物技術逐漸地被開發並成熟，尤其是如：醱酵技術、薄膜技術、萃取純化及分離技術、酵素反應工程等技術能成功地被應用於生技特用化學品的開發與製造，使得生產精緻又多樣化生技特用化學品的現代產業迅速被發展起來。

胺基酸係由胺基與羧基組合成之構成蛋白質之單元。胺基酸產品最大的用途是在食品工業，以味精（麩胺酸鈉（glutamic acid））爲主。味精係 1908 年日籍博士 Dr. Kikuane Ikeds 發現，原料是由小麥麩以酸鹼萃取法製得，產率可達 25%，但因其製程中含有大量其他有機物且易與強酸反應，使得過濾及酸解均難以控制及量產。直至 1964 年開始乃以微生物醱酵糖蜜或澱粉水解物精製而得，一般使用的微生物菌種主要有 *Micrococcus*、*Brevibacterium*、*Corynebacterium*、*Arthrobacter* 及 *Microbacterium*[3]等五大種類。目前大部分的胺基酸產品都是以微生物醱酵生產，其次爲合成及萃取法。

酵素本身係一種蛋白質，是生物細胞的生物化學反應催化劑，本身在催化反應前後結構不會有變化。1833 年法國一位化學物理兼數學家 Anselme Payen 於小麥中發現可使澱粉、醣酐及糊精等物質分解爲葡萄糖的物質，命名爲 *Diastase*（希臘字），其實就是一般所稱之澱粉分解酵素（amylase）。而後蛋白分解酵素（protease）及其他各種不同功能之酵素之性質及特性陸續被了解，進而研究其生產及應用技術，酵素於各種工業中之應用逐漸廣泛，成爲許多工業中不可或缺的重要生產原料，酵素產業也因而蓬勃發展。

天然色素泛指來自動物、植物、微生物、酵素轉換及焦糖之天然著色劑；一般可分爲食品著色劑以及染料兩種用途。人類在紀元前數千年前就懂得利用草木或貝類所獲得的天然色素來染纖維，直至 1856 年第一種合成染料產生，各種化學合成色素陸續被開發成功，天然染料市場才漸漸被化學合成色素所取代。近年來天然色素在健康及環保訴求日漸高漲，才逐漸再次受到重視。至於食用色素，早在西元前一千五百年，當時的埃及人即已懂得對食物進行著色[4]，利用天然抽出物來改善食物的外觀色。到了 19 世紀中葉，人們已普遍利用各種香辛料（如藏紅花）來調色，由此可知由於感官需求，人們很早就會利用顏色來刺激食慾。由於近代萃取純化技術的進步，各式各樣的天然色素已被開發成功且廣泛的應用於食品工業。高成本、色調不夠多樣化、色澤不夠鮮豔及色價不夠穩定是天然食用色素競爭不過合成食用色素的主要原因，近年來拜生物技術的貢獻，大部分的缺點都已改善，加上食品安全及健康意識的抬頭，使天然食用色素的市場蓬勃發展，已有逐漸超越合成食用色素的趨勢。

天然高分子乃指存於生物體內的高分子，其特性爲溼度保持性、生物親和性（生物相容性）、生物再生性、生物可分解性及生物活性等。由於天然高分子具有這些特性，近幾年來需求天然高分子的相關產業日漸增多，許多產學合作計畫紛紛出籠及國內生技廠商大力投入開發的行列。近幾年來積極發展的天然高分子材料，除了幾丁質（chitin）與甲殼素（chitosan），尚有透明質酸（hyaluronic acid）、膠原蛋白（collagen）、聚麩胺酸（γ-PGA（γ-polyglutamic acid））、聚乳酸-聚羥乙酸（PLGA（Polyglycolide-co-lactide））及聚乳酸（PLA（polylactic acid））等物質。

天然界面活性劑與化學界面活性劑一樣具有親水及疏水基，但其特點是在於具生物可分解性，能顧及環境保護與生態保育，對於生物技術產業而言，是一項回歸自然的特用化學品。其實天然界面活性劑的使用歷史對人類來說已不算短，至少有數百年了，舉例來說像古時候在河邊洗滌衣物用來擣衣的無患子果皮及茶粕塊，皆是含有天然皂素（saponin），能將衣物洗潔乾淨。早期西方人即將無患子之屬名命名意爲印度人的肥皂，這兩種天然界面活性劑，目前已有再度風行之趨勢。以現今生物科技發展的趨勢來看，由天然物中萃取界面活性劑已不符合經濟效益與大眾需求，故必須藉由新生物技術積極開發一些生物性界面活性劑，利用微生物醱酵來製造及量產。未來則必須藉由基因工程進行菌種改良及開發特殊醱酵技術，期能更有效降低生產成本，以因應未來天然界面活性劑的廣大需求。

天然香料爲從天然芳香原料（動物及植物）中，以物理或化學方法製備之香味物質。五千年前，人類已知用草根樹皮爲醫藥，及以聞百花盛開的清香時，同時感受到美的感觀和香氣。當時人類將一些芳香物質獻給神以祈豐收，所以香料應用先是起於宗教儀式，來自熏香，起源地在帕米爾高原[5]，現已知埃及人是最早使用香料的。西元前 7 世紀，香料的使用已相當廣泛。隨著香料需要量的增加，16 世紀便開始研究如何蒸餾及萃取這些香氣成分來滿足人類需求，所以香料從開始至研究及發展已有相當長的一段歷史[5]。天然香料一般可分爲動物性香料及植物性香料兩大類，動物性香料有麝香、靈貓香、龍涎香、海貍香、麝香鼠等，這些香料都很昂貴，而且加上稀有動物保護法規的限制，目前這些香料的芳香成分大多藉由合成來達成，所以已不是很重要的香料。而植物性香料主要來源得自植物枝葉、根莖、樹皮、樹幹、果實、花、蕾、樹脂，以植物精油為最大宗，傳統係以水蒸氣蒸餾法、壓榨法、油脂吸著法及溶劑抽出[5]等方法提取得到。近年來超臨界二氧化碳萃取技術的日漸商業運轉及應用脂肪分解酵素（lipase）的轉脂化技術的逐漸成熟，對天然香料產業的發展具有關鍵性的影響。

天然抗氧化劑乃來自天然物或萃取自天然物中具有消除自由基，預防產品氧化變質之抗氧化物質。人工合成抗氧化劑的應用已有一段長時間，但是隨著氧自由基和抗氧化劑理論以及研究工作的深入，發現天然抗氧化劑於人體中具有生理活性，能有效消除人體內自由基，對防止老化及維持人體健康有莫大助益。加上又發現一些人工合成抗氧化劑在使用上存在一些毒性疑慮，使得天然抗氧化劑的開發更趨積極，應用更加受重視，市場需求迅速成長，尤其是在保健食品市場。

微生物代謝產物係微生物經由大量繁殖或特殊醱酵代謝產生能應用於生物技術產業上之一次或二次產物。現今有許多生技特用化學品皆是靠微生物醱酵生產，所以實際上微生物代謝產物幾乎涵蓋了上述幾類生技特用化學品。微生物由於具有繁殖速率快及易於操作修飾（modification）等優點，是近代生物科技發展的重要關鍵。尤其加上其代謝物穩定且多樣化，對於生物技術產業助益非常，於未來生技產業的發展，微生物所扮演的角色必定更加重要。

生技特用化學品近幾年隨著生技產業的迅速發展，日顯重要，除了在許多商品的製程之中佔有一定的地位，某些特用化學品本身亦可作為終端產品上市銷售，故市場價值亦不容忽視。由於未來生物科技產業必定是世界趨勢，所以特用化學品也必定更加多樣化，市場需求更加龐大，而更符合經濟效益的生產方式亦將被開發。這種種特性除了能促進生技產業的發展，亦能帶動其他產業向前推進，更是中小企業創業的契機。

4-2 胺基酸產業

目前大多數的胺基酸皆是藉由微生物醱酵量產而得，由於胺基酸產品用途十分廣泛，未來將針對微生物選殖及基因重組，篩選更具生產力的菌株以將量產力提高為首要工作。胺基酸產品的用途大致可分為下列五大類：

1. 食品用途：以味精（glutamic acid）為最大宗。一般可再細分成增味劑、食品加工助劑及營養添加劑三類，茲列表如下（表 4.1）。

表 4.1 胺基酸於食品上之用途 [3，6]

用途	胺基酸	應用產品
增味劑	Monosodium glutamate	各類食品
	Neutralized L-aspartic acid	柳橙汁
	Monosodium L-aspartic acid	魚乾
食品加工助劑	L-cystine and derivatives	揉麵助劑
	L-aspartic acid	嫩肉助劑
營養添加劑	L-phenylalanine	提高食慾及樂趣
	L-tyrosine	提高食慾
	L-arginine	促進肌肉成長
	L-histidine	幫助消化

胺基酸在食品工業上仍以調味為主，其他的加工助劑及營養添加劑的用途之相對市場小很多，但單價相對高許多且競爭較不激烈。

2. 飼料用途：飼料用胺基酸開始於 60 年代[3]，至今市場發展已有逐漸超越食品用市場的趨勢。動物飼料原料最大的來源乃以穀物為主，但是穀物本身之胺基酸比例不夠均衡，故動物營養專家積極開發各種飼料配方，欲利用胺基酸產品來提昇飼料品質。目前較廣泛應用的胺基酸有 D,L-甲硫氨酸（D,L-Methionine）及 L-離胺酸（L-Lysine），至於其他值得考慮添加之胺基酸如 L-Arginine、L-Tryptophan 及 L-Threonine 等雖已量產，但成本仍高許多，必須有待更進一步的研發以降低生產成本，才有機會被大量使用。所以未來應用新生物技術於飼料用胺基酸工業上仍有相當大的發展空間。

3. 研究及分析用途：近十年以來，診療及生化研究分析科技日益進步，帶動了胺基酸及其延伸製劑的大量使用，所需的胺基酸主要係用於蛋白質胜肽（Peptides）合成工程、生化及細胞生物學試驗、分析標準品及檢驗試劑的製作[3]。這些胺基酸要求的品質及純度相當高，其製造成本及銷售單價也相對高許多且市場需求量較小。所以研究分析用途方面的胺基酸產業不需有太高的產量，但須著重於品質與純度提升的胺基酸純化技術開發，這些特色使其極適合中小型生技公司研發生產。

4. 醫療用途：醫療用途的消耗量約佔全部胺基酸產量的 1%，但因其單價較高，故市場價值亦不容忽視。目前醫療用途胺基酸主要用於營養注射液、處方營養補充劑、先天性代謝疾病治療劑、高血壓藥物、神經失控症藥物、眼球用溶液及一些醫療方面檢驗製劑如：先天性疾病檢驗製劑及大腦神經異常或營養失衡檢驗試劑。

5. 合成用途：合成用途之胺基酸原料大多屬於易大量生產之胺基酸，加工製造成其他高附加價值產品，例如用來製造代糖 Aspartame 之 L-Phenylalanine、L-Aspartic acid 及 Asparagine；而 Dihydroxy-phenyl-glycine 及 D-Phenylglycine 可作爲 β-Lactam 抗生素的原料；一些高分子胺基酸聚合物如 Poly-L-Lysine、Poly-L-Leucine 及 Poly-L-Arginine 能用來製作人造皮及蛋白質合成；其他如 Pyrrolidones（吡咯烷酮）及 Glyphosate（嘉磷塞）[3]則可作爲化妝品或農藥的成分原料之一。

台灣目前胺基酸產業仍以味精爲主，主要生產公司爲味丹、味全及味王三家。這些公司都已發展爲綜合性食品公司，同時朝較高科技的產品開發，例如：味丹味精年產 12 萬噸，爲世界三大味精工廠之一，除了生產味精之外亦進行 PGA（Poly glutamic acid）產品開發生產及 L-lysine 的生產。味全與味王則積極與日本味精生產公司合作開發相關調味產品。過去曾有些公司將一些含角質蛋白的廢棄物，如毛髮、豬鬃毛及豬蹄等以強酸高溫水解製成 L-Cysteine、L-Cystine 及 Leucine 等胺基酸產品，但近年來國內環保意識抬頭及生產成本上升，加上大陸同類產品的強力競爭，造成台灣此一類胺基酸產業逐漸沒落。隨著生物技術的進步，國內目前積極研發苯丙胺酸（Phenylalanine）的醱酵生產及各種聚合胺基酸的開發與應用。所以除了穩定味精工業之外，國內胺基酸產業的開發尚有相當大的空間可拓展至高生物科技胺基酸衍生物及精純生化胺基酸領域。

4-3 酵素

酵素又稱爲酶（enzyme），其應用的產業範圍非常廣泛，甚至可以說一個國家的生化產業的興盛與否，可由其酵素年使用量看出端倪，由此可見酵素的重要性。要歸類酵素的應用範圍必須先說明酵素的分類。一般酵素的命名及催化反應的類型不外乎以下六大類—氧化還原酵素（Oxidoreductase）、轉移酵素（Transferase）、加水分解酵素（Hydrolase）、裂解酵素（Lyase）、異構化酵素（Isomerase）、結合酵素（Ligase）。此些多樣化酵素逐漸被了解、開發、生產而廣泛應用於食品工業、清潔工業、飼料工業、紡織工業、研究分析及醫療工業[7]。

1. 食品工業：酵素在食品工業上的應用相當廣泛，主要可應用於澱粉加工、乳品、烘培食品、釀造、飲料、油脂加工、食物防腐、肉質嫩化等。據統計在美國酵素市場中，食品工業用酵素佔 60%以上(表 4.2)。
2. 清潔工業：一般洗衣或清潔產品所使用的酵素，不外乎三大類，包括有蛋白酶（Protease）、脂肪酶（Lipase）及纖維分解酶（Cellulase），其作用（表 4.3）所示。
3. 飼料工業：酵素使用在飼料工業之歷史已超過四十年以上，目的大多爲去除抗營養因子、幫助消化吸收及增加換肉率，其酵素種類及功用列於（表 4.4）。
4. 紡織工業：紡織工業中使用最多的乃是澱粉分解酵素（α-Amylase），主要用作退漿劑；目前較熱門使用的乃是纖維素分解酶（Cellulase），主要功能爲使布料較柔軟潔白。

表 4.2 食品工業中酵素的主要用途 [7，8]

項目	酵素	用途
澱粉加工	澱粉水解酶（Amylase）	液化澱粉
	葡萄糖澱粉酶（Glucoamylase）	分解澱粉成爲葡萄糖
	澱粉剪枝酵素（Pullulanase）	枝狀糊精分解爲葡萄糖
	葡萄糖異構化酵素（Glucose isomerase）	生產高果糖糖漿
	糊精水解酵素（Dextrinase）	糖果加工用
乳品	凝乳酵素（Rennin）	製乳酪時凝結乳酪蛋白
	脂肪分解酶（Lipase）	乳酪風味加工
	乳糖酶(Lactase)	生產低乳糖牛乳、製造乳寡醣及製造冰淇淋
	過氧化氫酶（Catalase）	除去利樂包牛乳中用來消毒之過氧化氫
烘培食品	澱粉酶（Amylase）	改進麵糰的醱酵能力、增加甜度
	蛋白水解酵素（Protease）	改進麵糰的加工效果
	脂肪氧化酵素（Lipoxigenase）	改善麵糰色澤
	麩醯基轉移酶（Transglutaminase）	增加麵糰彈性
釀造食品	澱粉水解酵素（Amylase）	麥芽中之主要酵素
	葡萄糖澱粉水解酵素（Glucoamylases）	在低熱量啤酒中增加醱酵用之糖分
	蛋白水解酶（Protease）	釀造醬油
食品加工	鳳梨酵素（Bromelain）	肉品嫩化
	木瓜酵素（Papain）	肉品嫩化
飲料	果膠酶（Pectinase）	澄清果汁
	澱粉酶（Amylase）	改進果汁過濾效果
	半纖維素分解酵素（Hemicellulase）	增加果汁天然甜度、改進果汁過濾效果
	苦素酶（Naringinase）	去除柑橘類之苦味
	木瓜酵素（Papain）、鳳梨酵（Bromelain）、胃蛋白酵（Pepsin）	啤酒防濁、去除沉澱物
油脂加工	脂肪酶（Lipase）	特用油脂化學品
其他	葡萄糖氧化酶（Glucose oxidase）	食物防腐
	過氧化氫酶（Catalase）	食物防腐

表 4.3　清潔劑中所使用的酵素種類及功能

酵素種類	作用
鹼性蛋白酶（Alkaline Protease）	去除衣物上蛋白質污垢 去除老舊角質
脂肪酶（Lipase）	去除油污
纖維分解酶（Cellulase）	去除纖維類污垢、柔軟衣物、保護衣物上之色彩

表 4.4　飼料添加用酵素及其功用 [9，10]

酵素種類	功用
β-葡聚糖酶（β-glucanase）	分解穀類多醣類，降低黏度。 去除抗營養因子，促進消化吸收。
聚木糖酶（Xylanase）	分解飼料中半纖維質，增加利用率及換肉率。
聚戊糖酶（Pentosanase）	聚戊糖泛存於植物，動物體無法消化，聚戊糖酶可以幫助這些物質消化及提高飼料利用率。
聚半乳甘露糖酶 （α-galactomannase）	減低因飼料材料黏度而造成脂肪吸收不良。 減少飼料浪費、提高換肉率。
α-澱粉水解酶 （α-Amylase）	幫助消化、避免漲氣。 增進吸收。
植酸酶（Phytase）	有效利用無機磷質，減低磷污染源。 去除植酸抗消化因子。
酸性蛋白酶（Acid protease）	增加蛋白質的利用率，改善飼效，降低成本。
鳳梨酵素（Bromelain）	增強蛋殼強度。 幫助消炎、抗發炎。 降低牛乳體細胞含量。

5. 研究分析用：分析用酵素產品特色在於純度高、比活性高、使相關分子生物反應進行快速且結果穩定。但由於此些酵素蛋白分子幾乎都不太穩定，耐熱性差、容易受抑制、受其他蛋白酶水解而失活，故必須特別注意保存方法。目前分析用酶主要用來進行酶鏈結免疫反應偵測（ELISA）、酶基因探針建構、聚合酶連鎖反應（PCR）、酶感應器等相關研究，這些酶的使用量或許不大，但是商品價位卻可能是一般酶的數百至數千倍，製作與生產技術必須相當精良。分子生物技術持續發展必定對分析用酵素需求量日漸增大，所以此產業尚具有不錯的發展空間。
6. 醫療工業：使用於醫療工業之酵素必須是相當高度純化之產品；一般以蛋白分解酶使用較爲廣泛，（表 4.5）列出各種酵素臨床治療用途。

世界第一大酵素生產公司，爲創立於 1941 年之丹麥 Novozymes，以 trypsin 開始行銷全世界，而逐漸發展微生物酵素，佔工業用酵素 50%左右的市場。陸續 1967 年荷蘭 Gist-brocade 及 1982 年美國 Genencor International Inc.也以酵素製造及販售創立，成爲世界三大酵素公司。Genencor 利用基因重組技術發展生產力強之菌株，全力開發工業用酵素，快速成長，成爲最看好的酵素公司，也因此使基因重組技術成爲酵素製造公司最積極投入研發的生物技術。

表 4.5 各種酵素臨床治療用途 [7，8，11]

酵素名稱	來源	使用法	主要適應症
胰蛋白分解酶（Trypsin）	牛胰臟 豬胰臟	局部，吸入口服，肌肉注射	1.單純正常反應性炎症 2.血栓性靜脈炎 3.慢性氣管、副鼻腔炎 4.膿胸、血胸 5.乳腺炎
凝乳胰蛋白分解酶（Chymotrypsin）	牛胰臟 豬胰臟	局部，口服勿咬碎，肌肉注射	
胞漿素原及胞漿素（Plasminogen& Plasmin）	人、牛血清	局部、靜脈注射	血栓、寒栓症、靜脈痰
舒血管素（Kallikrein）	豬胰臟	肌肉注射、口服	高血壓症、末端循環不全、偏頭痛。腦動脈硬化、狹心症、血管痙攣、肺膿傷等。
鳳梨酵素（Bromelain）	鳳梨莖	口服	1.咳出困難的慢性氣管炎及副鼻腔炎。 2.乳腺炎 3.血栓性靜脈炎 4.各種炎症
Pronase	*Streptomyces griseus*	口服	
Proctase	*Aspergillus niger*	口服	
Subtilisin（BPN'）	*Aspergillus subilitis*	口服	
Semi-alkaline protease	*Aspergillus niger*	口服	
尿激酶（Urokinase）	男人尿	靜脈注射	新鮮腦血栓及血栓靜脈炎
Streptokinase	*Streptomyces* sp.	靜脈注射	溶解血栓
Tissue plasminogen activator(TPA)	遺傳工程之酵素技術培養	靜脈注射	溶解血栓
Asparaginase	*Aspergillus* sp.	注射	癌症治療—破壞癌細胞所必須之胺基酸
Neuraminidase		注射	改變癌細胞的表面特性
Nattokinase	*B. subitilis natto*	口服、注射	溶解血栓
Debridase	鳳梨莖	外敷	清除三度燒燙傷或是褥瘡所造成的壞死組織

早期台灣鳳梨罐頭曾爲我國賺取大量外匯，鳳梨便成爲最重要的經濟水果之一，其果實採收後廢棄的鳳梨莖含有大量的蛋白分解酵素，是生產蛋白分解酵素的最好原料，六零年代初期美國 Dole 公司在夏威夷建廠，最早生產鳳梨酵素（Bromelain），七零年代初期南昌農藝化學公司最早由日本引進技術在台建廠生產鳳梨酵素，而後陸續有幾家公司成立投入生產，供應全球約二十年之久，每年出口約四～五百萬美元，但由於原料及勞工成本問題，主要生產公司移至泰國，便逐漸沒落。目前全世界鳳梨酵素需求量約五～六百萬美元，大多用於食品、飼料與醫藥工業。以台灣而言，在考慮到原料及人工成本問題，儘可能朝高附加價值醫療用鳳梨酵素之開發。目前嘉年生化產品有限公司和美國 Bioproducts Inc. 及以色列 Mediwound 公司合作開發三度燒燙傷用鳳梨酵素成果不錯，可望爲我國酵素產業提昇一些競爭力。其次尙有純化自男人尿之強力血塊溶解作用的尿激酶（Urokinase），亦曾經是台灣本土酵素產業的主要產品之一，目前僅剩少數公司在大陸設廠生產粗製品運回台灣再純化生產成昂貴的精製品外銷。至於由豬胰臟中萃取出來的舒血管素（Kallikrein），也是曾有一家公司建廠生產，但是其產品出口至日本仍需當地藥廠做進一步純化處理，未能發展出精製品，五年後關廠歇業。我國酵素產業除了鳳梨酵素及尿激酶曾經聞名於世外，其他未見有大量成功生產的酵素，未來台灣的酵素生產事業前景仍然是不樂觀，還好應用酵素衍生出來的產業已逐漸蓬勃發展，前景則比較樂觀，且酵素應用產業遠比酵素生產產業的潛力大又重要，所以酵素的應用研究發展是值得我們大力投入的領域。

4-4　天然色素

天然色素的應用一般可分爲食用色素及染料兩類，用途敘述如下。

4-4-1　食用色素

食用色素一般可分爲七大類[4，12，13]，茲分述如下：

1. 花青素（Anthocyanins）—紅色至藍色

來源：葡萄、桑椹、紅地瓜、黑胡蘿蔔

特性：顏色隨 pH 值改變，一般使用在 pH 值 4 以下食品，鹼性不穩定。

應用：果凍、果醬、糖果、清涼飲料、水果蜜餞、酸性醱酵乳品。

2. 葉綠素（Chlorophyll）—綠色、藍綠色

來源：蠶糞便、綠藻。

特性：油溶性色素，銅鹽爲主。

應用：檸檬系列之糖果、冰淇淋，美國限制只能使用於牙膏。

3. 類胡蘿蔔素（Carotenoid）—黃色至紅色 [14]

來源：海藻、綠葉、果實、花、種子

依其來源可再細分如下：

(1)安那多黃（Annatto）

來源：中美洲胭脂樹 *Bixa orellana* 之種子外層，全世界年產量約 140 公噸，以祕魯及巴西出口量最多。

特性：色素主要成分爲胭脂樹素（Bixin），爲油溶性；而降胭脂樹素（Norbixin），則爲水溶性，橘黃色系。

應用：奶油、沙拉調味醬、休閒點心食品、麵食等。

(2)藏紅花素（Saffron）

來源：藏紅花，主要產地爲北非、西班牙、瑞士、奧地利及法國。

特性：水溶性鮮黃色，含有 Crocetin，又含有 Picrocrocin（saffron-bitter，苦味配糖體），會帶有苦味，對光線、酸鹼、微生物攻擊及氧化作用皆很安定。

應用：布丁、咖哩、烘培產品、西式香腸、及飲料的調色及調香。

(3)辣椒紅（Paprika）

來源：甜椒（*Capsicum annum*），及其他種類之紅色辣椒。

特性：深紅色，多帶有辛辣，脂溶性。

應用：肉類加工食品、湯類及調味醬，飼料添加、增強蛋黃紅色。

(4)茄紅素（Lycopene）

來源：番茄果實

特性：脂溶性紅色、抗氧化能力強，於人體中具有生理活性。

應用：目前仍少作爲著色用途，大多用於健康食品。

(5) β-胡蘿蔔素（β-carotene）

來源：胡蘿蔔、藻類、棕櫚油

特性：油溶性，可以人工合成。

應用：一般著色用途以合成爲主，天然β-胡蘿蔔素則可應用於醫藥及保健食品。

(6)梔子色素（Crocin）

來源：梔子果實

特性：水溶性黃色（Crocin）、藍色、紅色及綠色。

應用：麵食、飲料、果凍、製藥。

4. 甜菜紅（Betanine）[15]

來源：紅色甜菜根。

特性：安定性受 pH 影響，pH4.5 時最安定，pH 高於 7 會加速降解；對熱敏感。

應用：糖果、冰淇淋、凝態優格、乾混食品、健康食品。

5. 胭脂蟲紅素（Carmine）

來源：乾燥胭脂紅蟲，主要產地在祕魯。

特性：酸性呈橘紅色，鹼性呈紫色，pH5-7 可轉爲紅色。胭脂蟲紅酸可與金屬螯合產生胭脂蟲紅素，染色強度可增強爲兩倍。

應用：糖果點心、果醬、蜜餞、動物膠甜點、麵粉點心、飲料、部分乳製品。

6. 薑黃素（Curcumine）

來源：薑黃科植物（*Curcuma longa*）之地下根。

特性：顏色會因 pH 值及熱而轉變。

應用：凡欲呈現蛋黃色食品皆可使用，如乳品、乾混食品、麵粉點心。

7. 紅麴色素（Monascus colors）—黃色至紫紅色

來源：紅麴菌醱酵。

特性：有四種不同構造物－Monasin（黃）、Ankaflavin（黃）、Rubropunctatin（紅）、Monascorubin（紅），安定性高，常需經修飾後使用，水溶性。

應用：加工肉品、水產品、果醬、霜淇淋及番茄醬。近幾年來含monconin-k 產品逐漸應用於降低膽固醇的保健食品。

4-4-2 染料工業

在色素之中，對纖維及其他素材具有親和性，利用水及其他的媒介做選擇性的吸收，而具有染著能力的物質稱爲染料。另外，對於纖維及其他素材不具染著性的色素則稱爲顏料。染料原本的用途係用於棉、麻、嫘縈等纖維素纖維，羊毛、蠶絲，耐隆等之聚醯胺（Polyamide）纖維，聚酯纖維及壓克力纖維等之纖維類的染色處理上，此外也被使用在紙漿、皮革橡膠、塑膠、金屬、油脂、毛髮及其他雜貨的染色或著色，食品、醫藥品、化粧品等之著色、油墨、塗料及其他情報記錄用及情報表示用途上。用於染料上的天然色素中所含的雜質多且複雜，對染色的影響頗大，因無法使其標準化致應用困難度增加，故一般非用於食品的天然染料，大多係因可能會對人體造成危害才使用。所以除了使用於食品之外，天然色素絕大部分會使用於化妝品、染髮產品、醫藥產品，其餘在目前尙無法證實合成色素之可能造成的危害下，染料工業基於種種原因仍以合成色素爲主。

天然色素最大的市場在食品工業，過去我們的食品業界習慣用成本較低的人工合成色素，國內天然色素市場因此不大，不利於我們的天然色素產業發展。日本是全世界使用天然色素最普遍且天然色素產業最發達的國家，其所需原料大部分是進口，台灣是其原料的主要供應國之一，其中以黃梔子爲最大宗，我們只能賣便宜的乾果實或粗萃物給他們當原料再精製成高附加價值產品，直到十年前我們才開始有能生產高純度天然色素的產業。近年來健康及食品安全意識的抬頭，加上大食品公司帶動天然色素的使用，天然色素的市場而快速成長並造就了幾家較大的生產公司，如生產梔子新素（Crocin）、降胭脂樹素（Norbixin）、葉黃素（Xanthophyll）的嘉年生化產品公司及生產 Beta-胡蘿蔔素（Beta-Carotene）的中美實業公司。

天然色素所需原料種類繁多，台灣只有黃梔子品質佳競爭力強，其他植物性原料大多不具競爭力，對於天然色素產業的發展相當不利。因此未來的策略應著重微生物醱酵及酵素生合成的領域才有利我們天然色素產業的發展。近年來一些具有抗氧化消除自由基及各式各樣生理活性的天然色素如：Lycopene、黃體素（Lutein）、糖柑植物色素（Proanthocyanins），在保健食品的市場需求正急速成長，這也應該是天然色素產業的開發重點之一。

4-5 天然高分子

天然高分子[16]種類相當多，在此只介紹高單價及特殊用途的天然高分子，通常這些物質具有溼度保持性、生物親和性（生物相容性）、生物再製性、生物分解性及生理活性等特性。這些特性使得這些天然高分子能廣泛應用於醫療產業、化妝品產業及保健食品業。表 4.6 詳列幾種常用天然高分子之來源及應用。

幾丁質與甲殼素（幾丁聚醣）差別在於幾丁質官能基多一個乙醯基，甲殼素對於生物體而言具有較好的生理活性。甲殼素主要產自於蝦蟹殼經高濃度強酸強鹼熱處理萃取而得，同時也可產自於真菌醱酵，各種特殊用途陸續開發成功且市場快速成長。目前國內大部分都是由印尼、印度及中國大陸等地進口粗製品再加以純化修飾精製成各等級之幾丁質及甲殼素產品，或由日本及挪威地區進口精製產品。幾丁質衍生物目前在保健食品市場中正不斷的在持續擴增中。國內甲殼素市場約 25 億～30 億左右（包含進出口），現階段以應用於保健食品為主，未來在生醫材料方面的應用陸續成功後，甲殼素產業將更蓬勃發展。

表 4.6 天然高分子之來源及應用如下：

名稱	來源	應用
幾丁質（Chitin）及甲殼素（Chitosan）	蟹殼、蝦殼、烏賊、蝴蝶翅膀、蕈類細胞壁	廢水處理；農業應用；生醫材料（人造皮膚、關節、外傷敷料、止血劑、隱形眼鏡、韌帶及手術縫線）；化妝品（保濕、抗紫外線）；保健食品及醫藥品。
膠原蛋白（Collagen）及明膠（Gelatin）	豬牛之結締組織、豬皮為最大宗	生醫材料（止血材料、神經重建、組織整型、燒燙傷敷料、藥物釋放、眼科材料、陰道避孕器、修補心瓣膜、血管壁手術及手術縫線）；化妝品（保濕、增加親和吸收）；飲料食品；塗料；保健飲料；膠囊。
透明質酸（Hyaluronic acid, HA）	雞冠、牛眼萃取及微生物醱酵	醫療產業（眼科手術、藥物控制釋放、抗癌／化學治療、傷口敷料、關節炎用藥）；化妝品（保濕效果極佳）。
其他： PLA、γ-PGA、PLGA	醱酵或生合成	保健食品、食品用增黏劑及安定劑、化妝品保濕劑、工業用塗料無毒增黏劑、金屬螯合、多種用途之水膠、生物可分解性包裝材料、LCD 和導電性的顯像材料、生物晶片用之奈米感應器材。

早期國內膠原蛋白原料是由國外進口，國內廠商僅進行成品加工，產生的附加價值有限，且下游廠商原料來源掌握不易，競爭力薄弱。自 1995 年穩泰化工興業開始從事膠原蛋白製造，市場規模逐漸增加中。2000 年以後更有不少生技廠商紛紛投入膠原蛋白製造行列中，使得應用膠原蛋白的相關產業（化妝品、生醫材料等）發展更加受到重視。根據估計未來十年台灣每年將有 8.5～10.5 億元膠原蛋白產品市場，是相當適合國內生技廠商投入生產開發的利基產品。

台灣於 1985 年左右南昌農藝化學公司已從雞冠中萃取生產透明質酸，當時 1 公斤價格為 3 萬元台幣，市場價格頗佳，但是由於當時透明質酸的市場尚未打開以致無法為繼，若至今時其商機將不可同日而語。透明質酸在化妝品及生醫材料的應用上是相當好的素材，目前國內已有許多研究機構與廠商合作開發出多種 HA 生醫材料，但是真正製造商仍屬少數，於生產方面仍有進一步發展的空間，除了由自然物萃取出 HA 之外，亦已有生技公司成功地以微生物醱酵生產出成品，前景相當看好。至於 PLA、γ-PGA、PLGA 則是近幾年生物聚合技術成功發展之產品，其特性與上述數種天然高分子類似，係新一代生合成天然高分子，爲未來天然高分子產業值得開發的領域。

4-6 天然界面活性劑

天然界面活性劑大致可分爲來自植物及微生物醱酵[17，18，19]兩大類。天然界面活性劑的應用以清潔劑爲主，但其應用範圍實際上包括金屬、造紙、塗料、石化、紡織、農業、建材、塑膠、食品、化妝品與醫藥等，其共同特性爲安全且生物可分解，可直接使用於人體無虞。以下就其來源、特色及應用列於（表 4.7）說明之。

台灣目前天然界面活性劑的生產仍以植物萃取物爲主，近年來隨著環保及食品安全意識抬頭，天然界面活性劑市場正在逐漸發展中。至於微生物醱酵產品因醱酵通氣會有大量泡沫產生而不易量產，現於研究室中雖以化學物加入取代通氣而克服，但是離商業運轉仍有些距離。所以此項產業尚在起步階段，具有相當大的發展潛力，是值得投入研發的領域，尤其是利用微生物醱酵生產的天然界面活性劑產品。

表 4.7 天然界面活性劑之來源、特色及應用

類別	來源	特性	應用
植物萃取類	無患子（*Sapindus mukorossii Gaertn*） 分布於中國、大陸、台灣與日本	茶皂素（saponin） 油　脂（潤澤保濕） 果皮含黃色素 鼠李醣苷胺酸	身體清潔用—洗臉、沐浴、洗頭、卸妝、刷牙。 居家清潔產品 化妝品—保濕乳液 金銀珠寶之清潔保養 農業—防治福壽螺
	大果種油茶（*Camellia oleifera*） 遍佈於大陸華中、華南	茶皂素（saponin）	清潔產品 農業—防治蛞蝓、福壽螺；增加農藥藥效
微生物醱酵類	主要生產菌株： *Pseudomonas aeruginosa*、*Bacillus subtilis*、*Corynebacterium lepus*、*Rhodococcus erythropolis*、*Candidabombicola*、*Acinetobacter calcoaceticus* RAG-1	主要界面活性物質成分類： 醣脂類（glycolipids） 脂蛋白（lipoproteins） 脂多醣（lipopolysaccharides） 胺脂類（aminolipids） 磷脂類（phospholipids）	微生物促油回收（microbial enhanced oil recovery）乳化劑 農業—土壤調節、生物防治 醫藥—微脂載體、醫藥、殺菌、免疫調節 化妝品—保濕、潤濕劑 食品工業用 清潔用品

4-7 天然香料

天然香料來源爲動物及植物，動物性香料只有數種，而植物性香料則多達一千五百種以上，實際商品化者約有 150 種，天然香料工業可分爲三大工業：精油工業、調和工業及食品香料工業[5，20，21]。主要的應用範圍如下：

1. 精油工業：植物精油都帶有點健康療效，無論是物質或精神上的，香氣及香味成分對特殊情況下都能有所助益，不過通常多是刺激及感受香味

成分。精油的用途很廣，如食物調味、熏香、清潔用品、香水、化妝品、飼料、除臭劑、昆蟲引誘劑等。

2. 調和工業：調和工業是將多種香氣在不造成其有害化學變化下，創造出多種大眾喜愛的香氣，產出多項高單價產品，如香水，芳香療法產品等，事實上調和工業係將精油工業的應用更趨大眾化，在應用香味上更為廣泛，舉凡日常用品，具有芳香味道的皆是調和工業發揮的所在。

3. 食品工業：食品工業內的香料應用更貼近日常生活，因為食品對香料的訴求更為嚴苛，更講究衛生及味道，採用的香料必須配合其他添加物及食品本身訴求，而且應用在食品上之香料抽出、乳化、粉末化等處理工程及加工度皆高於一般調和香料業。

台灣的精油工業曾經發達過，日據時代就開始有香茅油、樟腦油及薄荷油等產品聞名於世，近年來已大部分被大陸取代，目前仰賴進口原料再行調合成食品香料及香水等產品。新生物科技發達後許多天然香料原料已可應用醱酵或酵素生合成技術生產，這也是值得我們發展的領域。

4-8 天然抗氧化劑

天然抗氧化劑主要應用於三大產業：食品（包括保健食品）、化妝品及醫療。

4-8-1 食品工業

食品添加抗氧化劑的目的在保鮮，防止食品中脂肪酸氧化變質，所以高油脂食品皆須適量添加抗氧化劑。

用於防止食品氧化變質的天然抗氧化劑主要有 4 大類[22]：

1. 植物類：可可殼、燕麥、茶葉、橄欖、大蒜、紅洋蔥皮、小麥胚芽、蘋果皮、甘草、芥茉、荳蔻花、玫瑰果實殼、白樺樹皮、角豆角、迷迭香、丁香、胡椒、一串紅、葡萄子等。

2. 動植物類萃取物：維生素 E、維生素 C、胡蘿蔔素、苯酚酸、尿酸、去甲氧氫刨愈木酸、L-抗壞血酸酯、肌醇酸、芝麻油、黃酮類、皂角苷、香草醛、茶多酚等。

3. 醱酵產品：青黴素、郝黴素、特用微生物等。

4. 食品成分：糖、迷迭香酸、磷脂、抗壞血棕櫚酸、卵磷脂、生育酚、氨基酸、大豆蛋白水解產物等。

近年來，抗氧化劑產品在保健食品界日漸風行，主要係爲了消除體內自由基，防止脂質氧化，防止體內細胞遭受自由基攻擊而產生病變，應用最廣的除了維生素類，尚有葡萄子萃取物 OPC（Oligo Proanthocyanidin）及異黃酮素類（Isoflavone）。

4-8-2 化妝品工業

應用於化妝品工業的天然抗氧化劑主要有三大類：

1. SOD（Superoxide Dismutase）超氧化物歧化酶：SOD 主要的功能在消除超氧陰離子（自由基），可使皮膚較細緻有彈性，降低老化。主要來源爲豆類及穀類胚芽經化學處理分離可得。

2. MT（Metallothionein）金屬硫蛋白：MT 主要功能消除自由基及羧基自由基，可以保護皮膚，減低老化。主要來源爲香菇、兔肝及魚肝。

3. 小分子天然抗氧化劑：此類應用最爲久遠，即維他命 C、E，一般化妝品成分也多爲油脂，維他命 C、E 皆能避免其變質氧化，而維他命 E 也具有消除自由基的能力。

4-8-3 醫療工業

一般使用於醫藥的天然抗氧化劑都屬於中草藥類，因爲許多中草藥的有效成分即抗氧化物，而目前最熱門的爲茶多酚（Camellia Sinensis）類藥物、銀杏葉提取物、硒化合物及丹參酮類，主要用來治療人類心血管疾病、抗衰老及癌症。

台灣目前天然抗氧化劑生產仍屬少數，產品包括茄紅素、葡萄子 OPC、大豆異黃酮及 SOD 等，大部分是依賴進口。此類特用化學品被廣泛使用於高附加價值的健康食品及醫藥產品，市場需求量逐漸增大極具發展潛力。我們的天然抗氧化劑產業正在起步階段，學術界已有些很好的研究成果，生技產業界應加緊投入資源開發量產技術，同時藉助研究及醫療機構深入研究證實天然抗氧化劑的生理活性及臨床效果，以促進天然抗氧化劑產業的發展。

4-9 未來展望

生物技術本身一直以來在學術界及醫療界佔有一席之地，發展至今已逾三十年，可見其領域之研究魅力歷久不衰。但真正跨至商業領域之生物技術產業大概是近十年才開始蓬勃且多樣化迅速成長，並且成爲全國高科技產業主流之一[2]。所以生技特用化學品的發展空間將更趨廣泛。

國際生物技術社群研發與商業化，及亞太地區生物技術產業研發、製造與營運中心，預測台灣未來五年生物技術產業營業額每年平均成長 25%，帶動一千五百億元的投資；十年內成立五百家以上之生物技術公司。主要發展策略爲生物技術的研究發展及應用、技術移轉及商業化、人才培育及延攬、投資促進及合作、市場資訊及服務行銷等六項，主要產業爲與生物技術相關之醫藥業（包括製藥業、中草藥產業及醫療器材業等）、生物晶片及檢驗試劑產業、農業生技（含食品業）、生技服務業（含醫藥服務業及研發服務業）及環保產業等。在這些生技產業持續的發展下，亦帶動了生技特用化學品的應用契機。

我國政府一向從寬認定生技產業，近二年來由台灣之生技產業產值約佔市場之千分之三，成長空間頗大。生技產業的主要特色在於原料以再生性質爲主、製程所需能源較少、污染性低、需高級技術人力資源、無須龐大勞工、產品附加價值高且應用範圍廣泛等。基於這種種優勢條件下，極適合台灣本土中小企業極力發展，除了開發新生物技術特用化學品，亦須在特用化學品之製程、品質與純度上努力研究，發展應用於醫療及研究分析用之特用化學品產業而非搶佔龐大之以量制價特用化學品市場。政府亦應該適當的鼓勵及促成產學合作，藉由學術上的深入研究配合商業上的生產計畫，如此相信更易打入競爭激烈之特用化學品國際市場。

綜上所述，未來的生物科技產業趨勢將以基因體爲研究趨勢，帶動生物技術產業朝向生物資訊產業、生物晶片製作、藥物基因學、基因治療等新生物技術產業方向前進及發展。因此生技特用化學品的產業的應用領域能拓展的更加廣泛，且成長幅度亦可持續穩定的增加。

4-10 問題與討論

1. 試論述我國酵素工業未來發展之優勢及劣勢？

2. 試論述天然色素未來發展的新趨勢？

3. 試說明天然高分子未來應用趨勢？

4. 請依您之見，哪類產品最具潛力，最適合台灣，最值得大力發展，並詳述理由？

參考文獻

1. 李秀眉、沈燕士、張正，《生化科技產業》，行政院勞工委員會職業訓練局，2000。

2. 財團法人生物技術開發中心，《台灣生物技術產業》（1997/1998），財團法人生物技術開發中心，1998。

3. 郭坤地，張天鴻，《胺基酸產業市場調查》，生物技術開發中心，1998。

4. 陳俊成，〈食用天然色素〉，《食品資訊》，187：50～57，2002。

5. 印藤元一，《基本香料學》，復漢出版社，1978。

6. 張雪華等，《胺基酸產業趨勢分析》，食品工業發展研究所，1994。

7. 林素緣、郭坤地、張天鴻，《工業用酵素市場調查》，生物技術開發中心，1989。

8. 尹福秀，《工業用酵素市場暨國內現況調查》，工業技術研究院，1985。

9. Atuahene, C. C., Donkoh, A. and Ntim, I., "Blend of Oil Palmslurry and rice bran as feed ingredient for broiler chickens," *Animal Feed Science and Technology*, Vol. 83: 185-193, 2000.

10. Baraznenok, V. A., Becker, E. G., Ankudimova, N. V. and Okunev, N. N. "Characterization of neutral xylanases from Chaetomium cellulolyticum and their biobleaching effect on eucalyptus pulp," *Enzyme and Microbial Technology*, Vol. 25: 651-659, 1999.

11. 蔡靖彥，《常用藥品手冊》，杏林出版社，1998。

12. Downham, A. and Collins, P. "Colouring our foods in the last and next millennium," *International Journal of food science and technology*, Vol. 35: 5-22, 2000.

13. Dziezak, Judie D. "Applications of food colorants," *Food technology*, Aprial p. 78, 1987.

14. Francis, F. J. "Carotenoids as food colorants," *Cereal food world*, Vol. 45(5): 198-203, 2000.

15. Francis, F. J. "Anthocyanins and betalins: Composition and Application," *Cereal food world*, Vol. 45(5): 208-213, 2000.

16. 江晃榮，《生體高分子（幾丁質、膠原蛋白）產業現況與展望》，經濟部出版，1998。

17. 吳宗恆、林松池，〈生物界面活性劑〉，《界面科學會誌》，19（3）：125～136，1996。

18. 徐泰浩、曾耀銘，〈生物界面活性劑醱酵產程與分離純化〉，《生物產業》，5（1/2）：55～65，1994。

19. 徐泰浩、曾耀銘，〈生物界面活性劑生產技術之開發與應用〉，《化工》，41（6）：42～56，1994。

20. 張雪華等，《食品香料及調味料發展趨勢》，食品工業發展研究所，1997。

21. 藤卷正生等，《香料事典》，朝倉出版社，1989。

22. 趙保路，《氧自由基和天然抗氧化劑》，科學出版社，1999。

第五章

食品生技

FOOD　BIOTECHNOLOGY

廖啓成

5-1　緒論

5-1-1　食品產業之特質

依據經濟部工業局之分類，食品工業（Food Industry）可細分爲 22 個分業（詳如圖 5.1），而其上游爲農業，下游則有食品運銷業與餐飲業，周邊關聯性工業尚包括食品機械業、食品包裝材料工業及食品添加物工業，22 個食品分業中的雜項食品近年來不斷擴張，保健食品即包含其中。食品產業具有許多基本特質，茲舉例略述如下：

1. 食品業爲永續性之民生必需產業：由長久之歷史經驗觀察，食品業產值雖然亦會隨著社會經濟的消長而變動，但相較於其他行業，食品業就顯得相對穩定，以我國而言，近五年之食品工業產值介於 4,400 億至 4,900 億之間，佔製造業產值之 6%左右，排名第四或第五，除非特殊事件（如豬隻口蹄疫事件），一般每年之產值變動均在 5%之內（表 5.1）。

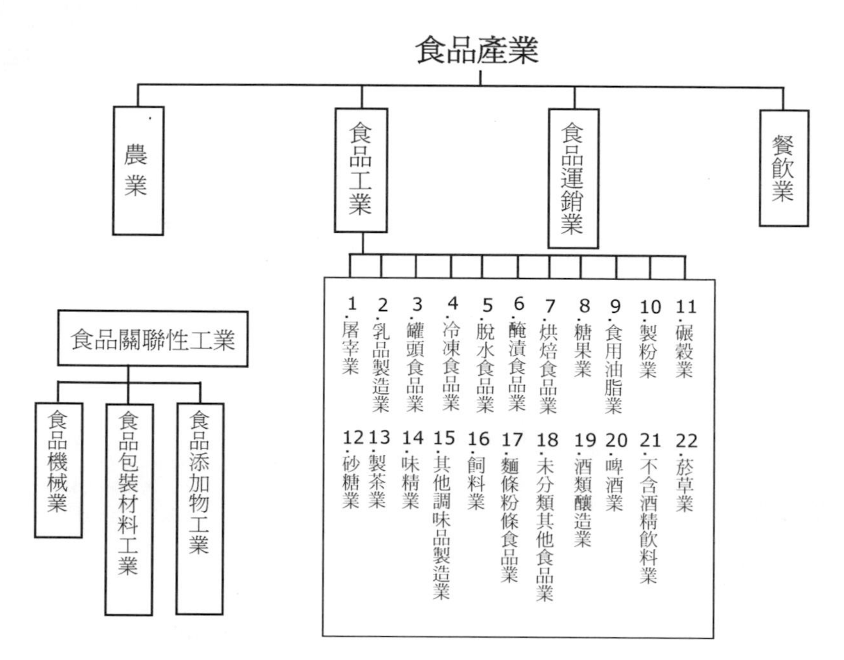

圖 5.1　食品工業之分類（資料來源：食品所 ITIS 計畫整理）

表 5.1　我國食品工業產值

項目　　　　年	1997	1998	1999	2000	2001	2002
總產值（新台幣億元）	5,180	4,916	4,854	4,645	4,570	4,486
產值佔 GNP 之百分比	6.15	5.46	5.18	4.74	4.71	4.49
產值佔製造業之百分比	7.33	6.78	6.51	5.52	6.16	5.56
產值排名	4	5	4	4	4	5

註：GNP=Gross National Product，國民生產毛額

資料來源：工業生產統計月報；中華民國台灣地區國民所得統計摘要；食品所 ITIS 計畫整理。

2.食品市場本土化具相當份量：在各行業推動全球化的趨勢下，食品業亦進行國際間之併購（如雀巢食品）及全球化之生產與銷售策略，但事實上全球食品業最大的 20 家跨國企業，僅佔全球 3 兆美元食品市場的 8.3%，足以顯示在全球化趨勢下，食品市場本土化仍具相當份量，不同市場間之差異仍十分明顯。目前台灣食品工業爲內需型產業，進出口依存度不高，近三年之進口依存度爲 19%左右，國內自給率達 81%左右（表 5.2）。

3. 飲食文化在食品產業的發展上具重要意義：在人類歷史的發展過程中，飲食已融入各地區居民之文化傳統中，例如端午節之粽子，中秋節之月餅，日本人民對味噌之喜好，美國民眾以可樂解渴，台灣居民則以茶飲料居多，食品消費伴隨著濃厚的文化意涵，這是食品工業在新產品開發及全球化經營策略上，不可忽視的一股傳統文化對飲食內涵的影響力量。

表 5.2　我國食品工業市場規模與進出口依存度分析

	1999 年	2000 年	2001 年	2002 年
生產值（新台幣億元）	4,854	4,645	4,570	4,486
進口值（新台幣億元）	965	939	912	941
出口值（新台幣億元）	472	504	534	537
市場需求（新台幣億元）	5,347	5,080	4,948	4,890
進口依存度（%）	18.05	18.48	18.42	19.24
出口比率（%）	9.73	10.86	11.68	11.97
國內自給率（%）	81.95	81.52	81.58	80.6

資料來源：工業生產統計月報；食品所食品產業資料庫；食品統計資訊系統

5-1-2　二十一世紀食品領域的研發趨勢

生物科技爲二十世紀繼石化、航空、核能及資訊之後的尖端科技之一，其應用範圍擴及醫藥保健、食品、農業、特化及環保等領域，爲二十一世紀最具發展潛力及應用的科技。面對二十一世紀的挑戰，食品領域未來的研發趨勢包括下列三大重點：

1. 食品安全：食品安全歷來都是食品業界、研發者與消費者關注的焦點，然而隨著科技的發展與應用，關注的焦點從以往的農藥殘留、食品中毒菌的污染、照射食品的安全到目前大家最關切的「基因改造食品」等，科技的發展雖可解決以往安全的問題，但也創造出新的安全議題，消費者關切的程度也隨著生活品質的提昇而與日俱增，科技研發者必須爲消費者、業者及政府投入心力，以科學的證據協助確保上市食品的安全。
2. 健康功效的訴求：生活品質提昇的結果，人們對食品的要求已不止於一般營養的提供及色香味俱全的要求而已，消費者期望所吃的食品更能標榜健康的訴求，且對各項疾病具有預防的功效，因「健康訴求類的食品」無可避免的成爲業者與科技研發者的重點發展領域。
3. 生物科技的高度應用：前述兩大重點的發展都與生物科技密不可分，食品安全的評估、檢測與確保技術，都已大量應用生物科技，未來應用的程度更是有增無減，健康食品的研發及功效評估，也是生物科技發揮的重點領域，另外，既有食品及製程的改良、新穎性食品及新製程的開發等領域，生物科技都將扮演最重要的角色。

5-1-3 生物科技在食品領域的應用

1. 生物科技在食品領域應用的範圍：保健食品、食品添加物、食品工業用酵素、釀酒、食用油脂、香料、醱酵菌種的改良、食品品質及安全檢測、基因轉殖作物、廢水及廢棄物處理等均是生物科技在食品領域可應用的範圍；另由食品之加工流程來看，從原料品種之改良、採收、加工製程的改善與開發、儲存期間的控制、品管及檢驗分析之應用、廢棄物之處理與再利用等流程，均可見到生物科技應用的實例（圖 5.2）。

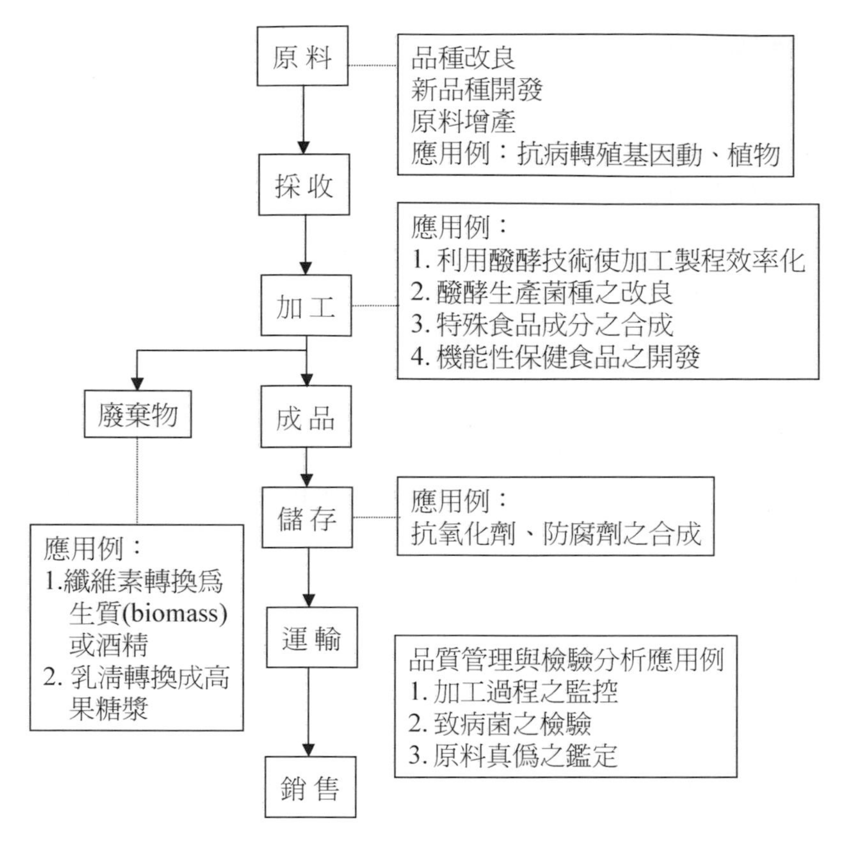

圖 5.2　生物技術在食品產業之應用

2. 生物科技在食品領域應用的優點：生物科技在食品領域的應用有以下之優點：①增加食品之機能，促進人體健康，②改良食品之營養價值、增進風味、去除不良性狀、延長貯存期限，③增加食品／作物的環境抗性，降低農業化學品的需求、提高產量、降低成本，④使加工製程合理化、效率化或節省能源，⑤改良醱酵菌種或開發新菌種及製程，衍生新興產品、提高產能、降低成本，⑥研發快速檢測技術，確保食品品質及安全，⑦應用於食品成分或添加物之產製，提升產品層次及價值、增加產品競爭力，⑧有效利用或處理食品加工廢棄物，減低環保危害等。

5-1-4 現代生物科技對食品領域的衝擊與機會

現代生物科技的發展帶給食品產業無窮的發展潛力，可創造產業永續經營的生命力，但近年來下列兩大事件帶給食品領域莫大的衝擊，但也提供了前所未有的發展機會。

1. 基因改造生物（Genetically Modified Organisms, GMO）的快速發展與商業化：其所引起之安全性、標示、國際貿易等議題，已成為近年來國際上共同關注的焦點，APEC 及 WTO 會議期間都曾熱烈討論相關議題；另外，國際上於 1993 年組成之生物多樣性公約（Convention on Biological Diversity, CBD）組織的規範以及 2000 年元月締約國在加拿大蒙特婁所達成協議的「生物安全議定書」（biosafety protocol），皆對生技食品的發展有著密切的關係。
2. 人類基因體計畫（Human Genome Project）順利且快速的進展：人類基因體計畫之快速進展，更加速了其他生物基因體的研究，其中包括了與食品領域相關之作物、食品病源菌、食品醱酵菌種、保健食品用菌種等基因體，未來這些基因體相繼被解析、生物資訊學（bioinformatics）的快速發展以及基因科技的大量運用，都創造了食品領域前所未有的發展機會。現代生物科技的發展對食品領域是個衝擊也是個機會，如何讓傳統的食品產業轉型、昇級並提昇競爭力，塑造食品產業的高科技形象，創造永續經營的生命力，這是食品領域必須面對的全新課題。

5-2 生物科技在國際食品產業的發展與應用

5-2-1 以美國為主之基因改造作物的快速發展與衝擊

1. 基因改造生物與基因改造食品：

基因改造生物是指利用基因改造技術（gene modification techniques）改良的動物、植物或微生物，其中作為食品、食品原料或食品添加物者，則稱為基因改造食品（genetically modified foods）。而基因改造技術係指使用基因工程或分子生物技術，將遺傳物質轉移（或轉殖）入活細胞或生物體，產生基因改造現象之相關技術；但不包括傳統育種、細胞及原生質體融合、雜交、誘變、體外受精、體細胞變異及染色體倍增等技術。基因改造食品一般可區分為：①基因改造微生物及其產物，②基因改造作物，③基因改造動物。

⑴基因改造微生物及其產物：基因改造微生物（genetically modified microorganisms）在食品領域的用途包括：食品用酵素、胺基酸、維生素、啤酒酵母、麵包酵母及醱酵菌元等六大類；在食品用酵素的生產方面，其技術、生產、銷售及管理等皆已相當成熟，目前工業用酵素中（包括食品及洗潔劑），以基因改造微生物生產者已超過 50%，工業用酵素的市場值於 1996 年為 14 億美元，預估 2005 年為 17～20 億美元，主要的廠商為丹麥之 Novo-Nordisks 及荷蘭之 Gist-Brocades 公司，歐洲佔市場供應量的 60%，北美佔 15%，日本佔 12～15%。基因改造微生物在胺基酸、維生素、啤酒釀造、烘焙酵母等的生產應用方面，例如利用基因改造之酵母菌生產低熱量啤酒、含 maltose permease 及 maltase 轉殖基因之烘焙酵母應用於麵包之生產可提高 11～33%之二氧化碳產量等；至於直接食用的基因改造微生物，如乳酸菌醱酵乳，則尚未商業化。

⑵基因改造作物：基因改造作物（genetically modified plants）的商業化生產為時不過數年，但此類產品為基因改造食品中發展最快速的領域，截至 2002 年已有超過 75 種基因改造作物獲准上市，全世界之種植面積於 2001 年已超過 5,260 萬公頃，遍佈 13 個國家，自 1996 至 2001 年全球之種植面積增加 30 倍，然而主要之基因改造作物生產國仍集中於少數國家，其他國家仍處於田間試驗之栽種；以 2001 年為例，99% 的基因改造作物的生產來自於四個國家（表 5.3），美國佔 68%，阿根廷 22%，加拿大 6%，中國大陸 3%。全球已商業化之主要基因改造作物為大豆、玉米、油菜籽、棉花、馬鈴薯、煙草、康乃馨、木瓜、稻米、蕃茄等，主要的改良性狀為抗除草劑、抗蟲害、改良品質等。

(3)基因改造動物：至於基因改造動物（genetically modified animals），因研發費用相當高，例如生產一隻具功能轉殖基因之動物的費用，豬爲美金 2 萬 5 仟元，羊爲美金 6 萬元，牛則爲美金 30～50 萬元；因此目前主要用於醫藥相關之研究及生產醫療用蛋白等，尚未有直接應用於食品領域的產品上市。

表 5.3 各國基因改造作物之種植面積

單位：萬公頃

國 家	1996 年	1997 年	1998 年	1999 年	2000 年	2001 年
美 國	150	1,240	2,050（74%）	2,870（72%）	3,030（68%）	3,570（68%）
加拿大	10	150	280（10%）	400（10%）	300（7%）	320（6%）
阿根廷	10	290	430（15%）	670（17%）	1,000（23%）	1,180（22%）
澳 洲	2.9	<5	10（1%）	10（<1%）	20（1%）	20（<1%）
墨西哥	NA	NA	<10（1%）	<10（<1%）	<10（1%）	<10（1%）
西班牙			<10（1%）	<10（<1%）	<10（1%）	<10（1%）
法 國			<10（1%）	<10（<1%）	<10（1%）	<10（1%）
南 非			<10（1%）	10（<1%）	<10（1%）	20（<1%）
中國大陸	NA	NA	<10（1%）	30（1%）	50（1%）	150（3%）
總 計	172.9	1,680	2,780 +	3,999	4,420	5,260

2.基因改造食品之安全性議題：

儘管將基因改造技術應用在食品的生產或製造有諸多好處，但由於基因改造食品不同於相同生物來源之傳統食品，遺傳性狀的改變，將可能影響細胞內之蛋白質組成，進而造成成份濃度變化或新的代謝物生成，其結果可能導致有毒物質產生或引起人的過敏症狀，甚至有人懷疑基因會在人體內發生移轉，造成難以想像的後果。諸如此類的安全性問題，已引起歐美日等生物科技先進國家的重視，並針對這類產品之安全性及生物技術對環境的影響評估立法規範。近年來基因改造生物的快速發展與商業化，其所引起之安全性、標示、國際貿易等議題，已成爲近年來國際上共同關注的焦點，APEC 及 WTO 會議期間都曾討論相關議題；另外，國際上於 1993 年組成之生物多樣性公約組織的規範以及 2000 年元月締約國在加拿大蒙特婁所達成協議的「生物安全議定書」，皆對基因改造食品的發展有著密切的關係。

⑴安全性之主要考量項目：由分子生物遺傳技術衍生的基因改造食品的安全性，主要考量的項目包含：①經由遺傳工程所導入的基因所產生的新基因產物，其對食品所產生的直接影響（例如對營養、毒性或過敏性的影響）；②經由遺傳工程所導入或修飾的基因片段，對已存在的基因產物含量的改變所造成的直接影響；③用以製造食品的原料生物，因爲它的任何新的基因產物或已存在產物含量的改變，對食品的成份改變所造成的間接影響；④伴隨遺傳工程所引起的生物突變所造成的影響，例如：破壞某些基因的蛋白質序列、調節序列或活化某些潛在基因，而導致產生新的成份或是改變已存在成份的含量；⑤用基因工程改良過的生物所製造的食物或食物添加劑，經由腸胃道的吸收而將基因轉送至腸胃道之微生物中，其對人體健康所造成的影響；⑥經基因重組的食品微生物對人體健康所隱含的潛在危險。

⑵美國管理實務：茲以美國爲例說明其管理及評估的作業，美國基因改造食品管理主要由 FDA 制訂及掌管安全與法規問題，並配合 USDA、EPA 及各州等單位相關法規所共同管轄，各司其職。目前，基因改造食品主要仍以基因改造之食用作物爲主，強調植物新品種之安全與營養性評估，並非重新立法而是以現行法規增訂指導方針與闡述諮詢程序，對於類似已准許上市之相關產品申請案，FDA 執行流程已有簡化之趨勢，常須看個案及諮詢溝通結果而定。1990 年 FDA 第一次發行關於由重組 DNA 技術所衍生食品組成份的相關法規－即醱酵生產之凝乳酵素（chymosin）。1992 年 FDA 出版了一份政策性聲明書，解釋藉由傳統或新育種技術所開發之新植物品種再衍生的食品及動物飼料等仍受此條款所規範。1992 年策略提供工業界指導方針，並建立一套確

保安全與合乎衛生的標準模式。在此將簡要介紹 FDA 的政策並說明 FDA 如何施行此策略於決定凝乳酵素與 Flavr Savr 蕃茄的許可獲得。

3. 凝乳酵素一美國核准之第一個基因改造技術衍生之食品組成份

1990 年 3 月美國 FDA 針對由重組 DNA 技術所產生之物質及其在食品上之使用發行第一份法規。這個物質—凝乳蓄—是凝結牛乳酵素及被用來製造乳酪及其他乳製品。FDA 深信凝乳酶是「一般被認爲安全的」（Generally Recognized As Safe, GRAS），意思是說當凝乳酶被應用爲食品添加物之前，並不需要經過上市前之許可要求，這新酵素來源是大腸桿菌 K-12，後來，由其他微生物，例如 *Kluyveromyces marxianus var. lactis* 及 *Aspergillus niger var. awamori* 產生者也被認定是 GRAS。

幾個重要因素致使美國 FDA 給予同意使用醱酵生產之凝乳酶：①所引入凝乳酵素基因所轉譯之蛋白質與動物來源之凝乳酶具有相同之結構及功能；②製造過程已去除大部份之不純物質；③生產的微生物在加工製備時已被破壞或去除，且是屬於非毒性及非病源性微生物；④任何抗抗生素的標幟基因（例如 ampicillin）已在製造過程中被破壞。

4. Flavr Savr 蕃茄一美國核准之第一個食用基因改造作物

(1)Flavr Savr 蕃茄之開發原理：

由加州戴維斯地區 Calgene 公司所開發之 Flavr Savr 蕃茄是美國 FDA 接到第一個由重組 DNA 技術改造作物所衍生食品的案例（參考 FDA Docket No. 91A-0330），爲了開發基因改造蕃茄，Calgene 公司利用重組 DNA 技術引導—反股（antisense）多半乳醣甘轉化酶（polygalacturonase, PG）之基因進入蕃茄。PG 基因（sense PG gene）一般存在蕃茄內，可轉譯形成酵素 PG，此酵素與果膠質（pectin，蕃茄細胞壁組成份之一）的分解有關，可致使蕃茄熟成軟化。這反股（antisense）基因轉譯 messenger RNA 而抑制 PG 酵素之形成，結果使蕃茄得以在藤蔓上成熟而增加風味。

Calgene 公司開發 Flavr Savr 蕃茄時是使用一種選擇性標幟基因－抗 Kanamycin 抗生素一此基因同時可轉譯酵素胺基糖苷-3-磷酸轉化酶（aminoglycoside-3-phosphotransferase II, APH（3'）II）來辨識攜帶反股 PG 基因的植物細胞。APH（3'）II 不活化抗生素 kanamycin 及 neomycin，當存在植物細胞時雖含有上述兩種抗生素亦能生長，而正常植物不含此基因就會死亡。這樣可使得科學家成功地選殖到含有 PG 基因的轉殖細胞。

(2)Flavr Savr 蕃茄之安全性評估：

Calgene 公司請求 FDA 以最令人信服的程序來評估 Flavr Savr 蕃茄，以使大眾對他們的產品深具信心。因此，除了評估蕃茄產品公司所提供之安全與營養評估資料外，Calgene 公司也要求 FDA 審視 APH（3'）II 酵素一這唯一在蕃茄中之新物質一當成一種食品添加物。總而言之，FDA 評估由 Calgene 公司所提供之數據及資料，決定是否 "Flavr Savr 蕃茄如同一般消費之蕃茄安全嗎？"。

①分析項目：根據 FDA 於 1992 年策略中有關安全與營養評估，以及 Flavr Savr 蕃茄的改良現況，FDA 相信這種新蕃茄應該做下面資料的分析：a. 引入蕃茄內遺傳物質的來源、確認、功能及穩定度；b. Flavr Savr 蕃茄之組成分析；c. APH（3'）II 的安全性。FDA 也評估抗 Kanamycine 基因的使用對環境之安全當成評判 APH（3'）II 是否為食品添加物請求之一部份。

②引入之遺傳物質：引導入 Flavr Savr 蕃茄之 DNA 來自細菌 Agrobacterium tumefaciens, *E. coli*，花椰菜鑲嵌病毒（cauliflower mosaic virus）及蕃茄。Calgene 表示 APH（3'）II 是引入遺傳物質所轉譯唯一完整且長的基因。公司亦表示，所引入之 DNA 可穩定的整合到蕃茄的染色體上且經五代而不會改變。

③營養性資料：Calgene 比較 Flavr Savr 蕃茄與原來的蕃茄之營養性資料，確信新蕃茄在組成上並沒有不期盼之改變。由於美國蕃茄

及其產品之高消費量，蕃茄是維他命 A 及 C 的重要來源。Calgene 公司分析貯存過程中，如同商業蕃茄一樣條件，其維他命含量之變化，結果發現沒有顯著不同，同時 Calgene 也發現在蕃茄紅素與 β－胡蘿蔔素含量變化與對照組也沒有不同。

④tomatine 之分析：依據 FDA 與植物育種者討論，對於新蕃茄品種內自然存在之糖苷鹼（glycoalkaloid）化合物 tomatine，並不需要做常規之分析試驗，然而 Calgene 公司希望能提供保證 Flavr Savr 蕃茄內不會含有高濃度之此毒性物質，Tomatine 已知存在成熟之綠蕃茄中，而隨著蕃茄越成熟，tomatine 濃度越遞減，Calgene 公司表示 Flavr Savr 蕃茄與市售蕃茄不論是綠色或紅色成熟果實，其中之糖甘鹼含量沒有顯著差別。

⑤引入之新物質及其過敏性：唯一引入 Flavr Savr 蕃茄的新物質是 APH（3'）II 標幟基因蛋白，而安全使用標幟基因之一般考量也已經建立了。Calgene 公司評估此蛋白之安全性並顯示 APH（3'）II 會被胃酸及其他分解性酵素不活化。Calgene 也注意到此 APH（3'）II 是熱不穩定性，同時與其他過敏性蛋白質或毒物也沒有顯著之相似度。進一步言之，APH（3'）II 是一個磷酸化酵素－通常可在可食性動植物中發現，最後食品中此酵素含量非常低（保守估計約 0.16ppm）。FDA 總結說：APH（3'）II 沒有任何已知食品過敏源之特性，也沒有與其他食品中磷酸化酵素有所區別而具有毒性。

⑥對口服抗生素之影響：Calgene 公司也考慮到 APH（3'）II 是否會影響口服胺基糖苷類抗生素（aminoglycoside antibiotics）之治療效果。即使此酵素已顯示在正常腸道狀況下已被快速分解，Calgene 公司評估是否當大量口服抗生素時，而亦在不正常胃液狀態下，例如病人吃藥而減少胃酸時，此抗生素是否會被 APH（3'）II 不活化，APH（3'）II 需要輔因子 ATP 才有酵素活性，而是否食品中 ATP 的量足夠導致大量口服抗生素之不活化，Calgene 公

司顯示在最壞情況之下(高量攝食含ATP食物及低劑量的抗生素)亦只有少量之抗生素遭到不活化，除外，公司也表示：在胞外測試含有 APH（3'）II 和 kanamycin 時，觀查結果顯示沒有顯著之 Kanamycin 不活化。

⑦抗生素標幟基因之轉移：Calgene 公司也考慮到是否存在 Flavr Savr 蕃茄染色體內抗 Kanamycin 基因會轉移到腸道內或土壤中之病源微生物上，而致使微生物對抗生素有抗性。因爲沒有任何已知之機轉能使基因從植物染色體轉移到微生物中，因此藉著此方式轉移而產生新抗性微生物之機率相當小，尤其藉由已知轉移機制的微生物轉移到具抗抗生素基因之微生物間轉移，可能性更小。

⑧FDA 之總結：根據 Calgene 公司所提供有關 Flavr Savr 蕃茄之資料，FDA 總結說：「這個新品種與已具安全使用歷史的蕃茄進行比較，並沒有顯著改變」，FDA 也下結論：「蕃茄中唯一新物質 APH（3'）II，其存在之濃度，是可以安全地食用」。

5-2-2 日本在食品生物技術領域的發展

1. 日本食品生技產業之發展重點：

日本是國際上將生物技術應用在食品領域極爲成功之國家，日本於 1980 年代以微生物、酵素利用爲主的生物技術食品，擁有非常豐富的經驗及成果，也開創出新的醣類產業，但 1990 年代以農業食品、作物爲中心的生物技術，日本則相對發展較慢，落後美國相當距離。未來食品加工領域所面臨的主要問題之一則是來自基因改造作物原料進口的問題。

日本 1999 年異化性醣類產業的規模爲 900 億日圓，各種寡醣 110 億日圓，海藻醣 42 億日圓，環狀糊精（cyclodextrin）25 億日圓，丁四醇 80 億日圓，由此看來依然以特定保健用食品爲中心。與生物技術成果有重大關係的產業規模有乳酸菌飲料 979 億日圓，醣質 104 億日圓，食物纖維 126 億日圓，其次爲礦物質、胜肽、蛋白、配醣體等。如果以功能來區分，與整腸作用有關的佔第一位（1,202 億日圓，91.4%），其次爲降血壓，補充礦物質。至於基因重組相關產業，目前只有用於異化糖製造的重組耐熱性 α -澱粉酶、製乳酪用的凝乳酶等的食品加工用酵素。1997 年日本開始進口基因改造的大豆、玉米當食品原料。1999 年生技產業的商品規模達到 9,767.3 億日圓，基因改造農作物的進口有很大貢獻，主要以玉米（600 億日圓）、大豆（800 億日圓）、油菜籽（340 億日圓）、棉花（210 億日圓）爲主，與前年比較增加 490 億日圓，佔生技產品的 19.7%。

2. 日本食品生技領域中已建立之技術特徵：

日本食品生物技術的特徵主要在於醱酵技術與酵素利用爲中心，近年來各種基因改造穀物的大量進口，生物技術食品也將面對新的局面，事實上技術本身並無多大變化，因爲一般類食品是屬於保守性商品，通常只考慮消費者的嗜好及食品本身的安全性。而利用各種微生物的醱酵技術，釀造技術的高度化，各種胺基酸醱酵及丁四醇醱酵等新微生物的發現，開拓新領域，例如利用酵母菌融合改良菌種，使清酒具有更好的香氣與味道，另外利用酵素改善食品品質的範圍更廣，例如改良澱粉酶用於葡萄糖、麥芽糖、異化糖的製造、果汁的澄清及防止餅的老化，開發新的澱粉酶以製造各種寡糖，製果、乳製品、肉的軟化、乳酪用的脂肪酶，調味料用的核酸分解酶這些酵素均爲日本自行開發成果。生物反應器（bioreactor）是生技食品的代表性技術之一，除了在異化性糖類發揮威力，也開始進入寡糖的製造領域。生物技術從基礎研究到應用研究，其距離非常的接近，但需要有連繫的管道，因此日本政府也有許多政策，來促進產官學合作，農林水產省也因此成立許多技術研究合作單位，進行多項研究計畫，基本上由日本政府出資成立研究所，而不同於美國爲私人投資。

3. 日本食品生技之研發重點：

近年來日本農林水產省已從國民經濟和與農業連結的觀點，更進一步確認了食品產業的重要性，其未來之基本研究重點舉例如下：

(1)食品相關微生物遺傳資源之探索、評價與保存：於有用微生物之探索方面，包括麵包酵母、乳酸菌、酵素生產菌、抗菌性物質生產菌、特殊環境微生物等之收集、評價與保存；另外亦針對有用微生物遺傳特性進行解釋說明之研究，例如麴菌染色體遺傳基因目錄之建立及其機能之解釋說明。

(2)微生物利用技術之高度化：包括活用染色體資訊進行微生物機能之改良、開發消費者支持之基因體育成技術、運用代謝控管機制開發有效率之有用物質生產技術、微生物二次代謝物質生產有關蛋白質功能之解釋說明、利用微生物使污泥量減少之廢水處理技術等。

(3)酵素利用技術之高度化：於酵素機能之改良方面，主要研究內容包括寡醣合成酵素分子之遺傳基因子醣轉移能的改變、寡醣及其誘導體可用於工業生產技術之確立，於酵素利用技術之開發方面，主要針對異寡醣、高機能酵素、脂肪酵素、幾丁質、機能性脂質、脫乙基酵素、新規多醣等之深層次研究與開發。

(4)生物機能利用技術之高度化：包括分子認識能之生體機能分子的開發、細胞物質與資訊移動之計測等。

(5)食品機能性成份利用技術之開發：包括三大領域的研發，①食品過敏預防技術之開發，②預防老化、生活習慣病之食品開發，③嗜好、味覺功能之解析與評價技術之開發。

(6)其他食品生技領域之研發：食品生技領域可研發之題材及技術相當廣泛，除以上所列各項外，尚有部份研發重點例子，諸如①機能性成份之評價與作用之解釋說明，②食品素材利用技術之開發，③因應食品標示制度之分析技術的高度化，④因應循環型社會之食品製造技術之高度化，⑤食品的安全性確保及品質保持技術之高度化。

5-2-3 中國大陸在食品生技領域的發展

食品生技的定義與範疇在各國都不盡相同，通常亦無清楚的界定，當談到食品生技時，大陸習慣性以食品添加物為重點，但應用的範圍則擴及機能性保健食品。近年來，國際上生物技術應用於食品添加物生產的數量和速度有加大的趨勢，而且將成爲 21 世紀的大趨勢。目前中國大陸食品添加物生產中已較廣泛地應用了酵素技術、醱酵技術，基因工程也正在起步。如核酸、胺基酸、天然紅麴紅色素等均是採用微生物醱酵技術生產；一些酵素制劑如脂肪酶、葡萄糖氧化酶是採用酵素技術生產；酵素技術還被用於生產脂類的香料和香精，如奶類香精；此外，乳化劑中的蔗糖脂、營養強化劑中的維生素也有生物技術的參與。在醱酵法技術基礎上運用基因工程對菌種改造，使酵素制劑改性、提高獲得率也有不少應用。生物技術已在食品添加物生產中占有重要地位，而且，隨著新世紀的到來，隨著綠色食品發展和人們消費觀念的更新和消費水準的提高，這種應用還會更迅速更廣泛。像天然食用色素的崛起和迅速增長和天然甜味劑對糖精的大量替代，都說明生物技術應用於食品添加物是大趨勢。

對於中國大陸食品添加物生產行業來說，儘管生物技術應用已成爲大趨勢，但要完全取代化學合成技術還是不可能。由於合成食品添加物的發展歷史較長，研究也深入，目前又已形成不同層面的生產規模，短時間內不可能被生物技術所取代。但是在某些新興食品添加物行業，從起步階段就高起點地選用生物工程技術，爲將來發展提供廣闊空間，比如維生素 C 中間體的生產等。此外，某些生物工程技術生產的天然食品添加物還有一個功能開發的問題，如能在其內涵上進行發掘，將開闢出許多新的應用領域，提高其附加値，如大豆卵磷脂既可作乳化劑、速溶劑添加，又具有營養保健功用；天然紅麴色素不僅可取代某種合成色素的應用，還有降血脂的功能，且其生產應用技術已趨成熟。

至於發展生物技術在食品添加物生產中的應用，大陸專家也已呼籲業者應注意下列兩大重點：①企業在新產品開發、結構調整時，尤其應考慮生物技術的因素，注意把握這種最新技術的發展趨勢；②由於中國大陸應用生物工程技術比西方發達國家要晚，總體說來，技術相對落後，而面臨加入 WTO 後的形勢，各家食品添加物生產企業要有充分的心理、技術方面的準備，抓住機遇，迎頭趕上。

5-3　我國在食品生技領域的發展

5-3-1　我國食品生技產業的發展

我國食品生物技術產業主要包括胺基酸、食品添加物、調味料、機能性保健食品、釀造醋、醱酵乳及酒類等；每年產值均呈上升之趨勢，食品生物技術具有相當廣大的發展空間，茲舉例說明如下：

1. 食用胺基酸：國內以醱酵法生產之食品用胺基酸爲味精（麩胺酸鈉），目前實際從事生產之廠商以東海醱酵爲主。東海醱酵每月產量達 10,000 公噸以上，是世界三大味精生產廠之一；年產量逾 14 萬公噸，產值超過 50 億元。
2. 機能性甜味料：機能性甜味料包括高果糖糖漿、果寡酸糖漿、異麥牙寡醣（漿）等產品，產值超過 25 億元。生產高果糖糖漿之廠商以豐年工業爲主；果寡醣糖漿有台灣糖業等公司生產。色素的市場幾乎均來自進口，國內目前尚無生產廠商。香料原料絕大部份仰賴進口。
3. 酒類：酒類長久以來均未開放民營，因應加入 WTO，已分階段開放，國內業者普遍對此市場具有高度興趣，市場值超過 500 億元。
4. 食用醋：食用醋銷售值約爲 10 億元，主要生產廠商有大安工研、百家珍、愛之味、鴻珍等多家公司，其中大安工研的產量約占一半以上的市場。
5. 醱酵乳：國內醱酵乳市場近年來由於添加各類益生菌，其產值大幅成長，2002 年銷售值爲 46 億元，主要廠家有統一、味全、光泉及佳乳等。
6. 機能性保健食品：國內機能性保健食品之市場值一般預估應有新台幣 400 億元，其中國產品約佔一半。由於機能性食品長期處於食品與藥品間之灰色地帶，且多層次傳銷仍爲保健食品主要通路，許多僞劣品充斥市面。自民國八十八年八月三日起「健康食品管理法」正式上路，至九十二年四月已有三十五項產品通過衛生署認證，消費者購買時有所依詢，業者推出新產品也有明確的目標，未來健康食品的發展應會在此健全的制度下走出一條康莊大道。

5-3-2 我國在食品生技研發上的進展

我國近年來在食品科技的研究領域中，涉及生物技術者逐漸增加，以政府補助之食品科技類研究計畫，其中涉及生物技術者已超過 50%，顯示食品生技領域的發展潛力。近年來我國在食品生技研發上大致可分爲下列五大重點來說明：

1. 機能性保健食品：研究範圍包括機能性食品生產菌種之篩選、育種及醱酵生產、固定化酵素及微生物之應用、食品醱酵用真菌之利用、食用菇類之利用、新機能食品之開發、保健素材的開發、保健功效的評估、安全性評估等。在食品生技之研究領域中，以保健食品類者所佔百分比（大於 50%）最高，顯示目前國內食品生技研究學者最重視保健食品領域的研發，其中以植物或微生物爲題材者佔大部份，動物爲題材者次之。
2. 食品工業用酵素：研究題材包括具應用潛力酵素之基因工程及蛋白質工程研究、具特殊性質新酵素之開發及應用、酵素固定化技術在食品加工上之應用等，酵素類研究計畫長久以來一直有學者依個人專長分散式的投入研究。
3. 幾丁類物質：幾丁類物質包括幾丁質、幾丁寡醣及幾丁聚醣等物質，此類題材是近五年來熱門的研究領域，包括生理機能研究、生合成及理化特性、生產製備方法及最適化研究、生產菌株的篩選及應用等，此類研究計畫之國內研究學者間的交流頻繁，已形成一個大型的合作研究領域。
4. 食品病源菌：食品病源菌的研究一直是食品科技研究領域中重要的一環，主要有兩大方向，一爲檢測技術的研究，包括食品病源菌及其毒素的快速檢測技術之開發、國際上已商業化檢測技術的應用評估等；另一方向爲食品病源菌及其毒素的特性研究，包括本土食品病源菌的分離及分子分類研究、特性及預防方法的研究等。此類研究計畫的成果對政府預防與掌控國內食品中毒案件有其貢獻，也是政府在食品衛生施政上對科技研究的補助重點。

5. 其他食品生技：未能歸類於前述四大類研究計畫者仍佔相當大的百分比（約佔 20%），主要有基因工程及蛋白質工程技術在食品領域的應用、食品中攙假成份的檢測、食品中特殊成份檢測方法的建立、傳統醱酵食品的現代化、醱酵及製程的改進和開發等，此類分散式的研究計畫主要是因應政府階段性施政計畫的需要，以及研究學者個人專業領域的發揮。

5-3-3　我國具發展潛力之食品生技產品及技術

1. 機能性保健素材及其產品：包括從廣泛的動植物來源尋找具保健功效的成份，作爲保健素材以開發相關產品。
2. 機能性菌種系列產品：包括菇類、乳酸菌、酵母菌及真菌類產品。
3. 低熱量糖醇：包括丁四醇、木糖醇等低熱量糖醇。
4. 具本土或地方特色之酒類產品：這是進入 WTO 後，仍具有競爭力的酒類產品。
5. 幾丁類物質相關產品：除蝦蟹殼來源仍持續研究外，由微生物篩選生產菌種、醱酵製程、功能評估及衍生產品開發都是具潛力的重點。
6. 醫療食品（clinical foods）：針對特定疾病患者開發合適的醫療食品。
7. 傳統醱酵產品現代化技術：包括菌種篩選、純菌及混合培養技術、醱酵工程、生化製程等現代化技術導入傳統醱酵產品。
8. 基因改造食品檢測技術：這是針對大量基因食品成爲國際貿易議題以及建立國內管理及標示制度必備的技術。
9. 食品安全性評估技術：包括基因改造食品以及新穎性食品的安全性評估技術。
10. 保健功效驗證技術：針對健康食品管理法衍生而來之各種保健功效評估技術。
11. 功能基因體及生物資訊在食品領域的應用技術：其重要性及發展重點已如前述。

12.細胞生技：包括利用動物或植物細胞生產高價產品技術、利用動物細胞進行安全性及保健功效評估技術。

5-4　食品生技的發展方向與策略

5-4-1　建立良好的產業發展環境

1. 產品試量產基地／工廠的建立：對於研究學者或業者研發成果的產程擴大、試量產及技術移轉的驗證等，都需要一個試量產的基地或工廠協助運作，而且此試量產基地的軟硬體設施應符合品質認證，如 GMP、ISO 等驗證，同時亦應具有優異的技術人員配合運作，才能發揮應有的功能。
2. 產業資訊的收集、分析與服務：政府雖已投入此領域的服務，但產業資訊發展之快速、跨不同產業間之資訊交流與整合運用、業者需求之個別差異性、真正商業有利資訊難以獲得及法規限制等因素，都使得產業資訊服務工作之困難度及複雜度增加，未來仍需投入更多的人力及物力，並配合知識經濟及電子商務的理念，擴大產業資訊服務的深度與範疇。
3. 法規及智財權的配合與應用：健全的法規是產業發展的必備條件，智財權的配合與應用更是生物科技領域不可或缺的重要因素。現有的法規常無法因應科技的快速發展，例如基因改良食品的快速進展與商業化，相關法規即需快速修訂或制定以爲因應，又如人類基因體計畫快速進展，基因專利的相關法規與審查基準，也有調整的必要。

5-4-2　投入基因科技與細胞技術的研發

1. 基因體的研究：人類基因體計畫（Human Genome Project）已於 2000 年六月完成人類基因序列草圖，接著即是功能性基因體（functional genomics）的研究，對醫藥領域的研究者而言，基因治療與新藥開發兩大領域將出現與以往不同的思考模式及發展策略，並充滿著無窮的發展潛力與商機；對食品科技的研發者，亦應思考如何運用已經公開的人類基因序列及功能性基因的相關資訊，引導爲機能性保健食品（functional foods）及醫療食品（clinical foods）開發的策略與利基。另一方面，未來會有更多的研究者投入其他生物基因體的研究，包括動物、植物、微生物，這些都可能作爲食品或食品原料，這些基因體的研究對未來食品的供應以及食品生產製程的改變，將是無可避免的衝擊，我國應即早投入瞭解及研究，以因應基因科技發展的衝擊，進而開創我國食品生技產業的新紀元。

2. 基因改造生物（GMO）檢測技術的研發與建立：我國目前亦有多項基因改造作物（木瓜及蕃茄等）正進行田間試驗，但面對更多已商業化的 GMO 產品的進口，如大豆、玉米、馬鈴薯等，檢測技術的建立將是管理制度能否貫徹執行的關鍵，政府已大力推展此類研究計畫，有了檢測技術才有辦法進行貿易談判及標示管理。
3. 生物資訊（bioinformatics）的建立與應用：生物資訊主要是指基因體研究所伴隨而來的大量基因序列及其衍生的相關研究資訊，從事此類工作者需有很強的生物科技及電腦資訊背景，目前此類人才相當缺乏，國內更爲稀少，政府與業界目前均大力推廣生物資訊人才的培訓。
4. 細胞生技的研究與應用：細胞技術在食品領域的研究與應用可分爲生產及評估兩大方向；在生產方面，運用動物或植物細胞以生產高價食品或成份；在評估方面，利用動物細胞取代動物試驗以進行食品安全性及功效性評估，利用動物細胞取代動物試驗已是國際趨勢，更是國際上動物保護團體的強烈訴求，雖然短期內無法完全取代，但減少動物的使用量卻是各國努力的方向。

5-4-3　協助傳統食品及醱酵產業轉型，提昇競爭力

1. 培育食品生技專業人才：包括研發、市場分析、行銷、智財權等專業人才的培育，歷來生物科技的專業人才以投入醫藥領域爲主，涉足食品領域者少，因此食品領域的產官學研部門應積極協調建立食品生技專業人才的培育制度，並建立良好的發展機制，讓優秀的人才願意往食品領域發展。

2.運用學校及研究機構之研發能量：政府與業者宜多利用學校及研究機構已建立之先期參與、合作研究、產學合作、工業服務、技術移轉、開放實驗室、育成中心等機制，推展上、中游的研究成果落實於產業界。

3.引進國外專業人才：不論產官學研都應考慮國外專業人才的引進，雖然政府已建立引進國外人才的機制，但在食品產業中運用此機制者仍少，有必要進一步檢討其原因，推出更符合食品產業需求與誘因的模式，而食品業界也需體會到產業轉型是需要經費與人力的付出，才能談到競爭力的提昇。

4.產品、設備、資金及技術的評估：產業的轉型需要對企業的產品、設備、資金及技術作一綜合性的評估，國內目前較缺乏此類專家，除了政府可積極培育此類人才外，亦可成立機動式的任務小組，以滿足業界的各種不同需求。

5-4-4 推動國內外合作及技術引進

1.與國外或跨國公司合作或建立聯盟：此種策略是任何企業欲跨入國際市場的重要模式，食品產業亦不例外，但食品產業具有其他產業不見得存在的特點，即產品本土化或區域化。雖然部分食品已成為國際化的商品，但業者仍需評估跨國合作時，不同產品特性的合作模式。

2.引進國外先進技術，予以應用研發及商品化：技術引進亦是常用的經營策略與模式，但對食品業而言，宜注重技術生根及本土化，需於最短時間內自行掌握關鍵技術，進而開創符合市場需求的產品。

3.大學、研究機構與產業界的合作或策略聯盟：食品業界與研究機構或大學每年均有許多題目在進行合作，但較少成為長期的策略聯盟，未來可思考在不同領域中建立結合相關專業機構、人才及教授的機制，與相關業者成立策略聯盟，發揮團隊工作效率，讓目前分散式的合作之外，開創另一模式，以助於產業競爭力的提昇。

5-5 結語

現代生物科技的發展帶給食品產業無窮的發展潛力，可創造產業永續經營的生命力，食品產業的範圍廣泛，生物技術可應用之處甚多，包括傳統醱酵食品之現代化，微生物、酵素及生體機能之高度應用，食品病源菌及食品攙假之快速檢測，基因改造食品及新穎性食品之開發、檢測與安全評估，機能性保健素材及食品之篩選與開發等領域，均可高度導入生物科技以進行深層次的研發與應用，尤其近年來基因體研究蓬勃發展，提供食品產業豐富的生物資訊與研發策略的全新思維，食品產業將因生物科技的大量導入與高度應用，不斷創造出展新的生命力，提供人類健康與安全之永續性基本民生需求。

5-6 問題與討論

1. 請由食品產業之特質分析二十一世紀食品領域之研發趨勢。
2. 生物科技在食品領域之應用範圍有那些？它對食品產業之可能衝擊為何？它是否也給了食品產業全新思維的機會？請略述之。
3. 基因改造食品為何會成為人們關心之議題？基因改造食品有那些優缺點？請舉一實例說明基因改造食品核准上市之緣由。
4. 您認為食品產業導入生物科技之成功關鍵因素有那些？食品產業中那些領域具有較大潛力可大量應用生物科技，請舉例說明之。

參考文獻

1. 廖啓成，〈食品領域發展生物科技的方向與策略〉，《中華民國台灣地區食品產業年鑑》，64～79，2000。
2. 廖啓成，〈基因改造食品之安全性評估方法〉，《基因轉殖生物相關議題研討會論文集》，114～144，台北：中國農業化學會，2000。
3. 廖啓成，〈食品生技研發現況〉，《食品生物技術產業策略研討會》，台中：中國食品 GMP 發展協會，2001。
4. 廖啓成，〈基因改造食品之安全評估與檢驗方法現況〉，《基因改造食品安全及管理研討會》，高雄市政府，2001。
5. 廖啓成，〈基因改造食品之安全性評估方法〉，《基因改造食品研討會論文集》，43～75，2001。
6. 廖啓成，〈新世紀台灣食品生物技術產業發展趨勢〉，《食品市場資訊》，91（8），1～4，2002。
7. 陳倩琪、廖啓成，〈基因體資訊在食品生技的應用與展望〉，《食品市場資訊》，91（8），5～9，2002。
8. 華傑、陳國隆、林如蘋，《2002 年食品產業年鑑》，新竹：食品工業發展研究所，2002。
9. 廖啓成，〈新菌種之安全性評估〉，《保健食品材料之基源與安全性研討會》，台北：台灣保健食品學會，2003。
10. Directorate General Health and Consumer Protection, Implementation of regulation (EC) No. 258/97 of the European Parliament and of the Council of 27 January 1997 concerning novel foods and novel food ingredients, European Commission, 2002.
11. Flamm, E. L., "How FDA approved chymosin: a case history," *Bio/Technology*, 9: 349-351, 1991.

12. Institute of Food Technologists, "Human food safety evaluation of rDNA biotechnology-derived foods," *Food Technol.*, 54(9): 15-23, 2000.

13. Korwek, E. L., "United States Biotechnology Regulations Handbook Vol. I and II," *Food and Drug Law Institute*, Washington D.C., 1997.

14. Report of a Joint FAO/WHO Consultation, Strategies for assessing the safety of foods produced by biotechnology, World Health Organization, Geneva, 1991.

15. Report of the Third Session of the CODEX *AD HOC* Intergovernmental Task Force on Foods Derived from Biotechnology, Alinorm 03/34, Codex Alimentarius Commission, Joint Office of Food and Agriculture Organization of the United Nations and World Health Organization, Rome, 2002.

16. U.S. Food and Drug Administration, Direct food substance affirmed as generally recognized as safe; chymosin enzyme preparation derived from Escherichia coli K-12, Federal Register, March 23, 1990; vol. 57, 10932-10936, 1990.

17. U.S. Food and Drug Administration, Statement of policy: foods derived from new plant varieties, Federal Register, May 29, 1992; vol. 256, p. 1747, 1992.

18. U.S. Food and Drug Administration, FDA's policy for foods developed by biotechnology, CFSAN Handout: 1995, 1995.

第六章

生物技術在環境保育之應用

APPLICATIONS OF ENVIRONMENTAL BIOTECHNOLOGY TO BIOREMEDIATION

陳國誠　吳建一

6-1　緒言

過去二十年來，台灣一直是以經濟發展爲主軸，推展各類輕重工業。雖然創造了「台灣的經濟奇蹟」，但卻因爲沒有好好落實環境保育的工作，而使得各種毒性物質與垃圾以不同的途徑進入我們生活環境中的水體、空氣及土地；不但嚴重破壞我們居住的周遭環境、降低生活品質，甚至嚴重危害到人們的健康。在過去，環境污染的問題可能都侷限於區域性或國家性的議題。但在今天，有些污染的問題甚至會危害到地球上全人類與其他生物物種的生存空間，其嚴重性已到各國政府無法坐視的地步。未來的產業發展必須兼顧環境保育，已是全球性的共識。因此，舉凡未能符合環保要求之產業，將來勢必在國際競爭的舞台中喪失施展的空間。

地球整體的環境已遭受到人爲嚴重的破壞，例如：地球溫暖化現象、臭氧層破洞、熱帶雨林的減少、酸雨的產生、氣象的異常變化、空氣與水源的污染，以及土壤沙漠化等都是一些值得注意的警訊。要解決這些環境的問題，除了要預防全球環境的繼續受到破壞與污染之外，更重要的是，對於已受污染的環境要如何設法使其恢復原貌。爲此，「環境生物技術（Environmental Biotechnology）」應可在環境復育及生態保育上扮演著關鍵角色，發揮其不可替代之作用。今後，如何應用環境生物技術來協助解決環境的問題，已被公認是生物技術中最具有發展潛力的應用領域之一

[1，2]。國際經濟合作與開發組織（Organisation for Economic Co-operation and Development, OECD）於 1994 年在日本東京召開『Bioremediation: the Tokyo '94 Workshop』會議[3]，此會議共計有來自 16 國政府代表與專家參加，會議後獲得以下的主要共識：①確認生物復育技術對已受污染環境的整治與復育是一種可行且具經濟效益之技術；②各會員國政府應該制定科技發展的政策，提供人力與資源來加速發展生物復育技術。此乃國際性組織首次針對環境生物科技未來的發展與應用所做出的積極性文字宣言。

6-2 何謂環境生物技術

以生物方法來解決環境污染的問題並非始於今日。在幾億年前，微生物早已在地球上扮演著維持環境淨化與生態平衡的角色。因爲微生物能將動、植物殘骸分解爲小分子後再進入地球的生態圈循環，使得土壤與河川本身就具有自淨能力。但是，隨著全球工業的發展與經濟的起飛，不但廢棄物的產生量遠超過自然界中環境微生物所能負荷的處理量之外，人類的科技發展更合成了許多具有毒性的新化學物質，例如，農藥、染料、冷媒及溶劑等等，這些化學物質會藉由不同的管道與方式排放到農田、土壤、水體及空氣中，而且其在自然界的變遷、轉換過程中甚至會殺死或抑制周遭的有益微生物，使自然界喪失自淨的功能。傳統環境生物技術的基本原理，便是將工廠廢水、廢棄物以及具毒害性物質加以集中在處理場，然後藉由添加具有分解能力的微生物製劑或靠特殊方法培養出自然界已喪失或非優勢的有益微生物來達成淨化目標[4]。廢水的好氧、厭氧生物處理、污泥之消化分解，以及廢棄物的堆肥化處理等皆可謂傳統環境技術基本原理的運用。由此可知，傳統環境生物技術主要偏重於利用自然培養的優勢菌種配合適當的反應器或設備系統來分解污染物質以達淨化效果。但是，1980 年代以後，隨著分子生物技術的快速進步，使得環境生物技術的應用性更加寬廣，不但可藉由分子生物技術來了解生物處理程序中微生物相的特性，建立生物處理程序中微生物之基本資料庫，更可確切解析微生物菌相及其相互影響之機制，甚至更可藉由基因工程技術改良野生菌株來處理目前仍無法被野生微生物分解的化學物質，以上種種應用都是傳統生物處理法所無法達到的。因此，有些學者刻意將傳統的生物處理法排除在環境生物技術之外[5]，但是，筆者認為這是不對的。有鑑於此，筆者認為所謂「環境生物技術（Environmental Biotechnology）」應該加以重新定義。

筆者認為環境生物技術是指「生物技術在環境保護領域上的應用」，舉凡利用生物程序、生物細胞或其代謝物質、或分子生物技術於自然環境中進行環境的復育、控制及偵測，以改善和提升人類生活環境品質的技術皆可涵括。因此，環境生物技術是一門結合生物化學、分子生物學、基因工程學、環境生物學、植物學、動物學、環境工程學、化學工程學、生態學、環境毒理學、酵素工程學、醱酵工程學及計算機科學等新興跨領域學科。另外，從廣義的角度來看，環境生物技術也就是應用生物科技來控制和保護環境的技術，包括環境污染的生物減量（Bioelimination）、生物復育（Bioremediation）及生態保育和生物可分解性材料的研發與應用等領域。

6-3 環境生物技術的研發及應用

環境生物技術之應用範圍非常廣泛，依據日本政府環境廳「生物技術在環境保護之遠景－應用與安全確保」之報告，明白指出其應用領域，包括：①環境品質偵（監）測技術；②污染物處理技術；③環境淨化技術及④地球環境相關問題等四部份[6]。另外，國際經濟合作與開發組織（OECD）（1995）[7]的「Biotechnology for Clean Environment- Prevention, Detection and Remediation」報告中也曾指出相關的應用範圍主要為：①污染物的末端處理；②廢棄物的再生利用；③新型生物材料之開發及④新型生物製程之開發。因此，綜觀美、日等先進國家在環境生物技術之研究規劃，簡介其未來發展趨勢如下：

6-3-1 固定化微生物技術在水質淨化及廢水處理之應用

台灣地狹人稠，人口集中於都市，利用傳統生物法處理都市下水或產業廢水的程序，由於佔地面積相當大，土地的取得成本太高而降低經濟效益。固定化微生物在廢水處理的應用上，具有固液分離容易、微生物菌群不易流失，使得處理系統內可維持較高的菌群濃度，可以大幅減少反應器體積，提高處理效率等優點。基於上述種種現實因素，利用固定化微生物技術來有效解決水質淨化問題，近年來已成爲相當熱門的環境生物科技研究課題之一[8～11]。雖然目前固定化微生物技術應用在廢水處理之領域仍以實驗階段的研究爲多，實廠應用例不多，但是就長期發展趨勢而言，此一生物技術的嶄新利用，除了可符合環保法規的水質要求之外，亦可能取代目前傳統的生物處理法以節省高成本的土地投資及大幅降低操作費用。以下簡介筆者多年來從事固定化微生物技術應用在水質淨化之研發成果，包括，PVA 磷酸酯化法的專利固定化技術應用在廢水脫色技術[12～17]、廢水去除酚化合物[18]及脫氮程序[19～21]等。再者，針對 90 年代以來，日本領先世界各國將固定化微生物應用於大規模都市污水處理廠的實廠應用概況進行簡單的介紹。

1.染整廢水之脫色處理

自 1856 年第一個合成染料（mauvein）被發現之後，至目前全球已有超過 100,000 種合成有機化學染料及每年總量超過 7×10^5 tons 的生產量[22，23]，其中又以偶氮染料爲最大宗，全世界市場佔有率達 60～70% 之多[24，25]，廣泛應用於紡織業、染整業、橡膠業、瓷釉業、印刷業、製藥業、食品業及化妝品等產業[26]。此等產業中又以紡織及染整業的使用量最大，估計每年使用的染料在製造或程序操作過程中約有 10～15% 未經利用而直接排入廢水處理場中[23]。由於這些染料具有穩定的化學特性，即使在光及氧化劑處理下也十分安定，有些染料甚至具有致癌性或生物毒性[27]，且不易被微生物分解，若未妥善處理即將其排放至環境水體中，對大自然生態將會造成相當大的污染及破壞。因此，除了製程減廢之治本策略外，更需在末端處理上發展一適用的治標方法。

目前紡織、染整廢水中色度之處理大都以物理／化學方法爲主，例如，吸附法、混凝沈澱法、氧化法、電化學法及光催化氧化法等。這些處理方法雖然效率甚高，但也有不少缺點：設備需求昂貴、操作成本較高，以及剩餘污泥的二次污染問題；甚至有些處理法在原理上只是將污染物從液相中轉移至固相中而已，並非真正將污染物去除。染整廢水因製程使用染料之不同，水質變化大且複雜，其 BOD 與 COD 之比值通常小於 0.3，顯示其不易被生物分解的特性[28]。相較於物理、化學處理方法，不論是從經濟觀點或是效率方面，生物脫色仍是最可行，且最具經濟效益的方法。McKay 早在 1979 年就已預言道：『生物脫色程序是未來發展的主流趨勢』[29]。

過去十年來，有關生物脫色的研究的方法有生物吸附、生物轉形（transform）、分解（degrade）及礦化（mineralize）[30]，這些具有脫色作用能力的微生物包含有細菌、真菌、酵母菌、放射線菌、藻類以及基因重組微生物。目前爲止，有關生物脫色的大部分研究報告對於實際廢水脫色處理技術的應用發展都可謂助益不大。因爲此類期刊報告大都以單一純菌爲研究對象，不見得適用於混合菌群生態的實際廢水處理系統。最近本實驗室成功地從廢水處理場的活性污泥及湖泊之底泥中純化分離出數株偶氮染料分解菌株，且證實其能於懸浮系統中有效地分解多種偶氮染料。但是，這些菌株與期刊報導的脫色菌相似，也必須在缺氧或厭氧環境下才能呈現偶氮染料的分解能力，再者，當生長環境的溶氧濃度提高時，對於菌株脫色能力便有明顯的抑制作用[12，13]。無論如何，筆者實驗室篩選分離出的偶氮染料分解菌株在未來實際應用時將可能會面臨 2 個主要問題：①偶氮染料分解細菌實際應用於廢水處理系統中時可能因爲其他優勢菌的競爭而無法將其脫色活性完全表現出來，甚至被淘汰而消失於廢水處理系統中；②在脫色程序中，微生物的偶氮還原酵素會因廢水中的溶氧而受到抑制，而反應必須在缺氧或厭氣條件下進行。爲了克服上述的難題，固定化技術的包埋法不失爲一種有效的解決方法，因爲可同時包埋多種偶氮染料分解菌株，以提高微生物濃度，不但可重複使用生物固定化觸媒，而且可以於擔體內部提供局部的厭氣環境，非常有利於對氧氣敏感的偶氮染料分解細菌來進行脫色反應。

從實際應用之觀點，固定化技術的擔體材料必須具有適當的機械強度、耐久性、無毒性且價格便宜。基於以上的考量，筆者實驗室經過多年的研究試驗，成功地開發出利用 PVA 磷酸酯化法製備的固定化染料分解菌株顆粒（圖 6.1），不但可以有效利用擔體材料之質傳效應，提供缺氧及厭氧環境來促進菌株生長，解決溶氧的抑制效應，更可包埋所需之特定的脫色菌株[15～17]。PVA 固定化菌種顆粒不但可在 CSTR（continuous stirred tank reactor）反應器中操作，亦可適用於流體化床反應器。實驗結果顯示固定化菌體顆粒在流體化床反應器內分解偶氮染料達穩定之反應時間會隨床膨脹、反應器內填充之顆粒密度以及水力停留時間的增加而減少；而菌體在反應器內之平均停留時間，即使當水力停留時間由 3 小時增加至 24 小時，也僅有稍微的變動，均可維持在 1000 天左右，顯示以 PVA 菌體顆粒，即使在水力停留時間有大幅變動時，仍可以將菌體在反應器內平均停留時間之變動衝擊降至最低[17]。另外，有關於固定化菌體顆粒之質傳問題及固有的（intrinsic）動力學探討，以及在流體化床反應器內之水力行為特性則請讀者參考我們的相關報告[15，16]。

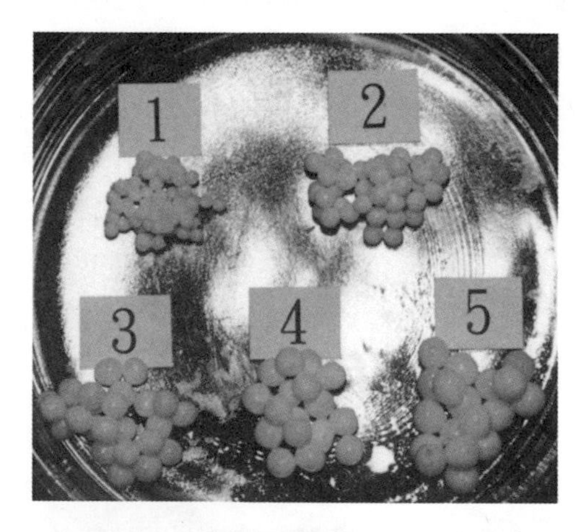

粒徑大小:
(1) 1.88 ± 0.17mm;
(2) 2.97 ± 0.03 mm;
(3) 3.68 ± 0.02 mm;
(4) 3.75 ± 0.03 mm;
(5) 4.36 ± 0.02mm

圖 6.1 不同顆粒大小之 PVA 固定化偶料分解菌株顆粒 [17]

2. 含酚／氯酚廢水之處理

酚及氯酚類化合物爲環境中常見之有毒污染物，普遍存在於煉油、冶金、石化、煉焦、塑膠、農藥製藥廠等工業廢水中。誤食者將會導致腹痛、食道灼傷、嘔吐等症狀。水體中酚的濃度超過 2 mg/L 對水中魚類即呈現毒害作用，低於 2 mg/L 也會造成魚肉的異味[31]。一般對於酚類廢水處理方法有回收、焚化、活性碳吸附、離子交換、化學氧化法及生物處理等等。但是，基於經濟效益及二次污染問題，限制了活性碳吸附、焚化及化學氧化法之應用；而在傳統生物處理法中，微生物則易遭受到毒性物質之傷害，或因菌體生長緩慢而容易流失，導致處理效率不彰。倘若將固定化微生物技術應用於含酚或氯酚廢水的處理程序，即可藉由擔體之保護作用，減輕菌體遭受毒性物質的傷害程度及提高處理槽內分解菌群的菌體濃度而大幅提升處理效率。

Bettmann 和 Rehm（1984、1985）利用褐藻膠（alginate）及聚丙烯醯胺-醯肼（polyacrylamide-hydrazide, PAAH）作爲擔體來固定 *Pseudomonas* sp.及 *Pseudomonas putida* P8，將其使用於含酚廢水之處理。結果顯示，經固定化處理之菌體比起懸浮菌體更能忍耐較高濃度的含酚廢水，且以 PAAH 擔體的固定化處理比起褐藻膠固定化可以得到較好的效果，可在二天內完全分解含酚濃度 2 g/L 之廢水[32，33]。另外，Kirk 等（1989）將 *Flavobacterium* cells 固定於聚胺甲酸酯（polyurethane）擔體內來進行五氯苯酚（pentachlorophenol, PCP）之處理，利用半連續反應槽（semi-continuous batch reactor）處理 150 天，得知每天約以 0.6%之速率進行 PCP 的分解，效果相當良好[34]。

除了上述之 PAAH、褐藻膠之擔體材料之外，筆者曾嘗試使用聚丙烯醯胺（polyacrylamide，PAA）包埋 *Candida tropicalis*（NCYC 1503）進行酚之生物分解研究[18]。實驗結果得知在批次反應器中操作中，當酚濃度爲 500 mg/L 以下時，約 18 小時固定化菌體即有 92%以上的去除率；而酚濃度高達 1000 mg/L 及 1500 mg/L 時，經過 160 小時及 220 小時也都可達到 96%的去除效率。但是，懸浮菌體系統於高濃度的酚溶液中即有明顯的菌體抑制效應，導致處理效果不彰（圖 6.2），以上結果證明固定化菌體顆粒因爲有擔體保護及較高的菌體濃度。因此，不僅去除酚所需時間大幅縮短，廢水中酚濃度的容忍極限亦同時提高，處理效率明顯優於懸浮菌體。另外，將 PAA 固定化 *C. tropicalis* 所得的菌體顆粒置於氣舉式反應器（air-lift bioreactor）中進行連續操作時，顯示可以處理酚廢水的濃度高達 5 g/L，且去除效果十分優越（96%以上）。

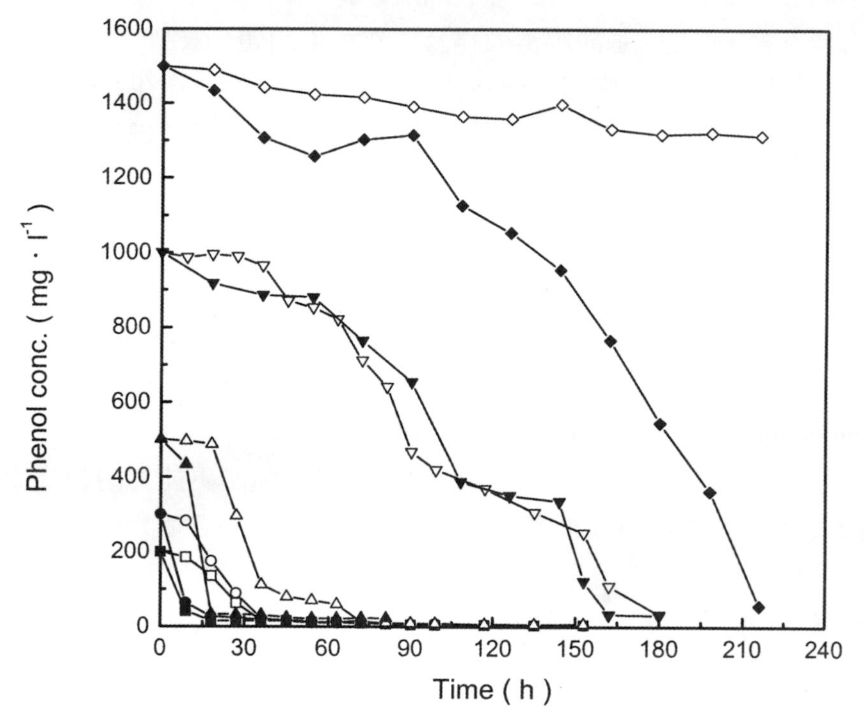

圖 6.2 懸浮菌體系統與 PAA 固定化菌體系統去除廢水中酚之比較 [18]

3. 含氮廢水之處理

除廢水中含氮物質之污染防治技術中，最具經濟效益且處理效率最高的方法爲生物脫氮技術。脫氮程序包括了硝化（nitrification）及脫硝（denitrification）二個生化作用。硝化作用係在喜氣條件下，經由硝化菌群，將氨氮氧化成亞硝酸氮或硝酸氮；而脫硝作用則是在無氧狀態及有機碳源的充分存在之下，脫硝菌群將硝酸氮還原爲氮氣。硝化作用中因硝化菌群增殖緩慢，凝聚性不佳，且代謝過程所需氧量甚大，無法和異營菌競爭而導致在一般的生物處理系統中硝化菌活性不易提升。爲解決此一瓶頸，有關固定化技術應用在硝化程序之研究，70 年代起便陸陸續續地見諸於文獻期刊上[35～37]。

筆者實驗室則利用 PVA 固定化技術製備固定化污泥顆粒，利用 CSTR 反應器來處理都市廢水中之有機碳及氮化合物，並應用間接曝氣（intermittent aeration, IA）的操作方式配合 ORP（oxidation-reduction potential）監控，不但可達到部份或全面性的自動化線上（on-line）監控，更可以增加處理系統的操作穩定性、提高處理效率及減少操作成本。（圖 6.3）即爲 IA 廢水處理系統中典型的 OPR 與系統生化特性的時程曲線[38]。一般而言，間歇曝氣操作分成兩種操作模式，一種是 Fixed-time 操作，另一種是 Real-time 操作。實驗結果顯示，若系統在 fixed-time control 操作模式下，在 HRT＝10hr 時，以每日循環數＝3、曝氣比＝50%之操作條件下，可獲得最佳的 COD 去除效率（＞90%）及總氮去除效率（約 80%），其中微生物生合成耗氮量佔入流總氮的 17.4%，脫硝則佔了入流總氮的 63.2%，顯示利用間歇曝氣操作的系統，水中氮化合物，大部份都轉化成爲氮氣[38]。但由於在 fixed-time control 操作模式中，發現 nitrate breakpoint 出現到下一次曝氣再啓動之間，處理系統會有厭氣醱酵現象的發生，因而影響氮的去除效率及系統穩定性。因此，處理系統若採用「nitrate breakpoint」作爲控制指標之 real-time control 操作模式，不但可避免處理系統陷入醱酵狀態，而且，進而提昇固定化菌體系統的總氮去除效率及操作穩定性（圖 6.4）[39]。另外，我們亦利用所建立的即時監控系統來處理養豬場經固液分離後之廢水，進行併同去除豬糞尿廢水中的碳、氮成份之研究。得到系統在完全曝氣操作下，HRT 控制在 5 天以上時，其 TCOD 及 TKN 的去除效率分別可達 70%及 30%左右，而總氮（T-N）的去除效率約爲 6～8%，由此驗證好氧脫硝作用可能發生在固定化菌體顆粒之內部。而在 fix-time 操作時，在 4 小時曝氣／4 小時不曝氣的操作模式下，TCOD、TKN 及 TN 的去除效率則從完全曝氣操作模式的 70%、30%及 8%，分別提高至 85%、45%及 46%。Real-time 操作模式則是以 ORP 作爲監控指標，其 TCOD、TKN 及 TN 處理效率雖與 fix-time 操作程序差不多，但每次的曝氣循環時間約可減少 20%，可節省不曝氣時因攪拌所耗費之能源。在剩餘污泥產量方面，本系統之剩餘污泥產量（0.210 MLSS/g-COD）甚低於一般的傳統活性污泥法（0.438～0.444 g-MLVSS/g-COD）。另外，PVA 電腦監控處理系統擁有較一般活性污泥高的污泥滯留時間（SRT），SRT 的範圍爲 21～279 天，大大高於一般活性污泥處理法的 5～10 天[21]。

4. 日本固定化微生物在廢水處理的實際應用

日本政府有鑑於國土狹窄，人口稠密，高度集中於都市地區，且能源大多仰賴進口等先天限制因素，爲了因應二十一世紀地球水源枯竭的嚴苛環境而著手開發新型廢水處理技術及水資源再生利用系統。於 1985 年至 1990 年由通產省（相當於我國的經濟部）及建設省（相當於我國的營建署）分別推動「Aqua Renaissance Research Association」及「Bio-focus 計劃」，二項國家級大型產官學科技研究發展計劃，共有二、三十家大企業、廠商協同參與。在這二個大型工業技術研發計劃中，微生物固定化技術及其在廢水處理上的應用皆被列爲重點研發項目。根據日本產官學計劃的評估，固定化技術在廢水處理的應用可能成爲二十一世紀主流的嶄新技術，可謂劃時代的突破性技術，其可期待的技術效果爲設備小型化（處理設備佔地面積僅爲傳統技術的 1/4 以下），污泥產生量大幅降低（爲現有活性污泥法的 1/3），省能源（爲現有技術的一半以下），容易操作自動化及維修管理，當然廢水處理總成本也可能降至目前的一半以下。

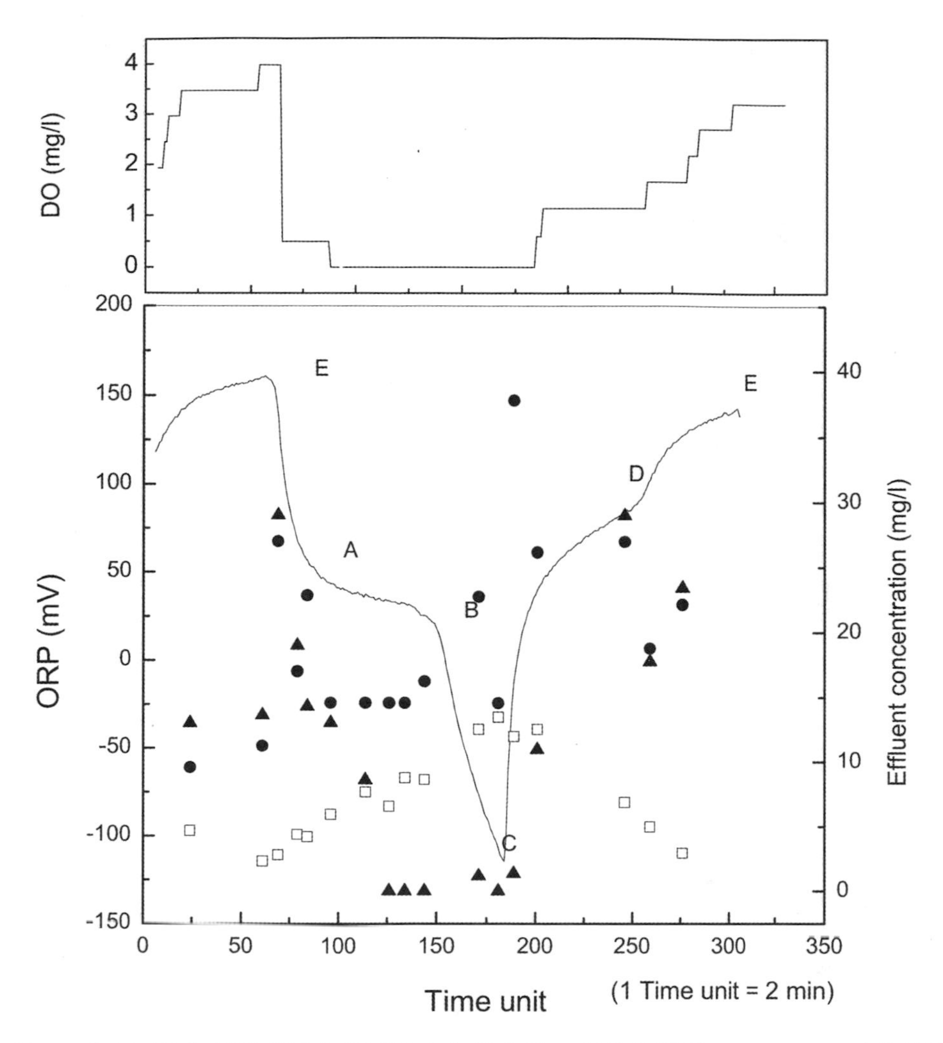

圖 6.3 在 IA 廢水處理系統中利用固定化微生物，操作條件爲 HRT＝8 h、每日循環數＝3 及曝氣比爲 50%之典型的 ORP 的時程變化曲線。

（●）COD；（□）TKN；（▲）NO_X^--N.

Point A：DO breakpoint；Point B：nitrate breakpoint；Point C：onset of aeration；Point D：elbow；Point E：stopping of aeration [38].

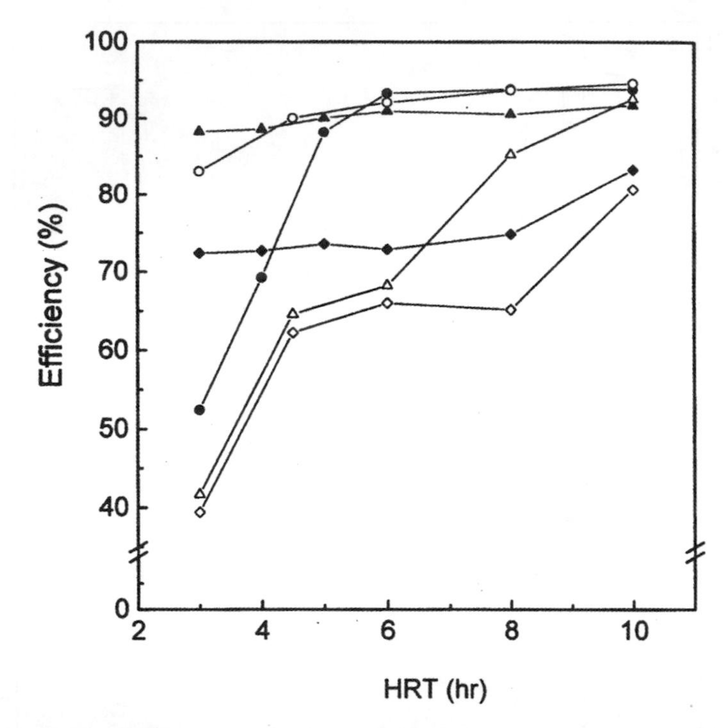

圖 6.4 間歇曝氣反應器在 Fixed-time control（open symbol）及 Real-time control（close symbol）操作模式下，HRT（水力停留時間）與碳-氮去除效率之關係。（●, ○）COD removal;（◆,◇）T-N removal;（▲,△）TKN removal [39].

在官方整合推動之下，日立工程建設公司（Hitachi Plant Engineering & Construction Co., Ltd.）於 1991 年二月中公開發表所謂的「PEGASUS」系統，亦即將固定化硝化菌實際應用於大阪市都市下水的去除氮化合物程序，而獲得相當滿意的處理效率，此為舉世首次成功之固定化微生物的實廠應用實例。另外，竹中工務店公司也結合 ICI 公司的深層曝氣技術成功地開發出固定化污泥深層曝氣技術，廣泛應用於都市大樓的中水道系統以及河川淨化程序。以下簡介日立工程建設公司的實廠操作狀況以供國內業者參考，以期他山之石之效。

(1)川越市瀧下下水處理廠（Takinsohita Sewage Treatment Plant in Kawagoe City）[8]

川越市的瀧下下水處理系統原是每日入流量爲 80,000m^3 之活性污泥系統，經過改良整裝成每日入流量 3000m^3 之脫硝-硝化系統，並將固定化硝化菌體顆粒以體積比爲 7.5%之比例置入硝化槽中，其中脫硝槽及硝化槽的滯留時間分別爲 4.8 小時及 3.2 小時，在不同 T-N 負荷下進行操作，得到如（圖 6.5）所示之結果。由此可知，固定化系統比起傳統活性污泥程序，可得到較爲良好的 T-N 去除效率及可承受較高的 T-N 負荷。

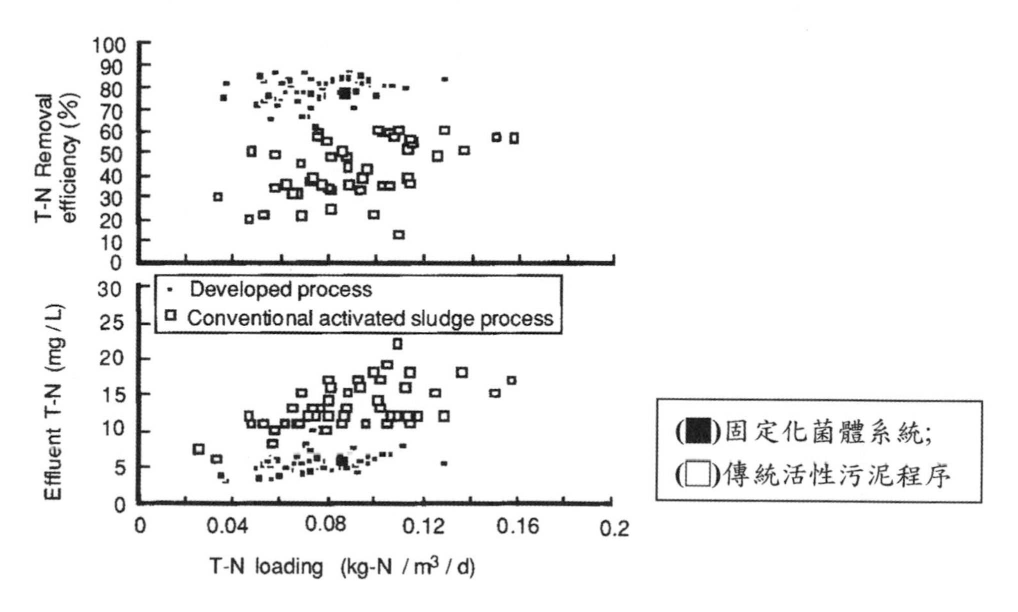

圖 6.5 Takinoshita Treatment Plant 之 T-N 負荷與 T-N 去除效率及放流水中 T-N 濃度之關係 [8]

⑵宗像市宗像廢水處理廠（Munakata Treatment Plant in Munakata City）[8]

宗像市污水處理廠主要是由 4 個系統所組合，每日入流量 11,300 m^3，而生物反應槽由硝化槽及脫硝槽以體積比 2:3 所組成（圖 6.6），並將固定化菌體顆粒置入硝化槽中（體積比 7.5%），在脫硝 4.3 小時，硝化 3 小時的操作條件下，其結果顯示系統之出流水 BOD、T-N 及 SS 均符合設計要求。

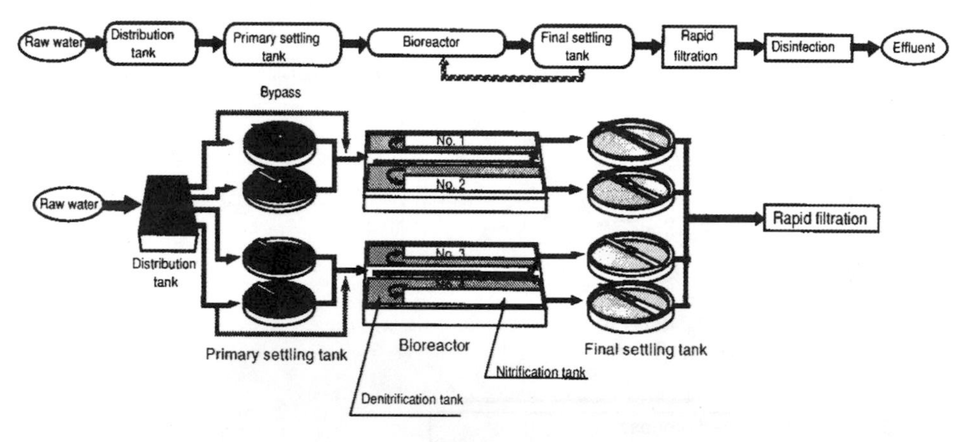

圖 6.6 宗像廢水處理廠（Mnakata Treatment Plant）設備及流程圖[8]

⑶大阪北東 ACE 中心（Osaka Hokuto ACE center）[8]

1990 年，針對一般都市下水混流污泥乾燥處理廠的排放水而設計建造大阪北東 ACE 中心，於 1991 年開始操作，並於 1994 年進行擴建。由於原廢水的溫度甚高，約在 45～50℃之間，且含高濃度的 NH_4^+-N（約 200 ㎎/L），所以廢水在進入處理系統前須先以冷卻水混合原廢水使溫度降至 35℃以下並同時可稀釋入流水的 NH_4^+-N 濃度（圖 6.7）。硝化槽體積為 140m^3，填加的固定化菌體顆粒體積為 28m^3。該系統於 1990 年 2 月至 8 月之操作結果顯示，廢水入流速率即使有較大變動的情況下，氨氮之去除率仍相當平穩，且出流水中之氨氮都維持小於 37.5 ㎎/L。

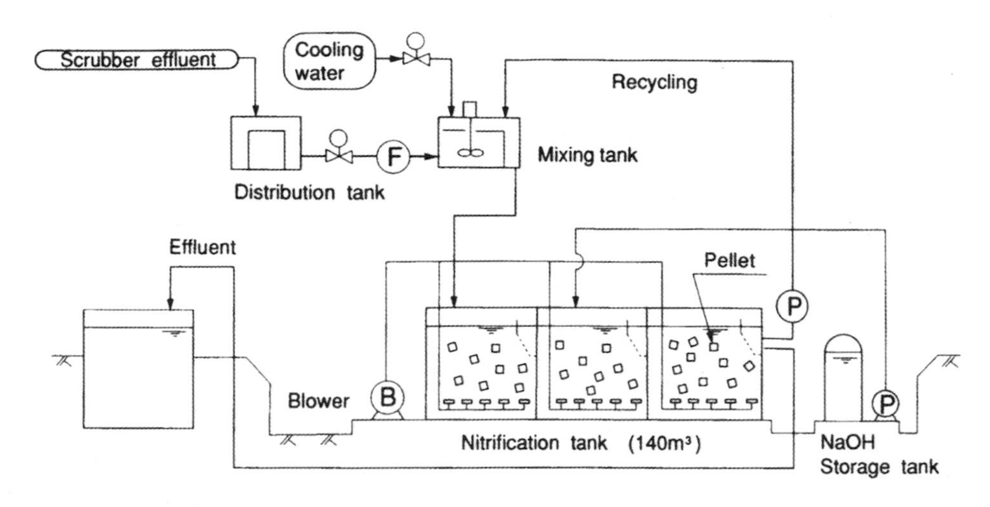

圖 6.7 大阪北東 ACE 中心（Osaka Hokuto ACE center）之固定化硝化菌反應槽設備 [8]

6-3-2 生質體（biomass）與生質能源（bioenergy）之開發

自工業革命之後全世界大量使用石油與煤等化石燃料，化石燃料爲不可能再生的自然資源，今天全世界已面臨有限能源的逐漸枯竭，更因產生大量的二氧化碳而造成嚴重的溫室效應。因此，在面對地球自然能源逐漸減少的危機及如何削減二氧化碳總量的考量下，各國無不興起新能源的研究發展。在眾多新能源開發技術當中以再生能源（renewable energy）最受矚目，包括太陽能、水力、風能、生質能源、地熱能及海洋能等。現今再生能約佔全球初級能量供應的 18%，其中生質能源的使用及轉變佔了 55%[40]。

簡單的說，生質能源就是「生物（植物、動物及微生物）生產出來的有機物質」。例如，在第二次世界大戰期間，日本及德國就是以糖蜜（molasses）爲基質原料，利用微生物來醱酵生產甘油（glycerol）、丙酮（acetone）、丁醇（butanol）等工業用溶劑[41]。1973 年的能源危機（energy crisis），使得各國重新檢討再生性生質能源的經濟可行性，當時的主要目標如下：

1. 酒精的生產：開發可將纖維素（cellulose）農產物或其廢棄物利用微生物或酵素進行糖化，然後再轉化成酒精（即乙醇，ethanol）之技術。酒精生產的研究目前雖已獲相當好的成果[42]，但由於前處理的困難及糖化、醱酵及回收等步驟易受木質素（ligin）的干擾，以致其生產成本仍無法與化石燃料之生產成本相競爭，但相信隨著生物科技的進展，利用微生物將纖維素轉化成酒精之技術應是大有可為的。另外，美國及巴西早已利用蔗糖醱酵生產之乙醇與汽油混合，稱之為汽醇（gasohol），作為汽油的部份替代品使用於汽車引擎。
2. 氫氣的生產：相對於化石燃料，氫氣是公認為乾淨的能源，燃燒後只產生 H_2O 而不會形成 CO_2 排放至環境中大氣造成溫室效應，且燃燒熱效率高，約為汽油的 3 倍。因此，氫氣將是各國未來積極發展的重要新興能源之一，尤其是利用生物技術產氫，不但可以處理有機廢棄物，又可以產生氫氣能源，可說是同時解決能源與環保問題。在台灣，因為缺乏天然能源，而且因為工業發達經常會產生大量的有機廢棄物，更是適合發展此生物產氫技術。其實，大約 100 年前便已有許多研究證實可以利用藻類（algae）和細菌（bacteria）生產氫氣[43]。目前，美國、日本及德國等均能夠在實驗中成功地以光合細菌與藍綠藻等微生物進行氫氣的生產。而台灣則有成功大學環工所鄭幸雄教授所主導的國科會三年度整合型產氫計畫、經濟部法人科專、產氫技術開發計畫及能源委員會潔淨生質能源研發計畫，目前皆在執行中。這些研究中，不論是利用何種微生物，其生物產氫的路徑可歸納成六種（圖 6.8）[43]。

1. Direct photolysis

2. Heterocysts of nitrogen-fixing *Cyanobacterium*

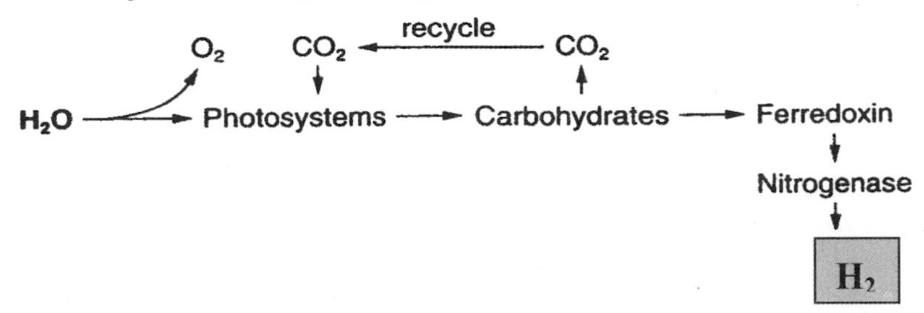

3. Indirect photolysis

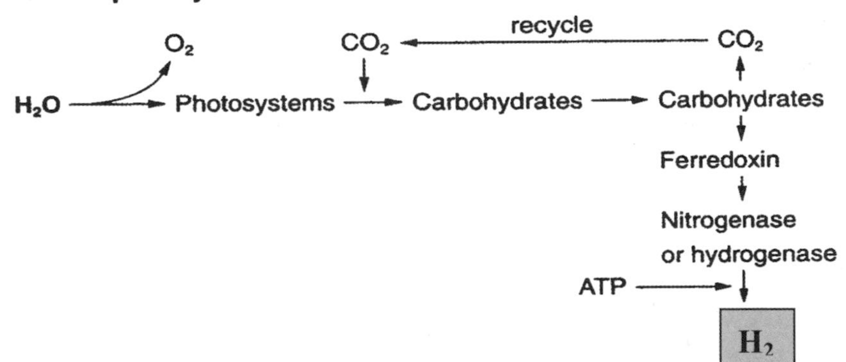

4. Photofermentation, photosynthetic bacteria

Carbohydrates → Ferredoxin → Nitrogenase → H_2

ATP → Bacterial photosystem → ATP

5. Microbial shift reaction, photosynthetic bacteria

CO + H_2O → H_2 O2

6. Dark fermentations

Carbohydrates → Ferredoxin → Hydrogenase → H_2

圖 6.8 生物產氫的可能途徑 [43]

6-3-3 生物復育技術（Bioremediation technology）[44]

生物復育是指利用微生物或微生物程序以轉化或分解有害化合物使其毒性降低或形成無毒物質的程序，其成功與否通常決定於微生物相、微生物生長的環境及污染物的種類等，目前常使用在地下水及土壤污染的控制。依處理場地不同可分成現地復育（in situ）及非現地（ex situ）復育兩種。非現地復育是指在處理前須先將受污染的土壤挖出或受污染的地下水抽出，離開受污染地區移至他處進行生物處理。現地復育則是在原地進行處理，可以處理較大量的土壤，且不須先將受污染部份移出，因此，比起非現地復育較爲節省成本且也不會造成污染物移出過程的污染機會。但是現地復育並非適用於任何土壤，通常通氣性高的土壤會有較佳之處理效果。

目前已發展出來的生物復育技術技術大致可分爲以下五大類:

1. 生物促進法（biostimulation）：藉由添加可生物分解之介面活性劑或營養鹽，以增加現地土壤或地下水中既已存在之本土性的微生物族群之活性的方法。
2. 生物添加法（bioaurmentation）：直接添加對污染物有去除分解能力的微生物至污染場址，此部份可結合利用基因工程技術，開發具有分解特定污染物能力之基因重組微生物以提昇工程效益。但是，由於基因重組微生物添加至自然生態環境中仍必需考量其對環境生態體系之影響，因此，必須經過嚴密謹慎的考量後方可實施。此方法較常應用在生物反應器或非現地復育的實施。
3. 生物處理法：將污染物質經通氣或土壤洗滌（soil washing）後送至特殊生物反應器（bioreactor）達到去除污染物。此類反應器包括有生物濾床（biofiltration）、生物洗滌塔（bioscrubbing）。
4. 固相生物復育法：包含地耕法（land farming）、堆肥法（composting）及生物堆土法（biopiles）。地耕法是指將挖起的土壤以機器攪動混合空氣，並添加養份於現地作簡易生物復育，底部必須收集滲出水及液體。堆肥法是屬於好氣性／嗜熱性之生物處理方式，將污染物與其他基質混合，並添加適度的水和空氣以加速污染物之分解。生物堆土法則是將污染的土壤堆高並於底處通風、提供營養源及水氣進行生物處理。

5. 生物通氣法（bioventing）及生物曝氣法（biosparging）：生物通氣法是指利用井管吹入或吸出空氣進入受污染之土壤中，讓好氧菌群充分利用以達分解淨化之效果，也可同時添加氮和磷以促進微生物生長，此方法只能供給淺層土的好氧菌，所以，對於深層土層或黏土層則不適用生物通氣法復育。生物曝氣法則是注入空氣於地下水層進行曝氣，以提升微生物活性，亦可藉由曝氣過程沖洗出污染物，因此，此方法常與去除土壤中揮發性污染物的土壤蒸發萃取方法併用。生物通氣與氣曝法是兩種新開發且相當實用之生物復育技術，尤其對整治受揮發性油品污染之土壤及地下水，爲相當經濟且有效的整治方法。

6-3-5 生物可分解性高分子材料（biodegradable biopolymers）

熱塑性塑膠（thermoplastics），近年來以每年 2,500 萬噸的速度累積成長，雖然提供了人類生活上的種種便利，但是也因其有生物不分解之特性，因此，塑膠廢料的處理問題與所造成的環境公害日益嚴重，而使得生物可分解性塑膠的研究與開發日受重視。自 1990 年代開始，許多化學家與生物學家每年輪流在美國、日本及歐洲舉行生物分解性塑膠相關的研討會。研究方向大都以探討微生物對熱塑性塑膠等高分子材料之生物分解特性，開發生物可分解性高分子材料以及應用分子生物技術將 PHA（polyhydroxyalkonats）生產基因轉殖至大腸桿菌或送入農作物來達到大量生產爲主要課題。目前全世界生物可分解性塑膠材料的生產規模約 40 多萬噸。1994 年時，美國的實際需求量約 30 多萬噸，歐洲 70 萬噸左右。但在 2000 年時美國的實際需求量已超過 100 萬噸。預估到 2010 年以前，歐洲及北美市場的需求量將遞增至 200 萬噸以上，在日本亦有 1000 億日圓的銷售市場。由此可見，未來生物可分解性高分子材料的市場潛力實在相當驚人。

所謂生物可分解性塑膠，至今世界上還沒有統一的國際標準化定義，根據美國測試及材料協會（ASTM）通過的有關塑料術語的標準 ASTM

D883-92 對分解塑膠所下的定義「在特定環境條件下，其化學結構發生明顯變化，並用標準的測試方法能測定其物質變化的塑料」；而根據生物分解塑膠協會（BPS）的定義：「凡是可被生物分解代謝，其特徵爲由高分子化合物轉變爲低分子的化合物及其配合物」[45]。此外，美國國際飼料穀物協會（NGFA）之定義則爲「一種高分子材料，在使用期間可保有與傳統塑膠相同之功能；於使用後，可被微生物分解成低分子量的化合物，最後變成二氧化碳等無機物」[46]。綜合以上資訊及國際會議研討資料，關於生物可分解性塑膠定義的制定可以分成以下幾種方法：

(1)從化學上的定義：塑膠廢棄物的化學結構發生顯著變化，最終完全會被分解成二氧化碳和水。

(2)從物性上的定義：塑膠廢棄物在較短時間內，力學性能下降且其應用功能大部分或完全喪失。

(3)從形態上的定義：塑膠廢棄物可在較短時間內破裂、崩碎及粉化，對環境無害或易被環境消化。

目前已發展出的分解性塑膠的種類有許多種，大致可分成以下四大類：

1. 天然聚合物：利用天然聚合物以加工技術來製成生物可分解性塑膠。此類之天然聚合物依其來源，可分成植物來源及動物來源。植物來源是指由植物細胞壁所組成的纖維素、半纖維素及果膠等多糖體、木質素及儲備碳氫化物（reserve carbohydrates）之澱粉等天然高分子。而動物來源則是指以蝦、螃蟹等甲殼中所含之幾丁質（chitin）基材。纖維素及幾丁質之分子結構相當類似，如（圖 6.9）所示[47]。

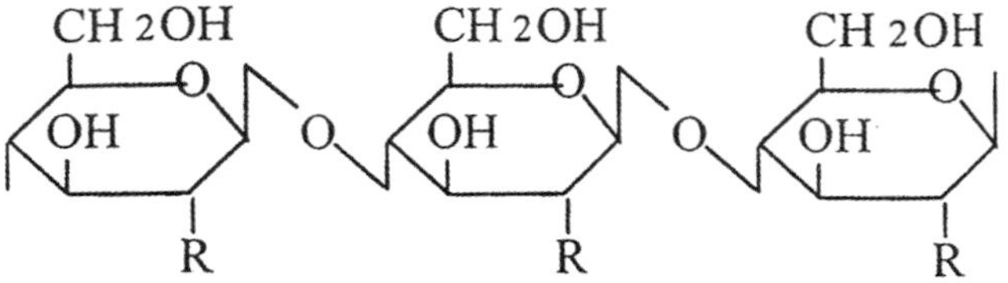

Cellulose ： R = OH

Chitin ： R = $NHCOCH_3$

Chitosan ： R = NH_2

圖 6.9 纖維素、幾丁質及幾丁聚糖的化學結構式 [47]

2. 化學合成聚合物：是指應用高分子合成技術，將胺基酸、糖類及聚酯等基料予以聚合製造出可被微生物分解之高分子。但根據目前之研究成果，利用此法生產之高分子鍵間相互作用力甚強，幾乎很難被微生物分解，所以成功例子非常少，例如由 Union Carbide 公司所開發之聚己內酯（polycaprolactone, PCL），可與線形低密度聚乙烯（LLDPE）材料混和後便成具良好可塑性之材料[48]。

3. 光分解聚合物：是指聚合物材料在陽光的照射下會產生劣解反應以達到分解目的。此類聚合物已成功應用於農作物覆膜及購物袋上。一般可分成二種製備方式：一爲高分子材料中添加光敏感劑，藉由光敏感劑吸收光能而產生自由基，使高分子材料發生氧化作用。另一種爲利用共聚合方式，將適當的光敏感基連接至高分子結構內，使材料具有聚光分解之特性[49]。

4. 微生物合成聚合物：自 1926 年由 Lemogone 首先發現 poly（3-hydroxybutyrate）（簡稱 PHB）以後，至目前已發現許多微生物能夠合成各種不同特性之生物可分解性高分子物質，例如 polyhydroxyalkonates（PHAs）等，其結構式如（圖 6.10）[50]。PHAs 是一種微生物細胞內能量儲存物質，是以顆粒狀形式存在細胞質內，具有石油來源聚合物之熱塑性（其融點在 50～180℃之間），是一種真正的聚酯類熱塑性塑膠。一般影響 PHA 之分解速率因素有：分子量大小、單體（monomer）的疏水性（hydrophobicity）及 PHA 的立體結構（stereochemistry）[51]。

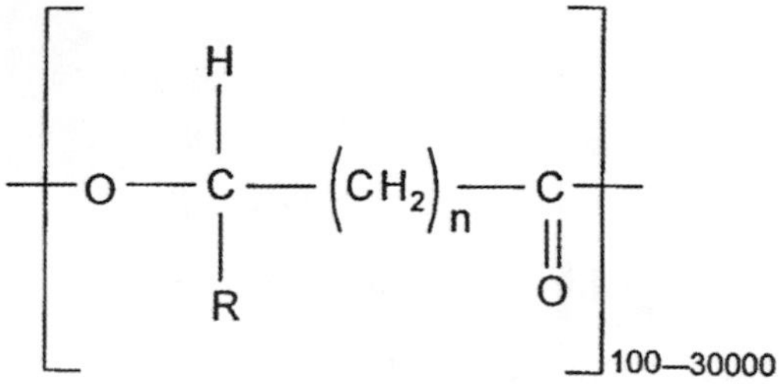

$$\left[-O-\underset{\displaystyle R}{\overset{\displaystyle H}{\underset{|}{\overset{|}{C}}}}-\left(CH_2\right)_n-\underset{\displaystyle O}{\underset{\|}{C}}- \right]_{100-30000}$$

$n=1$ $R = hydrogen$ $Poly(3-hydroxybutyrate)$
$R = methyl$ $Poly(3-hydroxybutyrate)$
$R = ethyl$ $Poly(3-hydroxyvalerate)$
$R = propyl$ $Poly(3-hydroxyhexanate)$
$R = pentyl$ $Poly(3-hydroxyoc\tan oate)$
$R = nonyl$ $Poly(3-hydroxydecanoate)$
$n=2$ $R = hydrogen$ $Poly(4-hydroxybutyrate)$
$n=3$ $R = hydrogen$ $Poly(3-hydroxyvalerate)$

圖 6.10 Polyhydroxyalkonates（PHAs）之化學結構式 [50]

6-3-6 環境品質生物偵測（biomonitoring）[52，53]

環境污染物之檢測分析與環境品質之監測為環境保護領域的最基本工作，也是最重要的工作項目之一。其主要目的是要在發生污染意外之前能即時提供預警，並分析污染來源及其影響程度以期能有效評估復育方法之策略。傳統上，對於環境污染物之檢測分析，大部份都是利用物理方法或化學分析方法配合適當之儀器來進行，但是由於環境污染物種類繁多，同時樣品基質也非常複雜，易受其他物質干擾，非常不易進行，且通常需要花費較長的時間而不適合作為程序控制之用。因此，如何利用生物指標（bioindicator）與生物記號（Biomarker）來反映污染物質對生物相及生態環境之影響已逐漸受到重視。目前研究重點方向可歸納如下：

1. 生物毒性試驗：包括生物指標及生物偵測技術，其原理都是基於自然生態環境中的各個化合物與生物之間的因果關係過於複雜，無法推論清楚，所以改以環境生物中的有機狀態來判定環境品質的狀況，藉由選擇某些具有代表性的環境指標生物，在某些污染物曝露劑量或某些特定外在條件（如溫度、濕度、攪動、壓力）下，探討環境指標生物可能產生的反應以及所受到的衝擊程度，從而推論環境品質的優劣狀況。環境指標生物必須具備有「易得，易觀察、易計量且對污染物的反應相當敏感」等特性，才可以被選擇爲環境指標生物，以進行環境偵測。目前已有許多種利用微生物之生物偵測方法，其中已被普遍使用者有，應用沙門氏桿菌突變菌株回復突變（reverse mutation）原理所建立的安姆氏試驗（Ames test）以及藉由發光性海洋細菌發光能力的變化大小所建立之急毒性 Microtox 與致突變性 Mutatox 試驗。

2. 生物感測器（biosensors）：生物感測器爲結合生物技術、電子、材料等科技開發出可以作爲環境品質偵測之用的感測器。目前，除生化需氧量（biochemical oxygendemand, BOD）生物感測器屬於較成熟之產品外，其他仍在研究階段之生物感測器計有：異味與水質優養化監測用生物感測器、偵測氣相揮發之農藥如有機磷化合物之壓電電晶體生物感測器（Piezoelectric quartz crystal biosensor）及偵測惡臭污染之壓電電晶體生物感測器，亦即所謂的人工鼻（Artificial nose）等，均有待進一步開發應用。

3. 生物晶片（biochip）：生物晶片的概念起源於 80 年代後期，是指運用分子生物學、分析化學、生化反應等原理進行設計，在玻璃、矽片、塑膠等材質上固定生物分子作爲辨識元件，結合精密微機電製造技術再加上信號轉換元件之硬體儀器部分組合而成，具有高特異性、選擇性、靈敏度且能達成即時偵測的功能，其作用對象可以爲基因、蛋白質或細胞組織等生化物質。生物晶片的開發的確可以部份取代目前現有的生物化學反應分析、分子生物分析法，而有非常廣泛的應用領域。最常見的是應用於生命科學研究與新藥開發，將來亦可能應用在監測環境，例如判定水質、土壤中微生物族群種類、數量及生態的變化。

4. 酵素免疫檢驗分析法（enzyme immunoassay, EIA）：免疫檢驗試劑是採用檢驗抗原或抗體存在方式，可開發作爲分析毒性物質用途。通常環境中的有害有機物大都爲小分子，不易產生抗體，但是，倘若和一些大分子如蛋白質結合就會變成有機物質且會引起免疫反應，產生有害環境的有機物質抗體，而此類抗體即可製作成免疫偵測試劑以偵測該有害有機物質之含量。免疫檢驗法，不但靈敏度高，而且反應時間也相當的快速，通常只需幾分鐘甚至幾秒鐘，因此非常適合現場偵測之應用。近來利用免疫反應原理已經開發出許多種類環境污染物之偵測商品，如戴奧辛及數種多氯聯苯抗體等之免疫檢驗試劑。

6-3-7 二氧化碳的生物固定與利用（biological fixation and utilization）

由於經濟活動的快速成長，人類燃燒石油、天然氣、煤等能源、毀林、大量使用暖氣、空調及建築照明，導致大量溫室氣體排放到大氣中，進而引起地球溫暖化造成全球氣溫升高，海平面上升，嚴重影響環境生態平衡。根據聯合國全球變遷小組所確定造成溫室效應之氣體主要有四種，分別爲 CO_2、CFC_S、CH_4 及 N_2O，其對溫室效應之貢獻依序約爲 55%、24%、15% 及 6%，其中又以 CO_2 爲罪魁禍首[54]。爲了遏止全球溫室效應的繼續擴大，聯合國 1992 年於巴西簽署了「國際氣候變化綱要公約」，1997 年於日本京都舉行簽約國大會，會中決議各工業國應於 2008 至 2012 年間，除必須將溫室效應氣體排放量回降至 1990 年的基準外，必須再平均削減 5.2%，可見溫室效應氣體的削減已是國際共識[54，55]。而在台灣地區方面，1990 年 CO_2 排放量約爲 115 萬公噸，至 1996 年排放量則提高爲 179 百萬噸，若依此成長速率估計，2000 年台灣 CO_2 排放量水準將比 1990 年增加 82%，成長驚人，也使得台灣地區在 CO_2 排放量上成爲全世界的焦點之一[55]。因此，環保署及早規劃 CO_2 減量策略及措施已是政府施政的當務之急。

CO_2 的削減策略可分治標及治本二方面來談，其中治本是指能源效率的提昇及新能源的開發以減少 CO_2 之排放量；而治標係指利用物理、化學及生物法，將已排放廢氣中的 CO_2 予以去除。常見的去除方法大致以溼式吸收法（wet absorption）、乾式吸附法（dry adsorption），及薄膜分離技術爲主[56]。基於 CO_2 排放量非常大，處理成本的考量便成爲一很重要因素。因此，利用前述的物理及化學方法來削減 CO_2，直至目前的技術水平，由於所需費用過高並不符合經濟效益，而有待開發新技術。另外，生物技術的應用不外是利用綠色植物（如森林）及微生物將污染物質分解或吸附。綠色植物由於生長速率緩慢，往往須要廣大的土地來種植，加上台灣土地面積狹小的限制，實不利於應用在 CO_2 之減量化上。因此，以國內環境而言，利用生長速率較快之微生物來去除 CO_2 便具有很大發展潛力，其中又以微藻類及光合細菌之組合最受矚目，除可將固定後之 CO_2 轉變爲碳水化合物、脂質及蛋白質而儲存於藻體內以去除 CO_2 外，更可利用光合細菌將藻類消化後並生產有用的回收產品，如能源、食品及化學藥品等[57]。日本政府爲了因應國際環保趨勢，於 1992 年在通商產業省特別成立財團法人「地球環境產業研究機構（Research Institute of the Innovative Technology for the Earth，簡稱爲 RITE）」，此研究機構進行之發展重點之一，就是二氧化碳生物固定之研究，其主要內容包括：①高效率二氧化碳固定之海洋微藻類與光合成微生物的篩選、分離及純化，以提高對二氧化碳濃度（1～5%）之忍耐性及利用效率；②二氧化碳固定用之生物反應器及高密度培養系統的開發及③高附加價值之生產技術的開發，例如，二氧化碳利用藻類之各種化學品，例如藻藍素（phycocyanin）、藻紅素（phycoerythrin）、類胡蘿蔔素（astaxanthin）等色素、高度不飽和脂肪酸如 EPA（eicosapentaenoic acid）等高經濟附加價值物質之開發。另外，藻類培養工業也是台灣極爲重要發展的生物工業之一，主要以綠藻（chlorella）及藍藻（spirulina）等藻類培養爲主，每年生產之藻類菌體與藻色素等產品產量超過 150 公噸，其中大部份外銷日本做爲健康食品或食品添加物之用[53]。

6-3-8　生物界面活性劑（biosurfactant）及生物乳化劑（bioemulsifier）

添加界面活性劑之目的為使油脂易溶於水中，可以降低兩相間之表面張力或油水間之界面張力。惟過去的界面活性劑都是化學界面活性劑，對環境生態常有毒害；或其本身雖然低毒，但其代謝衍生物卻是有害的。因此，近幾年來由於生物界面活性劑具有與化學合成界面活性劑同等之乳化作用，且為低毒甚至或無毒，也易被生物分解消化，不會在環境中殘留，為相當符合生態保育之物質[58]。因此，生物界面活性劑備受重視，且有取代化學界面活性劑之趨勢。根據 Banat（1995）之定義，生物界面活性劑是指為微生物所產生之一群異質界面活性化分子（heterogeneous group of surface-active molecules），此分子可以降低液體溶液與碳氫化合物混合間之表面張力、微膠粒臨界濃度（critical micelle concentration, CMC）、界面張力。在微膠粒產生過程中，可以使溶液藉由微乳化作用，使碳氫化合物溶於水中，或使水溶於碳氫化合物中；其分子構造則包括親水性之原子團（如胺基酸、胜類、陽離子、陰離子、單醣、雙醣或多醣等）與疏水性之原子團（如飽和、不飽和或羥基脂肪酸，或疏水性脂胜類等）[59]。

由於生物介面活性劑多用於碳氫化合物污染之清除處理，其生產亦大都來自碳氫化合物分解微生物（hydrocarbon degrading microorganisms）之培養液中萃取而得。目前已知可以生產生物界面活性劑之微生物常見的有 14 個屬 28 種；產生的生物介面活性劑有 18 類之多，如（表 6.1）所示[59]。大部份的生物界面活性劑為糖脂質（glycolipids），其碳氫化合物之一端，具有長鏈的脂肪酸；他端則為脂胜類（lipopeptides）、脂蛋白（lipoproteins）以及異多醣類（hetero-polysaccharides）。選擇界面活性劑之依據，除了要考慮效果佳、方便及價錢便宜外，其對整個生命週期之衝擊（life cycle impact, LCI）亦是非常重要的考量因素之一。界面活性劑在使用前必須要分析其對整個生態體系的影響，也就是要將環境及生態之成本（environmental and ecological costs）納入考量。目前已知生物介面活性劑之應用除了可當清潔劑、乳化劑之外，更可以作為漏油之污染處理、土壤污染整治及化妝品之原料[60]。

表 6.1 不同微生物及其生產之生物界面活性劑 [59]

Microorganism	Biosurfactant
Arthrobacter RAG-1	hetropolysaccharides
Arthrobacter MIS38	lipopeptide
Arthrobacter sp.	trehalose, sucrose and fructose lipids
Bacillus licheniformis JF-2	lipopeptides
Bacillus licheniformis 86	lipopeptides
Bacillus subtilis	surfactin
Bacillus pumilus A1	surfactin
Bacillus sp. AB-2	rhamnolipids
Bacillus sp. C-14	hydrocarbon-lipid-protein
Candida antarctica	mannosylerthritol lipid
Candida bombicola	sophorose lipids
Candida tropicalis	mannan-fatty acid
Candida lipolytica Y-917	sophoros lipid
Clostridium pasteurianum	neutral lipids
Corynebacterium hydrocarbolastus	protein-lipid-carbohy.
Corynebacterium insidiosum	phospholipids
Corynebacterium lepus	fatty acids
Strain MM1	glucose, lipid and hydroxydecanoic acids
Nocardia erythropolis	neutral lipids
Ochrobactrum anthropii	protein
Penicillium spiculisporum	spiculosporic acid
Pseudomonas aeruginosa	rhamnolipid
Pseudomonas fluorescens	lipopeptide
Phaffia rhodozyma	carbohydrate-lipid
Rhodococcus erythropolis	trehalose dicorynomycolate
Rhodococcus sp. ST-5	glycolipid
Rhodococcus sp. H13-A	glycolipid
Rhodococcus sp. 33	polysaccharide
Torulopsis bombicola	sophorose lipids

6-4 結語

根據環保署的施政方針，我國廿一世紀面臨之八大永續發展課題，分別為：①解決事業廢棄物處理問題；②預防重於整治，防範環境受害於未然；③整合環境資源保護事權；④落實公權力，強化稽查及緊急事件處理；⑤保護海洋及水土資源，確保民眾飲水安全；⑥因應氣候變遷及大氣保護；

⑦保育台灣生態，維護生物多樣性，及⑧落實清潔生產，建設綠色矽島等八大課題。其中有許多課題是與環境生物技術的研發有相當重要的關係，而這也顯示了生物技術應用於環境保護已是未來的趨勢。也就是說，環境生物技術對永續發展，將在自然資源之有效運用上將扮演重要角色。由於環境污染問題通常是非常複雜的，所以在環境生物技術發展上，不論是研發或產業應用，均需要有生物技術、環工技術、電子及化學工程等不同領域之專業人員加以整合，才能有效解決環境問題。

6-5 問題與討論

1. 何謂環境生物技術？

2. 何謂生質能源?並簡單說明汽醇（gasohol）？

3. 何謂生物復育技術技術（Bioremediation technology）？並說明分為哪五大類？

4. 目前已發展出來的可分解塑膠可分成四大類，試詳細說明之？

5. 何謂環境品質生物偵測（biomonitoring）？並說明其在環境保育應用上的重要性為何？

參考文獻

1. "Opportunities in environmental biotechnology." In: **Biotechbology for the 21st century: new horizons**., Chapter 3 (http://www.nal.usada.gov/bic/bio21/environ.html)

2. Scragg, A., "Overview." In: **Environmental Biotechnology**, Chapter 1, Addison Wesley Longman, 1-22, 1999.

3. "Organisation for Economic Co-operation and Development." In **Documentation: Bioremediation: The Tokyo '94 Workshop**, OECD (in Tokyo), 1994. (Http://www.oecd.org)

4. 江晃榮，〈具發展潛力的生物技術產業：環境生物技術〉，化工產業技術知識網，2002（http://www.chemtech.com.tw.）。

5. Grady, C. P. L., Jr., "Applications of biotechnology in waste treatment," *Proceedings of the 4th WPCF/JSWA Joint Technical Seminar on Sewage Treatment Technology*. 4-19, 1990.

6. 〈環境生物技術的現況與展望（DCB-IS-E-031）〉，財團法人生物技術開發中心，1993。

7. Organisation for Economic Co-operation and Development. **Documentation:** "Biotechnology for a Clean Environment: Detection, Monitoring, Remediation," OECD (in Paris), 1995.

8. Takeshima, T., Motegi, K., Emori, H. and Nakamura, H., "Pegasus: An Innovative High-rate BOD and Nitrogen Removal Process for Municipal Wastewater," *the 66th Annual Conference of the WEF. Anahaim, California. Elsevier Science B. V.*, 546-555, 1996.

9. Pallerla, S. and Chambers, R. P., "Characterization of a Ca-alginate-immobilized Trametes versicolor bioreactor for decolorization and AOX reduction of paper mill effluents," *Bioresource Technology*, 60, 1-8, 1997.

10. Senthilnathan, P. R. and Ganczarczyk, J. J., "Application of biomass carriers in activated sludge process." In: **Wastewater Treatment by Immobilized Cells**, Chapter 5, CRC Press, Inc., 1990.

11. Webb, C., "Cell immobilization." In: **Environmental Biotechnology**, Chapte 9, Ellis Horwood Limited, 347-371, 1987.

12. Chen, K. C., Huang, W. T., Wu, J. Y. and Houng, J. Y., "Microbial decolorization of azo dyes by Proteus mirabilis", *Journal of Industrial Microbiology and Biotechnology*, 23, 686-690, 1999.

13. Chen, K. C., Wu, J. Y., Liou, D. J. and Hwang S. C. J., "Decolorization of textile dyes by newly isolated bacterial strains," *Journal of Biotechnology*, 101, 57-68, 2003.

14. Chen, K. C., Wu, J. Y., Huang, C. C. and Liang, Y. M., "Decolorization of azo dyes by phosphorylated PVA-immobilized microorganisms," *Journal of Biotechnology*, 101, 241-252, 2003.

15. Wu, J. Y., Chen, K. C., Chen, C. T. and Hwang, S. C. J., "The hydrodynamic characteristics of immobilized-cell beads in a liquid-solid fluidized bed bioreactor," *Biotechnology and Bioengineering*, 2003（in press）.

16. Chen, K. C., Wu, J. Y., Yang, W. B. and Hwang, S. C. J., "Evaluation of effective diffusion coefficient and intrinsic kinetic parameters on azo dye biodegradation using PVA–immobilized cell beads," *Biotechnology and Bioengineering*, 2003（in press）.

17. Wu, J. Y., Chen, K. C., Chen, C. T. and Hwang, S. C. J., "An experimental and modeling study of decolorization of azo dye in a liquid-solid fluidized bed bioreactor using immobilized-cell beads," *Enzyme and Microbial Technology*, 2003.（in reviewing）

18. Chen, K. C., Lin Y. H. and Chen, W. H., "Continuous degradation of phenol by immobilized Candida tropicalis," *Enzyme and Microbial Technology*, 31, 490-497, 2002.

19. Chen, K. C., Lin, Y. F. and Houng, J. Y., "Performance of a continuous stirred tank reactor with immovilized denitrifiers and methanogens," *Water Environment Research*, 69, 233-239, 1997.

20. Chen, K. C., Lee, S. C., Chin, S. C. and Houng, J. Y., "Simultaneous carbon-nitrogen removal in wastewater using phosphorylated PVA-immobilized microorganisms," *Enzyme and Microbial Technology*, 23, 311-320, 1998.

21. Chen, K. C., Lin, Y. H., Wu, J. Y. and Chung, F. Y., "Simultaneous removal of carbon and nitrogen from swine wastewater using phosphorylated PVA-immobilized microorganism," *Water Environment Research*, 2003. (revised)

22. Seshardri, S. and Bishop, P. L., "Anaerobic/aerobic treatment of selected azo dyes in wastewater," *Waste Management*, 14, 127-137, 1994.

23. Spadary, J. T., Isebelle, L. and Renganathan, V., "Hydroxyl radical mediated degradation of azo dyes:evidence for benznen generation," *Environmental Science Technology*, 28, 1389-1393, 1994.

24. Fitzgeald, S. E. and Bishop, P. L., "Two-stage anaerobic/aerobic treatment of sulfonatedazo dyes," *Journal of Enviornmental Science and Health Part A - Enviornmental Science and Engineering and Toxic and Hazardous Substance Control*, 30, 1251-1276, 1995.

25. Geisberger, A., "Azo dyes and the law — an open debate," *Journal of the Society of Dyes and Colourists*, 113, 197-200, 1997.

26. Rafii, F., Freankalin, W. and Cerniglia, C. E., "Azo-reductase activity of anaerobic bacterica isolated from human intestinal microflora," *Applied and Environmental Microbiology*, 56, 2146-2151, 1990.

27. Holme, I., "Ecological aspects of color chemistry." In: **Development in the Chemistry and Technology of Organic Dyes**, Griffiths, J., edited. Society of Chemistry Industry, Oxford, 111-128, 1984.

28. Chun, H. and Yizhong, W., "Decolorization and biodegradability of photocatalytic treated azo dyes and wool textile wastewater," *Chemosphere*, 39, 2107-2115, 1999.

29. McKay, G., "Waste colour removal from textile effluents," *American Dyestuff Reporter*, 68, 29-36, 1979.

30. Banat, I. M., Nigam, P., Singh, D. and Marchant, R., “Microbial decolorization of textile dye-containing effluents: a review,” *Bioresource Technology*, 58, 217-227, 1996.

31. Van Agteren, M. H., Keuning, S. and Janssen, D. B., **Handbook on biodegradation and biological treatment of hazardous organic compounds**, London: Kluwer Academic Publishers, 1998.

32. Bettmann, H. and Rehm, H. J., “Degradation of phenol by polymer entrapped microorganisms,” *Applied Microbiology and Biotechnology*, 20, 285-290, 1984.

33. Bettmann, H. and Rehm, H. J., “Continuous degradation of phenols by Pseudomonas putida P8 entrapped in Polyacrylamide-hydrazide,” *Applied Microbiology and Biotechnology*, 22, 389-393, 1985.

34. Kirk, T., O`Reilly and Crawford, R. L., “Degradation of pentachlorophenol by polyurethane-immobilized Flavobacterium cells,” *Applied and Environmental Microbiology*, 55, 2113-2118, 1989.

35. Tramper, J. and Grootjen, D. R. J., “Operation performance of Nitrobacter agilis immobilized in carrageenan,” *Enzyme and Microbial Technology*, 8, 477-480, 1986.

36. Tanaka, K., Tada, M., Kimata, T., Harada, S., Fujii, Y., Mizuguchi, T., Mori, N. and Emori, H., “Development of new nitrogen removal system using nitrifying bacteria immobilized in synthetic resin pellets,” *Water Science & Technology*, 23, 681-690, 1991.

37. Sumino, T., Nakamuro, H., Nori, kawaguchi, Y. and Teda, M., “Immobilization of nitrifying bacteria in porous pellets of urethane gel or removal of ammonium from wastewater,” *Applied Microbiology and Biotechnology*, 36, 556-560, 1992.

38. Chen, K. C., Chen, J. J. and Houng, J. Y., “Improvement of nitrogen removal efficiency using immobilized microorganisms with ORP monitoring,” *Journal of Industrial Microbiology and Biotechnology*, 25, 229-234, 2000.

39. Chen, K. C., Chen, C. Y. and Houng, J. Y., “Real-time control of an immobilized-cell reactor for wastewater treatment using ORP,” *Water Research*, 36, 230-238, 2002.

40. Jefferson, M., **Global prospects for renewable energy**, WREC, 1-5, 1996.

41. Hollaender, A., Rabson, R., Rogers P., San Pietro, A., Valentine, R. and Wolfe, R., **Trends in the biology of fermentation for fuels and chemicals**, Plenum Press, 1981.

42. Sakon, J., Irwin, D., Wilson, D. B. and Kavplus, P. A., "Structure and mechanism of endo/exocellulase E4 from Thermomonospora fucca," *Nature Structural Biology*, 4, 810-818, 1997.

43. Benemann, J., "Hydrogen biotechnology: progress and prospects," *Nature Biotechnology*, 14, 1101-1103, 1996.

44. Scragg A., "Bioremediation." In: **Environmental Biotechnology**, Chapter 5, London: Longman, 105-140, 1999.

45. 胡恆達、陳建宏，〈分解性塑膠市場 / 技術現況〉，《化工資訊》，第 7 期，68～70，1993。

46. 《生物可分解性塑膠》，美國飼料穀物協會，1997。

47. 陳義融，〈日本開發生物分解性塑膠國家計畫〉，《化工資訊》，第 6 期，84～96，1992。

48. 林碧洲，〈分解性塑膠之回顧與前瞻〉，《清潔生產資訊》，第 5 期，29～38，1996。

49. 王奕隆，〈由 Alcaligenes eutrophus 生產生物可分解塑膠的能量模式〉，大葉大學食品工程研究所碩士論文，1998。

50. 李采芳，〈利用 Alcaligenes eutrophus 醱酵生產可分解性高分子 PHBV 之研究〉，中正大學化工所碩士論文，2001。

51. Brandl, H., Gross, R. A., Lenz, R. W. and Fuller, R. C., "Plastics from bacteria and for bacteria," *Biochemical Engineering*, 41, 77-93, 1990.

52. Scragg, A., Environmental monitoring. In: **Environmental Biotechnology**, Chapter 2, London: Longman, 22-45, 1999.

53. 陳啓祥，〈環保生物技術〉，《生物產業與製藥產業（上冊）—生物產業》，田蔚城主篇，第 17 章，213～228，1988。

54. 楊任微，〈溫室效應與台灣能源展望〉，《能源、資源與環境》，第 6 期，17～55，1993。

55. 《環境白皮書》，行政院環境保護署，1997，343～349。

56. Kohl, A. L. and Riesenfeld, F. C., “Alkanolamines for hydrogen sulfide and carbon dioxide remova.” In **gas purification**, 4th ed. Culf Publishing Company, Houston, 29-35, 1985.

57. Matsunaga, T., Takeyma, H., Sudo, H., Oyama, N., Arira, S., Takano, H., Hirano, M., Burgess, J. G., Sode, K. and Nakamura, N., “Cultrate production from CO2 by marine cyanobacterium Synechococcus sp. using a novel biosolar reactor employing light-diffusing optical fibers,” *Applied Biochemistry and Biotechnology*, 28/29, 157-167, 1991.

58. Desai, J. D. and Banat, I. M., “Microbial production of surfactants and their commercial potential,” *Microbiology and Molecular Biology Reviews*, 61, 47-64, 1997.

59. Banat, I. M., “Biosurfactants production and possible uses in microbial enhanced oil recovery and oil pollution remediation: a review,” *Bioresource Technology*, 51, 1-12, 1995.

60. Banat, I. M., Samarah, N., Murad, M., Horne, R. and Banerjee, S., “Biosurfactant production and use in oil tank clean-up,” *World Journal of Microbiology & Biotechnology*, 7, 80-88, 1991.

第七章

生質能源

BIOENERGY

吳文騰　陳志威

7-1　緒論

近百年來，人類的現代文明是以埋藏在地底下的礦藏作為動力來源。煤、石油及天然氣被大量而廉價的使用，甚至給人一種不虞匱乏的錯覺，人類幾乎是毫無節制的使用著礦物能源。能源的大量被使用和急速的工業化也使世界經濟得到大幅的成長，然而大量使用礦物能源也逐漸產生一些問題。其中最嚴重的問題在於溫室效應和能源耗竭，因此尋求適合的可再生能源（Renewable energy）已經是刻不容緩的課題。在眾多可再生能源中和生物技術領域關係密切的莫過於生質能源，本章將對生質能源做一介紹。

廣義的生質能源是指由生物所產生的有機物質，直接或經由轉化而被當作能源使用。人類最初直接燃燒樹木取火，就是一種生質能源的利用。所以生質能源是一種分布非常廣泛的能源，也是最具可行性的可再生能源之一。目前使用最方便且具有工業化潛力的生質能源包括由有機物質經由生物技術產生的生質柴油、氫氣、沼氣以及燃料酒精。

生質能源都具有永不耗竭和碳循環平衡兩大特點。地球上的所有元素是有限的，但從太陽而來的能源幾乎是無限的，每小時太陽所照射到地球表面的總能量，足夠全人類文明一年的消耗。生質能源大部分是永續不斷的直接由植物所固定的太陽能，只要有種子、陽光和土地，作物就可以不斷的被種植，不斷的有新的有機物質被生產，再轉化成新的生質能源，所以生質能源將是永不耗竭的能源。生質能源的另一個重要特點是碳循環的平衡，使用生質能源不會增加大氣中二氧化碳的濃度。生質能源像生質柴油和燃料酒精都是以植物所生產的有機物質爲原料，植物在生長的過程中吸收二氧化碳轉化成生質能源，生質能源使用後所排放的二氧化碳將不會超過植物生長所吸收的二氧化碳量，故使用生質能源的二氧化碳淨排放量爲零。

7-2 生質柴油

柴油引擎（Diesel engine）係由 Rudolf Diesel（1858—1913）發明設計，所使用燃料即稱爲柴油（diesel oil）。Diesel 並計劃能夠採用石化柴油以外的能源做爲燃料，而嘗試使用花生油做爲柴油內燃機引擎的燃料，在 1900 年在巴黎世界博覽會展出使用花生油運轉的柴油引擎[1]。Diesel 認爲植物油脂將成爲與石油一樣重要的燃料，在各國國內可自行生產的可再生能源。利用天然油脂作爲柴油的替代物的這個想法可說已有將近 100 年歷史了，這想法受人重視的程度也就隨著國際原油價格而起伏。

採用植物油脂做爲替代燃料的困難點，在於油脂的分子較大，大約爲石化柴油（Petroleum diesel）的 4 倍，其粘度也較高，約爲石化柴油的 12 倍，以致影響噴射時程，使之噴射效果不彰，而由於與空氣的混合效果不佳，以致造成燃燒不完全。另外，由於分子量較大而使其揮發性比石化柴油爲低，以致易使油脂粘在噴射器頭或蓄積在引擎氣缸內而影響其運轉效率。植物油脂的氧化穩定性較低且易產生熱聚合作用，更易蓄積在噴射器頭，而影響燃燒。這些不完全燃燒致使產生更多的油脂蓄積，噴射器頭的碳化，引起冷車不易起動，以及點火遲延等。

植物油脂的高粘度特性，是其不適合直接用於柴油引擎的關鍵因素，因此如何降低油脂的粘度是最重要的工作。目前爲了降低其粘度，常用的方法有稀釋（Dilution）、熱分解（Pyrolysis）、微乳化（Microemulsion）以及轉酯化（Transesterification）等[2]。植物油脂的稀釋是使用柴油或溶劑（如醇類）等混合稀釋；熱分解方法是經高溫加熱裂解，猶如石油原油經裂解過程以產生柴油，甚爲麻煩而且成本亦高；植物油脂的微乳化過程係採用乳化劑，使油脂有效分散的系統，以利不易混合的液體成爲比膠體（Colloid）更微細的液體粒子，使之改善噴霧特性而易引起在引擎氣缸內點火燃燒，提升引擎運轉效率。雖然上述各種方法之效果良好，但成本偏高；現今最好也最常用的方式是將植物油脂予以轉酯化，製造生質柴油（脂肪酸甲酯）。生質柴油的燃料特性與石化柴油相同，可直接簡便添加使用，也無需修改引擎，或另添加設備。傳統上說的生質柴油通常指的是脂肪酸甲酯，即不同的脂肪酸和甲醇在催化劑存在下反應而成，近來將脂肪酸和其他低碳醇結合的脂肪酸低碳酯也統稱爲生質柴油[3]。

生質柴油的優點有下列幾項[4]：

1. 可再生能源不虞匱乏，毒性低、生物可分解。毒性低到甚至可以食用，在水相環境中被細菌分解的速度可和葡萄糖相比。
2. 比石化燃料乾淨得多的廢氣排放。純粹的生質柴油比石化柴油，其排放廢氣量的改善百分比各爲煙霧形成情況減少 50%，微粒子（PM）減少 30%，不溶性微粒子（即黑煙）減少 80%，氧化硫（SO_X）減 100%，一氧化碳減少 50%，醛類化合物減少 30%，碳氫化合物減少 95%，致癌性的多環芳香族碳氫化合物減少 95%及硝化多環芳香族碳氫化合物減少 90%以上。
3. 閃火點（Flash point）較高，爲 118℃（石化柴油 52℃），不容易意外點燃而失火。
4. 與石化柴油的混合性良好。在法國係添加 5%在石化柴油以提升引擎潤滑性（稱爲 B5），而在美國係採用 20%生質柴油與 80%石化柴油的混合油（B20）供部份公車或卡車使用。
5. 十六烷值（Cetane Number）較高，可達 50～85 之間（石化柴油爲 42），含氧量 11%，燃燒點火效果佳，燃燒較石化柴油完全。

推廣生質柴油，做爲新世紀綠色的運輸燃料，同時回收各種動植物性廢食用油脂，予以再資源化以製造生質柴油等，將是全球潮流。但目前生質柴油的推廣有其困難的地方，第一、每個國家的能源政策不同，柴油價格有很大的差異。如歐洲採高油價政策，柴油價格都高於每公升 20 元台幣以上，甚至高到將近 40 元的價格，這對於生質柴油的推廣相當有益。生產生質柴油之傳統製程的成本約爲每公升 16 元新台幣左右，也就是說像歐洲這種高油價政策下，生產生質柴油非常有利潤。美國則採低油價政策，除非政府大力補助，否則生質柴油的使用很難普及，政府的油價政策和補助對生質柴油的推廣影響很大。第二、生質柴油的油脂原料的取得。每個國家適合用不同的原料來生產生質柴油，因爲環境、天候等條件會決定適合種植何種油脂作物。另外可食用植物油脂的價格不會太低，要如何尋求適合的原料以降低生質柴油的生產成本，是推廣生質柴油的關鍵。

要推廣生質柴油就必須有明確的品質規範讓生產者有所依憑，世界各國對生質柴油都定有明確的規定，（表 7.1）列出了澳洲、美國和德國對生質柴油的品質規範，其中以美國 ASTM 的標準較爲完善。在訂立品質規範時要特別注意，不同的原料所生產的生質柴油在流動點會有很大的不同，像廢油和動物油脂轉化的生質柴油在流動點會比新鮮的植物油的生質柴油高出很多，換言之，油脂原料越飽和所生產的生質柴油就越容易凝固。傳統製程以動物油脂或廢油所生產的生質柴油，凝固點在 10℃左右，因此流動點之訂定，應考慮各國氣候的差異性，各季節的最低溫度爲何；流動點略高於最低溫度即可。雖然飽和的油脂生產的生質柴油容易凝固，但這種生質柴油，在氧化穩定度和十六烷值方面比低飽和的油脂所生產的生質柴油爲佳，使得儲存較安定，燃燒也較完全。在氣候炎熱的台灣，這種飽和度高的生質柴油可能較爲適合，而所需的生產成本也較低。

7-2-1 轉脂化反應

轉酯化反應是目前最普遍的利用植物油作爲車用燃料的方法，本節對於此反應做一介紹，其反應方程式如（圖 7.1）所示。基本上這是個相當簡單的反應，反應必須在適當的觸媒存在下進行，爲了增加產率（Yield），通常低碳數醇都會過量添加。常用的低碳數醇爲甲醇或乙醇，醇類的碳數越少反應越容易進行。所用的觸媒是轉酯化反應最重要的關鍵，可用觸媒有強鹼（NaOH，KOH 等）、強酸（硫酸、鹽酸）和生物觸媒。目前工業化的製程都為強鹼製程，因為強鹼製程反應快技術也最為成熟。但強鹼製程的缺點為反應物必須非常精純，必須無水，如有水分混入都會使反應轉為皂化反應[5]。首先皂化反應會使轉化率下降，且形成令人頭痛的副產物脂肪酸鈉（肥皂），因為反應之初加入過量的甲醇，反應後必須水洗回收，但肥皂的存在會在水洗時使生質柴油和水混在一起難以分離，造成產品回收純化的困難。此外原料油脂中的游離脂肪酸（Free Fatty Acid）含量不能太高，游離脂肪酸不會形成生質柴油，會先和強鹼反應，直接變成肥皂，而造成強鹼不足的情形。原本估算反應所需的強鹼，因為與游離脂肪酸反應，變成觸媒的量不夠無法完全反應，必須進行觸媒量的添加計算，即所謂的酸價補償，依照游離脂肪酸含量決定強鹼的添加量。一般來說，強鹼製程的原料（醇類和油脂合計）所含水分必須小於 0.06%（w / w），油脂所含游離脂肪酸必須小於 0.5%[6]。

表 7.1 各國對生化柴油品質規範檢測項目

	項目	方法（ASTM）	德國	美國	澳洲
1	密度 Specific Gravity	D1298	0.875～0.890	0.86～0.90（g/cm^3 at 15^{0}C）	0.87～0.89
2	辛烷值 Cetane Number	D613 D2699		＞40	＞48
3	銅片腐蝕 Copper Strip Corrosion	D130		＜3b（degree of corrosion）	
4	閃火點 Flash Point	D93	＞170	＞100（^{0}C）	＞100
5	流動點 Pour Point	D97		＜-2.2（^{0}C）	

表 7.1 各國對生化柴油品質規範檢測項目 (續)

	項目	方法（ASTM）	德國	美國	澳洲
6	黏度 Kinematic Viscosity	D445		1.9～6.0 （mm^2/sec at 40℃）	6.5～8.0 （mm^2/sec at 20℃）
7	水分及沉澱物 Water & Sediment	D1796 D2709	＜0.03	＜0.05（vol. %）	
8	灰分 Sulfated Ash	D482		＜0.02（mass %）	＜0.02
9	殘碳量 Carbon Residue	D4530		＜0.05（mass %）	＜0.05
10	總硫含量 Sulphur	D4294 D2622		＜0.05（mass %）	＜0.02
11	淨發熱量 Gross Heating Value	D3338 D2382*		＞17.65（lbu / lb）	
12	總酸價 Neutralization / Acid no.	D3242 D664	＜0.50	< 0.80 （mg KaOH/ g sample）	< 0.8
13	霧點 Cloud Point	D2500		3（^{0}C）	
14	甲醇殘留量 Methanol	GC HPLC	0.3	0.2（mass %）	0.2
15	游離甘油量 Free Glycerol	GC HPLC	0.02	0.02（mass %）	0.02
16	總甘油量 Total Glycerol	GC HPLC	0.25	0.24（mass %）	0.24
17	總磷量 Total Phosphorus		10（ppm）	-----	20
18	脂肪酸酯含量 Oil Ester	GC HPLC	------	97.5（mass %）	-----

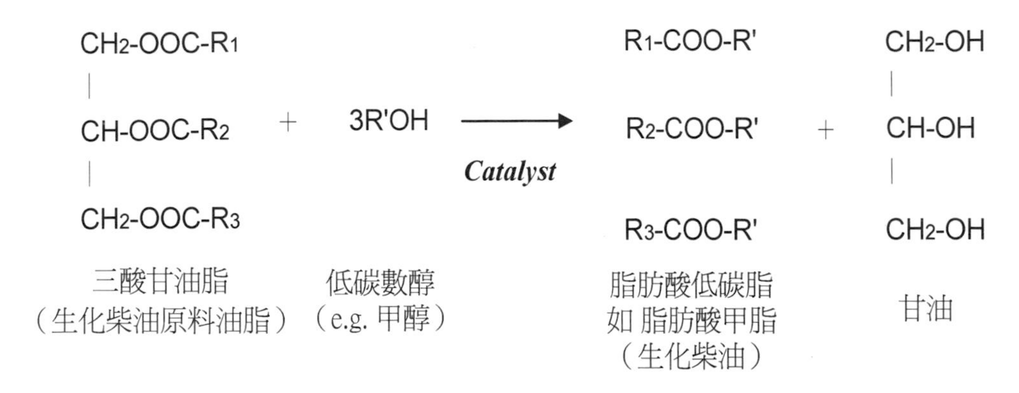

圖 7.1　油脂生產生化柴油的轉脂化反應方程式

水和游離脂肪酸的含量的限制，對強鹼製程使用較便宜的原料生產生質柴油造成困擾，因爲完全無水的醇類較高，尤其是無水乙醇的價格更高，所以強鹼製程幾乎只能使用較便宜的甲醇做原料。從動植物壓榨出來的油脂，無可避免的含有游離脂肪酸，必須加以精製純化，而油炸過的廢食用油同時含有大量的水分和游離脂肪酸，更不能直接用強鹼製程轉化成生質柴油。如果要用強鹼製程則必須先對反應物先加以純化，去除水分和游離脂肪酸。

水分和游離脂肪酸含量過高的情形，可用強酸製程來處理，強酸製程的雜質容忍度較高，但反應複雜緩慢，幾乎沒有工業化的製程，但可考慮將強酸和強鹼製程串聯，先用強酸製程反應去除部分的雜質，純化後再進行強鹼製程，但會增加反應複雜度和生產成本。故目前大規模量產都使用強鹼製程，以精製的純植物油爲原料。在強鹼製程方面，到目前爲止已有許多的文獻和專利案[7～9]。

反應的副產物甘油，經分離純化後是一種高價值的產品，在醫療、化妝品、特用化學品及國防工業上都有重要的應用。

7-2-2　油脂來源及可行性評估

因爲具有較少的空污排放和可再生的特質，生質柴油正逐漸受到各國的重視，要大幅度的推廣生質柴油最大的問題在於原料油脂的取得。在傳統強鹼製程中，植物油占生質柴油總生產成本的 75%以上，如何改善轉酯化製程，使用較便宜的油脂作為原料，將能增加生質柴油的可行性。除了價格之外，更重要的關鍵是在於油脂產量的多少，油脂工業全球一年的總產量約為 100 百萬公噸，而全球一年柴油的消耗量為 700 百萬公噸，汽油消耗量約為 800 百萬公噸，也就是說全球目前總油脂生產量只有柴油消耗量的七分之一。因此用生質柴油來取代柴油似乎是不太可能的，但現在油脂工業主要是供應食用油的市場，產量受到價格的調控，過多的生產會導致市場價格的下跌，各國都有輔導休耕的措施，以免價格變化太大。在台灣每年有 60,000 公頃的農田被休耕，在美國則有 24,000,000 公頃的農地被休耕，如果能輔導農民利用這些休耕地和其他荒地，種植適合的油脂作物（oil-producing crops），並且和食用油脂的市場做區隔，以契作的方法生產專供轉化成生質柴油的原料，將可提供大量且價格穩定的生質柴油。目前已知的油脂作物約有 350 種，其中產油能力最高的是油棕櫚（Oil Palm），產油能力是黃豆的 13 倍，每年每公頃的產油量約為 5000 公斤，表 7.2 中列舉了一些常見的油脂作物。歐洲已大力輔導農民在休耕地種植非食用的油菜子作為生質柴油的原料。

美國是最大的能源消費國，一年需要 4750 億公升的汽油和 2280 億公升的柴油，每年美國的速食店將產生 113 億公升的廢食用油，如果能使用廢食用油作為原料，將可滿足 5%的柴油需求，完全不需另外種植任何作物。這數據和台灣的情形十分相似，台灣一年車用柴油約 270 萬噸，估計一年約有 14 萬噸的廢食用油。在推廣生質柴油的初期利用廢食用油為原料是一種低風險、高利潤的方法。如果在全美國的休耕地種植油菜子，將可生產 230 億公升的生質柴油，滿足另外的 10%柴油需求，估計如果經過種植最佳化和基因改良後將可以滿足 24%的柴油需求。換句話說，以美國為例只要回收速食店的廢食用油和利用現有的休耕地，即可滿足約 30%的柴油需求。

另一種更具潛力的油脂生產者是微藻類（Microalgae），美國能源署（Department Of Energy, DOE）的報告中，提出利用藻類生產油脂所轉化的生質柴油將可以完全滿足美國柴油市場的需求。經過 Aquatic Species Program: Biodiesel from Algae 計劃持續 20 年的研究 DOE 篩選保存了 300 隻有生產油脂潛力的藻類，也建立了大規模培養藻類的技術，很重要的一點是這些大規模的培養大都利用沙漠和鹽水等傳統農業所無法利用的資源來生產油脂。在美國的南加州沙漠中 Earthrise 公司所擁有的一個藻類培養池，面積有 44 公頃，每年生產 500 公噸的螺旋藻，平均每公頃年產量達到 11,442 公斤。DOE 估計高油脂產量、生長快速的矽藻，乾重產率為 50 $g/m^2 \cdot day$，有效萃取油脂含量假設為 5%，則每公頃的年產量為細胞乾重 182,500 公斤，可生產 9125 公斤的油脂供作生質柴油的原料。

換言之，藻類可以在不和傳統農業競爭有限資源下，產出約棕櫚油脂年產量兩倍的油脂。DOE 估計用 200,000 公頃的土地可以產出 1 quad 的能源（quad，能量單位＝quadrillion BTUs＝380 億公升的柴油），全美國的柴油需求將可透過藻類培養用少於 1,000,000 公頃（相當於 1/60 的美國可用農地）的土地生產出來。在經濟量產規模下用藻類油脂轉化生產的生質柴油價格約為每公升 14.3 元台幣。DOE 的研究再加上進展快速的基因工程技術，在不久的未來利用大規模藻類培養來生產能源和其他化學品將是非常可能的。台灣也有學者陸續開始藻類脂裂相關的研究，因為台灣的土地資源有限，除了廢食用油外，只有從藻類培養上來取得生質柴油的原料，台灣地處熱帶且四面環海相當適合篩選成長快速的海水藻類，希望未來能在這方面有所突破。

表 7.2 常見的油脂作物的平均產油量

中文名稱	英文名稱	學名	年產量（kg / 公頃）
油棕櫚	oil palm	Elaeis guineensis	5000
椰子	coconut	Cocos nucifera	2260
巴西胡桃	brazil nut	Bertholletia excelsa	2010
篦麻子	castor bean	Ricinus communis	1188
油菜子	rapeseed	Brassica napus	1000
花生	peanut	Arachis hypogaea	890
可可	cocoa	Theobroma cacao	863
葵花子	sunflower	Helianthus annuus	800
油桐	tung oil tree	Aleurties fordii	790
稻米	rice	Oriza sativa L.	696
芝麻	sesame	Sesamum indicum	585
咖啡	coffee	Coffea arabica	386
黃豆	soybean	Glycine max	375
棉子	cotton	Gosstpium hirsutum	273

7-3 生物氫能

氫能，是指氫氣與氧氣反應放出的能量。作爲一種能源，氫能有以下主要優點：①燃燒所放出能量極高。除核能外，氫氣的熱值（140 MJ/kg，燃燒每公斤的氫氣將可放出 140 百萬焦耳的能量）是目前所有燃料中最高的，是汽油熱值（45 MJ/kg）的 3 倍。氫氣的高熱值，使氫氣成爲火箭推進器的主要燃料。②氫氣本身無毒，燃燒後的產物是水，完全無污染。③氫氣燃燒性能好，啓動點燃容易。④氫氣利用形式多，可以以氣態、液態或固態金屬氫化物出現，能適應不同運輸方式及各種應用環境的不同要求。

人類文明利用氫氣作燃料似乎是最近的事。然而生物技術相關研究發現，生物在漫長的進化中，早就形成了一整套的完美的氫能機制。目前人類正面臨能源和環境難題，向生物學習對解決問題應該能獲得一些啓發。對人類而言，常利用的能源物質有醣類、脂類、蛋白質等，生物利用這些能源物質的方式還是以氫能的形式。或者說這些物質只有轉化爲氫能才能被生命利用。醣類供應的能量，約占人類所需能量的 70%，是生命活動的主要能源，故以醣類爲例子來說明人體如何利用氫能。葡萄糖分子經過一系列複雜的生化反應，最後分解爲 CO_2和 H_2O，放出能量，其過程可主要分爲 3 個步驟[10]。第一，醣解（glycolysis）：葡萄糖脫氫成爲丙酮酸（pyruvate），脫下的氫被 NAD 攜帶，成爲 $NADH_2$，共脫 4 個氫原子，生成 2 分子能量物質 ATP。第二，檸檬酸循環（citric acid cycle, CAC）：丙酮酸徹底脫氫成爲 CO_2，脫下的氫和 NAD 和 FAD 結合在一起，本階段也生成 2 分子 ATP。第三，氧化磷酸化：前兩階段脫下的氫，經過一系列的氧化反應，最終與氧結合生成水，大量能量在此階段放出，生成 34 分子 ATP。而 ATP 就是所有細胞活動所需能量共通的能量攜帶者，所以人類的生命是靠氫所放出的能量來維持的。

追溯生命對氫能的利用，最初是來自綠色植物的光合作用。綠色植物通過葉綠體，利用光能合成有機物。具體地說，葉綠素在照光下把水分解爲氧氣和氫原子，氧氣釋放到了空中，氫原子則留了下來，先和 NADP 結合在一起，再通過複雜的反應過程，結合到 CO_2 之中，形成葡萄糖，氫能就以葡萄糖的形式被儲存下來。植物生命活動需要能量時，再將葡萄糖逐步脫氫之後獲得氫能，葡萄糖是穩定的儲氫體。

就整個生命活動而言，氫氣生產是透過光合作用產生，儲氫輸氫是通過 NAD、FAD 和 NADP 等能量儲存分子。氧是最後的氫受體，即氫和氧反應生成水，放出能量。生物氫能，長期沒有得到重視，儘管人們對能量代謝已非常清楚。由上述分析不難看出，生命活動中的氫能，和一般意義上的氫能，並無兩樣，都是氫和氧反應生成水而放出能量，其本質是一樣的。生物在生產氫氣的過程是光合作用，類似電解水製造氫氣，即水分解成爲氧氣和氫，電解水得到的是氫分子，光合作用得到的是氫原子；氫的使用過程都是氫氧反應，即氫氣和氧氣反應生成水，放出能量。一般氫能是劇烈氧化即燃燒，能量迅速放出。生命氫能通過呼吸作用，經由生物體內的緩慢氧化轉化成細胞所能使用的能量形式。

7-3-1 生產氫氣的微生物

傳統的生產氫氣的方法是靠電解水生產氫氣或利用高壓、高溫的化學法製造，都需要消耗大量的能源，消耗的能量比燃燒這種燃料所產生的能量還要多。這種耗能源的生產方式使氫氣只適用於少數特殊用途。經過多年的研究，近年來人們已發展出省能源的可行製氫方法。也就是利用微生物來生產氫氣，這種方法只需要消耗極少的能源就可以生產出高純度（99%）的氫氣。

利用微生物產生氫氣的最初文獻報告，出現在 1942 年前後。科學家們首先發現一些藻類的細胞，可以利用陽光產生氫氣。7 年之後，又有科學家實驗證明某些行光合作用的菌類也能產生氫氣。此後，許多學者從不同角度展開了利用微生物產生氫氣的研究。近年來，已知有 16 種綠藻和 3 種紅藻類有產生氫的能力，其中較有生產潛力的藻種有 *Chlamydomonas reinhardtii*、*Scenedesmus obliquus*、*Chlorella fusca* 等三種綠藻[11]。藻類主要是用細胞產生的脫氫酶，利用取之不盡的水和永不耗竭的太陽能來產生氫氣。此反應可以看作太陽能在微生物的催化下能量的轉換。整個產氫過程可以在 15～40℃的溫度下進行。微生物就像是一種活的太陽能電池，將微生物和太陽能電池相比，微生物具有便宜和可自行繁殖的優點。

除了綠藻以外，還有一些細菌可以用來生產氫氣。具有產生氫氣能力的細菌可劃分爲 3 個類型：第一種是依靠厭氧醱酵過程而生長的嚴格厭氧細菌（例如 *Clostridium butyricum*）；第二種是能在通氣條件下醱酵和呼吸的兼性厭氧細菌（例如 *Rhodobacter sphaeroides* RV）；第三種是光合細菌（例如 *Synechococcus* PCC7942）。

前二類細菌都能夠利用有機物，從而獲取其生命活動所需要的能量，被稱做「厭氧異營菌」。第三類的光合細菌，可以直接利用太陽提供的能量屬於自營菌；自營菌生產氫氣和從藻類生產氫氣的情況相似。近年來發現有 30 種以上的異營菌可以醱酵糖類、醇類、有機酸等產生氫氣，其中有些細菌產氫氣能力較強。一種叫酪酸梭狀芽抱桿菌的細菌，醱酵 1 克重的葡萄糖可以在常溫常壓下產生約 1/4 升的氫氣。在光合細菌中，已發現約 13 種紫色硫細菌和紫色非硫細菌可以產生氫氣；這些細菌中有部分可以利用有機物或硫化物，在有或無光照下，經過一系列生化反應而生成氫氣。

利用微生物生產氫氣，在一些國家曾做了中間工廠的試驗性生產。採用高產量的產氣夾膜桿菌，在工作體積爲 10 升的醱酵器中，經 8 小時醱酵後，產生約 45 升氫氣，最大產氫氣速度爲每小時 18～23 升。未來可用基因工程方法大幅度提高微生物產氫氣能力，進一步提高利用微生物生產氫氣的可能性。在利用微生物生產氫氣的研究上，學者們不斷尋找產生氫氣能力高的各種微生物，深入研究微生物產氫的原理和條件，在這些基礎上，設計出適合的大規模醱酵設備，以達到高產量、產量穩定、低成本三項指標。雖然利用微生物生產氫氣燃料，目前尙處於研究或小規模試量產階段，離大規模工業化生產尙有一段距離。但是，有關這方面的研究進展，將爲我們展現了利用微生物生產清潔燃料—氫氣的廣闊前景。

7-3-2 生物產氫的機制

前面提到有些藻類和細菌能夠生產氫氣，以下就對生物生產氫氣的三種主要機制作一簡單的介紹: 直接光分解（direct biophotolysis）、光醱酵反應（photofermentation）以及消化分解（dark fermentation）[12，13]。

直接光分解是一種最簡單的產氫機制，藻類中的光合作用直接從太陽光照中獲取能量將水分分解成氫氣和氧氣，此機制示意圖如（圖 7.2），其中關鍵的組成是捕捉能量的光合作用系統和脫氫酵素（hydrogenase, Fe-hydrogenase），但因爲直接分解水分子所需的能量極大（反應的自由能爲 242 kJ/mol H_2），藻類必須收集大量的能源才能生產氫氣，利用此機制生產氫氣的效率太慢，藻類將太陽能轉換成氫能的最佳效率只有 10%左右。除非未來在基因改良藻種有突破進展，這種機制目前沒有工業化的可行性。

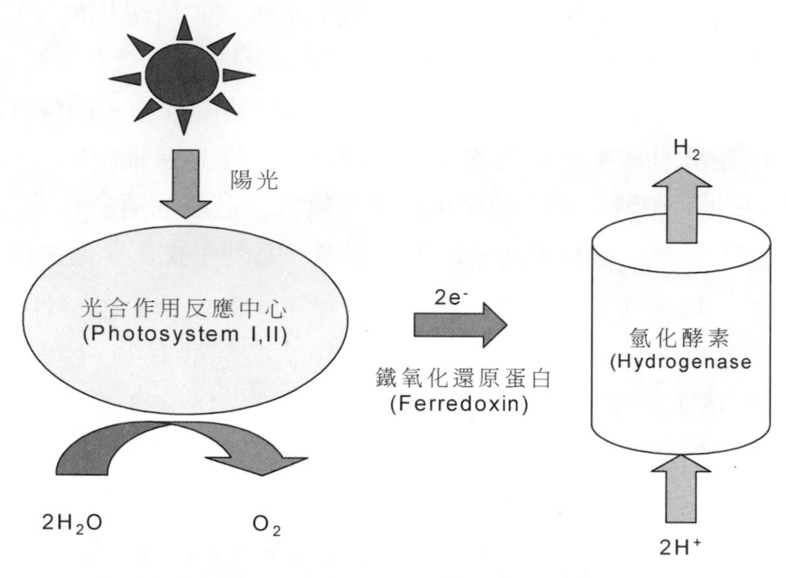

圖 7.2　直接光分解產生氫氣示意圖

光醱酵反應一樣需要從陽光獲得能量來生產氫氣，但分解產氫的原料不是水分子而是一些小分子的有機酸。因爲有機酸具有比水高得多的化學能，所以光醱酵反應產氫所需的能量要比直接光分解反應低很多（此反應的自由能只有 8.5 kJ/mol H_2），反應示意圖如（圖 7.3），可行異營的光合作用菌大都以此機制生產氫氣。光醱酵反應有很高的能源轉換效率，在不考慮原料所含有機酸能量的計算下，光合細菌將陽光轉化成氫能的效率可以接近 100%。反應所需的有機酸可以來自食品加工廢水或其他農業副產品，所需的原料成本極低。

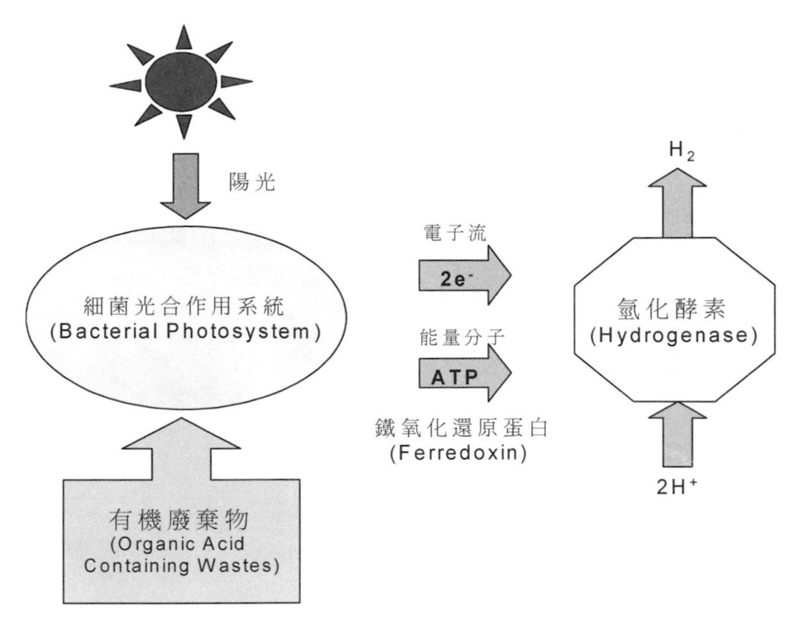

圖 7.3 光酸酵反應生產氫氣示意圖

消化分解和前兩者生產氫氣的機制完全不同，消化分解是在厭氧、黑暗的條件下進行，完全沒有太陽光照所提供的能源。氫氣是由細菌分解糖類而產生，厭氧細菌如 *Clostridium* 屬的細菌在厭氧環境下，為了要得到維持生命所需的乙醯基輔酶（acetyl-CoA），必須進行丙酮酸（pyruvate）的厭氧代謝。在厭氧環境下，有兩個關鍵的酵素甲酸分解酵素（Pyruvate: formate lyase, PFL）和鐵氧化還原蛋白轉化酵素（Pyruvate: ferredoxin oxidor eductase）催化反應，將丙酮酸分解為甲酸根（formate）和還原態的鐵氧化還原蛋白（reduced ferredoxin, $Fd_{(red)}$），在經過其他酵素作用將甲酸根和還原態的鐵氧化還原蛋白轉化生產氫氣和二氧化碳，此反應的示意圖和反應式如（圖 7.4）。理論上一莫耳的葡萄糖完全分解可產生 6 莫耳的氫氣，但這是不可能達到的產氫效率。熱力學上較為可行的反應為一莫耳的葡萄糖可產生 2 莫耳醋酸根和 4 莫耳的氫氣，若產生的最終產物是丙酸，則一莫耳的葡萄糖只能產生 2 莫耳的氫氣，所以一般文獻的產氫效率大都介於每消耗一莫耳葡萄糖可產生 2～3 莫耳的氫氣。

在這三種產氫機制中，目前最受到重視的是第三種機制，因為消化分解有機物質（如醣類）能夠以較快的速率和較高的產率來生產氫氣，而且同時可以解決有機廢水污染的問題，可說是一舉兩得。由於這機制不須光照來夠取能量，所以在反應器的設計上也會比直接光分解或光醱酵反應器簡單，反應器的組裝成本也較低。近來利用生質能來生產氫氣的研究大都集中在消化分解的機制。

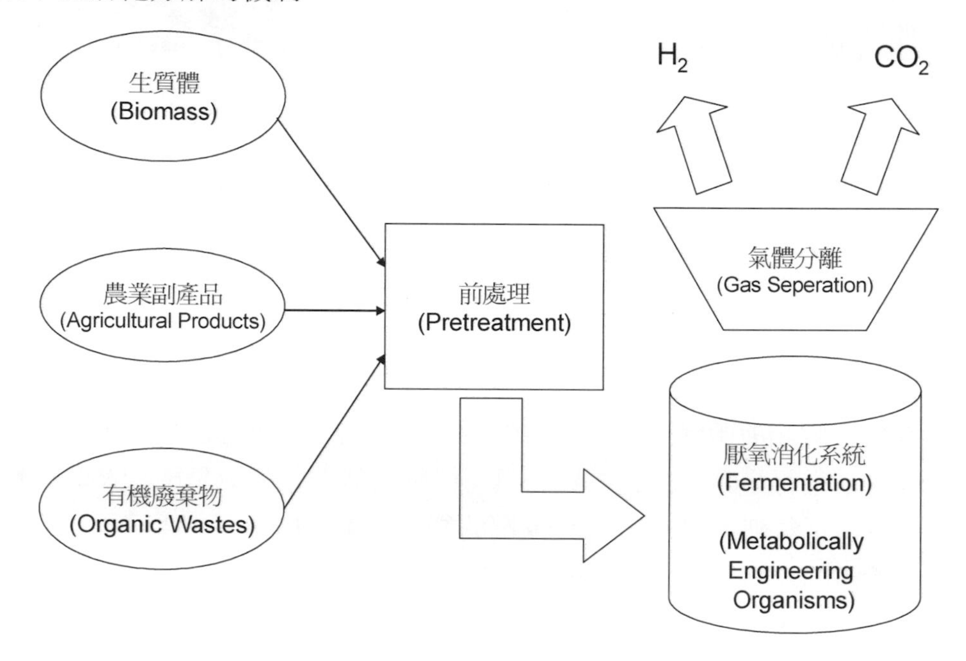

1. 丙酮酸：甲酸分解酵素（Pyruvate: formate lyase（PFL））

$$\text{Pyruvate} + \text{CoA} \xrightarrow[\blacktriangle \text{ PFL}]{} \text{acetyl-CoA} + \text{formate}$$

2. 丙酮酸：鐵氧化還原蛋白酵素（Pyruvate: ferredoxin（flarodoxin）oxidoreductase）

$$\text{Pyruvate} + \text{CoA} + 2\text{Fd (ox)} \xrightarrow[\blacktriangle \text{ PFL}]{} \text{acetyl-CoA} + +CO_2 + 2\text{Fd (ox)}$$

圖 7.4　消化分解有機物質生產氫氣機制及示意圖

7-3-3 生物產氫的研究發展現況

美國能源部自 1970 年末開始進行生物產氫相關研究。在 1990 年美國國會通過「氫氣研究、開發與示範計畫法案」（Hydrogen Research, Development and Demonstration Program Act），此計畫又稱爲 Matsunaga 法案，因此 1990 年能源部推動一個 5 年的氫氣計畫（Hydrogen Program），進行氫氣生產研究與開發以可再生資源來生產氫氣。在 1996 年國會又通過一個延伸性的法案「氫氣未來法案」（Hydrogen Future Act），顯示了美國對生物產氫的重視與策略。目前研究的主要方向在於增加氫氣產率及解決技術瓶頸以降低生物產氫的生產成本。根據英國石油公司的報告，目前一公斤氫氣的價格約在一加侖汽油的 4～6 倍左右。台灣從民國 86 年開始也有許多相關的研究，主要是由國科會環境工程學門、經濟部能源委員會贊助經費，執行的單位主要有成大環工、成大化工、逢甲化工以及高雄科技大學等。目前在台灣，絕大多數的研究方向的是以厭氧分解生物汙泥及有機廢水來生產氫氣，也有不錯的進展。中國大陸近年也非常注重生物產氫的課題，世界第一個利用有機廢水生產氫氣的示範工廠於 2003 年年底在哈爾濱工業大學建成，並開始試產。

7-4 沼氣

厭氧消化所產生的沼氣含有 50～80%的甲烷，二氧化碳 20～50%，和一些微量成份的氣體如氫氣、一氧化碳、氮氣、硫化氫等等，燃燒沼氣所得到的熱量會依照所含甲烷的量而有所不同。

甲烷是由一個碳原子和四個氫原子組成的氣體，也是天然氣的主要成份，無臭無色，每立方公尺的甲烷燃燒可放出 9,000 kcal 的能量。天然氣是一種礦物能源，和原油一樣是千萬年前的有機物質轉變而來，天然氣通常和原油或煤層共生。在千萬年前將有機物質分解成天然氣的那類細菌，在今天同樣也可以在地球的合適環境中找到，事實上厭氧細菌是地球上最古老的生命形態，早在可行光合作用的綠藻和植物演化出來之前就已存在。厭氧細菌在無氧的條件下分解消化有機物質以取得維持生命的能量，同時生產的氣體就是沼氣（Biogas）。一般在氧氣存在的環境下，細菌代謝有機物質會產生熱能。在一些缺氧而富含有機物質的環境中如水底汙泥和反芻動物的胃腸，自然就會有沼氣的產生。進行厭氧消化生產沼氣的反應器只需要一個氣密的容器，或用一塊帆布蓋在充滿汙泥的池塘就可以用來收集沼氣。小規模的沼氣生產非常簡單，但在經濟規模和防止甲烷溢散上會有很大的問題，因爲甲烷是一種影響很大的溫室氣體，應該嚴格避免甲烷擴散到大氣。

7-4-1 厭氧消化槽的設計

一個厭氧醱酵槽（anaerobic digester）除了生產沼氣之外，還有回收微量元素做肥料、畜牧廢棄物處理減廢以及臭味控制消除等重要的功能，厭氧醱酵槽可以用水泥、塑膠或鋼鐵構成。整個系統除了消化槽外，還需要在消化槽之前的一個調整混合槽，能將生產的沼氣燃燒利用的鍋爐和一套將厭氧消化後殘餘廢水處理利用的方法。厭氧醱酵槽之操作有兩種形式，批次和連續式。批次厭氧消化槽的設計簡單，有機廢棄物放入槽中讓細菌消化產生沼氣，完全消化的時間和溫度以及有機廢棄物的成分等有關。等到消化完全後，再重新進料，進行下一次反應。連續式消化槽是指有機物質連續不斷的進入和移出消化槽，消化後的剩餘物質可以用機械力或自然推擠的方式從槽體移除。連續式消化槽不須停止來進料或卸料，比較適合工業化的大量生產沼氣。一般連續式槽體的設計有以下三種：直立槽，水平槽（塞流式 Plug-flow），多槽體系統等。正確的設計、操作及維護將可以讓沼氣的產量與品質維持穩定。

7-4-2 厭氧消化程序

厭氧消化是一種十分複雜的程序，由多種微生物所共同完成，基本上可分爲三個主要階段，一開始有一群微生物先將有機物質分解成第二階段微生物所能使用的形式（例如將纖維素或木頭分解成簡單的醣類）。第二階段的微生物大都是一些產酸菌，將醣類轉換成有機酸。第三階段是由甲烷生產菌（例如 *Methanosarcina* sp., *Methanobacterium* sp.）利用有機酸生產甲烷[13]。

有許多因子會對消化速率和產甲烷效率有明顯的影響，其中最重要的因子是溫度，一般來說厭氧消化菌若耐受溫度為 0℃～57.2℃，對中溫菌（mesophilic）而言產甲烷的最佳溫度在 36.7℃，對高溫菌（thermophilic）而言產甲烷的最佳溫度為 54.4℃。菌體活性和產甲烷效率在溫度一超過最適溫度時會急速降低，所以溫度控制對厭氧消化程序是非常重要的關鍵。系統的溫度應該控制於一定溫度，急速的溫度變化會降低菌落活性，對消化槽來說加溫和隔熱的系統是必要的，尤其是在寒帶地區，有一部份產生的沼氣直接被用來產生熱能以維持消化槽的溫度。這部份是一個兩難的問題，燃燒部份的沼氣去提高生產沼氣的效率，在考慮甲烷淨生產總和下，不同的氣候下會有不同的最適溫度。以美國中北部的氣候為例，消化槽的溫度控制在 22.2℃會有最高的淨甲烷生產量。

使用高溫菌的系統產甲烷效率比中溫菌高，但高溫菌系統對進料或溫度的變動較為敏感，整個系統的穩定性比中溫系統差。所以選用何種系統須針對不同條件或需求來決定。如果進料組成變化大則最好採用中溫菌系統，雖然中溫菌的產甲烷效率較差，需要較長的滯留時間會導致消化槽的體積增大，但中溫菌的系統會有較高的穩定性，不受進料變化的干擾。如果進料的有機物質中含有種子或致病菌（常見於牛、豬的排泄物），則須採用高溫菌系統以達到完全的破壞或抑制致病菌的效果。

7-4-3 沼氣利用與發展現況

當消化程序的各種操作條件都維持在適合的範圍時，厭氧菌會連續不斷的產生沼氣，隨著進料條件的不同有時會有輕微的結塊現象。生產出來的沼氣可以用於暖氣、煮食或當作內燃機的燃料來產生動力或發電。當用於內燃機時必須先將沼氣中所含的硫化氫（H_2S）去除，因為硫化氫是一種高腐蝕、高毒性的氣體。硫化氫可以用簡單的水洗法加以去除，一般用吸收塔以增加水分和沼氣的接觸面積。在去除硫化氫的同時，水洗法也可以去除沼氣中的二氧化碳，以提高沼氣單位體積的熱值。由於沼氣中二氧化碳的含量高達 20～50%，要想將二氧化碳去除乾淨需要較複雜的吸收塔設備，通常去除硫化氫和二氧化碳會使用不同的水洗式吸收塔。在這方面工研院能資所有相當完整的研究，也設計了可供商業化的二階段水洗式沼氣純化技術及技術。因爲設備和操作的成本較高，通常會考慮進行二階段沼氣純化的沼氣生產工廠，其產量都非常大。經過兩階段純化的沼氣可以用來代替天然氣的使用，工廠可以將純化後的沼氣直接賣給天然氣公司，以獲得較高的收入。

厭氧消化的另一種副產物是生物污泥（有機物質經厭氧消化後剩餘的物質），生物污泥含有大量的營養元素如氨離子、磷酸根、鉀離子及其他超過 10 種以上的微量元素，生物污泥可作爲極佳的肥料及土壤改質劑。另外乾燥後的生物污泥也可以作爲動物飼料的添加劑，但須注意生物污泥中的農藥及其他化學藥物的污染問題，因爲原來進料的有機物質中所含的化學成份可能也會被濃縮在生物污泥中，用於飼料添加時必須先詳細的分析其成份。如何將生物污泥善加利用是沼氣生產工業能否成功的一個重要關鍵。厭氧消化程序的生產成本範圍非常大，從鄉間挖一個土坑到現代化全自動的生產工廠，都可以生產沼氣。有許多國際公司可提供全廠的設計與施工（如 2B Biorefinery 和 Sulzer 這兩家歐洲公司），專業化全自動的消化設備之目標在於沼氣生產的穩定和品質，一般而言硬體成本非常昂貴。在建造一套消化設備必須考慮到成本、沼氣生產規模、氣候環境、以及當地可取得的有機物質成份等因素，來選擇適合的厭氧消化系統。在過去石化能源價格低廉的年代，沼氣生產的經濟競爭力很有限，隨著石化能源的減少，能源價格上漲，將會使沼氣大規模生產變得可行。另外在已開發國家厭氧消化最主要的功能並不只是沼氣的生產，在廢棄物處理和消除臭味的功能逐漸受到重視，特別是在畜牧相關行業的應用。據工研院能資所的統計，台灣地區可生產沼氣之廢棄生質來源包括畜牧業、垃圾掩埋場、食品業、農產廢棄物、生活廢水及部份有機工業廢水等，來源相當豐富，達 6～$9 \times 10^8 m^3$/年。

目前台灣對沼氣利用方面的應用並不多，在養豬業方面，沼氣利用大都用於養豬廠之輔助能源。在垃圾掩埋廠方面，採用沼氣發電型式，如台北山豬窟垃圾掩埋廠，沼氣發電容量高達 5000kW，除供應廠區用電外，並可出售多餘電力。在工業廢水方面，採用沼氣發電型式，由於供電量不大，通常只視為輔助電力用途，例如亞洲化學、豐年公司等。

荷蘭在 1970 年代就開始建立許多沼氣工廠。厭氣消化技術在德國推廣也相當順利，近年來已有 250 座沼氣廠正在建造中。丹麥則是朝向大型化的厭氧消化廠發展，已有 18 個集中厭氧消化廠，目前丹麥正建造一座全世界最大都市廢棄物厭氧消化廠，年處理垃圾量達 23 萬噸，所產生電力除可供應廠區使用外，另可產出電力 1.2MW。在以農業生產為主的國家如中國大陸、尼泊爾，由於國民所得偏低與自產能源不足，沼氣仍是一種重要能源，在這些國家的農村，小型的沼氣生產設備可提供村民能源作為炊煮、照明使用。1992～1998 期間，尼泊爾總共裝置了 37,000 座小型沼氣池。

7-5 燃料酒精

乙醇俗稱酒精，廣泛用於飲料食用、醫藥、化工等方面。利用微生物醱酵生產酒精是最古老的一種生物技術，人類釀酒的歷史已經超過二千年以上，釀酒其實就是利用酵母菌將糖分轉化成酒精。酒精是重要生質能源之一，它具有燃燒完全、效率高、無污染等特點。用它稀釋汽油所配製成乙醇汽油（gasohol）來替代無鉛汽油，由於其燃燒完全，引擎馬力可提高 15%左右。在巴西車輛改裝以適用乙醇汽油或酒精為燃料的汽車達幾十萬輛，大幅減少都市的空氣污染。另外為了提升汽油的抗震爆性（辛烷值），汽油必須添加其他的添加劑。早期是用含鉛的化合物（四乙基鉛）但會造成廢氣中含有鉛，導致嚴重的空氣污染。在全球的主要國家都早已禁用含鉛的化合物，改用甲基第三丁基醚（MTBE）來取代四乙基鉛作為汽油添加劑，就是所謂的無鉛汽油。但甲基第三丁基醚的使用甚至會帶來比四乙基鉛更嚴重的環境問題，光在美國加州至少有 1 萬處地下水受到滲漏的 MTBE 污染，全美國則有 14%的飲水井被污染，因 MTBE 是動物的致癌物，對人體也有致癌的可能。各先進國家政府逐漸禁止汽油中使用 MTBE 添加劑，如果利用乙醇作為汽油添加劑來代替現用的 MTBE，那麼不論是提升汽油辛烷值、改善燃燒效率或環境保護都是非常有益的，也具有很大的商業潛力。1998 年在美國燃料用乙醇達 413 萬～586 萬噸，約占美國乙醇消費量的 83%～87%；目前台灣燃料乙醇生產及市場都是空白。然而如前所述，乙醇是為一種有效的汽油添加成分；在美國，有 8%的含氧燃料中所添加的含氧物是乙醇，而現在 MTBE 的理想替代物只有乙醇。目前美國加州一個州每天需要乙醇達 3.5 萬桶（約 4,000 公噸），5 年後需求量將增為 9.5 萬桶（約 10,000 公噸）。所以美國的乙醇生產商已在擴大乙醇的生產能力，無疑 MTBE 的禁用將給乙醇工業帶來無限商機[14]。

如何利用新的生物技術來生產乙醇呢？其中最經濟且實用的生產途徑有兩方面：一是利用廢棄的農業副產物（稻梗、廢糖蜜等等）為原料生產乙醇；二是養殖綠藻生產乙醇。以前者而言，稻梗是全球產量最大的農作物廢棄物，中國大陸每年有 6.5 億噸稻梗的產出。以往農民都直接就地焚燒，燒剩的黑灰作為下次耕種的肥料，但直接燃燒會造成空氣的污染，如果利用這些稻梗生產燃料乙醇的話，那是一件有利於眾生的事業，且有利於保護生態環境。每年只要從 6.5 億噸稻梗中利用 1 億噸來生產燃料乙醇的話，乙醇年產量可達 2000 萬公噸。根據相關的經濟評估，認為以稻梗為原料生產乙醇的成本將低於用糧食醱酵生產乙醇的成本，而略高於煉油廠生產汽油的成本，但與汽油添加劑 MTBE 的生產成本相比則低得多。儘管稻梗生產燃料乙醇有其優點，但對其生產技術和效率尚需作進一步探究，主要的瓶頸在兩方面，第一、纖維素必須經過酵素分解才能被酵母菌利用轉化成乙醇，而一般分解纖維素的細菌或酵素分解的效率不夠高，使乙醇的產率變低。必須借重基因工程的方法，來增加酵素分解纖維素的活性。第二、乙醇的分離困難，因為燃料用的酒精必須將水分去除，酒精和水分的分離是一個困難而耗費能源的程序。以傳統的蒸餾程序耗費大量能源且無法突破共沸現象，所以陸續有一些新的分離方法被提出來，如滲透蒸發（pervaporation）、薄膜分離等。

至於從綠藻生產乙醇與傳統微生物醱酵生產乙醇是完全不同的途徑。綠藻是一類自營性的真核生物，其中的單細胞小球藻用來開發新能源很有潛力。日本一家公司的研究小組從海水表層中取得一種海洋微藻新品種 Tit-1，類似小球藻（直徑約 10 μ m），白天它與普通植物一樣在光照條件下將 CO_2 轉化爲澱粉貯藏起來，還能在弱光或厭氧條件下將澱粉轉化爲乙醇，從綠藻生產乙醇其特點爲：不會造成環境污染，能吸收大氣中的二氧化碳，減輕溫室效應的惡化，並獲得產品乙醇。這種新的方法還在初步的研發階段，一旦技術成熟將可能大幅降低生產燃料酒精的成本。

大量使用燃料酒精作爲替代能源還可以強化國家經濟，世界上大部分的國家每年都必須進口大量的原油。在美國，進口原油的成本佔汽油售價的 30%，也就是說消費者每花 10 塊錢到加油站加油，就有 3 塊錢直接給了產油的國家。這種的花費對國內的經濟不會有任何的好處，國內沒有人可以賺到這 3 塊錢，不能創造任何的工作機會，只會增加貿易逆差和外債的壓力。巴西酒精工業的發展就是一個很好的例子，巴西因爲外債過高，又遇上 1970 年代的石油危機，整個國家幾乎沒有能力再向產油國購買原油。剛好巴西盛產甘蔗，於是在石油危機之後大力鼓勵生產由甘蔗醱酵轉化的酒精，以酒精作爲主要的汽車燃料，成功的解決了能源缺乏的問題，也創造了很多的工作機會，一直到現在巴西都是全球利用燃料酒精最成功的國家之一。另一個例子是美國的酒精工業，美國在 1980 年以前酒精年產量不到 2.5 百萬加侖（約 7,500 公噸），在 1982 年起大幅增加酒精的產量作爲工業用酒精和汽油添加劑（提高辛烷值）使用，到 2000 年酒精工業年產量 1600 百萬加侖（約 4,800,000 公噸），產量增加了 640 倍。這樣規模的酒精工業每年帶給美國 510 億美金的經濟成長，增加農場的收益 3%（總計 22 億美金），增加 5,800 個直接的工作機會及 50,000 間接工作，增加了 5 億 5 千萬的聯邦稅，減少了 13 億美金的貿易逆差。目前美國燃料酒精產量仍持續急速上升，預估到 2005 年，美國燃料酒精年產量將達 4427 百萬加侖（約 13,281,000 公噸）[14]。由上面的例子可以看出，只要將一部份的能源用本土種植的再生能源取代，的確可以使國家經濟得到相當的改善。

基於上述的幾個優點，燃料酒精的使用在國際上已蔚爲風潮，繼巴西之後，美國、歐洲、印度、中國大陸都開始推行乙醇汽油。尤其是 MTBE 在各國被禁用後，添加酒精變得是最佳的選擇。先從少部份比例的添加以取代 MTBE 的功能，再隨著酒精轉化工業相關生物技術的成熟，燃料酒精的生產成本將逐漸降低，而石化原料所生產的汽油生產成本將越來越高，因此逐漸的提高酒精添加的比例，當可順利的推行酒精作爲重要的替代能源之一。

7-6 問題與討論

1. 試列舉四種利用生物技術所生產的可再生能源，並加以簡述之。
2. 可生產氫氣的微生物有哪幾種，試比較其生產氫氣的機制。
3. 利用天然油脂作為目前車用引擎的燃料會有什麼問題？改善的方法為何？
4. 目前一般所說的“生質柴油”是何種化合物？生質柴油和柴油相比有何差異？

參考文獻

1. Tickell, J., **From the fryer to the fuel tank**, Tickell Energy Consulting, Tallahassee, FL, 2000.

2. Ma, F. and Hanna, M. A., "Biodiesel production: a review," *Bioresource Technology*, 70, 1-15, 1999.

3. Foglia, T. A., Nelson, L. A. and Marmer, W. N., "Production of biodiesel lubricant and fuel and lubricant additives," *US patent*, No. 5, 713, 965, 1998.

4. Connemann, J. and Fischer, J., "Biodiesel quality Y2K and market experiences with FAME," *CEN/TC 19 Automotive Fuels Millennium Symposion*, The Netherlands: Amsterdam, 25-26 Nov., 1999.

5. Wright, H. J., Segur, J. B., Clark, H. V., Coburn, S. K., Langdon, E. E. and Dupuis, R. N., "A report on ester interchange," *Oil and Soap*, 21, 145-148, 1944.

6. Ma, F., Clements, L. D. and Hanna, M. A., "The effect of mixing on transesterification of beef tallow," *Bioresource Tehnology*, 69, 289-293, 1999.

7. Ma, F., Clements, L. D. and Hanna M. A., "Biodiesel fuel from animal fat. Ancillary studies on transesterification of beef tallow," *Industrial & Engineering Chemistry Research*, 37, 3768-3771, 1998.

8. Ma, F., Clements, L. D. and Hanna M. A., "The effects of catalyst, free fatty acids and water on transesterification of beef tallow," *Trans. ASAE*, 41, 1261-1264, 1998.

9. Wimmer, T., "Transesterification process for the preparation of C_{1-5}-alkyl ester from fatty triglycerides and monovalent lower alcohols," *PCT Int. Appl. WO* 9200-9268, 1992.

10. Hallenbeck, P. C. and Bnemann, J. R., "Biological hydrogen production fundamental and limiting processes," *International Journal of Hydrogen Energy*, 27, 1185-1193, 2002.

11. Melis, A., "Green alga hydrogen production: progress, challenges and prospects," *International Journal of Hydrogen Energy*, 27, 1217-1228, 2002.

12. Miyake, J., Miyake, M. and Asada, Y., "Biotechnological hydrogen production: research for efficient light energy conversion," *Journal of Biotechnology*, 70, 89-101, 1999.

13. Eroglu, I., Aslan, K., Gunduz, U., Yucel, M. and Turker, L., "Substrate consumption rates for hydrogen production by Rhodobacter sphaeroides in a column photobioreactor," *Journal of Biotechnology*, 70, 103-113, 1999.

14. California Energy Commission, "U.S. Ethanol industry production capacity outlook," **U.S. Government Report**, publication number P600-01-017, 2002.

第八章

酵素技術

ENZYME TECHNOLOGY

陳國誠

8-1 緒論

何謂「酵素技術（enzyme technology）」？筆者認爲「舉凡有關酵素的生產、酵素新用途之開發、酵素在有機溶劑中之催化作用、酵素固定化及酵素穩定性和特異性等性質之操控與應用」皆屬酵素技術；其相關學門涵蓋廣泛的生命科學範疇，特別是動植物生理學、病理學、微生物學、農學、分子生物學、遺傳學及醫學等基礎領域。另外，如將其視爲特殊觸媒，從應用性角度來看，酵素不但是醱酵工業、微生物工業及生物科技應用產業的基石，更是生物技術研究領域中不可或缺的要角之一。

酵素是生物體內催化生化生理反應，使其得以有效率地進行而生產的生化觸媒（biological catalyst），其本體爲蛋白質所組成，可以啓動原本不會或難以進行的反應，亦可加速化學反應而不會改變本質，甚至可以將不具價值的東西轉化成具高價值的物質，可說是一種相當奇妙的化學物質。此類複雜的酵素物質到底是基於何種分子結構及反應機制，來表現其具有高度基質特異性（specificity）的觸媒作用，至今雖仍未全然知曉，但至少可以確定的是「無酵素即無生物存在」，它是直接擔當生命活動的要角之一，也就是說「神奇的酵素讓細胞發揮其生命活力，亦即酵素的存在表現出生命的現象」。

酵素的研究並非是最近才開始的，也並非是一門新的學門。早在十九世紀以前，人類尚不知酵素是何物時，雖然已經會製造乳酪及釀酒了，但是，卻不知把穀類或水果變成香醇好喝的酒之神奇轉換力量是何種作用。直到 1833 年 Payen 及 Persoz 兩位科學家從麥芽的萃取物中發現了澱粉酵素（diastase）的存在（以後改稱為 amylase）[1]，才使酵素反應之概念萌芽。不久之後，1836 年 Schwan 從人胃中分離出可以消化食物蛋白質的物質稱之為胃蛋白酶。而此時學界仍尚未有酵素這個統一名詞，因此，研究學者是將上述酵素物質通稱為「醱酵素（ferments）」[2]。爾後，對於醱酵素是否為生命物質出現二種理論互有爭議，一為 Liebig 認為醱酵素是來自活細胞內所含的非生命物質；相對地，Pasteur 則是堅持醱酵素是具有生命的物質[3～5]。直到 1897 年由德國化學家 Büchner 發現用砂石磨碎破壞酵母菌體，將其過濾後取得之抽取物中，雖不含活細胞，但是仍具有將糖醱酵成酒精之能力。此一實驗的成功，也解決了醱酵素是否為生命物質之爭議，證實生命催化作用之學說[6]。然而「酵素」這名詞首次出現世上則是早在 1877 年由 Kühne 提出，其希臘語的原意是「在酵母中（in yeast）」[7]。1926 年美國生化學家 Sumner 成功地從傑克豆（Jack bean）中以結晶方式獲得尿素分解酶（urease），不但是生物化學上的一個重大里程碑，更證實了酵素的成份為蛋白質，同時也是酵素結晶化最早成功的例子[8]。從此以後，開啟了往後為期數十年蓬勃的酵素化學研究，因而許多酵素也逐一的被純化而結晶出來。因為只要可獲得結晶的酵素，那麼酵素本身的結構及特性就可以很快的被解析出來。目前為止，發表於文獻上的酵素約有 3,000 種，其中，有百種以上酵素晶體已藉由 X 射線結晶技術（X-ray crystallography）獲得[9]。

8-2 酵素的特性及分類

8-2-1 酵素的一般特性[5，9～11]

酵素是一群由蛋白質所構成的生物催化劑（biocatalyst），又稱為生物觸媒（biological catalysts），具備一般化學觸媒的所有特性；它參與生化反應時會降低活化能（activation energy），促進其反應速率，在反應結束時又回復到原來狀態且其量無增減（圖 8.1）。但是，酵素作用有別於一般化學觸媒的特徵爲：

1. 反應專一性或特異性（reaction specificity）：幾乎所有的酵素皆只能催化某些具有特定結構之化合物的特定反應，所以利用酵素製造特定產物時，可以減少副產品的發生，而且這也是酵素應用在反應程序優於一般化學反應程序的理由之一。酵素的專一性包括有：基質專一性（substrate specificity）、立體專一性（stereo specificity）及官能基專一性（group specificity or functional specificity）。
2. 溫和的反應條件：酵素在溫和環境中即具有高效率的反應，不但可以減少耐酸鹼、高溫及高壓的設備成本，更具有安全的反應性。
3. 所需要的反應時間短。
4. 強的催化作用：僅需要微量的酵素就可使反應完全。
5. 生物可分解性（biodegradation）：其基本組成爲氨基酸，可在自然中被分解，不會造成環境污染問題。

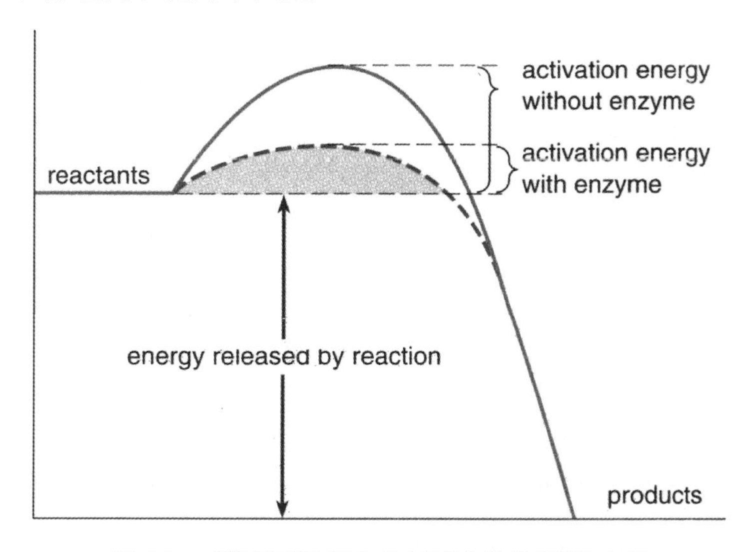

圖 8.1 酵素可降低生化反應之能量障礙 [12]

8-2-2 酵素的命名與分類[5，10，11]

由於酵素種類逐日增多，爲避免對同一酵素彼此因使用不同名稱而造成混淆，而且爲方便國際之間的交流，酵素命名法實在不可或缺。爲此，1961 年國際生物化學聯盟（International Union of Biochemistry, 簡稱 **IUB**）的酵素委員會（Enzyme Commission）有系統地制定了酵素的分類命名法，同時對酵素活性表示法、反應速率參數等研究項目也都有正式的規定。由於篇幅有限，關於本部份之詳細內容，在此本章節不加以詳述，對其內容有興趣的讀者可直接上 International Union of Biochemistry and Molecular Biology（**IUB**MB）的網址（http://iubmb.unibe.ch/）參考。

IUBMB 所公佈的 Enzyme Commission（EC）依照催化反應的類型及機制所制定出之分類命名法，其要點及特徵有三，歸納如下：

1. 依酵素所催化的反應種類作爲酵素分類，將酵素反應分爲六大類（class）（參見表 8.1），每一類底下分成四至十三組（group），每組之下再細分成若干亞組（sub-group）。
2. 酵素名稱由二個部份組成，前面部份是表示反應物的基質名稱，後面則是表示催化反應之種類，並以字母 “ase” 當結尾。例如：

$$L\text{- Asparagine} + H_2O \rightarrow L\text{- Aspartic acid} + NH_3 \quad (8.1)$$

   催化此反應之酵素系統名稱即定爲 “*L*- Asparagine amino- hydrolase”，而此酵素常用名爲 asparaginase。
3. 每個酵素均具有由四個數字組成的系統號碼（EC number），如（表 8.1）及（表 8.2）所示。

上述之分類命名法雖然相當精確嚴密，但通常所得知酵素名過於冗長，在實際使用上非常不方便。因此，EC 命名法除上述學術上所使用之「系統名（systematic name）」之外，爲方便起見，「常用名（trivial name）」在很多場合也都被許可使用。因此，最好是兩種名稱都知道。而常用名除了一些酵素例外，大抵都是以 “–ase” 結尾。

表 8.1 酵素主要分類 [10]

分類 Class	催化反應類型(例子) Example (reaction type)	催化反應 Reaction Catalyzed
1.氧化還原酵素 Oxidoreductases	Alcohol dehydrogenase (EC 1.1.1.1) (oxidation with NAD^+)	CH_3CH_2OH (Ethanol) —(NAD^+ → $NADH + H^+$)→ CH_3-CHO (Acetaldehyde)
2.轉移酵素 Transferasaes	Hexokinase (EC 2.7.1.2) (phosphorylation)	D-Glucose —(ATP → ADP)→ D-Glucose-6-phosphate ($CH_2OPO_3^{2-}$)
3.水解酵素 Hydrolases	Carboxypeptidase A (EC 3.4.17.1) (peptide bond cleavage)	C-terminal of polypeptide ($-NH-CHR_{n-1}-CO-NH-CHR_n-COO^-$) —($H_2O$)→ Shortened polypeptide ($-NH-CHR_{n-1}-COO^-$) + C-terminal residue ($H_3N^+-CHR_n-COO^-$)
4.裂解酵素 Lyases	Pyruvate decarboxylase (EC 4.1.1.1) (decarboxylation)	$^-OOC-CO-CH_3$ (Pyruvate) + H^+ → CO_2 + $H-CO-CH_3$ (Acetaldehyde)
5.異構化酵素 Isomerases	Maleate isomerase (EC 5.2.1.1) (cis–trans isomerization)	Maleate ⇌ Fumarate
6.接合酵素 Ligase	Pyruvate carboxylase (EC 6.4.1.1) (carboxylation)	$^-OOC-CO-CH_3$ (Pyruvate) + CO_2 —(ATP → ADP + P_i)→ $^-OOC-CO-CH_2-COO^-$ (Oxaloacetate)

表 8.2 酵素之 EC number 範例

酵素依催化反應分成六大類，以四組數字命名之；例如: histidine carboxylase 為 EC 4.1.1.22

Main Class	4	Lyases	斷裂 C-C, C-O, C-N 鍵
Subclass	4.1	C-C lyase	斷裂 C-C 鍵
Sub-subclass	4.1.1	Carboxylase	斷裂 C-COO 鍵
序列號碼	22	第 22 個 4.1.1	斷裂 組胺酸的 C-COO 鍵

8-3 常用的工業酵素種類

一般而言，所有具有生命之個體幾乎均可以成爲酵素的來源，依據其來源之不同可分成：微生物酵素（microbial enzymes）、植物酵素（plant enzymes）及動物酵素（animal enzymes），若將這些酵素之催化反應功能應用在工業製程及工業產品上，即所謂的工業酵素（industrial enzymes）。（表 8.3）即爲目前以動物、植物及微生物來源之主要工業用酵素[13]。其中，由於微生物酵素具有下列四點特性而爲近年來最主要的酵素來源[13～15]：①微生物可快速繁殖，可藉由醱酵槽大量生產以降低成本；②可利用特殊之培養環境或添加物誘使生產特定之酵素；③在工廠中可自行調節微生物酵素產量，不受外在因素之影響，如天候、原料、價格及國際間政治，所以只要操作得宜，酵素來源可說是相當穩定；④基因工程技術之發展，已能夠在基因重組微生物（genetically engineered microorganisms, GEMs）體內大量表現不同特質之酵素，甚至是動物及植物之基因亦可充分活用，以解決動植物供應來源的限制問題。至目前，已被利用來生產酵素之微生物包括有細菌（bacteria）、放射菌（actinomycete）、黴菌（molds）及酵母菌（yeast），不論是哪一種微生物，均必須爲可安全使用的一群（generally recognized as safe, GRAS），其中又以細菌的 *Bacillus* 菌屬及黴菌的 *Aspergillus* 與 *Streptomyces* 菌屬產生之酵素佔最大部份[16]。

表 8.3 常用之工業酵素及來源 [13]

Enzyme type (with common synonyms)	IUB No. as far as scan be determined	Natural source
Alcohol dehydrogenase(ADH)	1.1.1.2	*Thermoanaerobium* spp.
Alpha-acetolactate dehydrogenase (Diacetylase)	4.1.17	GMO *with Bacillus subtilis* as host
Amino acylase	3.5.1.4	*Aspergillus* spp.
Amylase-alpha	3.2.1.1	*Malted cereals,*
Diastase		*Animal pancreas,* *Aspergillus oryzae,*
		Aspergillus niger,
		Bacillus amyloliquefaciens *Bacillus licheniformis*
		Bacillus stearothemophilus
		Bacillus subtilis
		Endomyces spp.
		Rhizopus oryzae
Amylase-beta	3.2.1.2	Bartey, wheat, soya, malted cereals
Diastase		*Bacillus cereus*
		Bacillus megaterium
Amylase-gamma	3.2.1.3	Aspergillus niger
Amyloglucosidase		*Aspergillus oryzae*
Glucoamylase		*Aspergillus phoenicis*
		Rhizopus niverus
		Rhizopus oryzae
Amyloglucosidase		See Amylase-gamma
Anthocyanase		See Glucosidase-beta
Bromelain		See Protease-thiol
Catalase	1.11.1.6	Aspergillus niger
		Penicillus spp.
		Micrococcus lysodiekticus
Cellobiase		See Glucosidase

表 8.3 常用之工業酵素及來源（續）

Enzyme type (with common synonyms)	IUB No. as far as scan be determined	Natural source
Cellulase, endoglucanase	3.2.1.4	*Aspergillus niger*
		Aspergillus sojae
		Humicola insolens
		Penicillium spp.
		Penicillium funiculosum
		Trichoderma longibrachiatum
		Trichoderma viride(reesei)
Chitinase	3.2.1.14	Trichoderma harzianum
Choline phosphatase		See Phospholipase D
Cholesterol esterase	3.1.1.13	Candida cylindracea(rugosa)
Chymosin		See Proteinases and Rennets
Collagenase		See Proteinase-microbial-metallo
Cyclodextrin glucotransferase	2.4.1.9	*Bacillus* spp.
Diastase		See Amylases
Diacetylase		See Alpha-acetolactate decarboxylase
Dextranase	3.2.1.11	*Chaetomium* spp.
		Klebsiella aerogenes
		Penicillium funiculosum
		Penicillium lilacinum
Elastase		See Proteinase-senne
Endoglucanase		See Cellulase
Esterase-amino acid		See Proteinase
-fatty acid		See Lipases
Ficin		See Hemicellulases
Galactomannanase		See Hemicellulases
Galactosidase-alpha	3.2.1.22	Aspergillus niger
Melibiase		*Aspergillus phoenicis*
		Saccharomyces cerevisiae

表 8.3　常用之工業酵素及來源（續）

Enzyme type (with common synonyms)	IUB No. as far as scan be determined	Natural source
Galactosidase-beta	3.2.1.23	*Aspergillus niger*
Lactase		*Aspergillus oryzae*
		Bacillus spp.
		Escherichia coli
		Saccharomyces fragilis
		Saccharomyces lactis
		Kluyveromyces spp.
Glucanase-alpha		See Amylases
Glucanase-beta	3.2.1.6	*Aspergillus niger*
		Aspergillus oryzae
		Bacillus circulans
		Humicola insolens
		Penicillium emersonili
		Saccharomyces cerevisiae
		Trichoderma spp.
Glucoamylase		See Amylase-gamma
Glucosidase-beta	3.2.1.21	*Aspergillus aculeatus*
include. Cellobiase		*Aspergillus niger*
		Aspergillus oryzae
		Bacillus spp.
		Humicola insolens
		Saccharomyes spp.
		Sweet almond
		Trichoderma longibrachiatum
also Anthocyanase		*Aspergillus oryzae*
Naniginasse		*Peniciilium* spp.
Glucose isomerase	5.3.1.5	*Actinoplanes missouriensis*
Xylose isomerase		Bacillus coagulans
		Mycobacterium arborescens
		Streptomyces albus

表 8.3 常用之工業酵素及來源（續）

Enzyme type (with common synonyms)	IUB No. as far as scan be determinecl	Natural source
Glucose isomerase	5.3.1.5	Streptomyces murins
Xylose isomerase		Streptomyces olivaceous
		Streptomyces olivochromogenes
		Streptomyces phoenicis
Glucose oxidase	1.1.3.4	*Aspergillus niger*
Notatin		*Penicillium amagasakiensis*
		Penicillium glaucum
		Penicillium notatum
Glucosyl transferase	2.4.1.25	*Aspergillus niger*
Transglucosidase		Bacillus megaterium
Glutaminase	3.5.1.2	Bacillus subtilis
Hemicellulase	3.2.1.8	*Aspergillus niger*
Pentosanase	3.2.1.32	*Aspergillus oryzae*
Galactomannanase	3.2.1.78	*Aspergillus saitoi*
		Bacillus subtilis
		Humicola insolens
		Trametes spp.
		Trichoderma koningil
		Trichoderma longibrachiatum
Hyaluronidase	3.2.1.35	*Streptomyces* spp.
Mucinasse	3.2.1.36	
Spreading factor		
Inulinase	3.2.1.7	Aspergillus niger
Invertase	3.2.1.26	*Aspergillus niger*
Invertin		*Aspergillus oryzae*
Saccharase		*Saccharomyces carisbergensis*
		Saccharomyces cerevisiae
Laccasse	1.10.3.2	Coriolus versicolor
Polyphenol oxidase		
Lactase		See Galactosidase-beta
Lactoperoxidase		Bovine milk

表 8.3 常用之工業酵素及來源（續）

Enzyme type (with common synonyms)	IUB No. as far as scan be determined	Natural source
Lecithinases A2;D		See Phospholipase A2;D
Limonoate dehydrogenase	3.1.1.36	Arthrobacter globiformis
Lipase	3.1.1.3	Calf, kid, lamb(parotid glands)
Fatty acid esterase		*Bovine/porcine pancreas*
Steapsin		*Achromobacter* spp.
		Alcaligenes spp.
		Aspergillus niger
		Aspergillus oryzae
		Bacillus spp.
		Candida cylindraces(rugosa)
		Candida lipolytica
		Chromobacter spp.
		Mucor javanicus
		Mucor miehei
		Penicillium camembertii (cyclopium)
		Penicillium roquefortii
		Pseudomonas fluorescens
		Rhizomucor miehei
		Rhizopus arrhizus
		Rhizopus delemar
		Rhizopus japonicus
		Rhizopus javanicus
		Rhizopus niveus
		Rhizopus oryzae
also Lipoprotein lipase		*Alcaligenes* spp.
Lysozyme	3.2.1.17	Chicken egg albumen
Muramidase		Micrococcus lysodiekticus

表 8.3 常用之工業酵素及來源（續）

Enzyme type (with common synonyms)	IUB No. as far as scan be determined	Natural source
Maxerating enzymes (mixed carbohydrases including pectinases)		*Aspergillus aculeatus*
		Aspergillus niger
		Aspergillus oryzae
		Rhizopus spp.
		Trichoderma spp.
Malic acid decarboxylase	1.1.1.38	Leuconostoc oenos
Melibiase		See Galactosidase-alpha
Mucinase		See Hyaluronidase
Muramidase		See Lysozyme
Nitrate reductase	1.7.99.4	*Micrococcus* spp.
Notatin		See Glucose oxidase
Nucleotide deaminase	3.5.4.6	*Aspergillus* spp.
5' Nucleotidase	3.1.3.5	*Penicillium* spp.
Papain		See Proteinases-thiol
Penicillin acylase(amidase)	3.5.1.11	*Bacllus* spp.
		Basidiomycetes spp.
Penicillin G acylase		Escherichia coli
Penitosanase	3.2.1.15	*Aspergillus aculeatus*
		Aspergillus niger
		Asprgillus ochraceus
		Aspergillum oryzae
		Humicola insolens
		Penicillium spp.
		Trichoderma spp.
Peptidase –amino	3.4.11.11	*Aspergillus* spp.
-carboxy	3.4.17	*Aspergillus* spp.
-leucine amino		*Rhizopus* spp.
Peroxidase	1.11.1.7	*Horseradish root*
		Aspergillus spp.
		Rhizopus spp.
Phosphatidases		See Phospholipases

表 8.3　常用之工業酵素及來源（續）

Enzyme type (with common synonyms)	IUB No. as far as scan be determined	Natural source
Phospholipase A2	3.1.1.4	*Porcine pancreas*
Lecithinase A2,Phosphatidase		*Aspergillus* spp.
Phospholipase D	3.1.4.4	*Actinomadura* spp.
Choline phosphatase, Lecithinase D		
Ptrytase	3.1.3.26	Calf pregastric
		Aspergillus niger
		GMO *in Aspergillus oryzae host*
Polyphenol oxidase		See Laccase
Proteinases -serine		
Chymotrypsin	3.4.21.1	Bovine/porcine pancreas
Trypsin	3.4.21.4	Bovine/porcine pancreas
Elastase	3.4.21.11	*Pseudomonas aeruginosa*
Subtilisins	3.4.21.14	*Bacillus alcalophilus*
		Bacillus amyliquefaciens
		Bacillus amylosaccharicus
		Bacillus licheniformis
Aspergillus alkaline		*Aspergillus flavus*
		Aspergillus melleus
		Aspergillus oryzae
thiol		
Papain	3.4.22.2	*Carica papaya*(latex)
Ficin	3.4.22.3	*Ficus carica*(latex)
Bromelain	3.4.22.4	*Ananas comosus*(juice)
carboxyl-acid		
Pepsin	3.4.23.1	Porcine mucosae
Chymosin	3.4.23.4	Abomasum of unweaned calf,kid,lamb
microbial-carboxyl	3.4.23.6	*Aspergillus niger*
		Aspergillus oryzae
		Aspergillus saitoi
		Bacillus licheniformis
		Endothia parasitica

表 8.3 常用之工業酵素及來源（續）

Enzyme type (with common synonyms)	IUB No. as far as scan be determined	Natural source
microbial-carboxyl		*Mucor pusillus* Lindt
		Penicillum spp.
		Rhizoppus delemar
microbial-metallo	3.4.24.4	*Aspergillus oryzae*
		Bacillus lentus
		Bacillus polymixa
		Bacillus subtilis
		Bacillus thermoproteolyticus
		Clostridium spp.
		Streptomyces griseus
Pullulanase	3.2.1.41	*Bacillus acidopullulans*
		Klebsiella planticola
Rennets- Chymosin	3.4.23.4	Chymosin from calf,kid.lamb
Rennets- Microbial	3.4.23.6	*Cryptophonectria parasitica*
		Mucor miehei
		Mucor pusillus Lindt
		Rhizomucor miehei
Saccharase		See Invertase
Spreading factor		See Hyaluronidase
Steapsin		See LiPASE
Urease	3.5.1.5	*Canavalia ensiformis seed*(jack bean)
		Bacillus spp.
		Lactobacillus fermentum
Uricase	1.7.3.3	*Bacillus* spp.
Xylanase	3.2.1.32	*Aspergillus niger*
		Aspergillus oryzae
See also Hemicellulase/pentosanase		Aspergillus sojae
		Rhizopus spp.
	3.2.1.8	*Trichoderma longibrachiatum*
		Trichoderma viride(reesei)
Xylose isomerase		See Glucose isomerase

然而，不論是從生物體內或培養基中萃取酵素仍有一些事項必需考量，就以商業投資及工業應用的立場，所選擇酵素萃取之材料與方法就必須符合程序方法「簡單」及酵素「可大量生產」之原則。因此，首先就必須了解酵素在細胞內之位置、酵素是以「自由型態」或是「細胞膜結合型態」存在，才可能設計一整合的單元操作來提供快速、有效的產品回收方式和達到減低成本和操作時間的效果。而有關於酵素純化及萃取之部份，有興趣之筆者，可自行參閱 Jakoby（1984）[17]所著之「Methods in Enzymology, Part C: Enzyme Purification and Related Techniques」及 Deutscher（1997）[18]所著之「Guide to Protein Purification: Methods in Enzymology」。

8-3-1 酵素的工業應用（Industrial applications of microbial enzymes）

在目前的工業應用酵素（industrial enzymes）生產中，去聚合作用（depolymerization）的水解酵素（hydrolytic enzymes）就佔了至少 75%。蛋白質水解酵素（proteinase）的使用量最大，約佔全世界酵素總使用量的 40%，廣泛應用於清潔劑、牛奶及乳品業（dairy）及皮革等工業。而解醣酵素（carbohydrase）則約佔全世界酵素總使用量的 30%，大都應用在澱粉、麵包烘焙業（baking）、釀造（brewing）及紡織（textile）等工業，是使用量第二大的酵素。其餘則為脂肪分解酵素（lipase）及其他較特殊用之酵素，例如檢驗酵素（analytical enzymes）。預估至 2005 年時，這些酵素在全世界的需求量至少可達 500 億美元，其中美國將是最大的酵素市場，約佔全球市場的 40%，其次是歐洲的 30%左右。若以產業類別來區分，各類工業上之應用分布比例則將是以清潔劑（27%）佔最大宗，其次是澱粉醣類（12%）、牛奶及乳品業（8%）及紡織業（6%）如（圖 8.2）所示；而其中佔了 47%之其他產業項目則包括了酒精醱酵（fermentation alcohol）工業、生物感測器（biosensors）、動物飼料（animal feed）工業、紙漿與造紙工業（pulp and paper）、皮革工業（leather）、食品工業、分析、醫學及環保產業等[13]。以下將分類介紹各種經常使用酵素之應用範疇，（表 8.4）即為目前常用酵素在各種工業的應用[19]。

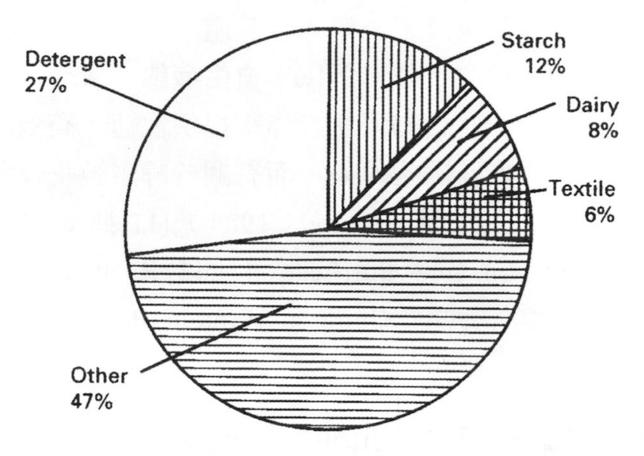

圖 8.2 西元 2005 年酵素在各類工業應用之分布比例之預估 [13]

1. 蛋白水解酵素（proteases）[11，13，15，20]

對蛋白質的胜肽鍵（-CO-NH-）具有水解反應之催化活性的酵素，統稱為蛋白水解酵素。1942 年 Bergmann 依酵素對人工基質（synthetic substrate）之作用形式不同，而把蛋白水解酵素分成二大類：

(1)外胜鍵分解酶類（exopeptidase, EC 3.4.11～3.4.17）：又稱為 Peptidase，可從胺基末端或羧基末端逐次切斷胜肽鍵，解離成胺基酸者，可再細分為羧胜肽酵素（carboxy-peptidase）、胺基胜肽酵素（amino-peptidase）及二胜肽酵素（dipeptidase）。

(2)內生鍵分解酶類（endopeptidase, EC 3.4.21～3.4.24）：又稱為 Proteinase，可將蛋白質分子內部水解胜肽鍵之酵素。而常見的此類酵素有胃蛋白酵素（pepsin）、牛乳蛋白凝固酵素（rennin）、胰蛋白酵素（trypsin）、凝乳胰蛋白酵素（chymotrypsin）及細菌或黴菌之蛋白酵素等。

表 8.4 酵素在各種工業的應用 [19]

應用工業領域	酵素種類						
	protease	Lipase	cellulase	amylase	pectinase	laccase	xylanase
石化	●	●				●	
特化	●	●				●	
造紙	●	●	●	●	●	●	●
皮革	●	●					
化妝	●	●				●	
油脂	●	●					
洗劑	●	●	●			●	
飼料	●	●	●	●	●		●
製糖			●	●			
澱粉			●	●			●
染整						●	
紡織			●	●	●	●	
糕餅	●	●					
果汁			●	●	●		●
製酒	●		●	●	●		●
乳製品	●	●					
醫藥	●	●		●	●	●	●
環保	●	●	●	●	●	●	●

上述分類方法雖簡單易懂，但是卻完全未考慮到酵素本身之觸媒特性。爾後，英國 Hartley（1960）則依照酵素活性中心之觸媒特性，將蛋白水解酵分成四大類，分別為：

(1)絲氨酸型蛋白質水解酵素（serine proteinases, EC 3.4.21.1～49）：此種酵素為在活性部位中具有特殊的絲氨酸殘基，其最適活性 pH 範圍通常是在中性至鹼性之間，並可被 diisopropyl fluorophosphate（DFP）或 phenylmethane sulfonyl fluoride（PMSF）作用而抑制其活性。此類酵素之下又可區分為 5 個旁類，其中以鹼性絲氨酸蛋白質水解酶（alkaline serine proteinase）特別具有優越的經濟效益，最具代表性。大部份的鹼性絲氨酸蛋白質水解酶最大活性 pH 值約在 9.5～10.5 之間，某些 *Bacillus* 屬的嗜鹼性菌株所產生的該類酵素甚至可達 pH 11-12，而其專一性則與 α-胰凝乳蛋白酶（α-chymotrypsin）相類似，但較爲廣泛，亦即對含芳香族及疏水性支鏈（side chain）的胺基酸殘基，例如：酪氨酸（tyrosine），苯氨基丙酸或白氨酸（leucine），其羧基裂解點具有反應活性。有許多細菌及黴菌菌屬均可產生鹼性絲氨酸蛋白質水解酶，最著名的是 *Bacillus subtilis* 所生產的枯草素（subtilisin），另外 *B. licheniformis* 也是常用的商業生產菌，其它 *Aspergillus* 及 *Streptomyces* 菌屬亦能生成此類蛋白質水解酶。在應用方面，由於鹼性絲氨酸蛋白質水解酶最大的特點就是在鹼性條件下，其活性仍十分穩定，故大量使用於清潔劑工業上，做爲去污除垢之用途，同時亦可用於皮革的軟化及食品加工上。

(2)金屬型蛋白質水解酵素（metalloproteinases, EC 3.4.24.1～12）：這類型的蛋白質水解酵素的分子內含有金屬離子的鍵結結構，金屬離子可能是 Mg^{2+}、Zn^{2+}、Fe^{2+}、Hg^{2+}、Cd^{2+}、Cu^{2+}或 Ni^{2+}。若將此類酵素的金屬離子移去，酵素即喪失其活性；若再將這些金屬離子加入時即可使其活性還原。因此，以 ethylenediamine tetra-acetic acid（EDTA）或 O-phenanthroline（OP）之金屬螯合劑能將金屬從酵素的活性部位中移去，故有抑制此類酵素活性的能力。一般而言，此類酵素的最大活性 pH 值約在 7～8 之間，大部份類屬於中性蛋白質水解酶（neutral protease），並可用許多微生物來生產，其中 *Bacillus*, *Aspergillus* 及 *Streptomyces* 屬之菌株則爲常用的商用生產菌，而且，某些微生物菌株在不同的培養基條件下既可生產中性又可生產鹼性及酸性的蛋白質水解酶。通常中性金屬型蛋白質水解酶（neutral metalloproteinase）在所有微生物蛋白質水解酶中是最不穩定的酵素，例如，源自 *Bacillus subtilis* 的此類酵素在 60℃及 pH 7 的環境下經 15 分鐘後，其活性只剩原來的 10%；由於活性的不穩定，使得酵素在濃縮及純化過程中極易喪失活性。此外，並由於它極易自我分解（autolysis），更造成了其在回收使用上的困難。諸如以上因素，限制了金屬型蛋白質水解酶的實際應用不如絲氨酸型蛋白質水解酶及酸性型蛋白質水解酶來的廣泛。但是仍可見其應用於防止啤酒因冷凍時所產生的濁狀蛋白質，及烘焙工業中用以改善麵糰（dough）的粘彈性及機械性質，而使其易於加工操作，並可增大麵包的體積及增進麵包的香味。

(3)酸性型蛋白質水解酵素（acid proteinases, EC 3.4.23.1～15）：此類酵素含有較少量的鹽基性胺基酸（basic amino acid），故具有較低的等電點（isoelectric point），而最大活性的 pH 值約在 2.0～5.0，亦即在酸性環境下酵素活性仍然十分穩定，但在高 pH 下則很快地喪失其活性。酸性型蛋白質水解酶應用在食品工業上非常普遍，原因是其反應時的低 pH 環境可抑制微生物的生長。酸性型蛋白質水解酶又可分爲 2 類：①類似胃蛋白水解酶之酸性蛋白質水解酶（pepsin-like acid proteinase），由一群黑麴菌所產生，例如：*Aspergillus niger*、*A. awamori*、*A. usamii* 及 *A. saitoi*。另外，*Penicillium* 及 *Rhizopus* 屬之菌株亦可生成。此類酵素，在東方國家以黴菌從事大豆、稻米及其它穀物的發酵，釀製成醬油、豆醬及味噌（miso）等食品的過程中，扮演著重要的角色，同時亦可應用於烘焙工業中；②另一類爲類似凝乳酶之酸性蛋白質水解酶（rennin-like acid proteinase），可由 *Mucor miehei*、*M. pusillus*、*Endothia parasitica* 及 *Trametes sanguines* 等菌株所產生。經研究結果發現此類酵素與牛的凝乳酶作用相似，目前已完全替代牛的凝乳酶在酵素上的市場，其應用爲在乳酪的製造程序中，與牛奶的酪蛋白（casein）作用而形成凝乳現象。綜合以上也約略發現其中較具商業價值的酵素來源幾乎全源自於黴菌。

(4)硫醇型蛋白質水解酵素（thiol proteinases）：此類酵素之觸媒活性以半胱胺酸（cysteine）爲其活性中心，最相關之胺基酸殘基，也因半胱胺酸分子中含有 SH 基（thiol group，硫醇基）而得其名。此類酵素存在於植物界較多，例如，木瓜蛋白分解酶（papain）及鳳梨蛋白分解酶

（bromelain）。其中木瓜蛋白分解酶也是硫醇型蛋白質水解酵素中最早取得純化結晶者，係由多胜肽鏈（polypeptide chain）所構成，共有212 個胺基酸。而鳳梨酵素則是抽取於鳳梨果莖，在 1891 年被 Marcano 和 Chittenden 首先發現後，許多學者開始研究其物性、化性、藥理及應用研究，在實際應用方面已臻成熟。目前已被廣泛應用於食品業、啤酒飲料業以及飼料添加業等產業。

2.脂肪水解酵素（lipases）[11，13，15，19～22]

脂肪水解酵素可將三酸甘油酯（triglyceride）水解成脂肪酸（fatty acid）、單甘油酯（monoglyceride）、雙甘油酯（diglyceride）及甘油（glycerol）。由於脂肪水解酵素與生物體中脂肪的代謝作用及脂肪分解有關，故在生理上極爲重要，與澱粉水解酵素及蛋白質水解酵素合稱三大消化酵素。一般所稱脂肪水解酵素可包括下列 4 種：carboxyl esterase（EC 3.1.1.1），triacylglycerol lipase（EC 3.1.1.3），monoacylglycerol lipase（EC 3.1.1.23）及 lipoprotein lipase（EC 3.1.1.34）。通常這類酵素本身具有水溶性特性，但其反應基質卻多爲非水溶性，故酵素反應主要發生於親水與疏水兩相的交界面。

脂肪水解酵素在食品工業上頗具實用性，主要的應用在於使某些食品產生特殊的風味，例如乳酪的製造，牛乳在未加入凝結劑（coagulant）前先以脂肪水解酵素處理，則可產生出 blue cheese, Romano 及 Provolone 等義大利乳酪之特殊風味。此外，經脂肪水解酵素修飾過的奶油脂（butter fat）會形成揮發性且具風味的脂肪酸，爲奶油風味的來源，此產品則可用於奶油蛋糕及調味汁（sauce）上作爲食品之風味增強劑（flavour enhancer）。然而，脂肪水解酵素假使未予適當的控制，則會使乳製品、肉類、魚類及其他含油脂的食品產生酸敗的味道。脂肪水解酵素的來源非常廣泛，不同的來源，酵素作用的特異性會大不相同。酵素來源包括許多哺乳類動物的組織、器官及體液，其中以胰臟之含量最多；此外，許多水果、蔬菜及植物種子均含有此類酵素的活性。除上述動植物之外，微生物生產的脂肪水解酵素，由於大部份具有較良好的安定性，因而逐漸受到重視，而目前工業上也是以微生物生產的脂肪水解酵素應用最廣。其中屬於酵母菌的 *Candida cylindracea*（*Candida rugosa*），黴菌的 *Aspergillus niger* 、*Rhizopus niveus* 及 *Rhizopus arrhizus* 均爲商業化之生產菌，而源自嗜熱菌 *Humicola lanuginosa* 之酵素則顯出較佳之熱安定性。

脂肪水解酵素除了上述的水解功能外，它亦可用於三酸甘油酯之位置特異性交酯化反應、酯類合成（esterification）、胺解作用（aminolysis）、醯基交換（acyl exchange）、交硫酯反應（thiotransesterification）及肽解作用（oximolysis）（表 8.5）。另外，倘若兼具立體特異性的脂肪水解酵素，尚可應用於分離消旋混合物（racemic mixture）與作用內消旋物質（meso substrate）以得到具光學活性之酯類、醇類及羧類化合物。

3.纖維素水解酵素（cellulolytic enzymes）[11，13，15，19]

纖維素（Cellulose）是構成植物結構的主要物質，也是大自然中存量最豐富的碳水化合物。在化學結構上是由葡萄糖以 β-1，4 鍵結的直鏈性聚合物；而纖維素水解酵素則只能直接水解植物纖維或經化學和物理方法修飾過之纖維素的 β-1，4 葡萄糖鍵結之酵素。具有此能力之酵素，一般又因其作用之不同，而分類成如（表 8.6）所示，其中 C_1-纖維素水解酶（C_1-cellulase，EC 3.2.1.91）可打斷高度結晶性的纖維素，而 C_x-纖維素水解酶（Cx-cellulase, EC 3.2.1.4）只能作用於經 C_1 水解後的纖維素片斷，且水解方式爲內型的，即隨機地將纖維素分解成葡萄糖；此外，β-1，4-葡萄糖鍵結水解酶（β-1，4-glucosidase，EC 3.2.1.21）對分子量較低的反應物具有很大的親和力。

許多細菌及黴菌均能分解纖維素，但用於生產纖維素水解酶的工業生產菌則僅爲 *Aspergillus niger*、*Trichoderma viride* 及 *Basidiomycete* 菌屬等。其中 *A. niger* 所生成之纖維素水解酶對羧甲基纖維素（carboxy methycellulose，CMC）具有高的活性，但對固態纖維素卻不具作用能力，是由於它缺少了 C_1-纖維素水解酶。而 *T. viride* 卻能生成高含量的 C_1-纖維素水解酶，以分解不溶狀的纖維素。

表 8.5 脂肪水解酵素催化之反應類型 [19]

（1）**Fat splitting** : Triglycerides → Fatty acids + Glycerol

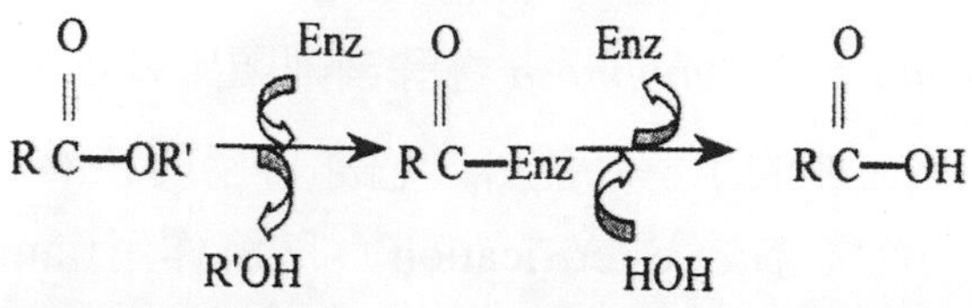

（2）**Esterification** : Fatty acid + Glycerol → MG + DG + TG

$$\mathrm{R\overset{O}{\overset{\|}{C}}{-}OR'} \xleftarrow[\text{R'OH}]{\text{Enz}} \mathrm{R\overset{O}{\overset{\|}{C}}{-}Enz} \xleftarrow[\text{HOH}]{\text{Enz}} \mathrm{R\overset{O}{\overset{\|}{C}}{-}OH}$$

（3）**Interesterification** :

1. Acidolysis : $\mathrm{R{-}\overset{O}{\overset{\|}{C}}{-}OR' + R_1{-}\overset{O}{\overset{\|}{C}}{-}OH \rightarrow R_1{-}\overset{O}{\overset{\|}{C}}{-}OR'}$

2. Alcoholysis : $\mathrm{R{-}\overset{O}{\overset{\|}{C}}{-}OR' + R_1{-}OH \rightarrow R{-}\overset{O}{\overset{\|}{C}}{-}OR_1}$

3. Glycerolysis : Diglycerides + Glycerol → 2Monoglycerides

4. Ester exchange : $\mathrm{R'{-}\overset{O}{\overset{\|}{C}}{-}OR_1 + R{-}\overset{O}{\overset{\|}{C}}{-}OR'_2 \rightarrow R'{-}\overset{O}{\overset{\|}{C}}{-}OR'_2 + R{-}\overset{O}{\overset{\|}{C}}{-}OR_1}$

（4）**Aminolysis** :

$$\mathrm{R{-}\overset{O}{\overset{\|}{C}}{-}OR' + R_1{-}NH_2 \rightarrow R{-}\overset{O}{\overset{\|}{C}}{-}NH{-}R_1}$$

（5）**Thiotransesterification** :

$$\mathrm{R{-}\overset{O}{\overset{\|}{C}}{-}OR' + R_1{-}SH \rightarrow R{-}\overset{O}{\overset{\|}{C}}{-}S{-}R_1}$$

（6）**Oximolysis** :

$$\mathrm{R{-}\overset{O}{\overset{\|}{C}}{-}OR' + R_1CH{=}NOH \rightarrow R{-}\overset{O}{\overset{\|}{C}}{-}O{-}N{=}CHR_1}$$

表 8.6 纖維素水解酶之分類

				Source of Enzyme (Examples)
cellulolytic enzyme	β-1,4-glucanase	endo-β-1,4-glucanase	(= C_x-cellulase)	Many fungi
		exo-β-1,4-glucanase	β-1,4-glucan cellobiohydrolase (= C_1-cellulase)	*Trichoderma, Penicillium, Fusarium*
			β-1,4-glucan glucohydrolase (= cellobiase)	*Trichoderma*
	β-1,4-glucosidase			Many fungi

黴菌中的纖維素水解酶是一種誘導酵素（inducible enzyme），即當細胞生長在纖維素或含有 β-1，4 鍵結的 glucan 上才能誘發生成此酵素。另外，一般食草性動物的皺胃（lumen）中之細菌亦能分泌多量的此類酵素，擔任宿主之纖維消化工作。

纖維素水解酶在食品工業上，可使用於增加劣質蔬菜的柔軟性（texture）及美味（palatability）。在製紙業上則可以藉由添加纖維素水解酶及木質素酵素，不但可分解紙漿中的木質素、紙張的脫色，更可以減少漂白劑的使用而降低成本，符合環保要求。此外，將含有纖維素的物質轉換成葡萄糖及其他糖類以供微生物生長而生產單細胞蛋白或經微生物醱酵生成化學物品（如酒精），也是纖維素水解酶另一項極具潛力的應用。

4. 澱粉水解酵素（amylolytic enzymes or amylase）[11，13，15，19，23]

澱粉是地球上含量最豐富的醣類之一，為植物醣類（carbohydrate）之儲存物質，成份為 *D* 型葡萄糖聚合物。依鍵結方式的不同而分成二大類：澱粉溶膠質（amylose）及澱粉黏膠質（amylopectin）。所謂的澱粉水解酵素，是指具有將澱粉水解成單糖，雙糖或寡糖之能力者，可由黴菌及細菌之部份菌屬中取得，其中有幾種具不同水解效應的酵素已普遍應用於工業上，分別為 α-與 β-澱粉水解酶（α-and β-amylase）、葡萄糖澱粉水解酶（glucoamylase）、pullulanase 及異澱粉水解酶（isoamylase），其中以異澱粉水解酶、葡萄糖澱粉水解酶及 α -澱粉水解酶是工業上需求量的前三名。這些酵素將分述如下：

(1) α -澱粉水解酶（ α -amylase; 1, 4- α -D-glucan 4- glucanohydrolase, EC 3.2.1.1）

α -澱粉水解酶又稱內型澱粉水解酶（endoamylase）。它只能切斷 amylose 及 amylopectin 的 α -1，4 鍵結，而其水解形式是以隨機且內切型之分解機制（random endomechanism）來進行，結果能生成葡萄糖、麥芽糖、直鏈寡多糖及含有 α -1，6 分支點的有限糊精（limit dextrin）。並由於它可很快地降低澱粉之液體粘度，故通常將其應用在澱粉工業之液化（liquefaction）程序上。此外，在釀酒工業之製醪（mashing）過程中，須將澱粉分解成低分子糖之混合物；在麵粉烘焙工業中，則用以增加及調整麵粉之澱粉分解酵素活性，以利生成酵母菌進行醱酵時所需之單糖及雙糖。諸如以上之工業程序，所需之 α -澱粉水解酶用量均為可觀。早期之 α -澱粉水解酶是從大麥麥芽（barley malt）中分離出來的，而目前的商業化生產則大都是源自於細菌及黴菌，其中最常見的為 *Bacillus subtilis* 及 *Aspergillus oryzae* 菌株。其中從 *Aspergillus oryzae* 菌株純化出來的 α -澱粉水解酶已經確立其立體結構。

(2) β -澱粉水解酶（ β -amylase; 1, 4- α -D-glucan maltohydrolase, EC 3.2.1.2）

β -澱粉水解酶又稱為外型澱粉水解酶（exoamylase），它可將澱粉溶膠質及澱粉粘膠質尾端之 α -1，4 鍵結水解，作用機制均為從高分子鏈之非還原端（nonreducing chain ends）開始，且一次以切掉一個雙糖（即麥芽糖）為限，故對澱粉具有糖化之效應（saccharifying effect），然對澱粉的水解並不完全，只能產生 50～60%的麥芽糖，而其餘則為支鏈部份的糊精。 β -澱粉水解酶存在於大部份的高等植物中，而微生物中只發現少部份的菌株具有生產此類酵素的能力，例如：*Bacillus circulans* 及 *Bacillus megaterium*，故商業化之生產幾乎全源自大麥麥芽及大豆（soy bean）。

(3)葡萄糖澱粉水解酶(glucoamylase or amyloglucosidase; 1, 4- α -D-glucan 4- glucanohydrolase, EC 3.2.1.3, exo-1, 4- α - glucosidase)

為一種外切型的酵素，由非還原端一個一個地將各葡萄糖單元移去，亦即可將寡糖類(oligosaccharide)水解成最終產物-葡萄糖。通常將其應用在澱粉工業的糖化程序(saccharification)，以製得葡萄糖糖漿(dextrose syrups)。所有的葡萄糖澱粉水解酶幾乎都源自於黴菌的 *Aspergillus* 及 *Rhizopus* 菌種。其中最常見用於商業化生產的菌株為 *Aspergillus niger* 及 *Rhizopus niveus*。另外，*Aspergillus oryzae*、*Aspergillus phoenicis* 及 *Rhizopus delemar* 等菌株亦可做為此類酵素的生產菌株。

(4)普路蘭水解酶(pullulanase or pullulan 6-glucanohydrolase, EC 3.2.1.41)

Pullulanase 具有能水解支鏈點的 α-1，6 葡萄糖鍵結及直鏈性多醣類的能力。故它可作用於澱粉粘膠質，肝糖及其有限糊精之支鏈點上，並可完全地將普路蘭(pullulan)分解成麥芽三糖(maltotriose)及麥芽糖。在工業應用上，可將 pullulanase 與源自麥芽的酵素(例如，麥芽的澱粉糖化酵素，malt diastase)一起使用，便可將澱粉輕易地轉換成高麥芽糖糖漿(high maltose syrup)，在食品應用上頗具發展潛力。pullulanase 大都源自於細菌。例如，*Aerobacter aerogeness* 及 *Klebsiella aerogenes* 均可作為生產菌株。其它亦可從 *Escherichia intermedium* 及 *Streptcoccus mitis* 中分離出此類酵素。

(5)異澱粉水解酶(isoamylase, EC 3.2.1.68)

異澱粉水解酶與 pullulanase 均屬於去支鏈酵素，亦即能水解 α-1，6 鍵結，唯一不同的是異澱粉水解酶不能分解直鏈型的 pullulane 聚合物。此種酵素可產生於細菌及酵母菌中。其中 *Pseudomonas* SB-15 及 *Cytophaga* 均可作為商業化生產菌。

5. 葡萄糖氧化酵素(glucose oxidase; β-D-glucose, oxygen oxidoreductase, EC 1.1.3.4)[11，13，15，19]

在氧分子存在下，此酵素具有將葡萄糖轉化爲葡萄糖酸（gluconic acid）及過氧化氫之能力。一般的商業化產品並非只含葡萄糖氧化酶之單一酵素，尚包括接觸酶（catalase，EC 1.11.1.6）及其他的輔酶，例如，flavine adenine dinucleotide（FAD）。葡萄糖氧化酶已廣泛應用於食品工業上，其主要的用途爲，當食品在加工過程或保存期間，可作爲防止食品顏色及風味產生變異之抗氧化劑（antioxidant）。例如啤酒，柑橘類飲料及碳酸性飲料中，常因爲含有溶氧，或承裝容器之空間含有氧氣而造成氧化或劣化現象，使原有的風味退減；因此，添加適量的葡萄糖氧化酶，此類問題正可迎刃而解。葡萄糖氧化酶另外的用途爲可去除蛋白或整粒蛋中的葡萄糖（其約佔整個蛋的 0.5%），因此在製作乾蛋（dried eggs）時，可藉由葡萄糖氧化酶之處理，以避免 Maillard 反應之褐變現象（browning）的發生。此外，由於此類酵素對 β-D-葡萄糖具有高度的專一性，故與接觸酶製成之酵素電極經常作爲分析方面的應用（本章後面有更詳盡之敘述）。葡萄糖氧化酶大都源自微生物，而目前商業化生產最常見的是以 *Aspergillus niger* 及 *Penicillium amagasakiense* 進行深部培養（submerged culture）。

6.果膠分解酵素（pectolytic enzyme）[11，13，15，19]

果膠質（pectin）存在高等植物組織之細胞壁中，例如：水果及蔬菜，均含有此種多醣類物質。果膠質是水溶性，無色、無味之物質，其本體形態爲原果膠（protopectin），是一種不溶於水的物質，未成熟的水果中含量較多，而隨著熟成的程度，它會轉變成水溶性的果膠質。在果汁的生產過程中，當水果或其它植物組織被機械解體，果膠於是進入果汁之中，但此成份會阻礙果汁之加工程序，並降低果汁品質，因此通常希望將果汁中之果膠質予以完全分解而去除。能將果膠物質分解的酵素有多種類型，主要可區分爲去聚合酵素（depolymerizing enzyme）及果膠脂化酵素（pectinesterase）兩類。其中去聚合的果膠分解酵素可將果膠質的 α-1，4 鍵斷裂，而因作用基質和酵素反應機制的不同，又可分爲 8 種類型，其中以內型 polygalacturonase（EC 3.2.1.15）之酵素作用最具工業用途。

果膠質分解酵素可源自於細菌及黴菌，例如 *Aspergillus niger*，*Sclerotinia libertiana* 及 *Coniothyrium diplodiella* 都能做爲商業化生產菌株。通常這些微生物均能產生上述不同類型的果膠質分解酵素，因此其商業化酵素產品大都是屬於各類酵素之混合物。

在水果加工過程之各種酵素作用中，果膠質分解酵素是最重要的一種酵素。例如在蘋果汁、葡萄汁等果汁及水果酒之生產中，果膠質分解酵素可增加水果經壓榨後果汁之抽取率，及幫助果汁及水果酒之澄清作用。此外，果膠質脂化酵素（pectin pectyl-hydrolase，EC 3.1.1.11）可將果膠質之甲基脂鍵（methyl ester bond）水解，而形成低甲氧基含量之果膠質（low methoxyl pectin），其不需加酸及糖，而只加入金屬離子（如鈣離子），即可容易地成膠；此類果膠質可做爲果凍及果醬等之成膠劑（gelling agent）。

7. 葡聚糖分解酶（α-1, 6-glucan 6-glucanohydrolase, EC 3.2.1.11）[11，13，15，19]

蔗糖（sucrose）化學名稱爲葡萄糖吡喃基果糖呋喃苷（glucopyranosyl fructofuranoside），是一種非還原性糖，可從甘蔗及甜菜作物中萃取並精製而得，目前年產量已超過一億噸。在糖汁的萃取及純化的過程中，雖然不須使用酵素，但是由於糖汁中含有澱粉及葡聚糖（dextran），故使得糖汁的粘度增大，因而在真空釜的澄清（clarification）與結晶（crystallization）操作中，使得熱傳速率降低，澄清作用不良，並且增長糖結晶出來的時間。爲解決此一問題通常加入耐熱性的 α-澱粉水解酶以除去澱粉，並使用葡聚糖分解酶以分解葡聚糖。

葡聚糖是一種以 α-1，6 鍵結的葡萄糖聚合物，在溶液中能顯出高的粘度，它在糖汁裏並不屬於天然的成份，而是由於 *Leuconostoc* 菌種的細菌所作用而成的，亦爲致使甘蔗變質或酸化的原因。工業上使用的葡聚糖分解酶，是從 *Penicillium lilacinum* 菌種生產而得的。此外，亦有報告指出齲齒現象（tooth decay）的發生是因爲微生物生成葡聚糖的作用所引起的，因此若將葡聚糖分解酶加入牙粉或其它的口齒清潔劑（oral detergents）中，可做爲防治齲齒的藥劑。目前，已有專利報告指出利用 *Flavobacterium* 菌種可生產出具極高水解活性的葡聚糖分解酵素，而製成抵抗齲齒的藥劑。

8. 轉化酶（invertase）[11，13，15，19]

轉化酶又稱 β-果糖呋喃配糖體酵素（β-fructofuranosidase）或蔗糖酵素，具有將蔗糖水解成還原糖（即果糖及葡萄糖的混合物）的能力，其反應式如下：

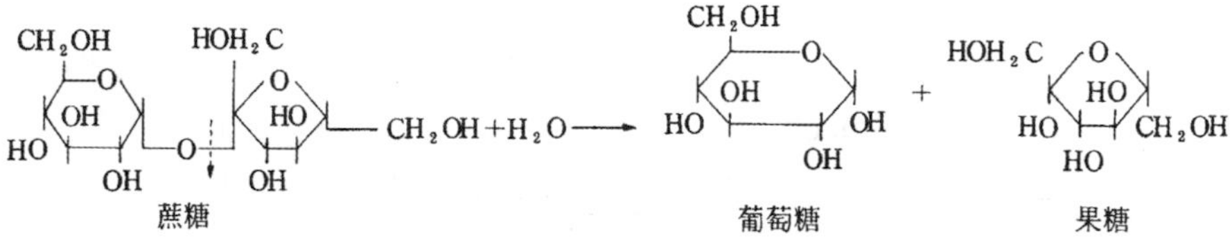

$$\text{蔗糖} + H_2O \longrightarrow \text{葡萄糖} + \text{果糖} \qquad (8.2)$$

其結果，使旋光性改變，因此，「轉化酶」一詞之意亦是由於蔗糖水解時會改變光學旋轉性之故所衍生的。因爲蔗糖水解成果糖的甜度比原來蔗糖還要高，所以會使得甜度大爲提高。因此，轉化酶在食品工業上甚爲重要，常見應用於糕餅及糖果（confectionery），人造蜂蜜及巧克力等食品工業。然而，因爲葡萄糖異構酶（glucoseisomerase）可從更便宜的原料生產轉化糖，故使得轉化酶在這方面的應用受到了相當的限制。轉化酶能由酵母菌製備而得，但只有 *Saccharomyses cerevisiae* 及 *Saccharomyses carlsbergensis* 二種菌株，在生產轉化酶上具有商業價值。

9. 胺基酸醯基水解酶（aminoacylase，EC 3.5.1.14）[11，13，15，19]

由於 *L* 型胺基酸在食品及醫藥應用之需求上迅速增加，除了開發利用微生物生產 *L* 型胺基酸的程序外，業界仍致力於研發化學合成法來生產。然而化學合成法的最大缺點在於所得之產物爲消旋性混合物（racemic mixture），且 *D* 型異構物通常不具營養價值。因此，極欲以一簡單之分離程序獲得具生理活性之 *L* 型胺基酸。於是由日本田邊製藥公司（Tanabe Seiyaku Co., Ltd.）首先發展出來之固定化 aminoacylase 的商業化程序（本章後面有詳細描述），使得 *L* 型胺基酸得以有效地連續生產。而該酵素源自於 *Aspgergillus oryzae*，不僅具高的反應活性，且其基質特異性甚廣，能與許多種類的 acyl-*DL*-amino acid 皆可反應。

8-3-2 分析用及特用酵素

在生化的研究領域中，若要真正徹底了解其反應特性或機制，相信「基質或產物」之分析方法之準確性對研究者是非常重要的。而在許多生物化學反應中，基質或產物濃度都相當的低，尤其當有結構極相類似的物質混在一起時，偵測及定量的方法更是顯得重要。由於使用酵素系統作爲分析方法較傳統的分析法具有三個優點：①酵素對所催化的生化反應之基質或某些生物體因子具有高度的選擇性或親和性；②能分析複雜的混合物；③反應迅速簡單，不但可進行多次重覆或大量樣本的測試，而且可得到相當高的精確度（accuracy）。因此，早在 1960 年代就有學者開始將酵素作爲工業製程上的分析工具，隨後的研究則將它用在醫學用途（診斷試劑及治療試劑）、生物轉換（biotransformation）及分子生物等用途。以下簡介如下：

1. 分析檢驗之應用（analytical applications）

⑴檢驗分析用酵素[11，13，24～26]

目前，酵素分析系統已應用在臨床化學分析上的主要檢查項目計有：血糖丙酮酸、乳酸、脂質、脂肪蛋白質、尿素尿酸、膽固醇及荷爾蒙等。這些物質皆可藉酵素反應中某一種極易測定的產物或反應物量的消長來達到定量分析的目的。不論酵素檢驗試劑產品之形式爲何，任何一種檢驗試劑產品均需具備五項特點：

①特異性（specificity）：僅能檢測出一種標的物質。

②敏感性（sensitivity）：能檢測出非常微量的標的物質。

③簡易性（simplicity）：操作方法簡單且快速。

④安定性（stability）：穩定性高，可耐長時間保存，不變質。

⑤經濟性（inexpensiveness）：價錢便宜。

除上述之外，也可以將酵素配合免疫分析步驟進行分析檢測。此類的分析方法中，酵素的功用是扮演次要的角色，因爲酵素只是取代同位素當作指標之用。酵素免疫分析法（Enzyme Immunoassay; EIA）是將抗原（antigen）及抗體（antibody）的特異反應藉由酵素與受質產生之訊號而顯示出來，其原理是根據兩種現象：一種爲抗體與某些特定抗原能吸附在聚乙烯苯製成的塑膠盤，並保持其完整免疫力；另一種爲抗原、抗體及酵素三者形成複合體，並保持完整的免疫與酵素功能。酵素免疫分析方法有兩種操作方式是最具臨床應用性，分別是雙抗體三明治法（double-antibody sandwich method）以及間接酵素免疫吸附分析法（indirect immunosorbent assay），如（圖 8.3）所示。目前使用最廣泛的應用爲酵素連結免疫吸附分析法（Enzyme-linked immunosorbent assay, ELISA），主要用於診斷病毒感染和其他微生物抗原，而此 ELISA 方法使用的酵素包括有 β-半乳糖酵素（β-galactosidase）、葡萄糖氧化酶（glucose oxidase）、過氧化酶（peroxidase）及鹼性磷酸酶（alkaline phosphatase）。

⑵自動化分析系統及酵素電極

雖然酵素已經被利用在一些化學分析上，但由於酵素的價格高昂且仍有穩定性問題，所以酵素不常用於一般的分析。另外，爲了要能夠反覆分析以及達到連續自動化分析之經濟目的，基於上述的觀點，所以一些研究者結合了酵素固定化技術及精密分析儀器，而有自動化分析系統（automatedanalysis）及酵素電極（enzyme electrode）之開發。

①自動化分析系統：結合固定化酵素及分光計（spectrophotometers）與螢光計（fluorometers）等分析儀器而成的酵素分析系統。此類酵素分析法之作用原理除了利用酵素與所欲分析之基質進行的基質反應（substrate reaction）之外，尙需導入標示反應（indicator reactions），以便能使分光計按計量的變化得知基質反應進行的程度，而間接地測得基質的濃度。

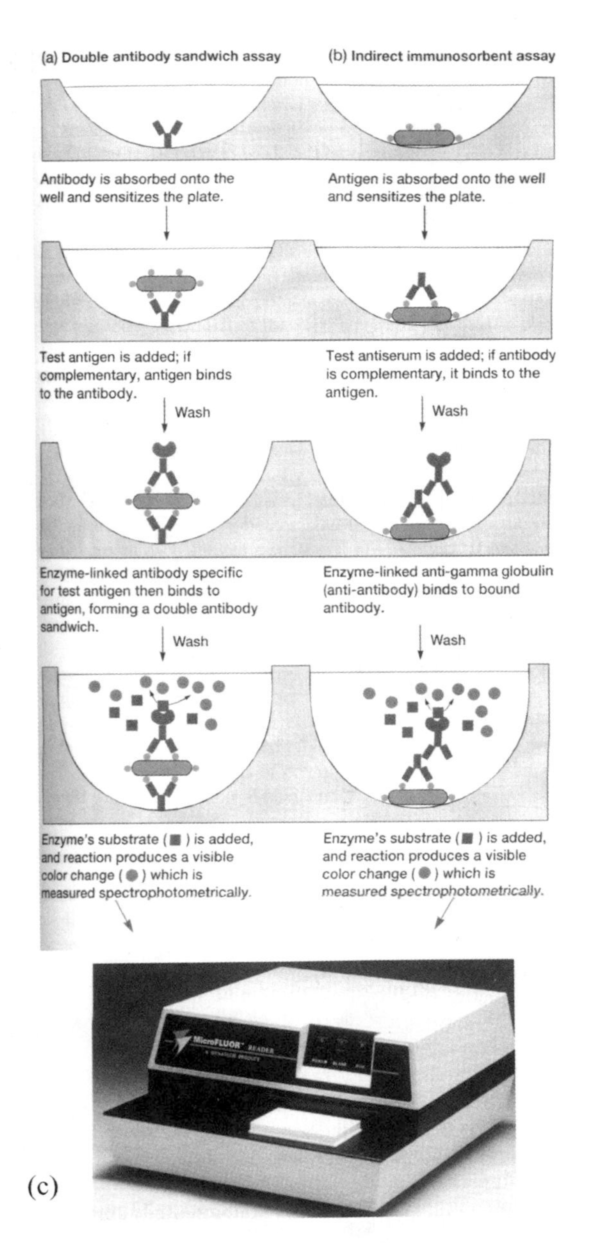

圖 8.3　酵素免疫法 [25]

(a) 雙抗體三明治法：用於偵測及定量抗原；(b) 間接酵素免疫吸附分析法：用於偵測及定量抗體；(c) 酵素免疫分析測讀儀 (ELISA Reader)。

（圖 8.4）是測定乳酸或葡萄糖之自動分析系統，酵素管柱中使用的是包覆在聚丙烯醯胺（Polyacrylamide）膠體內的乳酸去氫酶（lactate dehydrogenase）或葡萄糖氧化酶（glucose oxidase），係利用基質反應配合標示反應之著色的消長來進行定量分析。

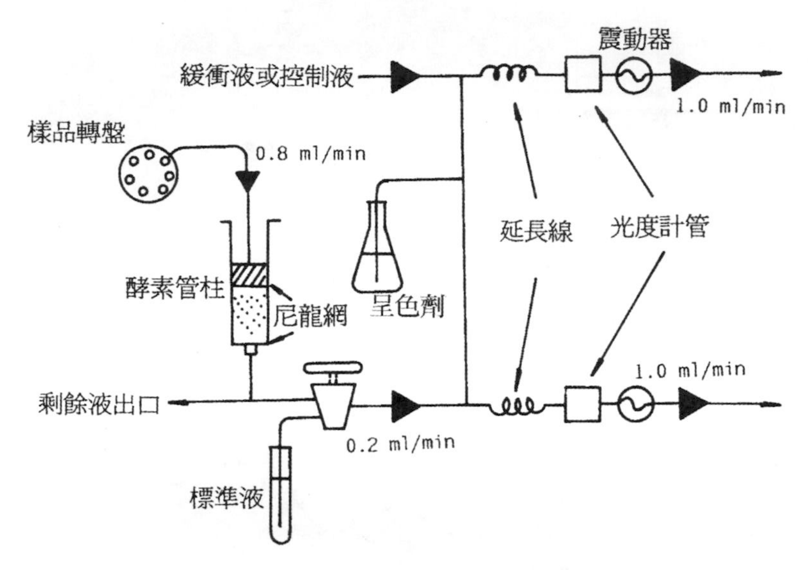

圖 8.4　葡萄糖或乳酸測定流程圖 [11]

②酵素電極：爲生物型感測器（biosensor）的一種，是指利用生物感測元件（如酵素、抗體等）來將系統中的化學物質（例如葡萄糖、酒精、血漿濃度、鉀離子濃度、膽固醇等）改變量，轉換成電子訊號或光學訊號的一種分析裝置，至目前已發展至第三代。而酵素便是最早被利用來當感測元件的生物物質，其研究是始於 1962 年，Clark 及 Lyons[27]將「氧電極」的原理加以延伸而發展出「酵素電極」，藉由血醣和葡萄糖氧化酵素之間的反應改變電極電位，進而量測血液中血醣的濃度高低。之後，1970 年 Yellow Springs Instruments（YSI）公司積極開發此電極，將其商品化與生產，開啓了第一代的生物感測器（圖 8.5），其原理是將葡萄糖氧化酵素固定

於薄膜內，當受測的葡萄糖物質進入半透膜後，立即和酵素發生氧化還原反應，葡萄糖氧化酵素會獲得電子，從氧化態變成還原態，之後再與蛋白質發生反應又將電子釋出。藉由這種電子轉移的過程，便可將葡萄糖的濃度轉成電子訊號顯示出來。此種「酵素電極」是第一個被利用在臨床醫學的生物感測器，目前爲止許多大醫院量測血醣的方法都還是利用這種原理。另外，家庭使用型的血醣檢驗試紙，也是利用酵素的技術在試紙上塗上葡萄糖氧化酵素，當此種酵素與血液中的葡萄糖反應後，會使得試紙的顏色產生變化，使用者只要根據試紙的顏色與「顏色表」比對，就可讀出血醣的濃度高低。（表 8.7）爲目前商品化之酵素電極。

表 8.7　商品化之酵素電極

Company	Analyte	Generation / Technology
Bayer（Matsushita）	Glucose	2nd / handheld
Bioanalytical Systems	Glucose, lactate, choline H_2O_2,	1st / benchtop 3rd / benchtop
Biosen	Glucose, lactate	1st / benchtop
Boehringer Mannheim	Glucose	1st / benchtop 2nd / handheld
Ciba	Glucose, lactate	1st / benchtop
Fuji Electric	Glucose, amylase, urate	1st / benchtop
i-Stat	Glucose, lactate, urea	1st / handheld
MediSense	Glucose	2nd / handheld
Miles	Glucose, lactate	1st / benchtop
Nova Biomedical	Glucose	1st / benchtop
ViaMedical	Glucose	1st / hospital use continuous monitor
Yellow Springs Instruments	Glucose, lactate, ethanol, lactose	1st / benchtop

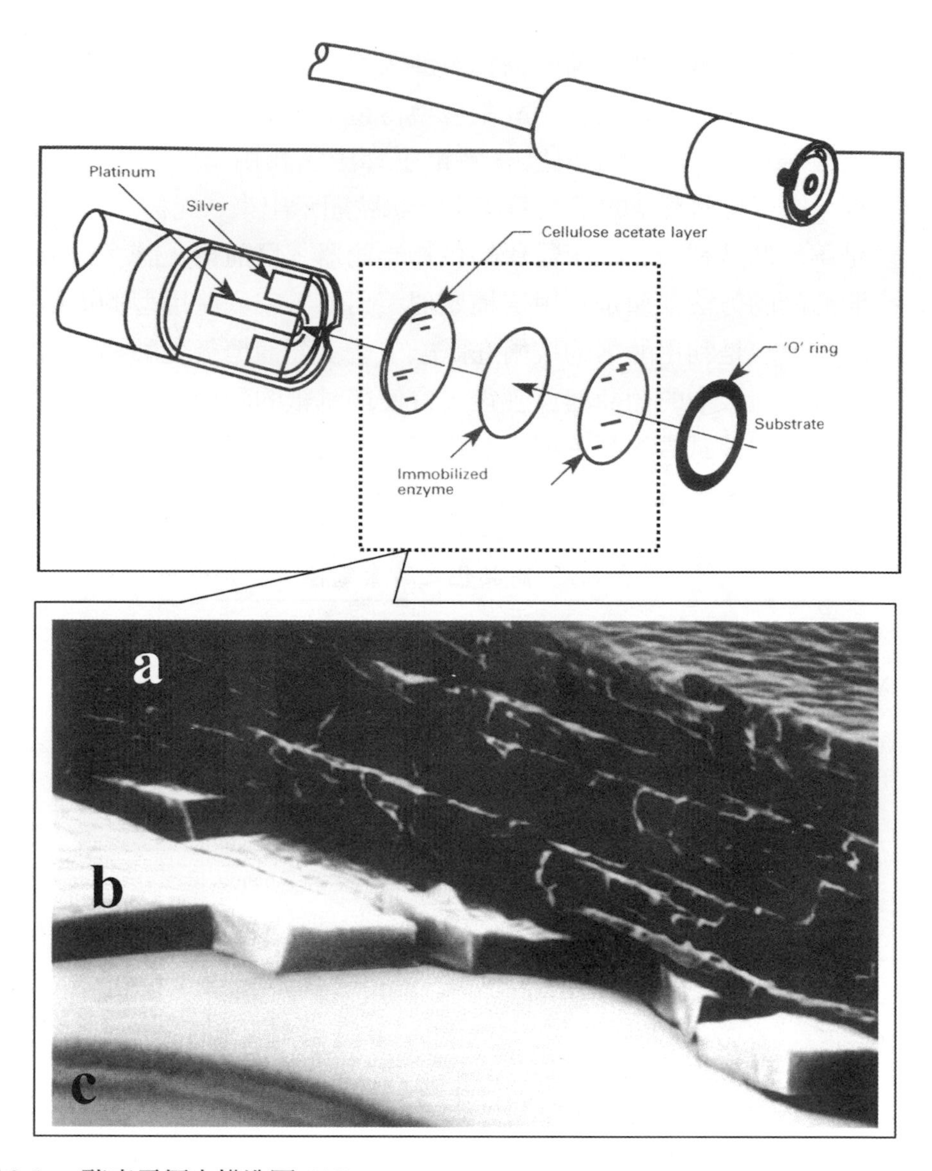

圖 8.5 酵素電極之構造圖 [13]
(a) polycarbonate outer membrane; (b) enzyme layer; (c) cellulose acetate layer.

2.醫學上應用（治療性酵素）[11，26，28]

近年來，酵素在醫學上之應用已被廣泛研究，包括癌症血液凝固疾病、遺傳缺失、發炎、消化問題、藥物中毒及腎衰竭等，特別是對於酵素缺陷或代謝失序病患所提供之酵素療法（enzyme therapy）及人工臟器（artificial organ）之應用。例如，將天門冬醯胺酶（asparaginase）注射於白血病人的血液中，利用天門冬醯胺酶催化水解天門冬醯胺（asparagine，簡稱 Asn）產生天門冬胺酸（aspartic acid, 簡稱 Asp）與胺，以破壞血友病人血液中的天門冬醯胺（圖 8.6），可用來治療白血病。至於如（圖 8.7）所示之人工腎臟，則是將微粒包覆之尿素酶（urease）和離子交換樹脂，與活性碳充填成管柱；而血液中之尿素可經透析儀（dialyzer）滲透至透析液中，並流經管柱而去除。

另外，診斷用酵素由於競爭非常激烈，所以近年來利用重組 DNA 技術來降低成本已成爲發展趨勢，因此，重組 DNA 酵素在全球市場的銷售金額一枝獨秀，以鄰國的日本爲例，從 1998 年的 25 億日元，至 1999 年便已達 30 億日元。

3.分子生物之應用[29]

自 1980 年代以後，由於分子生物技術以及基因工程技術之迅速發展，也使得基因工程經常使用的一些酵素之使用量大增，例如 DNA 限制酶（Restriction enzymes or restriction endonucleases）、DNA 連接酶（ligase）及 DNA 聚合酶（polymerase）、核酸水解酵素（nuclease）、外核酸酶（exonuclease）及末端轉移酶（terminal transferase），預估這方面的分子生物用酵素市場每年將有 8.2%之成長率。

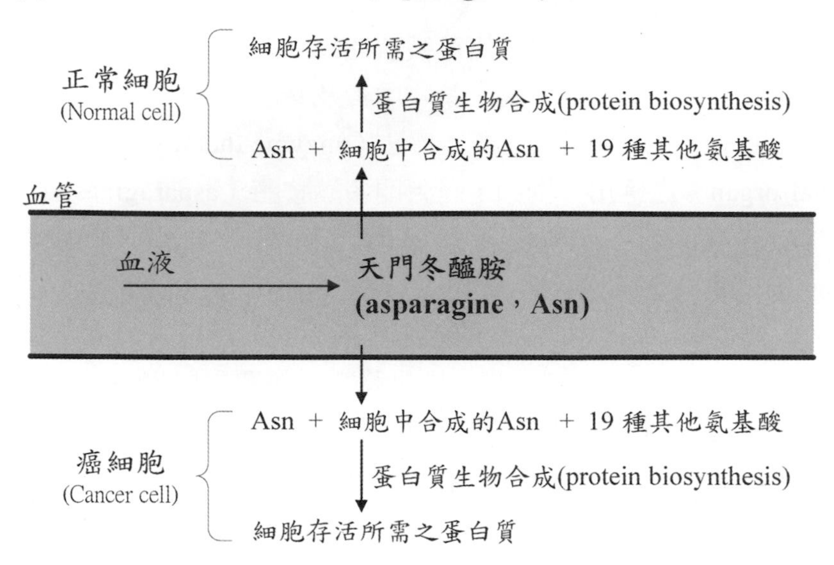

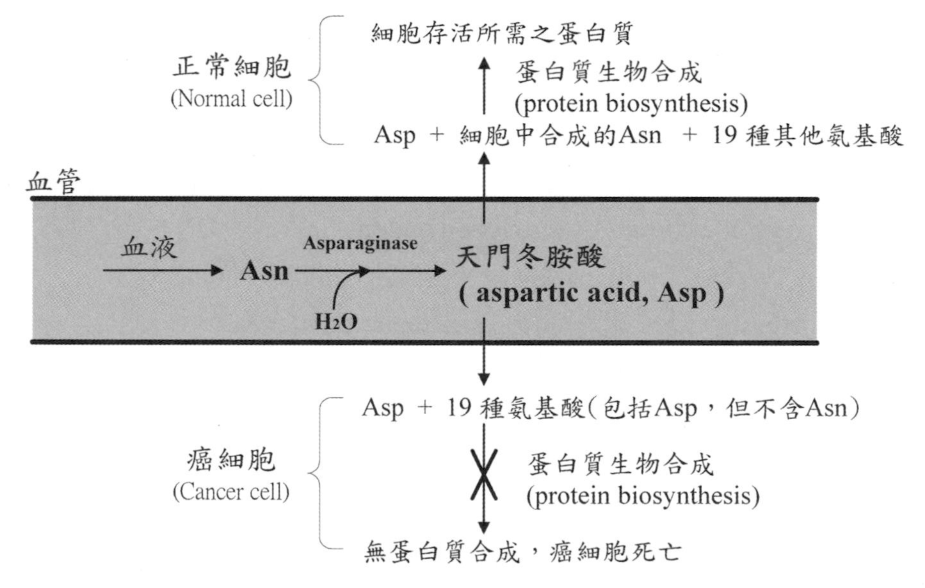

圖 8.6 天門冬醯胺酶治療白血病之反應機制

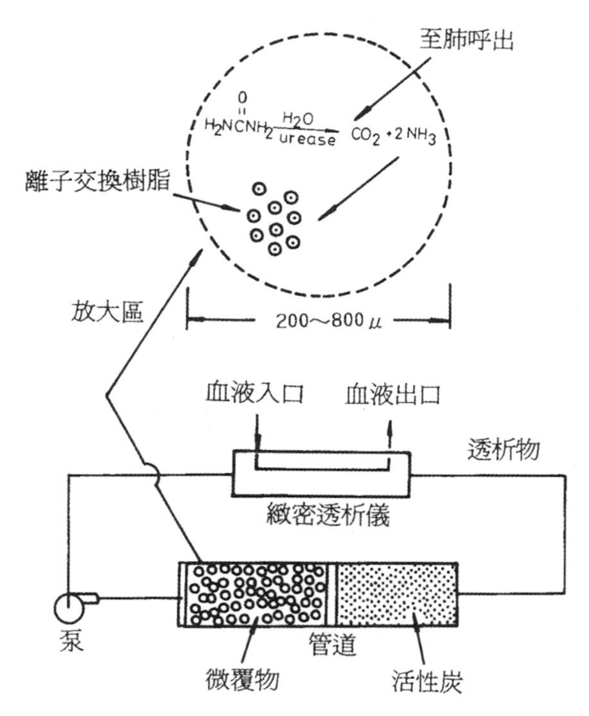

圖 8.7 微粒包覆型尿素酵素之緻密人工腎臟構造圖 [11]

8-4 酵素固定化技術

8-4-1 固定化技術之定義（Definition of immobilization technique）[30]

酵素或微生物的固定化技術萌芽於 1960 年代，於 1974 年，日本科學家千畑（Dr. Chibata）博士在其著書中首次將酵素或微生物的固定化定義爲「利用物理或化學方法將酵素／微生物細胞封閉或限制在某一特定的空間區域內，而尚能保留其生化活性且可反覆連續使用的技術，也就是說將酵素或微生物細胞從水溶性的可活動狀態（mobile state）藉著人工修飾（modifier）將其轉變爲非水溶性的非活動狀態（immobile state）。除此之外，將酵素或微生物細胞置於半透膜超過濾薄膜反應器（Semipermeable ultrafiltration membrane reactor）中進行催化反應時，可將具高分子量之基質連續轉變成低分子量物質後由膜孔洩流（leakage）出反應器外，而酵素或微生物細胞仍可停滯保留在反應器內重複使用，廣義上亦算是固定化的一種型式。

回顧固定化技術的發展歷程，全世界在早期的研究上，對於「固定化技術」尙無整合性的統一名稱，諸如「非水溶性酵素（water-insoluble enzyme）」，「包埋酵素（entrapped enzyme）」，「固定酵素（fixed enzyme）」及「架橋酵素（matrix-supported enzyme）」等名詞均被使用過，直至 1971 年於美國漢普郡（Hampshire）的 Henniker 舉行第一屆酵素工程年會（Enzyme Engineering Conference）中，才開始有統一的固定化技術之專業術語及分類。亦即將酵素分爲原本的自然酵素（native enzyme）及人工處理後的修飾酵素（modified enzyme），而固定化酵素（Immobilized enzyme）則歸屬於修飾酵素，而且，又可細分成二類：①包埋型（entrapped type）：包括格子式包埋型（matrix-entrapped type）及微膠囊型（microencapsulated type）二種方式；②結合型（bound type）：包括吸附法（adsorption）及共價鍵結（covalent binding）。但是，後來日本的千畑博士認爲此一分類不夠明確，而將固定化技術再加以修改爲三大類型：①擔體鍵結型（carrier-binding）：包括物理吸附法（physical adsorption）、離子鍵結法（ionic-binding）及共價鍵結法（covalent binding）；②交聯型（cross-linking）；③包埋型（entrapping）：包括格子型（lattice type）及微膠囊型（microcapsule type）。近年來，有些研究學者開發了結合數種固定化方法之複合法（complex method）或開發新的固定化材料，但這些所謂新型固定化技術大體上仍是以上述三大分類爲基礎，進一步的延伸或混合應用的結果。

8-4-2 固定化酵素方法及特性（Methods and properties of immobilized enzymes）

雖然酵素固定化之期刊文獻與專利報告至 1985 年已有 1400 多篇，被作爲固定化擔體的材料約有 100 多種以上，1990 年以後仍常有新的擔體材料或新方法發表於專利及學術期刊上[31]。綜合目前文獻上之固定化材料，大約可將固定化方法分成六大類，分別爲①物理吸附法、②共價鍵結法、③離子鍵結法、④交聯法、⑤包埋法、及⑥微膠囊包覆法（圖 8.8）。此六種酵素固定化方法皆有其優缺點（表 8.8）[32]，並非有任何一種方法可絕對適用於所有酵素。因此，有些學者針對固定化對象的酵素性質、固定化後的使用目的及用途等詳加考量，而將上述六種固定化方法進行適當的組合而發展出一種所謂複合法（complex method）的固定化技術，此法又可分成爲三種形態：①交聯包埋法（combined cross-liking and entrapment methods），如（圖 8.8）（h）所示；②離子鍵結包埋法（combined ionic binding and entrapment methods），如（圖 8.8）（i）所示；③共價鍵結包埋法（combined covalent binding and entrapment methods），如（圖 8.8）（j）所示。但若要能夠真正實際應用於反應器的連續操作，並維持長時間的穩定性，則仍必須符合（表 8.9）所列固定化方法及選擇擔體材料的考慮因素[33]。

表 8.8 各種酵素固定化方法之優缺點比較 [32]

性質	固定化方法					
	擔體鍵結法（carrier-binding）			交聯法（cross-linking）	包埋法-格子型（entrapment – lattice）	微包覆法（micro-encapsulation）
	物理吸附（physical adsorption）	共價鍵結（covalent binding）	離子鍵結（ionic binding）			
製備的難易度	易	難	易	難	易	難
生物觸媒失活的可能性	小	大	小	大	小	大
結合強度	弱	強	弱	強	強	強
再生可行性	可	不可	可	不可	不可	不可
固定化對象之範圍	中間	狹～中間	中間	中間	廣	廣
固定化成本	低	高	低	低	中間	中間

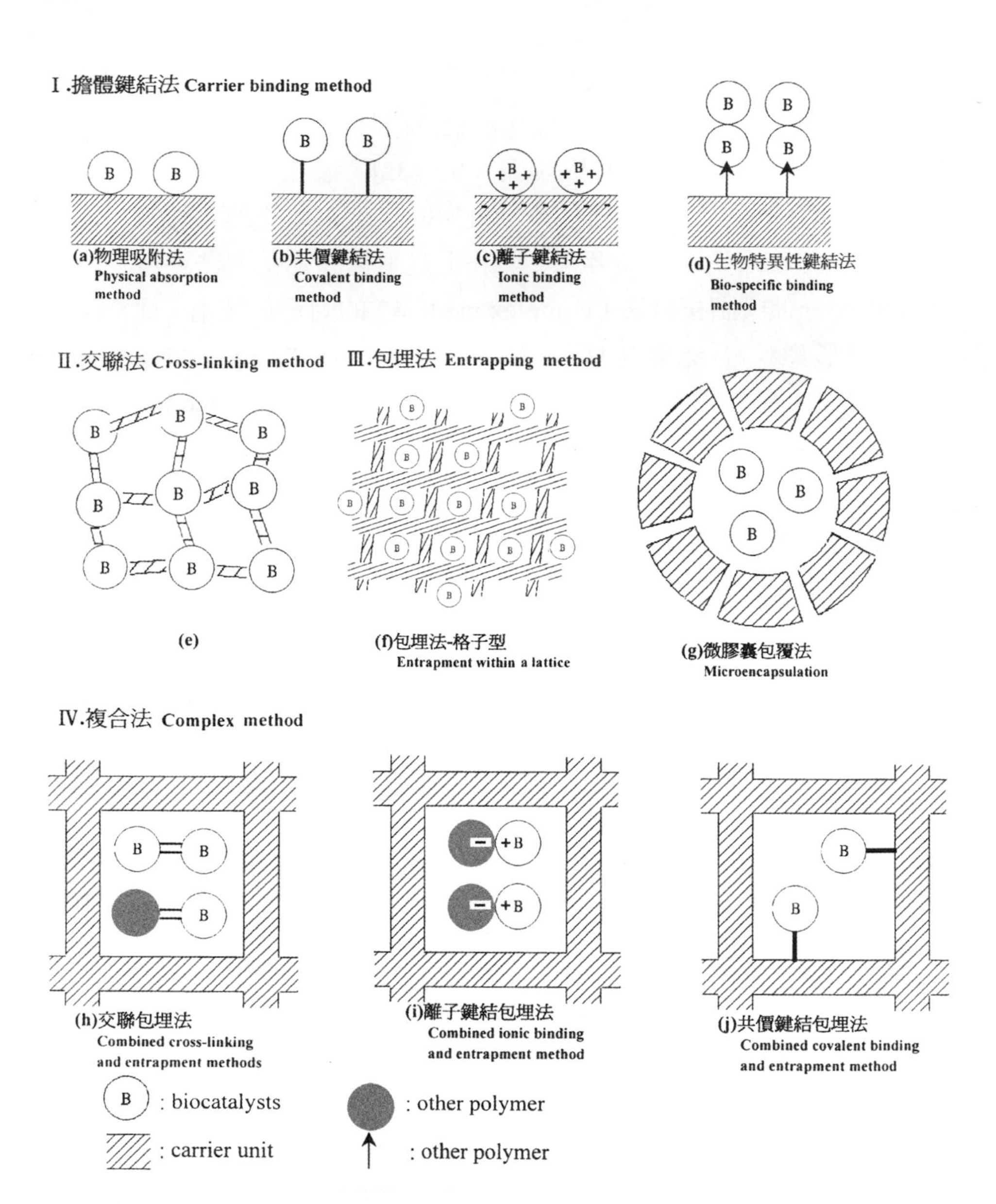

圖 8.8 酵素或微生物細胞固定化方法

表 8.9　選擇固定化方法及擔體材料時必須考慮的基本要件 [33]

Property	Point for consideration
Physical	Strength, noncompression of particles, available surface area, shape / form（beads / sheets / fibers）, degree of porosity, pore volume,permeability, density, space for increased biomass, flow rate, and pressure drop
Chemical	Hydrophilicity（water binding by the support）, interness toward enzyme / cell, available functional groups for modification, and regeneration/reuse of support
Stability	Storage, residual enzyme activity, cell productivity, regeneration of enzyme avtivity, maintenance of cell viability, and mechanical stability of support material
Resistance	Bacterial / fungal attack, disruption by chemicals, pH, temperature, organic solvents, proteases, and cell defence mechanisms（proteins / cells）
Safety	Biocompatibility（invokes an immune respone）, toxicity of component reagents, health and safety for process workers and endproduct user, specification of immobilized preparation（GRAS list requiremennts for FDA approval）for food, pharmaceutical, and medical applications
Economic	Availability and cost of support, chemicals, special equipment reagents, technical skill required, environmental impact, industrial-scale chemical preparation, feasibility for scale-up, continuous processing, effective working life, reuseable support and CRL or zero contamination（enzyme/cell-free product）
Reaction	Flow rate, enzyme / cell loading and catalytic productivity, reaction kinetics, side reactions, multiple enzyme and / or cell systems, batch, CSTR, PBR, FBR, ALR, and so on; diffusion limitations on mass transfer of cofactors, substrate, and products

CRL: calculated risk level, CSTR: continuous stirred tank reactor,
PFR: packed bed rector, FBR: fluidized bed reactor, ALR: air lift reactor

對一個固定化酵素反應系統而言，任何一種的固定化方法或多或少都會改變酵素的活性，也就是說會使酵素反應動力學特性產生重大的改變，其動力學參數 Michaelis-Menten 常數 K_m 與最大反應速率 V_{max} 也會因而隨之改變，其改變大小會依固定化方法、擔體種類、酵素或其所催化反應的不同而異，而造成這些特性改變的因素有：①酵素構形的改變（conformational change）；②立體障礙（steric hindrance）；③微環境效應（microenvironmental effects）及④擔體外部溶液（bulk solution）與內部的質傳效應（external and internal mass transfer）等等[33，34]。另一方面為了有效的利用固定化的酵素，瞭解其固定化酵素動力學行為與操作穩定性更是固定化酵素和生物細胞反應器設計與操作上不可或缺之基礎知識，關於此部份請讀者參閱筆者的其他相關報告[35～37]。

8-4-3 固定化酵素工技術的工業應用（The industrial application of immobilized enzymes）

西元 1916 年，全世界首篇酵素固定化之研究報告由 Nelson 及 Griffin 提出，他們發現將取自酵母菌（yeast）萃取分離而得的蔗糖轉化酵素（invertase）吸附於活性碳粉（active charcoal）上，不但沒有降低分解蔗糖（sucrose）的活性，且其催化活性與天然酵素幾乎相同，此一發現肯定酵素在非溶性狀態下仍具有催化活性的事實[38]。可惜在當時並未引起大家注意與重視，直至 1948 年 Sumner 將自雄性豆莢（jack bean）中得到之尿素分解酵素（urease），置入含 30%之酒精及氯化鈉水溶液中，製備成非水溶性尿素酵素（water-insoluble urease）之後，於室溫下靜置了 1～2 天仍具活性，此一結果證實了被固定化後之酵素仍可維持長時間的活性[39]。從此之後，酵素固定化之研究才真正引起世界各地學者研究的興趣。1953 年 Grubhofer 及 Schleith 使用重氮化聚苯乙烯樹脂（diazotized polyaminopolystyrene resin）作爲擔體材料來固定羧基胜肽酵素（carboxy petidase）、消化酵素（diastase）、胃蛋白酵素（pepsin）及核糖核酸酵素（ribonuclease），可說是首先嘗試利用固定化技術提升酵素活性之學者[40]。爾後其他研究學者參照 Grubhofer 等人的研究，再接再厲開發新的固定化方法。到了 1960 年代中期以後，文獻上有關固定化技術之報告開始大量增加，充分顯示出全世界學者對固定化技術之重視。此時酵素固定化研究的領域大抵可分三個方向：①擔體材料（support material）的物理及化學性質對固定化酵素特性之影響，並致力於擔體開發及改良，以增加固定化酵素之穩定性。②尋找更溫和、更快速的固定化方法，以取代共價（covalent）鍵結的固定化方法。③將固定化酵素應用在連續填充床（continuous flow packed bed）及連續攪拌槽反應器（continuous stirred tank reactors）之可行性研究，而這也是化學工程師（chemical engineers）首次將化工領域的工程知識應用在固定化酵素的連續異相催化反應器上（continuous heterogeneous catalytic reactors）[41]。不過此類報告大都侷限於實驗室的基礎研究。

1960 年代末期，學界及工業界的研究者才開始著眼在如何將固定化技術實際應用於連續生產的工業製程。至 1970 年代以後，利用固定單一酵素反應之商業化生產製程便陸續在日本、美國及歐洲出現。以下將簡介固定化酵素技術商業化的幾個重要實例：

1. 固定化胺基酸醯基水解酵素（aminoacylase）

1969 年日本田邊製藥公司（Tanabe Seiyaku Co.，Ltd.）的研究群在千畑博士的領導下成功地發展出固定化胺基酸醯基水解酵素（aminoacylase）來連續生產 *L* 型胺基酸的商業化製程（圖 8.9），此為全世界第一個成功的固定化酵素工業化應用實例 [42]。此程序係將 aminoacylase 固定於 DEAE-sephadex 擔體上，再置入填充塔反應器中進行連續光學分割乙醯基-*DL*-胺基酸（acetyl-*DL*-amino acid）大量生產 *L*-胺基酸，其酵素反應如下式：

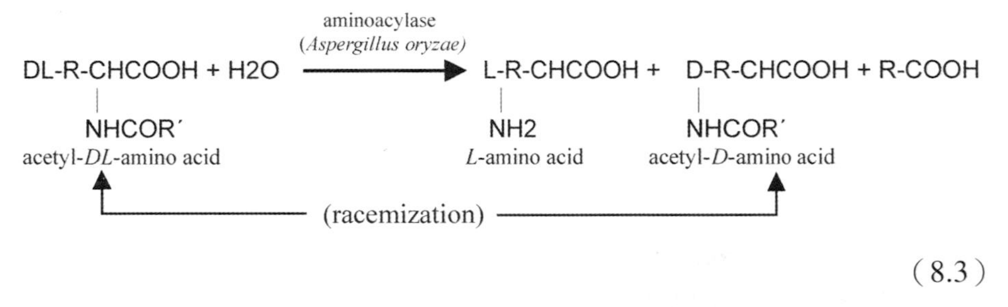

(8.3)

（圖 8.10）即為此固定化酵素系統與傳統批次水溶性酵素生產 *L*-amino acids 之經濟效益比較，由此圖可以明確看出利用固定化技術可將總生產成本降低約 40%左右，雖然 DEAE-sephadex 是一種昂貴的固定化材料，但由於固定化後之酵素可以長期連續使用。因此，擔體材料對產品總成本影響並不大。

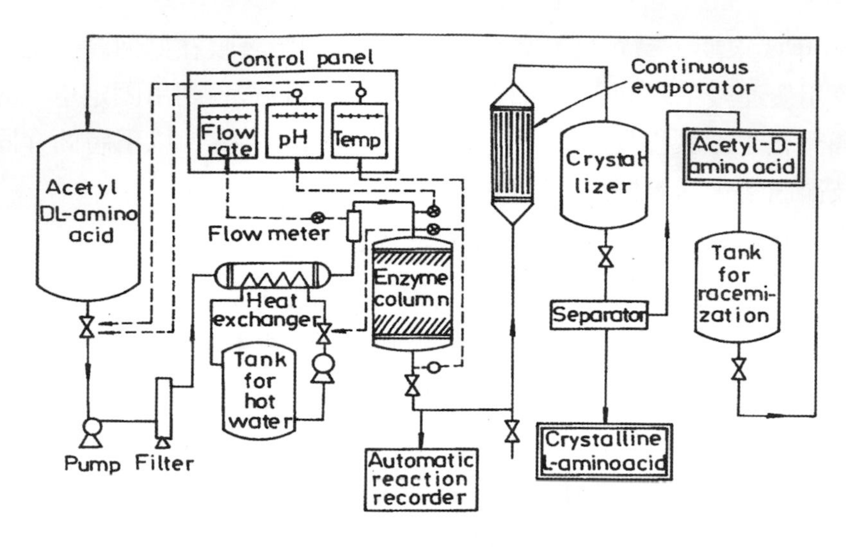

圖 8.9　利用固定化 aminoacylase 程序連續生產 L 型胺基酸之流程圖[42]

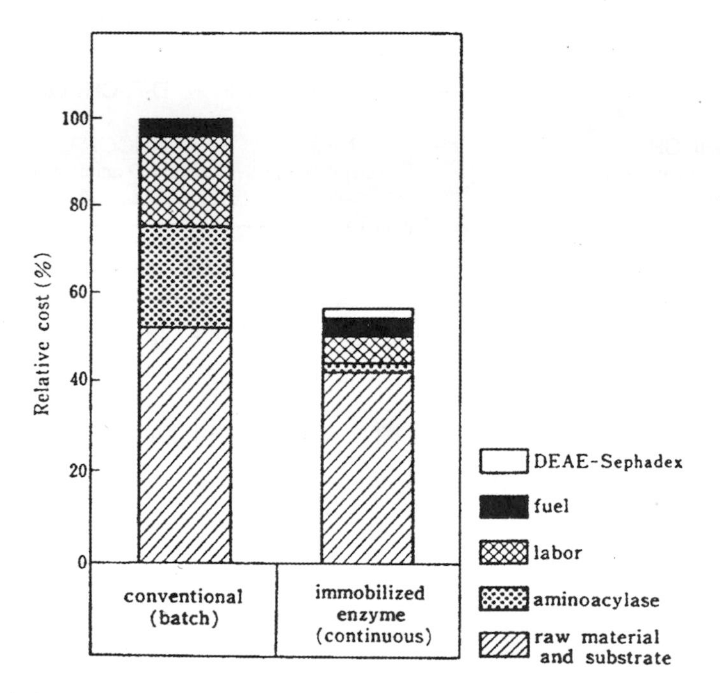

圖 8.10　固定化 aminoacylase 連續生產 *L* 型胺基酸與傳統批次生產 *L* 型胺基酸之成本比較 [42]

2.固定化葡萄糖異構化酵素（glucose isomerase）

利用葡萄糖異構化酵素（glucose isomerase）進行異構化反應（isomerization）可將高濃度葡萄糖漿轉變成果糖。但由於葡萄糖異構化酵素是屬於胞內酵素（intracellular enzyme），在量的供應上遠不如胞外酵素（extracellular enzyme），且製備成本也較高，爲了克服這項缺點，許多學者開始進行固定化酵素之研究，以期酵素能重覆使用，提高經濟效益。1970 年美國 Clinton Corn Processing 公司成功發展出利用固定化葡萄糖異構化作用進行高果糖糖漿（high fructose syrup, HFS）之連續生產程序，其製程則如（圖 8.11）[43]。此工業化生產製程是利用 DEAE-cellulose 作爲擔體以離子鍵結方式將葡萄糖異構化酵素固定化後，再置入一多中空床反應器中（multishallow bed reactor），在 pH 7.5～8.0、溫度 60℃及 40～50%的葡萄糖入流基質濃度下，進行連續的葡萄糖異構化作用，HFS 之產量可達每年生產 500,000 噸（tons），而且固定化後的葡萄糖異構化酵素半衰期（half-life）可提高至數百個小時之久。

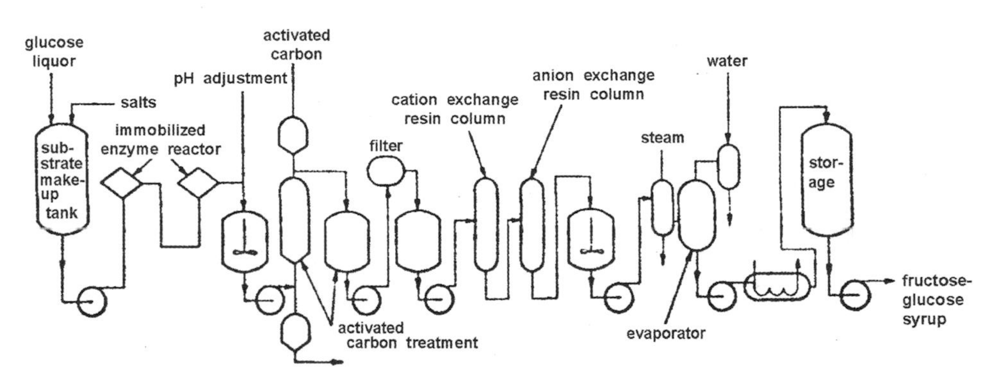

圖 8.11 美國 Clinton Corn Proccessing 公司利用固定化葡萄糖異構化酵素進行高果糖糖漿之連續生產程序 [43]

3.固定化葡萄糖糖化酵素（glucoamylase）

1975 年 Iowa State University 之 Weetall 教授利用吸附法將葡萄糖糖化酵素（glucoamylase）固定在多孔性陶瓷擔體（SiO_2）上，再置入試驗廠規模的管柱反應器中進行糖化反應（saccharification）以生產葡萄糖糖漿（dextrose syrups; DX syrups），其流程如（圖 8.12）所示[44]。每天約可生產 1000 lb（222 kg）的 glucose，且在經過 70 天的操作後，glucoamylase 之催化活性並未改變。爾後 Corning Glass Works 公司成功地將其工業化生產，在一個體積爲 2.5 ft^3 的管柱反應器（6 in × 8 ft）中，每天可生產 10,000,000 lb（2,222 tons）之 glucose。

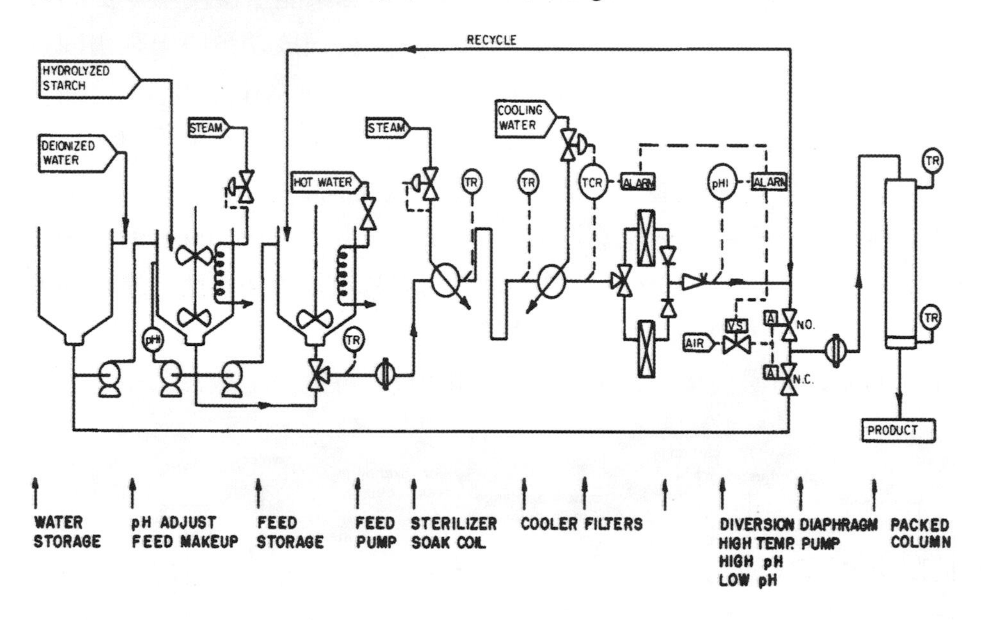

圖 8.12 Iowa State University 固定化 glucoamylase 之 pilot plant [44]

4. 固定化青黴素醯酵素（penicillin acylase）

Penicillin acylase（penicillin amidase，EC 3.5.1.11）於 pH 7.8 下能水解 benzylpenicillin（即 penicillin G）第六碳位置的醯胺基鍵，而形成 6-aminopenicillanic acid（6-APA）及苯基醋酸（phenylacetic acid），其反應如下：

$$\text{RCONH}-\underset{\text{CO}-\text{N}-\text{CHCOOH}}{\text{CH}-\text{S}-\text{C}(\text{CH}_3)_2} + H_2O \xrightarrow{\text{penicillin acylase}} H_2NCH-\underset{\text{CO}-\text{N}-\text{CHCOOH}}{\text{CH}-\text{S}-\text{C}(\text{CH}_3)_2} + \text{RCOOH} \tag{8.4}$$

penicillin G **6-APA**

6-APA 爲製備改良型青黴素的前驅體，因此在生產半合成青黴素（semisynthetic penicillin）的抗生素工業中，如何獲得足量的 6-APA 便成整個製程的關鍵。1972 年在美國的 Squibb 醫藥公司 [45]成功地利用吸附法將 *Escherichia coli* 產生之 penicillin acylase 固定在黏土（bentonite）擔體上，不但可使酵素之穩定性提高，亦可填充於管柱反應器中進行工業化的連續生產。從此以後，許多生技公司如 Astra Lakemedel 、（Sweden）、Beecham 、（England）及 Toyo Jozo.（Japan）等也陸陸續續開發完成固定化 penicillin acylase 之商業化生產製程 [42]。（表 8.10）所列之數據爲一般固定化 penicillin acylase 生產 6-APA 的操作條件及其生產結果。

表 8.10 固定化青黴素醯酵素生產半合成青黴素的操作條件 [45]

Enzyme form	Rigid granules or dextran / Sephadex
Reactor	Column
Feedstock	Penicillins or cephalosporins @ 4-15% w / w（dependent on enzyme preparation）
Temperature	35-40℃
Inlet pH	7.0-8.0（dependent on enzyme source）
Operating life	2000-4000 hours
Productivity	1000-2000 kg/kg enzyme

5.固定化乳糖水解酵素（lactase）

乳糖水解酵素（lactase）又稱 β-半乳糖苷酵素（β-galactosidase），能將牛乳中乳糖（lactose）的含量降低，避免人體小腸因不能分解乳糖而引起的腹瀉（watery diarrhea）、胃腸脹氣（flatulence）等所謂乳糖不適症（lactose intolerance）。生產 lactase 的微生物有很多如酵母菌（*Saccharomyces fragilis*、*Kluyveromyces lactis* 及 *Candida pseudotropicalis*）或黴菌（*Aspergillus niger* 及 *Aspergillus oryzae*）。但很不幸地，東方的黃種人、黑人及少數白種人士的小腸中只具有少量的 lactase，甚至完全缺乏而造成這些人不能日常飲用牛乳。因此，利用固定化 lactase 技術便成爲一種既不會影響乳製品之營養成份，又同時能將乳製品中乳糖成分降低的最有效且最經濟的方法。1975 年 Italy 的 Snam Progetti[46]公司首先成功地將酵母菌生產之 lactase 固定在醋酸纖維（cellulose acetate fiber）上，再置入填充床反應器中（圖 8.13），發展出一套生產低乳糖含量之牛乳的工業化程序，每日約可生產 8,000 公升牛奶。

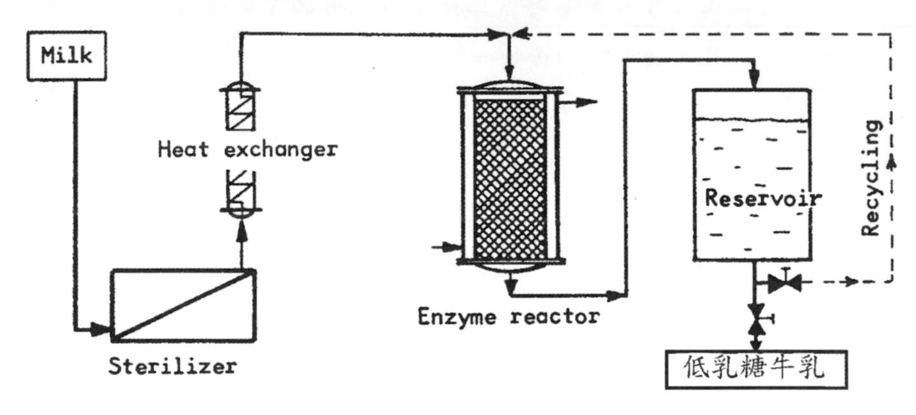

圖 8.13 義大利 Snam Progetti 公司利用固定化 lactase 水解牛奶中乳糖之流程 [46]

8-4-4　固定化多酵素系統（The immobilized multienzyme systems）

在 1970 年代除了固定單一酵素系統之外，尚有些研究證實固定化多酵素系統（immobilized multienzymes systems）亦可應用於特殊用途，且其原理與固定化單一酵素幾乎雷同。1976 年，Bouin et al.[47]同時固定化葡萄糖氧化酵素（glucose oxidase）及接觸酵素（catalase），在氧分子存在下，葡萄糖氧化酵素可將葡萄糖轉化爲葡萄糖酸（gluconic acid）及過氧化氫，而接觸酵素再將過氧化氫轉化成氧及水。1974 年，Martensson[48]以及 1990 年，Nakajima et al.[49]同時固定化 β -澱粉水解酵素（ β -amylase）及支鏈澱粉酵素（pullulanase），可將澱粉分解成麥芽三糖（maltotriose）及麥芽糖。另外，1976 年，Bjorck and Rosen[50]成功地固定化 β -半乳糖苷酵素（ β -galactosidase，簡稱 β -GAL）及葡萄糖氧化酵素（glucose oxidase），將雙醣類乳糖（lactose or milk sugar）轉變爲葡萄酸及過氧化氫。以上皆爲同時固定二種酵素系統之實例。而在同時固定三種酵素方面，則是由 Mattiasson 及 Mosbach[51]於 1971 年首先提出，係將 β -半乳糖苷酵素、己糖激酵素（Hexokinase，簡稱 HK）及葡萄糖-6-磷酸脫氫酵素（glucose-6-phosphate dehydrogenase，簡稱 G-6-PDH）同時鏈結在 Sephadex G-50 的擔體材料上，並證實此固定化三種酵素系統之遲滯期（lag phase）至穩定期（steady state）的時間比水溶性酵素短，而且在初始階段（initial stage）的酵素反應效率也較佳。

另外，大約有三分之一的酵素反應系統必須要有輔酵素（coenzyme）的參與才可進行，重要的輔酵素有 NAD^+（nicotinamide adenine dinucleotide）、$NADP^+$（nicotinamide adenine dinucleotide phosphate）、FAD（flavin adenine dinucleotide）、FMN（flavin mononucleotide）及輔酵素 A（coenzyme A），但由於輔酵素價格過於昂貴而且活性極爲不穩定，因此，在應用上受到相當限制，也就是說在實際應用時必須要能克服輔酵素能否重覆循環（recycle）使用的問題，而要克服此問題可分成兩方面來討論[52，53]：一者，反應器系統內的輔酵素必須持續維持在適當濃度，再者，反應器系統內之輔酵素必須要能再生（regenerated）及再使用（reuse）。為解決此問題，不少學者從 1970 年代便開始嘗試利用固定化技術來克服，直到 1985 年西德的 Wandrey 及 Kula[46]的研究小組才成功地將二種酵素（amino acid dehydrogenase 與 formate dehydrogenase）及輔酵素（NADH）利用分子量 10,000～20,000 之水溶性高分子聚合物的聚乙二醇（polyethylene glycol，PEG）進行固定化並建構成薄膜反應器（membrane reactors），而將酮酸（keto acid）反應成 *L* 型胺基酸（*L*-amino acid）。此一整合多酵素及輔酵素的固定化實例也使得固定化技術成功的進入嶄新階段。

8-5 結語

生物技術產業為 21 世紀全世界公認最具發展潛力的新興產業，在其所涵蓋的的廣大應用範疇中，不論是基礎科學研究或技術應用層面，或多或少都與酵素有密切關連。酵素除了已證實為生命活動中不可或缺的生物觸媒之外，隨著生物技術日新月異的發展，尤其是 1990 年代以後，「基因工程」及「蛋白質工程」等技術的神速進步，使得酵素相關產業產生革命性的進展，大大增加酵素的應用層面，更確立了以酵素為中心之「酵素技術（enzyme technology）」的生物科技領域。

目前酵素已成功的廣泛應用於蛋白質、澱粉、水果蔬菜及釀造等食品工業，以及胺基酸、有機酸、清潔劑、環保、皮革加工、紡織、照相、飼料、化妝品及醫藥品等不同產業。今後，如何有效活用酵素獨特的特異性，將其發揮在醫療分析、免疫檢測、酵素治療、人工臟器及生醫材料等尖端科技領域的應用上，則有待於學界及工業界的研究者在不斷的努力下，得以有更上一層樓的發展，以造福人群。

8-6 問題與討論

1. 試詳細說明酵素的基本特性及其分類命名？

2. 目前在工業應用上佔最大宗之酵素種類為何？並說明該酵素之分類其功能？

3. 酵素若要能夠成為檢驗試劑之產品需具備哪五項特點？

4. 何謂酵素免疫分析法（Enzyme Immunoassay; EIA）？

5. 何謂酵素電極？並說明其原理？（請舉例說明）。

6. 何謂酵素固定化技術？其固定化方法可分成幾大類？

7. 選擇酵素固定化方法及擔體材料時必須考慮的基本要件為何？

參考文獻

1. Payen, A. and Persoz, J. F., "Mémoire sur la diastase, les principaux produits de ses réactions, et leurs applications aux arts industriels," *Ann. Chim.* (*Phys*), 53, 73-92, 1833.

2. Fritz Schlenk, F., "Early research on fermentation - a story of missed opportunities." In: **New Beer in an Old Bottle: Eduard Buchner and the Growth of Biochemical Knowledge** (ed. Cornish-Bowden, A.), Universitat de València, Valencia, Spain, 43-50, 1997.

3. Doke, T., "The controversy between Liebig and Pasteur," *Japanese Studies in the History of Science*, 6, 87-95, 1967.

4. Barman, T. E., **Enzyme Handbook**, London: Springer-Verlag, 1969.

5. Dixon, M. and Webb, E. C., **Enzymes**, New York: Academic Press, 1979.

6. Wiseman, A, **Topics in enzyme and fermentation biotechnology**, London: Eills and Horwood, 1977.

7. Sirks, M. J. and Zirkle, C., **The evolution of biology**, New York: Ronald Press, 1964.

8. Sumner, J. B., "The isolation and crystallization of the enzyme urease," *The Journal of Biological Chemistry*, 69, 435-441, 1926.

9. Bucke, C. and Chaplin, M. F., **Enzyme technology**, New York: Cambridge University Press, 1990.

10. Mathews C. K. and Van Holde, K. E., "Enzymes: biological catalysts." *in:* **Biochemistry** (second edition), Menlo Park: The Benjamin/Cummings Publishing Company, Inc., 360-414, 1996.

11. 陳國誠，《微生物酵素工程學》，藝軒圖書出版社，1989。

12. Wolfe, S. L., "Energy, enzymes, and biological reactions." In: **Molecular and cellular biology**, Chapter 3, California: Wadsworth Publishing Company, 80-106,1993.

13. Godfrey, T. and West, S. I., **Industrial enzymology**（2nd edited.）, New York: Stockon Press, 1996.

14. 林素緣，郭坤地，張天鴻，《工業用酵素市場調查（DCB-IS-B-004）》，生物技術開發中心出版，1989。

15. 劉其琪，〈酵素產業〉，《生物產業與製藥產業（上冊）—生物產業》，田蔚城主篇，第 15 章，175～187，1988。

16. Crowan, D., "Industrial enzymetechnology," *Tibtech*, 14, 177-178, 1996.

17. Jakoby, W. C. "Methods in Enzymology," Part C, In: **Enzyme Purification and Related Techniques**, New York: Academic Press, 1984.

18. Deutscher, M. P., **Guide to protein purification: methods in enzymology**, New York: Academic Press, 1997.

19. 蕭介夫，劉冠汝，〈固定化脂肪酶（微生物）在油脂工業之應用〉，《生物固定化技術與產業應用》，陳國誠主篇，第四章，121～156，2000。

20. Perlmann, F. E. and Lorand, L., **Methods in enzymology**, Vol. 19, New York: Academic Press, 1970.

21. Brockman, H. L., Momsen, W. E. and Tsujita, T., "Lipid-lipid complexes: properties and effects on lipase binding to surfaces," *Journal of the American Oil Chemists' Society*, 65, 891-896, 1988.

22. 蕭介夫，〈酵素工技與蛋白質工程研究之新發展〉，《生物產業》，第 7 卷，第 1 期，29~35，1996。

23. Yamagata, H. and Udaka, S., "Starch-processing enzymes produced by recombinant bacteria." In: **Recombinant microbes for industrial and agricultural applications.**（eds. Murooka, Y., Imanaka T.）, New York: Marcel Dekker Inc., 325-357, 1994.

24. Bergmeyer, H. U., **Principles of enzymatic analysis**, Weinheim: Verlag Chemie, 1978.

25. Prescott, L. M., Harley, J. P. and Klein, D. A., **Microbiology**（fourth edition）, Boston: McGraw-Hill Companies, Inc., 1999.

26. Ritter, P., **Biochemistry: a foundation**（1st edition）, New York: Brooks/Cole Publishing, 1996.

27. Clark, L. C. and Lyons, C., "Electrode system for continuous monitoring in cardiovascular surgery," *Annal of the New York Academy of Science*, 102, 29-45, 1962.

28. 李秀琴、李貽琳、林建谷、徐照程、張聰民、劉東明編譯，《生物化學》，高立圖書有限公司，2002。

29. Glick, B. R. and Pasternak, J. J., "Recombinant DNA technology." In: **Molecular biotechnology principles and applications of recombinant DNA**, chapter 2, Washington: ASM Press, 23-28, 1994.

30. 千畑一郎，〈序論〉，In：《固定化酵素》，第一章，講談社サイエンティフイク，1～8，1974。

31. Rosevear, A., "Immibolised biocatalysts- a critical review," *Journal of Chemical Technology & Biotechnology*, 34B, 127-150, 1984.

32. 野本正雄，〈固定化酵素とバイオリアクタ〉，In：《酵素工學》，Chapter 5，株式會社學會出版センタ，57～73，1999。

33. Vieth,W. R. and Venkatasubramanian, K., "Enzyme engineering : Part III. properties of immobilized enzyme systems," *Chemtech*, 309-320, 1974.

34. Chibata, I., "Preparation of Immobilized enzymes and microbial cells." In: **Immobilized Enzymes**, chapter 2, New York: Halsted Press, 9-107, 1978.

35. Chen, K. C. and Chang, C. M., "Operational stability of immobilized D-glucose isomerase in a continuous feed stirred tank reactor", *Enzyme and Microbial Technology*, 6, 359-364, 1984.

36. Chen, K. C. and Wu, J. W., "Substrate protection of immobilized glucose isomerase," *Biotechnology and Bioengineering*, 30, 817-824, 1987.

37. Chen, K. C., Wu, J. Y., Yang, W. B. and Hwang, S. C. J., "Evaluation of effective diffusion coefficient and intrinsic kinetic parameters on azo dye

biodegradation using PVA–immobilized cell beads," *Biotechnology and Bioengineering*, 2003（in press）.

38. Nelson, J. M. and Griffin, E. G., "Adsorption of invertase," *Journal of the American Chemical Society*, 38**,** 1109-1115, 1916.

39. Sumner, J. B., "Urease", *Ibid*, 873-892, 1948.

40. Grubhofer, N. and Schleith, L., "Modified ion exchanger as specific adsorbents," *Naturwissenschaften*, 40, 508-512, 1953.

41. Lilly, M. D., Hornby, W. E. and Crook, E. M., "The preparation and properties of ficin chemically attached to carboxymethylcellulose," *The Biochemical Journal*, 98, 420-425, 1966.

42. Chibata, I., "Applications of Immobilized enzymes and microbial cells." In: **Immobilized Enzymes**, chapter 4, New York: Halsted press, 148-264, 1978.

43. Mermelstein, N. H., "Immobilized enzymes produce high-fructose corn," *Food Biotechnology*, 29**,** 20-26, 1975.

44. Weetall, H. H., Vann, W. P., Pitcher, W. H., Jr., Lee, D. D., Lee, Y. Y. and Tsao, G. T., Scale-up studies on immobilized, purified glucoamylase, covalently coupled to porous ceramic support. In: **Methods in Enzymology**, Volume XⅡV（Ed. Mosbach, K.）, New York: Academic Press, Inc., 776-792, 1976.

45. Ryu, D. A., Bruno, C. F., Lee, B. K. and Venkatasubramanian, K., "Proceedings of the IVth international fermentation symposium." In: **Fermentation technology today, Society of Fermentation Technology**, Japan, 307-311, 1972.

46. Hartmeier, W., "Industrial applicatioins." In: **Immobilized biocatalysts**, Chapter5, New York: Heidelberg, 82-102, 1988.

47. Bouin, J.C., Atallah, M. T. and Hultin, H. O., "Characteristics of dual immobilized enzymic systems of glucose oxidase and catalase," *Dissertation Abstracts International. B. The Sciences and Engineering*, 36, 192-98, 1976.

48. Martensson, K., "Preparation of an immobilized two-enzyme system, β-amylase-pullulanase, on an acrylic copolymer for the conversion of starch to

maltose. I. Preparation and stability of immobilized β-amylase," *Biotechnology and Bioengineering*, 16, 567-77, 1974.

49. Nakajima, M., Iwasaki, K., Nabetani, H. and Watanabe, A., "Continuous htdrolysis of soluble starch by freeβ-amylase and pullulanase using an ultrafiltration membrane reactor," *Agricultural and Biological Chemistry*, 54, 2793-2799, 1990.

50. Bjorck, L. and Rosen, C. G., "An immobilized two-enzyme system for the activation of the lactoperoxidase antibacterial system in milk," *Biotechnology and Bioengineering*, 18, 1463-1472, 1976.

51. Mattiasson, B. and Mosbach, K., "Studies on Matrix Bound Three Enzyme System," *Biochemical and Biophysical Acta.*, 235, 253-260, 1971

52. Mosboch, K., "Immobilized Coenzymes in general ligand affinity chromatography and their use as active coenzymes." In: **Advances in enzymology**, Vol. 46（Ed.Meister, A.）, New York: Wiley, 205-225, 1978.

53. Vieth, W. R., "Enzyme technology." In: **Bioprocess engineering**, Chapter 2, New York: JohnWiley & Sons, Inc., 21-51, 1994.

第九章

醱酵技術

FERMENTATION TECHNOLOGY

吳文騰

9-1 緒論

醱酵是一很古老的技術，當人類還不知道有微生物存在的時候，就已經能從事醱酵製酒的工作。一直到 1667 年 Antony van Leeuwenhoek 製成顯微鏡而發現微生物後，醱酵技術（Fermentation technology）才進入了另一個時代。1867 年法國生化學家 Louis Pasteur 在他的啤酒研究的書中指出，醱酵是由酵母菌所引起的。

醱酵之英文是 fermentation，此字是由拉丁文 *fervere* 而來，其原意是沸湧，也就是描述酵母菌在醱酵中產生二氧化碳之發泡現象。我們現在談醱酵是指在具有控制的條件下，培養細胞（主要指微生物）且利用此細胞將原料轉化成產品。此處所謂產品，可能是細胞本身，如生產麵包酵母；也可能是其中之蛋白質，如酵素；或是代謝產物，如酒精、麩胺酸及盤尼西林等；也可以是生物轉化反應的產物，如將酒精轉化成醋。近代的醱酵技術受到重視，主要開始於二次世界大戰期間，盤尼西林的大量需求。因此引起了許多人研究從事大量生產盤尼西林之醱酵技術。

醱酵技術的內容包含很廣，其中包括了瞭解微生物的特性、培養基的設計、醱酵槽之操作、醱酵槽中氧氣的傳遞與混合的問題、滅菌及醱酵系統的規模放大等等問題。在以下的各節當中，我們將分別討論上述的問題。

9-2 微生物之簡介

由於自然界中存在的微生物種類十分繁雜，其表現特性亦多所不同。所謂微生物之原始的定義是指體積極為微小，且非得用顯微鏡才能觀察到全貌的一些微小生物。根據氧氣的需求，微生物之生長可分為好氧菌及厭氧菌。另外也可從病原菌與非病原菌來分，病原菌之探討大多是在醫學方面，工業上則針對非病原菌為主。

要以醱酵的方法來獲得產品，就必須先取得合適的菌種，並瞭解其生長與代謝特性。最近基因工程之發展，對微生物之改良有很大的變化。我們可利用基因工程及藉由環境因子的調控使微生物在適切的環境中生長代謝，以獲取大量的產物。以下以微生物之命名及其特性加以介紹。

9-2-1 命名法

微生物學家對於微生物之學名（scientific name）的命名方式，是採用所謂的「二命名法」（binominal nomenclature）。二命名法是由瑞典生物學家 Carolus Linnaeus 所創。命名的同時將微生物之"屬"名及"種"名以拉丁語斜字印刷體寫出，如直接書寫時，則必須在屬名和種名底下劃線。此外，屬名的第一字母必須大寫，種名之第一字母則為小寫。以 *Saccharomyces cerevisiae* 為例，其中 *Saccharomyces* 是屬名，*cerevisiae* 則是種名。另外，微生物也有一些俗名（common name），如酒精酵母、乳酸菌及大腸桿菌等。

微生物之命名通常有規則可循，從微生物的學名上來看，多少可瞭解該微生物的形態或特性，例如：

① *Bacillus*：桿菌

② *Coccus*：球菌

③ *Clostridium*：梭狀菌

④ *Pasteurella*：紀念巴斯德之命名菌

⑤ *Saccharomyces*：醣類菌

9-2-2 微生物之特性

工業用微生物以細菌及真菌爲主。以下介紹一些細菌、真菌、放線菌以及微藻類之特性。

1.細菌（Bacteria）：

細菌爲一種原核單細胞生物，目前知道在自然環境中存在的就有 1500 多種，其大小約爲直徑 0.5 到 1 μm 之間。一般細菌是以一個變成兩個之方式進行增殖。目前工業上常用的菌大致有：醋酸菌（*Acetobacter*）、乳酸菌（*Streptococcus lactis*）、基因改質之大腸桿菌（*Escherichia coli*）、桿菌（*Bacillus*）、梭狀菌（*Clostridium*），及麩胺酸生產菌如 *Corynebacterium* 或 *Brevibacterium* 等。

2.真菌（*Fungi*）：

真菌可分爲兩大類，一是黴菌（*molds*），另一是酵母菌（*yeasts*）。黴菌之菌體多呈絲狀，故又常被稱爲絲狀菌，其主要構造包含了菌絲（hyphae）與子實體兩部份，有一些菌之大小可由肉眼看得見。菌絲是擔任攝取營養和發育的集合體，一般稱之爲「菌絲體」（mycelium），有的像植物的根一般插入固態基質之內部，有的則是生長在基質表面或空氣中；而子實體又稱孢子（spore），通常著生於菌絲體前端，擔負著生殖的任務。有時我們把菌絲體與子實體合起來總稱爲 「菌叢」，而所看到的菌叢顏色主要都是來自孢子，與菌絲並無關連。黴菌主要是藉由孢子進行繁殖，其增殖可分爲無性生殖及有性生殖。醱酵工業上常用的菌如麴菌（*Aspergillus*）、青黴菌（*Penicillium*）及紅麴菌（*Monascus*）等。

酵母菌大多存在含有醣份之水果及穀類。其形狀大多是成圓形或蛋形，寬度在 1 到 5 μm，長度爲 5 到 30 μm，屬於單細胞微生物。其增殖主要是出芽（budding）方式進行。目前工業上常用的麵包酵母及酒精酵母是 *Saccharomyces cerevisiae*。

3.放線菌（Actinomycetes）：

放線菌具有細菌的一般特質，過去被歸屬在細菌類。後來發現，放線菌同時又具有黴菌之特質，所以才另成一類。放線菌其大小約在 1 μm，其但菌叢可用肉眼識別。放線菌因其多能生產抗生素，故逐漸受到重視。如 *Streptomyces grises* 能生產鏈黴素（Streptomycin）；而 *Streptomyces aureofaciens* 能生產金黴素（Aureomycin）。

4.微藻類（*Microalgae*）：

微藻類之胞內具有葉綠素及多種色素，可進行光合作用，為一單細胞真核生物。微藻類的種類形態相當多，其形態差異也相當大，大致有球形、梭形或桿狀等分別。其生長的環境，從淡水到海水均有。藻類的用途相當廣泛，如固碳作用、環境淨化、食品、特用化學品及能源方面如產氫及油等。

9-3　培養基的設計

一般而言，影響微生物生長代謝的因素除了細胞內的遺傳基因外，細胞外之環境因子也是相當重要的。這些細胞外的因子通常可分成物理與化學兩種層面。概略來分，物理層面包括了溫度、流體剪應力、滲透壓等環境條件；化學層面主要則為提供菌體生長所需的營養成份，也就是我們一般所稱的培養基（medium）。

自然界中所有的動、植物都需要水、碳、氮、磷、硫等元素作為營養源才能生存，微生物同樣也不例外。通常培養基中各種營養成份的濃度相差甚大，為清楚區分，一般將培養基中濃度超過 10^{-4} M 之成份定義為「主要元素」，這部份約佔培養基乾重的 90%以上，其中包括有碳、氮、氫、硫、磷、鉀及鎂等元素；而小於 10^{-4} M 之成份我們則稱之為「微量元素」。

9-3-1 培養基組成

營養成份（substrate）代表的是一單獨的化學成份，然而培養基（medium）則是代表整個養分的組成，其中包含了多種成份，爲一組完整可供醱酵進行的養分。依造不同的定義，培養基可以有不同的分類：

1. 人工培養基：

人工培養基是由一些較簡單的化學成份所構成（如葡萄糖、無機氮源等。）其中每一種成份都是已知。這種培養基，因爲成份單純，而且產率通常不高，大多在實驗室作研究時使用。

2. 天然培養基：

天然培養基主要是由自然界中直接取得，經過簡單的處理程序後就可成爲培養基。其成份十分複雜，但因價格較爲便宜，因此一般均被應用在大規模的醱酵生產程序上（如糖蜜應用於麩胺酸的醱酵上等）。

一般提供微生物生長與代謝所需的營養成份常有不同，尤其在二次代謝產物的生產上更是如此。所以能讓菌體生長良好的培養基，並不見得就適合用來生產所要的代謝產物。在二次代謝產物的生產上，有時爲了提高產率，甚至會在培養基中添加對生長有害的物質，或是提高某種營養成份的濃度。以麩胺酸的生產爲例，在培養過程中我們會添加抗生素以妨害細胞膜的合成，藉此改變細胞膜的結構而使細胞膜變得較鬆散，增加細胞膜的通透性，使產物容易穿透細胞膜釋放到醱酵液中，進而提高產量。此外也有許多例子，爲了提高產率常會將磷、氮鹽類的濃度提高到有害於菌體生長的程度。

由上可知，培養基的組成不單只是爲了提供微生物基本生長的養分，對於添加特殊的物質以提高產量，亦是我們在培養基設計時所必須要注意的部份。此外，培養基的成份不只是對生長代謝有很大的影響，還可能影響到醱酵槽的選擇及後續產物的回收純化程序，而這些都是我們必須要同時考慮的重點。

9-3-2 培養基之製備

培養基之製備需要特別注意以下幾點：

1. 原料來源：每次取得的原料成份是否相同？
2. 原料保存：原料從取得到使用間的儲存是否適當，有無變質之虞？
3. 原料均度：原料中的懸浮微粒是否能均勻的分布，有無集結或分散不均的現象？
4. 滅菌程序：滅菌過程均在高溫高壓中進行，原料在經過滅菌程序前後，是否有變質的情形發生？

9-3-3 培養基之最適化

培養基設計的目的，主要在於找到各個營養成份（如碳源、氮源等）之間的最適比例關係，以提高產量並且降低生產成本。從各營養成份的選定到培養基組成比例的決定，這過程便稱之爲「培養基最適化」（optimization of medium design）。

一般尋找最適化培養基組成的方法有很多種，傳統上使用的方法爲固定多項營養基質的種類或濃度，藉由改變其中某一項基質的種類或濃度，進行比對，以決定出適當的比率關係。此種方式因爲做法簡單，所以並不需要大量複雜的數學統計運算來進行實驗設計。然而此種方式，並未考慮到培養基中各基質間的交互影響，因此，當各基質間交互影響效應極爲顯著時，其所決定出來的最適條件未必就能保證得到最大的產率。此外，若培養基組成成份超過三種時，此種傳統方法即需要大量的實驗，分別針對每種組成找出其最適濃度，因此可以說是相當的浪費時間與材料。雖是如此，但由於簡便故仍是一種相當常見的實驗法。

9-4 醱酵槽之簡介

在醱酵技術中，選擇一個優良的醱酵槽是決定整個生產程序是否成功的重要關鍵。因此，醱酵槽的選用便成爲一個相當重要的課題。對微生物培養而言，不同的菌種對其生長所需的環境與條件皆有所不同，所以在選用醱酵槽的時候，我們必須針對個別系統進行考慮，使菌體能在良好的環境下生長或生產特定的產物。

一般目前常見的醱酵槽型式多爲提供氣液混合之生化反應器（bioreactor），其表現性能主要取決於反應器本身的形態、內部構造、操作方式及氣體分散器的型式等[1]。在分類上，生化反應器類型相當的繁雜，若以外部形狀來看，可大致分爲槽式（tank type）、塔式（tower type）和迴路式（loop type）三類。一般醱酵槽之基本需求是①要能在長期操作下，不會有雜菌之污染，②要能提供足夠的通氣及攪拌，③要能提供溫度及 pH 值之指示及控制設備，④要能提供取樣及減少蒸發流失之設備，⑤人力及能量之使用儘量減少等。目前在醱酵工業上或文獻中提到的醱酵槽以機械式攪拌槽（stirred tank）、氣泡塔（bubble column）及氣泡塔之改良型反應器（modified bubble column）三者最爲常見，概述如下：

9-4-1 攪拌式醱酵槽（Stirred tank fermenter）

在醱酵工業上，目前以攪拌式醱酵槽（H/D＜3）最廣泛被使用，其基本構造如（圖 9.1）所示。其主要構造包括：圓柱狀塔槽、馬達、攪拌軸、攪拌翼、擋板及氣體分散器等。氣體分散器供給新鮮的空氣以維持槽內的溶氧充足，同時藉由馬達帶動攪拌翼，以攪拌和擋板的配合使氣泡及流體均勻的分布於醱酵槽中，故具有高氣液質傳能力及液體混合佳等特性[2]。此外，爲保溫或去除醱酵熱，通常必須在槽體外裝設套層（Jacket）；必要時則可加裝蛇管用以控制醱酵液的溫度，亦可以做槽內醱酵液滅菌時通蒸汽之用。

攪拌槽應用的對象很廣，例如盤尼西林之生產或味精之生產等。此類型的醱酵槽可說是生化工程上反應器的代表。儘管如此，攪拌槽仍存在有一些缺點，包括：

1. 結構複雜、建造成本高、多死角、清洗不易。
2. 密封難度高，特別是旋轉軸承與槽體之間的長期無菌密封。
3. 機械攪拌帶來的摩擦熱量，增加熱傳負擔。

4.需要大量的動力用以驅動攪拌軸承。

5.攪拌翼附近的高剪應力，極可能會對菌體造成傷害。因此對微生物的生長形態、代謝、生長速率及產品之產率乃至形態均會造成極大的影響。

6.實際放大時，攪拌速率有其限制，不若小規模時的攪拌效果。

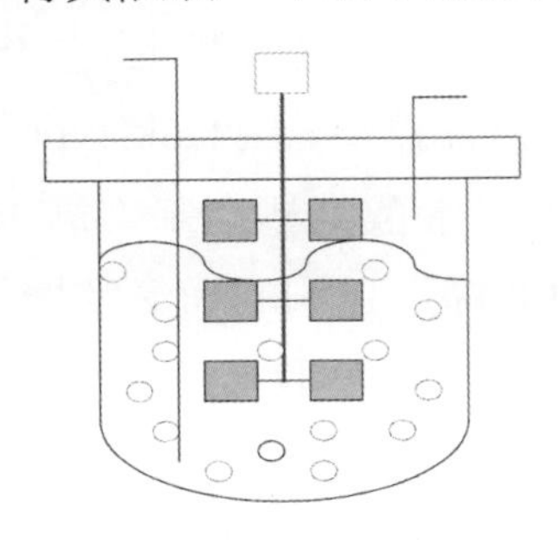

圖 9.1 攪拌槽式醱酵槽

9-4-2 氣泡塔式醱酵槽

氣泡塔式醱酵槽除了在幾何結構上，高度對內徑比（height-to-diameter ratio, H/D＞3）較攪拌槽大很多之外，氣泡塔也沒有攪拌的裝置，而是利用氣泡上昇的動力，幫助氣－液二相或氣－固－液三相的混合。（圖 9.2）是氣泡塔式反應器的結構示意圖。氣泡塔式醱酵槽主體其實只是一個圓柱型的槽體，由改變底部通入的氣體流量來操控混合及溶氧程度。主要的優點包括：

1.結構簡單：氣泡塔只有單純的氣體進出，沒有轉動軸承的密封問題，減少殺菌時的死角、避免外界環境污染。

2.剪力較低：由於沒有攪拌翼，環境的剪力甚小，適合應用在對剪力敏感之菌體生長。

3.低功率消耗：氣泡塔完全利用氣體的動量來做氣-液的混合，不需攪拌，沒有馬達的能源消耗，同時因氣體可壓縮儲存，對於短時間的能源中斷可以忍受。

4. 無機械攪拌產熱：醱酵時，氣泡塔中的產熱來源只剩下菌體代謝所造成，加上有很大的氣一液接觸面積，因此槽體的溫度相當容易控制。

然而氣泡塔的缺點在於少了機械攪拌的效果，使得氣液混合不良，以及較差的氧氣質傳能力。因此若醱酵程序屬於高好氣性，或醱酵液黏度較高時，則往往無法有效的提供氧氣質傳，因而降低了生產效率。若不斷提高通氣量，除了增加空氣壓縮機的負荷之外，亦會使起泡現象（forming）更爲嚴重，容易造成污染。因此，將傳統氣泡塔加以改良，便成爲許多研究者進一步研究的目標。

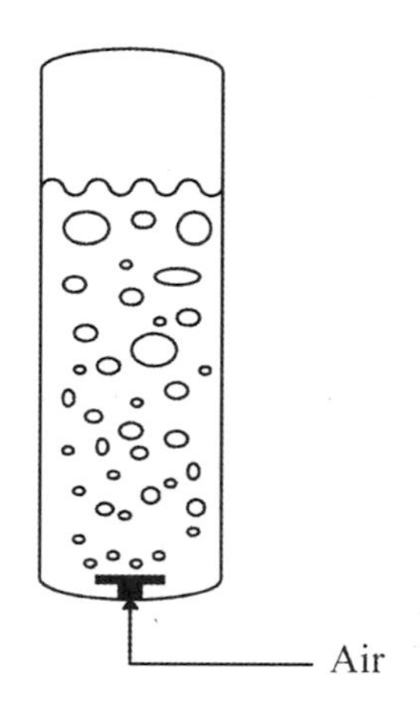

圖 9.2　氣泡塔式醱酵槽示意圖

9-4-3　氣舉式醱酵槽（Airlift fermenter）

改良式的塔式或迴路式醱酵槽，大多是在氣泡塔醱酵槽的外部形狀或內部結構上加以修改，其中在 1955 年 LeFrancois 等人所提出將氣泡塔醱酵槽內部加裝一實壁導流管的氣舉式醱酵槽最被受重視[3]。氣舉式醱酵槽中的實壁內管將反應器內部明顯區隔爲上升區（riser）及下降區（down-comer）兩個不同的區域。一般在實壁管內部通入氣體以帶動液體向上流動的部份，稱爲上升區；液體及少量氣體由內管與反應器壁間的環狀區域向下循環，則稱爲下降區。因爲藉由氣泡在上升區及下降區多寡之差異，產生一密度差，因而造成氣液在導流管間做一穩定的循環流動。與氣泡塔相比，因為實壁內管的導流作用，使得氣舉式反應器的軸向混合較好。氣舉式反應器的物理參數，如氣體佔有率（gas holdup）、氧氣質傳係數（oxygen transfer coefficient）及液相混合時間（liquid mixing time）等，會隨著反應器的大小而有較規律的變化。因此在放大工作上，較氣泡塔容易達成。在文獻上，對於氣舉式醱酵槽的流動行為、質傳能力、模式建立等等都有許多研究[4～5]。在實際醱酵上，Malfait et al.[6]比較在氣舉式醱酵槽及攪拌槽培養的絲狀黴菌（*filamentous mold*），結果發現氣舉式醱酵槽所需的能量消耗約祇為攪拌槽的一半。

一般氣舉式醱酵槽，依流體被分隔的方式大致上可分為內管式（Internal-loop）、外管式（External loop）及隔板式（Split）等幾種不同的設計方式，其構造如（圖 9.3）所示。

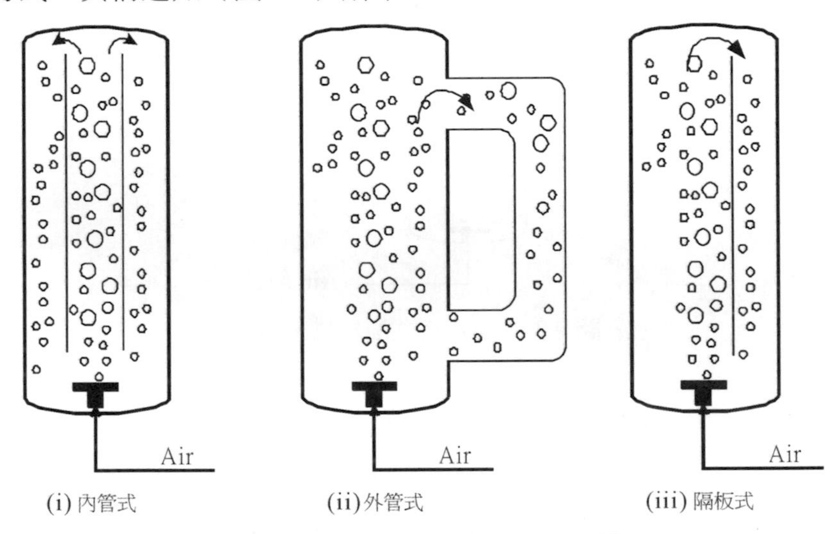

圖 9.3　不同型式之氣舉式醱酵槽

對氣舉式醱酵槽而言，流體之循環流動為其一大特色，然而其氧氣傳遞能力並不好。因此為改進氣泡塔和氣舉式醱酵槽的缺點，Wu and Wu[7]於 1990 年提出了具網狀導流管之氣舉式醱酵槽，當氣體流速較大時，網管內的大氣泡在網管的作用下會被切割成小氣泡，同時因網管將流體分隔成兩部份，所以亦具有類似傳統氣舉式醱酵槽內流體循環流動的現象。與氣泡塔或傳統氣舉式醱酵槽相比，具網狀導流管之氣舉式醱酵槽在質傳能力及液相混合上均獲得明顯的改善，同時並已成功的將其應用在好氣性的醱酵程序上[8]。

總之，傳統的醱酵程序大多採用攪拌式醱酵槽。但攪拌式醱酵槽已無法滿足各類醱酵系統的要求，因此選擇適當的醱酵槽，遂成爲醱酵製程的關鍵之一。基於生產效率及經濟上考量，我們必須了解微生物的特性，將醱酵槽之設計、微生物動力學及程序工程等觀念應用在醱酵程序上。

9-5 醱酵槽之操作

醱酵槽操作之目的在於改善醱酵程序，讓整個程序在更可靠且可控制的狀態下運轉，以期能得到大量的菌體或代謝物。如同傳統化工程序操作，醱酵槽的操作主要有批式（batch）、饋料批式（fed-batch）及連續式（continuous）等三種培養方式。

目前在醱酵工業上，一般大都採用批式及饋料批式操作進行培養，至於連續式培養雖然有很多優點，但是在大規模酵醱培養時，仍存在著許多問題必須去克服。以下僅就三種不同培養方式，作一簡單的介紹。

9-5-1 批式培養（Batch cultivation）

在批式培養時，整個操作可視爲一個密閉的系統。醱酵槽中裝入培養基，並於接種之後，在適當的溫度、pH 值、攪拌及通氣等條件下進行培養。在醱酵期間，除了通入無菌空氣、添加少量消泡劑及酸、鹼溶液外，不再加入其他物料。因此，培養基的組成、菌種濃度、活性以及代謝物濃度都會隨著時間而發生變化。由於在培養過程中，菌體增殖速率會因養分、代謝產物濃度及菌體活性變化而有所不同，因此表現出幾種不同形態。典型微生物之生長趨勢如（圖 9.4）所示，大致可分爲遲緩期（lag phase）、加速期（accelerated growth phase）、對數生長期（exponential growth phase）、減速期（deceleration growth phase）、生長靜止期（stationary phase）以及死滅期（death phase）等六個階段。

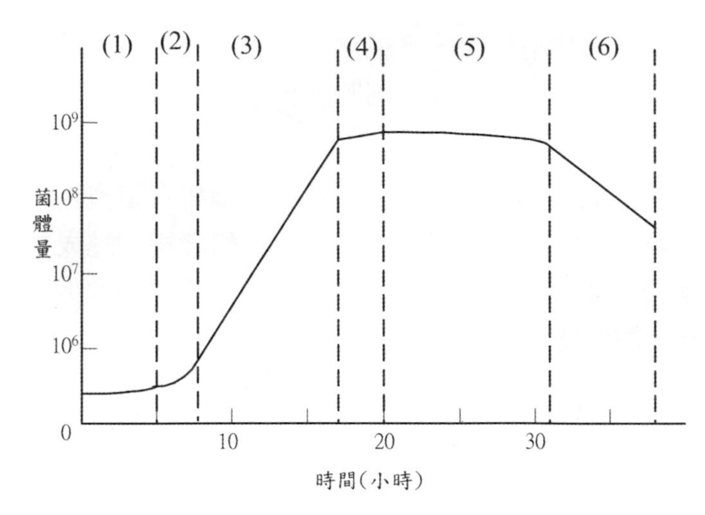

圖 9.4　菌體生長之時間走勢圖

1.遲緩期

當菌體完成接種後，並不會一開始就進行增殖行爲，而是會先花一段時間來適應周圍的生長環境，如溫度、培養基濃度或 pH 值等。因此由（圖 9.4）中可看出於第(1)時期的菌體量幾乎沒有變化。這一段適應環境的時間，便稱之爲遲緩期。

2.加速期

當菌體內之生長物質累積至一定量後，便開始進行增殖。但此時並非全部菌體都進行增殖，而只有少數菌體進行增殖。不過由於這部份的現象很短暫，有時可以被歸類於遲緩期內。

3.指數生長期

微生物經過加速期後，由於菌體已經充分適應了環境，因此便開始進行大量的增殖。在這個生長階段，菌體量會隨著培養時間的增加而以規律性的指數性質大量進行增殖。此時只要培養基的濃度足夠，菌體的生長速率與培養基的濃度無關。因此，菌體生長速率與菌體濃度（X）的關係式爲：

$$\ln X = \ln X_0 + \mu t \tag{9.5.1}$$

其中 X_0 爲菌體濃度之起始濃度（t=0）；μ 則爲比生長速率（Specific growth rate），表示式如下：

$$\mu = \frac{\mu_m S}{K_S + S} \tag{9.5.2}$$

其中，μ_m 爲最大比生長速率、S 爲營養成份濃度、K_S 爲系統常數。

4.減速期

在指數生長期之後，由於營養基質被消耗減少及一些代謝物之產生而使得菌體生長減緩，不再像指數生長期增殖如此快速。此時期便稱之爲減速期，然而對於一般培養而言，此時期存在時間相當短暫，通常並不易發覺此時期的存在。

5.生長靜止期

當大部分的營養基質被菌體代謝耗盡，同時菌體之代謝物質大量排出體外，因此，此時的培養環境漸漸的趨向不適合菌體生長的狀態，致使微生物增殖減緩，此外一些較老的菌體也不斷死亡。當菌體的增殖和死滅的速率大約維持一定時，我們便稱之爲生長靜止期。

6.死亡期

當靜止期進行一段時間後，培養基中的養份已被消耗殆盡，同時培養環境中亦充滿著不利於菌體生長的物質，因此存活菌數隨著培養時間的增加而減少。此時，菌體的死滅速率大於增殖速率，菌體量逐漸減少且活性大爲降低，此階段便稱之爲死亡期。

在批式反應器中，我們可以利用控制培養基的策略來達到我們所需要的目的，如生產菌體量、一級代謝物或二級代謝物等。如要得到較多的菌體量，可使菌體延長在最大比生長速率的狀態下生長。若要獲得較多之一級代謝物，則必須設法延長對數生長期，若生產二級代謝物是我們的目標，那麼如何延長靜止期則是相當重要的課題。

9-5-2 連續式培養（Continuous cultivation）

連續式醱酵可以視爲一開放式的操作系統。在此系統中，無菌培養基以連續添加的方式送入醱酵槽內，同時並有等量的醱酵液移出系統之外。在操作上，連續式培養是在批式培養達到某個階段後（一般爲對數生長期後期），開始以固定流量補充新鮮的培養基於槽內，並同時以相同流量將醱酵液排出槽外。因此，微生物除可不斷的獲得養分補充外，醱酵液中的有害代謝物質也會不斷的被稀釋與排出，以使菌體能在最佳的環境中生長。在此狀態下，生化反應可以長時間的維持下去，最後達到一個穩定的狀態。

利用連續式培養來研究微生物的生理及生化特性是相當有利的，因爲在培養期間所有微生物的生理狀況是一致的，而且不同的培養基濃度對菌體所造的不同影響也可以很容易的顯現出來。然而連續式培養大多只被用來研究微生物的生理特性及菌體和養份間的關係，一般鮮少被應用在大規模的工業培養上，其主要的原因有下列幾項：

⑴連續式培養中，由於醱酵時間過長，微生物容易有變異的情形發生。

⑵系統欲長期保持無雜菌污染，在技術上會有些困難。

⑶欲達到真正的醱酵穩定狀態，一般所需的時間均相當長。

9-5-3 饋料批式培養（Fed-batch cultivation）

饋料批式操作是目前工業化醱酵中最常被應用的方法。饋料批式程序特別適合於有養分阻礙（substrate inhibition）、產物抑制（product inhibition）、毒性前驅物或葡萄糖效應之醱酵。此種培養方式是在批式培養中加入營養物質，但是不取出醱酵液，爲一種介於批式培養和連續式培養的操作方法。饋料批式培養可以對微生物的生長狀態做很嚴密的監控，並且可以將培養基的濃度做很有彈性的變化，以提高產物的收率，而達到高密度細胞的培養（high cell density culture）。利用此方法主要的優點如下：

1.使菌體得到充分且適量的養分

過多的養分有時反而會毒害微生物，例如過多的葡萄糖，會使某些微生物代謝產生葡萄糖酸等有害物質，或是造成菌體細胞膜的滲透壓力過高，因而抑制了菌體的生長。因此由此可知養分的濃度必須要適量。

2.避免分解抑制

保持系統中低葡萄糖濃度，以免細胞中 ATP 濃度太高而抑制酵素的合成。

3.延長操作時間

在批式培養的末期，可以藉著加入新鮮的培養基來延長微生物的對數生長期，使得菌體的產量或我們想要的代謝物能在這段時間繼續產出。

4.增加水分及降低培養液黏度

醱酵過程中因爲通氣培養的關係，難免會有些水分的耗失，而某些微生物因爲代謝產物濃度或是菌體濃度的增加，會增加醱酵液的黏度，而於醱酵中、後期影響氧氣質傳效率。因此可以藉由饋料的加入而進行水分的補充及降低醱酵液的黏度。

饋料批式培養有許多優點，但也有一些缺點。一般而言，採用饋料批式培養需要更多的負擔如：

(1)必須要有饋料的設備及其控制系統。

(2)設計有效的饋料策略。

9-6 氧氣傳遞與混合

氧氣在培養基質中的溶解度相當的低，其值依照溫度、壓力、溶液等不同而有所差異，在 25℃，一大氣壓下，水之溶氧值約爲 8 mg/L。在溶氧不足的情況下，常會造成微生物細胞損傷，甚至死亡。但即使在溶氧飽和的培養基質中，若氧氣不能持續供給，則培養基內的溶氧會在很短的時間內被微生物耗盡。在好氣性醱酵時，如何提供適當溶氧是相當重要的，所以氧氣傳送爲決定微生物生長與代謝途徑的一項關鍵性步驟。

在醱酵槽的操作中，混合（mixing）是另外一個相當重要指標。爲能提供菌體良好的生長環境，一個混合均勻的醱酵系統是必須的。混合可以均勻分散營養源或酸鹼液，同時也提供較佳的氧氣質傳效果。

9-6-1 氧氣傳送之途徑與機制

氧氣由氣泡傳送到至菌體內之途徑可由（圖 9.5）來描述。其傳送途徑包含下列幾項步驟：

(1)氣泡內的氧氣傳送到氣一液界面上。

(2)氧氣穿透氣液界面。

(3)氧氣分子由鄰近於氣相外之液相層（unmixed liquid layer）擴散到完全混合之液相中（well-mixed bulk liquid）。

(4)溶質分子由液相（bulk liquid）中傳送到細胞周圍之液相層上。

(5)擴散進入此液相層內。

(6)擴散通過細胞表面。

(7)溶質進入微生物胞器（organelle）中，然後被細胞所使用。

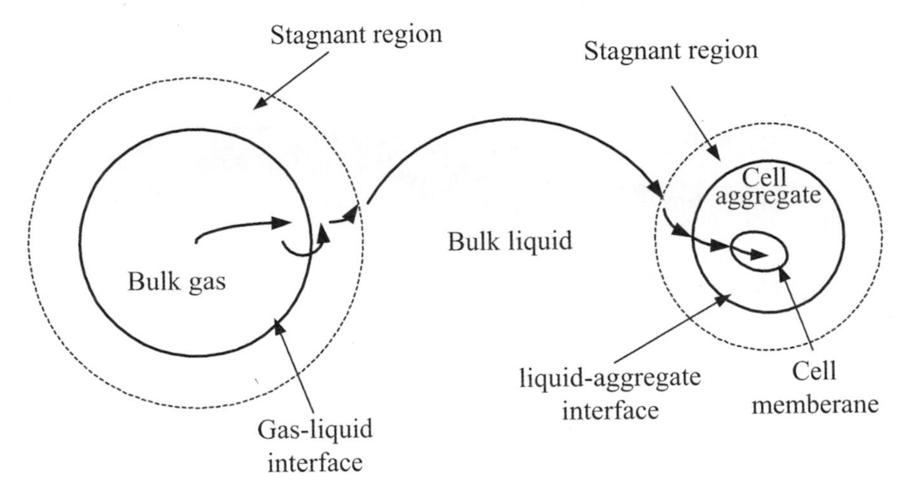

圖 9.5 氣液質傳示意圖

當氧氣擴散通過氣泡和微生物間相連之液相層時，其過程是相當慢的。因此可以說，步驟(3)是控制整個氧氣傳送速率快慢的關鍵。所以，氧氣之傳送速率 N 可以用下面的式子來表示：

$$N = k_L a\,(C_L^* - C_L) \qquad (9.6.1)$$

上式中，k_La 是體積質傳係數；C_L^*是與氣相之氧氣濃度達平衡之液相的溶氧濃度；C_L 是液相中溶氧濃度。

9-6-2 體積質傳係數之量測

1. 亞硫酸鈉氧化法（Sodium Sulfite Oxidation Method）

此方法之原理乃利用亞硫酸鈉（sodium sulfite）溶液在 Cu^{++} 或 Co^{++}（觸媒金屬離子）催化下，與溶液中之溶氧進行氧化反應形成硫酸鈉（sodium sulfate），再由溶氧的消耗來計算氧氣質傳係數。

2. 動態排氣法（Dynamic Gas-out Method）

動態排氣法是以高靈敏度的溶氧電極來監測反應器內的溶氧濃度。首先通入氮氣趕走液相內溶氧後再通入空氣或純氧，同時紀錄溶氧變化的歷時走勢來計算以得到質傳係數。

3. 直接量測法（Direct Measurement）

本方法主要藉由氣體分析儀（gas analyzer）直接量測空氣中進出醱酵槽之氧氣濃度來計算氧氣消耗量。

4. 動態法（Dynamic Method）

本方法主要考慮在一個實際醱酵過程中進行氧氣質傳係數的量測。對批式醱酵程序而言，氧的質量平衡式可表示如下：

$$\frac{dC_L}{dt} = k_L a\ (C_L^* - C_L) - Xr_{O_2} \tag{9.6.2}$$

其中 X 代表細胞濃度，r_{O_2} 爲比呼吸速率（specific respiration rate, mol of O_2/g of biomass · h）。測量方法如（圖 9.6）所示。其步驟敘述如下：

(1)在溶氧達到穩定時，停止通氣如圖 9.6 (a)中點 A 所示，則氧氣濃度被菌體消耗的速率爲：

$$\frac{dC_L}{dt} = -Xr_{O_2} \tag{9.6.3}$$

此時 $k_La=0$，由 C_L 對時間的關係，我們可以計算出 Xr_{O_2}。

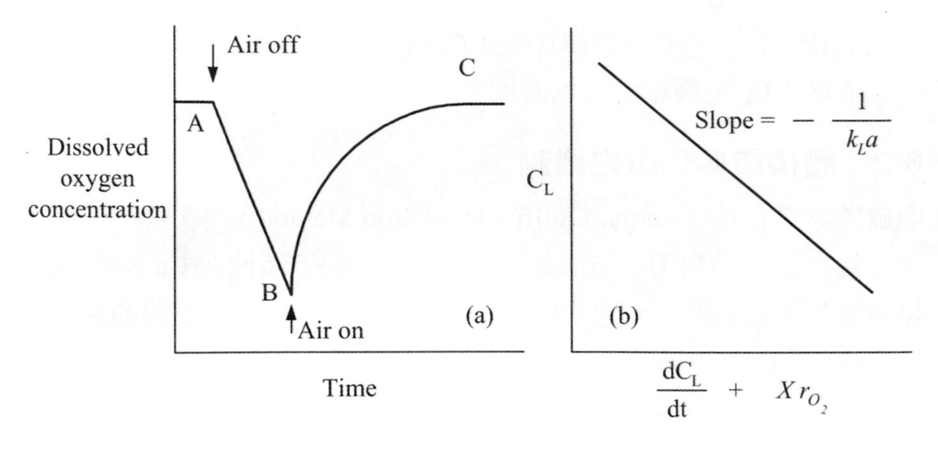

圖 9.6　利用動態法測量 $k_L a$。

⑵在圖 9.6 (a)中 B 點時，恢復通氣，此時氧氣濃度增加速率根據（9.6.2）式所示。重排（9.6.2）式，則得：

$$C_L = \frac{-1}{k_L a}\left(\frac{dC_L}{dt} + Xr_{O_2}\right) + C_L^* \qquad (9.6.4)$$

由（9.6.4）式可知，以 C_L 對 $\left(\frac{dC_L}{dt} + Xr_{O_2}\right)$ 作圖，可得線性關係。從斜率可得 $k_L a$，即如圖 9.6 (b)所示。

使用此方法應注意兩點：(a) C_L 不要小於臨界值；(b) $dC_L/dt = -Xr_{O_2}$ 要在線性範圍內。

9-6-3　混合的特性

對醱酵系統而言，混合之主要目的爲：①增加質傳及熱傳，②均勻分散醱酵槽中之培養基質、酸鹼液及微生物等。欲瞭解一個醱酵槽混合性能的良劣與否，可藉由一些重要的混合性能參數來決定。一般而言，常用來代表混合性能之參數有三種，其分別是分散係數（dispersion coefficient）、均勻度（degree of homogeneity）及混合時間（mixing time）。

1. 分散係數

分散係數的觀念源自於化工反應工程，非理想反應器混合的分散模式之計算。藉由量測反應器的滯留時間分布曲線（RTD, Residence time distribution）後，即可求得此混合性能參數。

2.均勻度

均勻度的定義如下所示：

$$I = 1 - \frac{1}{n}\sum_{i=1}^{n}\left|\frac{Ci - Cf}{Co - Cf}\right| \quad (9.6.5)$$

亦即是在一個攪拌槽中，於同時間內將攪拌槽內 n 處不同點處進行取樣，並分析其濃度 Ci，然後將各點濃度帶入（9.6.5）式後，即可求得攪拌槽內各點混合均勻的程度。其中，C_0 代表初始濃度；Cf 為最終濃度。藉由均勻度的大小，即可以得知攪拌槽中混合程度是否良好。

3.混合時間（Mixing time）

混合時間是最常被用來評估一個系統混合程度優劣的重要參數，其定義為：當加入一物質於流體中經由攪拌混合等過程，使其達到一定程度的混合所需要的時間。混合時間常用於比較液相的混合情形，通常是在反應器內的流體中加入追蹤劑（tracer），然後再記錄反應器內追蹤劑濃度的變化曲線來得到。

一般較常用的追蹤劑有：①以電解質為追蹤劑的電導度法（conductivity method）；②動態熱量追蹤法（dynamic heat-transfer method）；③以螢光劑為追蹤劑之螢光法（fluorescence method）；④利用放射性同位素來追蹤之同位素法（isotope method）。

以氯化鈉溶液當作追蹤劑注入系統為例，當反應曲線達到最終穩定值的 95%時所需之時間我們即稱之為混合時間。而一般認為，利用此脈衝技術時，追蹤劑對總液體體積的比例必須要小於 1/50。但事實上，所有利用鹽類溶液或是酸鹼離子溶液為追蹤劑的方法，在兩相流中量測混合時間時是非常的不穩定，主要是因爲氣泡對於信號會造成無法避免的干擾，而導致數據散亂、不易判讀且再現性差。

爲解決以離子溶液做爲追蹤劑所可能發生的問題，仝等人採用一種熱量追蹤法[9]。其係將一固定的熱量導入反應器中作爲追蹤劑，再利用兩支以上的靈敏熱電偶，在不同位置量測液相溫度變化。當所有位置的溫度相差只有 0.1%且同時重複一定次數時，我們便可認定系統已達完全混合，其間所經歷之時間即爲混合時間。但利用這種方法時，必須要做下面的假設：

(1)在液相中溫度的對流效應遠大於擴散效應。

(2)每次實驗所加進的熱量應相同，反應器本身熱量散失之不均勻性可以忽略。

(3)熱電偶的輸出量測應具有足夠之精密度及靈敏性。

9-7 滅菌

在醱酵工業上，除少數需利用多微生物系進行混合培養（mixed culture）外，大多是採單純培養（pure culture）進行生產。由於醱酵的目的即在於取得菌體或特定代謝產物，因此不論是培養基或設備都必須維持相當高的純淨度，以避免其他雜菌入侵。如果醱酵系統因培養前之滅菌程序有所疏忽，或在醱酵過程中有雜菌入侵造成污染，則通常會有下列的問題產生：

1. 產率下降：培養液中的養份是要供給生產菌種利用，一旦有其他雜菌存在，則會造成浪費而使得產率降低。
2. 競爭淘汰：當生產菌株與雜菌在同一環境生長時，假使雜菌的繁殖力十分強，很有可能取得優勢菌的地位，造成原生產菌株漸少甚而消失。
3. 純化不易：當雜菌存在時可能會分泌其他代謝物質，有時會造成分離純化更爲困難，甚至降低產品的品質。
4. 菌株死亡：若是遭到病毒或害菌污染，菌體甚至可能死亡。

9-7-1 滅菌法（Sterilization）

一般滅菌的方法有五種，分別介紹如下：

1.溼熱滅菌法

濕熱（moist heat）殺菌法即為一般常說的蒸氣滅菌法，其殺菌原理主要是藉由高溫使菌體的核酸退化（degradation）或其蛋白質變性（denaturation），為目前最常用且最有效的滅菌方法。此殺菌法通常以兩種方式進行：一為直接注入，另為夾套加熱。直接注入法是將蒸氣直接注入培養基或醱酵槽等設備內；夾套加熱法則是將蒸氣通入一夾套後，利用夾套進行熱交換提高溫度以達殺菌效果。

2.乾熱滅菌法

顧名思義，乾熱（dry heat）殺菌法是利用熱空氣來進行滅菌的，滅菌原理與濕熱法相似。其作法係在烘箱中通入熱空氣，將培養基放入其中並在有效殺菌溫度下持續一段時間，以達一定程度之殺菌效果。一般而言，由於微生物在乾熱空氣中的抗熱性比在濕熱空氣中來得高，所以乾熱法的殺菌效率比濕熱法來得差，因此常需要更高的溫度（180℃以上）或更長的時間才能使菌體死亡。

3.化學方法

消毒劑及殺菌劑等化學藥劑也可用來殺菌，其原理是將菌體結構破壞，常見的殺菌藥劑有含氯的化合物（漂白劑）、福馬林，或是酒精（以濃度 70%者效果最佳）等藥劑。通常培養基並不考慮使用化學方法滅菌。

4.過濾法

過濾法可用於氣體或液體的「除菌」，一般而言，多用在空氣之除菌上，其原理主要是將菌體除去，而並未將之殺死。

5.放射線法

常用之方法有 γ-射線及紫外光照射法兩種，其殺菌原理是將菌體長期暴露在射線下，以破壞菌體內的去氧核醣核酸（DNA）。如一般實驗室中所使用的無菌操作台，便是利用紫外光進行殺菌的；而 γ-射線殺菌法目前則多用於食品保存上。

9-7-2 滅菌應注意事項

工業上蒸汽滅菌是目前最被廣泛應用的方法，實驗室中也以滅菌釜滅菌爲主。此處所指的注意事項是以蒸汽滅菌而言。

1. 培養基

在蒸氣滅菌時，碳源可能和其他化合物反應，而產生不利的物質（培養時可能會抑制菌體生長），故通常會將碳源與其他培養基分開來滅菌。此外，碳源在滅菌過程中因高熱而可能產生焦糖化的現象，爲避免此現象我們可藉調整碳源溶液的 pH 值來加以改善。至於其他添加物，例如有些氮源中含有維他命，因其結構不耐熱，故不能使用蒸氣滅菌，只好將之分離，如採用過濾法除菌。

2. 醱酵槽及其他周邊設備

滅菌前需再三的檢查，以免因疏忽而導致整個醱酵製程的損失。醱酵槽及任何容器、周邊（如管件），在加熱前先用清潔劑清洗過。醱酵槽之對外管件或出口，要確保是封住的，但經空氣過濾器之氣體出口不可封住。

在醱酵工程上絕大多數都爲單純培養之生產程序，若能確實做好滅菌工作使系統在無雜菌狀態下操作，不但可維持產率並且可以避免不必要的損失。

9-8 規模放大

規模放大是根據實驗室之小規模的結果，設計並操作商業規模的醱酵槽。一般而言，規模放大（scale up）的主要目的是期望藉由大量生產的方式來節省時間與降低成本，以提昇產品競爭力[10]。對醱酵生產而言，環境條件與操作程序均非常重要。然而在大規模製程中，如何能提供一個與實驗室相近的醱酵環境，則是應用在工業生產上的一個重要關鍵。通常在相同設計但不同規模之醱酵系統中，培養的結果常會有所不同，其最主要的原因在於大規模系統中，要維持醱酵槽的均一性（homogeneity）相當困難；例如，醱酵槽混合不良，則必定會產生濃度梯度甚而發生局部的遲滯區域，結果自然就不如理想。總而言之，規模放大的原則就在維持醱酵槽內有一致性的環境。

如果說，規模放大只是要達到"量"的增加，那麼增加原來規模的反應器個數將是最簡單的方法。但此種方法的缺點是設備成本太高、浪費空間及人力資源，所以一般並不會採用。就實用性及經濟性來考量，工業上的規模放大通常是指設備的放大，譬如將醱酵槽的工作體積從 5-L 放大到 5000-L，如此每次操作所得的產物將比放大前多了一千倍，相當節省時間及操作成本。另外，工業化的目的在於讓產品更具市場競爭力，爲應付大量生產所需，因此選擇較便宜且能具備充足養份的培養基便顯得非常重要。

一般規模放大常遭遇的問題是①表面積對體積的熱傳比；②混合性能；③剪應力；④表面氣體流速；⑤培養液殺菌的方式；⑥接種轉移時間及⑦醱酵的時間等。

9-8-1 規模放大之一般策略

常用的規模放大策略可大略分成三類：

1. 經驗法則（rules of thumb, empirical criteria）：

   在大規模與實驗室規模間保持某特定參數爲定值，例如單位體積之功率（power per volume ratio, P/V）、氧氣質傳係數（oxygen transfer coefficient, k_La）、攪拌翼尖端速度（impeller tip velocity）、混合時間（mixing time）等。通常所使用的原則需視實驗經驗而定，若對於極度好氧的微生物醱酵系統而言，則可考慮選擇以氧氣質傳係數相同爲規模放大之準則。

2. 因次分析（dimensional analysis）：

   由系統的動量、質量、熱量無因次平衡式與相關之邊界條件及起始條件可得參數的無因次群，作爲大小規模間保持定值的標準。本方法常用於化工問題的規模放大上，但因生化反應之複雜性，在微生物醱酵系統上並不普遍使用。

3.機制分析（regime analysis）：

以特徵時間（characteristic time）為基礎，如氧氣質傳的特徵時間（$1/k_La$）；菌體生長的特徵時間（最大比生長速率的倒數，$1/\mu_{max}$）；基質利用的特徵時間等當作規模放大的基準。特徵時間越大，代表此變數之影響為關鍵。此方法的缺點為缺乏大規模系統的數據資料，故僅在小規模建立之系統模式，並無法準確地應用於規模放大後的系統。

9-8-2 規模放大之新策略

規模放大是一個老問題，但還是沒有一套適用於任何系統的理論。Hsu and Wu[11]提出一種新策略，基本上是在小槽中探討微生物的生理特性；在大槽中探討物理問題如氧氣質傳及混合等。其內容主要有兩項：

1.建立重要環境變數對目標函數（例如比生長速率、產物產率等）的回應曲面圖或關係式，並求得在最適操作條件下各環境變數對目標函數的效應分佈圖，以確定該環境變數之韌性範圍。若環境變數的可接受韌性範圍大，而且可在大規模培養時將其控制於該韌性範圍內，則可預期規模放大後將獲致與實驗室小規模極為相近的結果，亦即此環境變數對大規模醱酵程序並不致造成問題。故規模放大，可於小規模測試後直接進行大規模培養。

2.反之，若目標輸出對環境變數在最適操作點附近的變化很敏感（可接受韌性範圍較小），則須於小槽中進行該環境變數的短暫變化之測試。若測試結果，目標函數對環境變數變化的回應在可接受範圍內（無顯著影響），則其程序規模放大也不構成問題；若環境變數的變化對目標函數呈現不可忽略的效應，則在大規模培養前，須先針對欲使用之生化反應器進行相關調整。

9-9 結語

醱酵技術是生物產業的關鍵技術之一，其內容包含很廣，如瞭解微生物的生理、醱酵設備之設計及醱酵系統之操作等。醱酵要能順利進行，必須要有好的菌種，並且在好的環境下生長及產物之生產。所謂好的環境包括適當的培養基、適合微生物生長及生產代謝物之溶氧、溫度及酸鹼值等。此外，對於單純菌種之培養，需要在接菌前及培養中，將其他的雜菌去除掉。由於細胞內產品的開發及基因工程的發展，細胞可生產更多具有經濟價值的產品，因此醱酵技術已受到普遍的重視。

9-10 問題與討論

1. 微生物之命名常採用二命名法（binominal nomenclature），何謂二命名法？
2. 培養基（medium）與營養成份（substrate）如何分別？
3. 醱酵槽通常有哪三種形態？
4. 在微生物之培養中，採用饋料批式有何優點？
5. 水在常溫常壓下，其溶氧大約為多少？
6. 試說明混合時間之定義？
7. 醱酵槽滅菌的目的為何？
8. 一般規模放大之策略有哪些？

參考文獻

1. Shah, Y. T., Kelkar, B. G., Godbole, S. P. and Deckwer, W. D., "Design parameters estimations for bubble column reactors," *AICHE J.*, 28, 353-379, 1982.

2. Brauer, H. "Stirred Vessel Reactors." In: **Biotechnology**, Vol. 2, Chap. 19, 395-444, New York: Weinheim, 1985.

3. Chisti, M. Y. **Airlift bioreactors**, New York: Elsevier Science Publishers Ltd., 1989.

4. Sittig, W. and Faust, U., "Biochemical Application of the Airlift Loop Reactor," *Chem. Engr.-London*, 381, 230-232, 1982

5. Onken, U. and Weiland, P., "Airlift Fermenters: Construction Behavior and Uses," *Advances in Biotechnological Processes*, 1, New York: Alan R Liss, 67, 1983.

6. Malfait, J. L., Wilcox, D. J., Mercer, D. G. and Barker, L. D., "Cultivation of a Filamentous Mold in a Glass Pilot-Scale Airlift Fermenter," *Biotechnology and Bioengineering*, 23, 4, 863-877, 1981.

7. Wu, W. T. and Wu, J. Y., "Airlift Reactor with Net Draught Tube," *Journal of Fermentation and Bioengineering*, 70, 359-361, 1990.

8. Wu, J. Y. and Wu, W. T., "Glutamic acid production in an airlift reactor with net draft tube," *Bioprocess Engineering*, 8, 183-187, 1992.

9. Tung, H. L., Chang, Y. Y., Huang, T. K. and Wu, W. T., "Liquid mixing and mass transfer in modified bubble column with suspended particles," *Journal of Chinese Institute of Chemical Engineers*, 8, 183-187, 1992.

10. Reisman, H. B., "Problems in Scale-up of Biotechnology Production Processes," *Critical Reviews in Biotechnology*, 13, 3, 195-253, 1993.

11. Hsu, Y. L. and Wu, W. T., "A novel approach for scaling-up a fermentation system," *Biochemical Engineering Journal*, 11, 123-130, 2002.

第十章

動物細胞培養

ANIMAL CELL CULTURE

吳夙欽

10-1 緒言

動物細胞培養（animal cell culture）技術是近代生技產業重要技術之一，也是許多生技醫藥產品如疫苗、重組蛋白藥物、單株抗體藥物、組織工程與基因治療產品的共同技術平台。主要是因爲這類生物複雜性較高的蛋白分子、病毒顆粒或特定的人體組織細胞，無法輕易運用細菌、酵母菌或其他微生物的技術來製造。雖然基因轉殖動植物技術目前也可以生產這類產品，然而礙於需要較冗長的時間，況且產品可能要顧慮到免疫安全性上的問題。就工業化而言，雖然動物細胞培養製程十分昂貴，卻提高了快速且又符合臨床試驗級藥品的優點。本章主要介紹動物細胞培養的源起、培養基的發展與細胞株的型式，並針對細胞培養的學理與應用、微載體細胞培養技術做更進一步闡述，以期提昇國內動物細胞產業的水準。

10-2 動物細胞培養技術的源起

動物細胞培養的起源，可追溯至 1907 年 Ross Harrison 發明了懸滴法（hanging drop），利用倒過來的蓋玻片與蛙胚胎組織凝結的淋巴液，在體外成功的培養了蝌蚪脊索的神經細胞長達 30 天之久，並證明神經纖維是由神經細胞衍生而來的[1]。然後到 1923 年由外科醫師 Alexis Carrel 進一步設計了所謂的 Carrel flask，這也是目前動物細胞培養最常使用的 T 型瓶（T flask）的雛型。Alexis Carrel 醫師根據其外科手術的經驗，建立了無菌培養方法與技術（aseptic techniques）[2]，在體外成功培養雞胚纖維母細胞達34 年之久。

10-3 細胞培養基的發展

動物細胞培養液早期是取自生物體液如雞胚萃取液、血清或淋巴液，直到 1955 年 Eagle 分析這些體液內營養成份開發了化學成分培養基（chemically defined media），如 Eagle's Basal Medium[3]、Eagle's Minimum Essential Medium[4]，成功取代了以往所使用的生物體液培養基。目前這類化學成分培養基尚包括有 Dulbecco's modification of Eagle's medium（DMEM）、Iscove's modified Dulbecoo's medium（IMDM）、RPMI1640 及 Ham's F12 等。DMEM 較 Eagle's MEM 含較多胺基酸與維他命營養成份，而 Ham's F12 培養基含更完備的胺基酸與維他命營養組成。RPMI1640 培養基特別適用於血球淋巴細胞之培養。然而在使用這些化學成分培養基時，仍需添加少量取自胎牛、小牛、馬或人的血清（約 10%），以提供動物細胞生長所需的生長因子。血清使用前須經熱處理（56℃, 30min），以去除免疫補體反應（complement）及減少黴漿菌量，再與化學成分培養基混合。這類培養動物細胞所用的血清，大多從牛或馬的血液中分離取得，所以品質會受到不同批次（batch）、品種與產地而有所影響。

在培養動物細胞時，培養基必須控制在生理中性酸鹼（pH）值約略在 7.4 以利細胞生長。目前最常使用的方法是於培養基添加碳酸氫鈉（$NaHCO_3$），利用溶液中解離後的 HCO_3^-與培養箱 5～10%的 CO_2 氣體濃度形成氣液相平衡，達到維持培養基酸鹼值於 6.9 至 7.4 的功效。還有另一種方法，則是於培養基加入 10～20mM 的 HEPES 緩衝溶液（pKa＝7.3 at 37℃），以維持生理中性酸鹼值。一般動物細胞培養基會再加入 phenol red 顯示劑，以便利於觀察酸鹼值之變化。當培養基酸鹼值在 7.4 時，培養基顏色為紅色。當培養基酸鹼值過高時，培養基顏色變成粉紅色（pH＝7.6）及紫色（pH＝7.8）。當培養基酸鹼值過低時，培養基顏色變成橘色（pH＝7.0）及黃色（pH＝6.5）。

雖然一般培養的動物細胞株能以添購 10%血清於化學成份培養基的方式來培養，然而因每批血清並不一致，經常會影響細胞生長的品質。血清的成份包括有①蛋白類分子如白蛋白（albumin）、fibronectin、transferrin 及蛋白酶抑制劑（α_1-antitrypsin, α_2-macroglobulin）等；②生長因子類分子如 PDGF、TGF-β、FGF、VEGF、IGF-1、IGF-2 等；③荷爾蒙類分子如胰島素（insulin）及 hydrocortisone 等；④脂肪類分子如 cholesterol、linoleic acid、ethanolamine 及 phospholipid 等；⑤礦物質類分子如 selenium 等。目前無血清培養基，主要是用上述成份來調配培養基以取代血清。這些無血清培養基調配，往往因不同細胞株而異。另一個最重要的問題，因爲近期發現了變性的普恩蛋白（prion）導致傳染性海綿樣腦病變（或泛稱狂牛症），因此使用胎牛血清也有被狂牛症污染的疑慮。若能以無血清培養基培養動物細胞，其產品的安全性更高。因此開發無血清培養基一直是許多單位積極進行發展，況且可以帶來可觀的商業收益。

10-4 動物細胞株的建立

當細胞最初從動物個體移到試管培養則稱爲初代細胞（primary cells），經過第一次繼代（passage）後的初代細胞就可稱爲細胞株（cell line）。而這些細胞株再經過分離篩選後具有某種組織細胞的特定族系（lineage），則是稱 cell strain。一般細胞株經過繼代多次後若無法繼續生長則稱不連續細胞株（finite cell line），經繼代後能無限生長的則稱連續細胞株（continuous cell line）。不連續細胞株分離自正常組織（normal tissue），因此不連續細胞株均具雙套染色體（diploid）。一些連續細胞株是分離自正常組織，細胞核內可能具雙套染色體或非雙套染色體（aneuploid）。然而大部份連續細胞株是分離自癌組織（neoplastic tissue），細胞已被轉移（transform）成具有無限生長的能力，此類細胞大部份具非雙套染色體。由於連續細胞株能持續繼代生長，其優點遠勝於不連續細胞株。然而就生產生技醫藥產品（biopharmaceuticals）而言，因安全性考量，只能選用取自正常組織的連續細胞株。（表 10.1）則是一般常見的細胞株[5]。

表 10.1 一般常見的細胞株

細胞株名稱	組織來源	種源	染色體數	細胞株性質
MRC-5	肺	人	雙套	不連續細胞株
WI-38	肺	人	雙套	不連續細胞株
293	腎	人	非雙套	連續正常組織細胞株
BHK21	腎	倉鼠	非雙套	連續正常組織細胞株
CHO	卵巢	倉鼠	雙套	連續正常組織細胞株
COS	腎	豬	非雙套	連續正常組織細胞株
MDCK	腎	狗	雙套	連續正常組織細胞株
Vero	腎	猴	非雙套	連續正常組織細胞株
HeLa	子宮頸癌	人	非雙套	連續癌細胞株
HEP-G2	肝癌	人	非雙套	連續癌細胞株
K-562	血癌	人	非雙套	連續癌細胞株
HL-60	血癌	人	非雙套	連續癌細胞株

10-5 動物細胞生產的生技醫藥產品

目前動物細胞產業主要包括的產品有：①病毒疫苗；②重組蛋白藥物；③單株抗體藥物；④組織工程產品；⑤基因治療產品。

10-5-1 病毒疫苗

病毒疫苗的生產是動物細胞培養技術落實工業化的首例。由於病毒須經過特定的宿主動物細胞才能繁殖，利用動物細胞株培養的方式，可以取代利用動物或其活體組織之不便，並顧及其衍生產品的品質與安全性。一般製備人用病毒疫苗包括有初代細胞、人類雙套染色體細胞與連續細胞株。目前最常用的初代細胞是雞胚纖維母細胞（chick embryo fibroblasts），主要用來製造麻疹與腮腺炎疫苗（measles and mumps vaccines）。雞胚纖維母細胞是取自無特定病原（specific pathogen-free）之雞蛋經 10～12 天孵化後，取其雞胚組織之初代細胞來培養，然後感染疫苗株病毒。目前最常用的人類雙套染色體細胞是 WI-38、MRC-5 與 FRhL-2 細胞。這些正常細胞具雙套染色體，僅能繼代 50～80 次就無法繼續生長，然而卻有很好的安全性。WI-38 與 MRC-5 細胞用來製造德國痲疹病毒疫苗（rubella vaccine），MRC-5 細胞用來製造 A 型肝炎疫苗（hepatitis A vaccine）與水痘疫苗（varicella zoster virus vaccine），FRhL-2 細胞用來製造輪狀病毒疫苗（rotavirus vaccine）。目前最常用的連續細胞株是 Vero 與 MDCK（Madin-Darby canine kidney）細胞株。Vero 連續細胞株主要用來製造去活化小兒痲瘋疫苗（inactivated poliovirus vaccine）與狂犬病疫苗（inactivated rabies vaccine），然而細胞最好維持少於 140 次繼代，以避免引起致癌性（tumorigenicity）。

10-5-2 重組蛋白藥物

近年來由於基因重組技術的發展，促成生產重組蛋白藥物之哺乳動物細胞產業之建立。主要是因爲一些具有醫療價值的蛋白質，因爲其分子結構複雜，況且需要經過一系列的蛋白質轉譯後修飾作用（post-translational modifications）如醣化作用（glycosylation）、酰胺作用（amidation）、磷酸化作用（phosphorylation）及訊號序列之斷裂（signal peptide cleavage）與分泌（secretion）…等。這類複雜性高的蛋白分子，目前仍無法藉由大腸桿菌、酵母菌或其他微生物表現出足夠高的生物藥物活性。大部份這類蛋白藥物是利用基因工程的中國倉鼠卵巢細胞（Chinese hamster ovary cells）或簡稱 CHO 細胞來生產，包括有紅血球生成素（erythropoietin 或簡稱 EPO）、組織漿原活化劑（tissue plasminogen activator 或簡稱 tPA）、促卵泡生成激素（follicle stimulating hormone 或簡稱 FSH）、第九凝血因子（Factor IX）及 IFN-β 1a。而第八凝血因子（Factor VIII）是利用基因工程的小倉鼠腎臟細胞（baby hamster kidney cells）或簡稱 BHK 細胞來生產的。這類產品中最著名的例子則是 EPO 蛋白藥物，傳統的生產法只由人體尿液分離而純化得到，然而美國 Amgen 公司藉由 CHO 細胞來生產重組 EPO 蛋白藥物，成爲了全世界最賺錢的生技公司。

10-5-3 單株抗體藥物

單株抗體（monoclonal antibody）製備源自於利用免疫小鼠後取得的脾臟細胞與骨髓瘤細胞株融合，可得到持續能分泌單株抗體的融合瘤細胞株[6]。雖然以此得到的單株抗體只會對一種抗原反應，具特定專一性。然而因是由小鼠細胞製備而成，無法當成人體藥物使用。目前可藉由基因工程技術，將生產單株抗體的 DNA 以嵌人化（chimeric）或擬人化（humanized），甚至可直接由人體的血球細胞或經基因轉殖人體免疫基因之小鼠得到全人化（total human）單株抗體。這類嵌人化、擬人化或全人化單株抗體，就可以當成人體藥物使用。由於整個抗體分子十分龐大，必須利用動物細胞才能完整並正確的表現出來。目前利用 CHO 細胞生產的單株抗體藥物有 Rituzan、Herceptin 及 Compath。利用骨髓瘤 NS0 細胞株生產的單株抗體藥物有 Zenapax、Synagis 及 Mylotarg。利用骨髓瘤 SP2/0 細胞株生產的單株抗體藥物有 Reopro 及 Remicade。這類單株抗體藥物主要源自於美國 IDEC 生技公司在 1997 年上市的 Rituzan，主要用於治療非何杰奇金斯淋巴癌。接著是美國 Genentech 生技公司上市的 Herceptin，主要用於乳癌病患的治療。目前估計這類單株抗體藥物將會成爲最賺錢的生技藥物。

10-5-4 組織工程產品

動物細胞培養的產品，目前已經從利用培養的細胞生產生技藥品，更進一步邁入以培養的細胞當作產品，這也就是所謂的組織工程產品。組織工程主要是利用天然或合成的細胞外間質材料來培養特定組織的細胞，以增強細胞與細胞間及細胞與細胞外間質間之交互作用，使其呈現類似活組織的功能，以替代原先被破壞的天生組織。組織工程產品主要是以培養不同人體組織爲目的，其中包括有表皮組織（如角質細胞）、結締組織（如軟骨與造骨細胞）、神經組織、肌肉組織（如肌腱細胞）、血管與血液組織（如內皮細胞、骨髓細胞）、感覺組織（如眼角膜細胞）、胰島組織（如 islet 細胞）及肝臟組織等等。最近由於幹細胞（stem cell）技術的突破性發展，似乎提供了組織工程產品最佳的細胞來源。

幹細胞是指體內未分化（undifferentiated）也未特定化（unspecialized）的細胞，這類細胞能自行補充（self-renewal）與分化（differentiation）。幹細胞特性是具異質性（heterogeneity），分化上有一定的染色體級系（hierachy），況且在體內含量非常稀少。幹細胞可分為成體幹細胞（adult stem cell）與胚胎幹細胞（embryonic stem cell）。成體幹細胞包括有造血幹細胞、間質幹細胞、神經幹細胞與腫瘤幹細胞。目前對於成體幹細胞的研究是以骨髓幹細胞最被了解，除了具有可分化血液中各種細胞的造血幹細胞，還有可分化成軟骨、硬骨、骨骼肌、平滑肌、心肌等不同細胞的間質幹細胞。使用成體幹細胞雖然有細胞取得容易的優點，然而細胞不容易大量增殖，其品質也難持續維持供臨床上使用，況且細胞可塑性（plasticity）亦低。

目前人類胚胎幹細胞最大的突破是在 1998 年 12 月，美國約翰霍普金斯大學的 John Gearhart 教授[7]和威斯康辛大學的 James Thomson 教授[8]成功的於體外培養出人類胚胎幹細胞。就技術而言，胚胎幹細胞提供在操縱細胞分化與分裂上較大的空間，能大量增殖持續來提供臨床上使用。然而就醫學倫理（medical ethics）而言，胚胎幹細胞的取得一直有很大的爭論。

10-5-5 基因治療產品

目前所用基因治療病毒載體，由具高轉染率之反轉錄病毒、腺病毒、腺衛星病毒等當基因傳遞載體，將基因利用體內（in vivo）或體外（ex vivo）傳遞到標的細胞（target cell）進行基因轉殖，治療因基因缺損所造成的疾病。這些病毒基因載體製造須賴反轉錄病毒所須的包裝細胞株（packaging cell line）和 human embryonic kidney 293 細胞株來繁殖。基因治療也將進一步與免疫細胞或其他體細胞或幹細胞治療結合，促進新一代醫療方式的革命。同時基因治療載體的生產必須利用動物細胞技術，培養生產基因載體所需的包裝細胞株或特定細胞株。目前基因治療最常利用反轉錄病毒、腺病毒、腺相關病毒作為重組病毒載體，將治療性基因以體內（in vivo）或體外（ex vivo）的傳遞方式送至標的細胞達到基因轉殖的目的，進而治療遺傳性基因缺陷疾病或是各種癌症。

10-6 微載體（microcarrier）動物細胞培養技術

一般動物細胞在實驗室培養大都使用 T 型瓶，其所能培養的細胞數量無法達到產業上的需求。經過多年來使用的狀況，合乎產業使用大致分為下列兩種方式：

1. 滾動培養瓶（roller bottle）：將培養瓶側放使其滾動，利用瓶內的面積培養動物細胞，滾動的培養基潤濕細胞並提供溶氧，其放大只能以增加瓶數來因應。雖然滾動培養瓶具易於操作且方法簡單，然而缺點在於產地與操作人員需求較大，規模放大（scale up）不易且無法控制每瓶產品的均質性。
2. 攪拌槽生物反應器（stirred-tank bioreactor）：為大多數工業所熟悉的操作環境，在單一的培養槽內提供攪拌與通氣，有利於控制產物均質化。

大部分動物細胞為貼附依賴性細胞（anchorage-dependent cells），需要附著在間質表面纔能生長。1967 年由 van Wezel 首先開發微載體技術以用於附著性動物細胞的培養[9]。初期微載體採用 DEAE 交聯葡聚糖（dextran）當作材質，其後更有交聯葡聚糖偶合膠原（collagen）、明膠（gelatin）塗覆、纖維素（cellulose）、聚苯乙烯（polystyrene）、苯乙烯—二苯乙烯及玻璃材質等來製作微載體。其中以瑞典 Pharmacia 生技公司生產之 Cytodex 系列，最為廣泛使用。然而由於纖維素原料容易取得，合成步驟又不複雜，是一種十分值得開發的微載體材質。目前已有利用重組大腸桿菌同時表現具纖維素親和力區域（cellulose binding domain）與 Arg-Gly-Asp（RGD）構成的嵌合型蛋白質，發展出能提供附著性動物細胞生長的纖維素微載體技術[10]。

最初開發的微載體因不具孔隙性，細胞僅能於表面上生長，微載體僅能提供局限的單位體積供細胞生長空間。為了能進一步提高培養時的細胞密度，於是開發了多孔隙微載體（macroporous microcarrier）。由於其內部孔隙能提供更多細胞生長的空間，因此單位體積細胞生長密度也隨之增加。同時在孔隙內生長的細胞，因爲沒有直接接觸到外界流體的剪應力作用，細胞生長受到更好的保護。另一方面多孔隙的微載體亦可應用於培養親貼附性(anchorage-preferring)細胞如生產重組蛋白的 BHK 或 CHO 細胞，或懸浮型細胞（freely-suspended）如生產單株抗體的融合瘤細胞。雖然這些細胞能貼附或自由懸浮生長，但因多孔隙微載體內細胞生長的環境受外界流體的直接剪應力作用爲少，同時在進行連續灌注培養時亦能當成有效的細胞滯留裝置，以提高細胞密度。因此應用微載體進行高密度灌注式細胞培養法，是一種有效縮小反應器所需體積的製程方式，也是一種十分符合經濟效應的生產方法。

建立微載體培養系統，首先細胞必須能成功的貼附在微載體上，然後細胞才能繼續繁殖生長。就細胞貼附階段而言，除了細胞數目與微載體的濃度外，不同材質微載體也會影響細胞貼附的情況。以 Cytodex 1 來說，每個微載體僅需貼附上 4—5 個 Vero 細胞就能在 20 升攪拌槽成功的繁殖生長[11]。然而若以多孔隙明膠塗覆的微載體系統，至少需要三倍高的細胞接種量[12]。細胞貼附微載體的機制，主要是細胞膜與微載體表面電核密度相互作用的結果[13]。然而在大型攪拌槽培養系統中，細胞貼附微載體的速率也由於培養液體積的擴大，細胞與微載體碰撞頻率減低而變慢[14，15，16]。同樣的攪拌槽攪拌方式也發現能增進細胞貼附微載體的速度[17]。因此，攪拌槽操作方式往往也直接影響到細胞貼附微載體的成功率。

對於貼附性動物細胞而言，因爲需利用微載體使其貼附方能在懸浮環境生長，傷害更大。在微載體細胞培養程序中，由攪拌槽攪拌葉攪拌混合時引發的流體的剪應力作用與通氣產生的氣泡對培養細胞的傷害，對貼附在微載體上的細胞產生生長停頓、細胞容易剝落等負面的影響。由機械剪應力造成細胞的死亡取決於攪拌槽內產生的漩渦(eddy size)與微載體直徑相對大小[18]也與培養細胞株本身的特性有關[19]。這些原因使得貼附在微載體上的細胞相對於自由懸浮生長的細胞，在抵禦流體機械性傷害的能力更爲柔弱。流體剪應力除了減弱細胞生長力，對於細胞形態與生理、細胞骨架的構造、細胞內某些代謝物與蛋白質的生合成和對病毒的感染力也有重大的影響。添加黏稠劑如葡聚糖[20]或高分子界面活性劑如 pluronic F68 和 polyvinyl alcohol[19]能減少流體剪應力對微載體上的細胞生長的影響。雖然這些保護劑能減低細胞所受傷害，然而其保護的機制並非類似於自由懸浮細胞的系統。就微載體動物細胞培養系統而言，如何克服攪拌槽內流體剪應力對微載體上細胞的影響，往往是產程放大技術的主要瓶頸之一。

這類相關產程技術的開發從一般轉動瓶（roller bottle）的培養方式進步至微載體（microcarrier）懸浮培養，使得能應用到醱酵工業常用的攪拌槽（stirred tank）中，進一步利於產程放大及產品確效（validation）。目前疫苗工業所用動物細胞醱酵槽，用於生產小兒痲痺疫苗與狂犬病疫苗，已達數千公升以上的規模[21]。雖然美國 Genetech 生技公司已開發出＞10,000 升重組 CHO 細胞自由懸浮性醱酵培養，但以微載體懸浮培養生產 tPA 或 urokinase-type plasminogen activator 的製程技術仍然具備有利於進行連續灌注培養及提高培養細胞密度等優點[22，23]。

以應用微載體培養來製備基因治療用病毒載體的產程，目前仍然屬於開發的階段。因爲這些病毒載體必須要於特定宿主細胞株或包裝（packaging）細胞株中繁殖，譬如用 293 細胞株來培養腺病毒與腺衛星病毒載體，amphotropic 包裝細胞株來培養反轉錄病毒載體。以 293 細胞來培養腺病毒載體來說，雖然已有發展以無血清培養基培養懸浮細胞來繁殖病毒的例子[24]；然而就產程而言，因爲微載體培養系統容易更換培養基以提高培養時細胞密度與病毒載體的力價[25]。況且貼附於微載體上的細胞培養製程能利用攪拌槽進行直接放大與品質確效。因此這些方面產程技術的建立對於基因治療的實施而言，也是十分重要。

以微載體當作細胞外間質材料，增加細胞與細胞間交互作用，並配合連續灌注培養方式，是一種典型生產組織工程產品的系統。開發成功的例子包括有肝臟細胞[26]、軟骨細胞[27]與骨髓細胞[28，29]…等。最近又發現能利用含幹細胞因子的纖維素微載體，能有效取代 stroma 細胞層來培養出幹細胞[30]。

10-7 結語

在整個生物技術產業的發展中，動物細胞工業的產品已從病毒疫苗擴及到重組蛋白製劑與單株抗體藥物，最近更發展到培養醫療用特殊組織細胞與基因治療上。就生化工程產程技術發展而言，利用懸浮細胞培養或以微載體培養貼附細胞進行放大化懸浮培養的優點，配合攪拌反應槽均質培養條件，更能合乎產品安全確效的標準。新興的蛋白質體學、基因體學分析技術與新型的培養基的開發，更將加速提昇動物細胞培養技術。動物細胞培養工業在國外已是蓬勃發展的工業，並逐步提昇至組織工程、細胞及基因治療產品的開發上。面對全球化的競爭，如何建立具有自我特色、具競爭性的國內動物細胞產業，將是現階段我們發展生物技術產業需要面對的課題。

10-8 問題與討論

1. 試簡述動物細胞培養技術之重要性及其應用範圍？
2. 何謂化學成份培養基？
3. 簡述不連續細胞株和連續細胞株之分別？
4. 動物細胞生產的生技醫藥產品之應用範圍為何？
5. 簡述動物細胞培養技術在產業應用上之方式？
6. 何謂微載體培養技術？

參考文獻：

1. Harrison, R. G., "Observations on the living developing nerve fibre," *Proceeding of the Society for Experimental Biology and Medicine*, 4, 140, 1907.

2. Carrel, A., "On the permanent life of tissues outside the organism," *Journal Experimental Medicine,* 15, 516, 1912.

3. Eagle, H., "Nutrition needs of mammalian cells in tissue culture," *Science*, 122, 501-504, 1955.

4. Eagle, H., "Amino acid metabolism in mammalian cell cultures," *Science*, 130, 432, 1959.

5. Freshney, R. I., **Culture of Animal Cells: A Manual of Basic Technique**, Fourth Edition, Wiley-Liss, 2000.

6. Kohler, G., Milstein, C. "Continuous culture of fused cells secreting antibody of predefined specificity," *Nature*, 156, 495-497, 1975.

7. Shamblott, M. J., Axelman, J., Wang, S., Bugg, E. M., Littlefield, J. W., Donovan, P. J., Blumenthal, P. D., Huggins, G. R. and Gearhart, J. D., "Derivation of pluripotent stem cells from cultured human primordial germ cells," *Proc. Natl. Acad. Sci.*, 95, 13726-13731, 1998.

8. Thomson, J. A., Itskocitz-Eldor, J., Shapiro, S. S., Waknitz, M. A., Swiergiel, J. J., Marshall, V. S. and Jones, J. M., "Embryonic stem cell lines derived from human blastocysts," *Science*, 282, 1145-1147, 1998.

9. van Wezel, A. L., "Growth of cell strain and primary cells on microcarriers in homogeneous culture," *Nature*, 216, 64-65, 1967.

10. Wierzba, A., Reichl, U., Turner, R. F. B., Warren, R. A. J. and Kilburn, D. G., "Production and properties of a bifunctional fusion protein that mediates attachement of Vero cells to celluosic matrices," *Biotechnology and Bioengineering*, 47, 147-154, 1995.

11. Liau, M. -Y., Hsiun, D. -Y., Li, S. -Y., Horng, C. -B. and Wu, S. -C., "Large-scale Vero cell culture on microcarriers in a twenty-liter stirred tank fermentor," *Journal of Microbiology, Immunology and Infection*, 29, 143-152, 1996.

12. Ng., Y. C., Berry, J. M. and Bulter, M., "Optimization of physical parameters for cell attachment and growth on macroporous microcarriers," *Biotechnology and Bioengineering*, 50, 627-635, 1996.

13. Himes, V. B. and Hu, W. S., "Attachment and growth of mammalian cells on microcarriers with different ion exchange capacities," *Biotechnology and Bioengineering*, 29, 1155-1163, 1987.

14. Wu, S. C., Hsieh, W. C.and Liau, M. -Y., "Comparisons of microcarrier cell culture processes in one hundred mini-liter spinner flask and fifteen-liter bioreactor cultures," *Bioprocess Engineering*, 19, 431-434, 1998.

15. Wu, S. -C. and Huang, G. Y. -L. "Hydrodynamic shear forces increase Japanese encephalitis virus production from microcarrier-grown Vero cells," *Bioprocess Engineering*, 23, 229-233, 2000.

16. Wu, S. -C. and Huang, G. Y.-L., "Stationary and microcarrier cell culture processes for propagating Japanese encephalitis virus," *Biotechnology. Progress*, 18, 124-8, 2002.

17. Shiragami, N., Hakoda, M., Enomoto, A. and Hoshino, T., "Hydrodynamic effect on cell attachment to microcarriers at initial stage of microcarrier culture," *Bioprocess Engineering*, 16, 399-401, 1997.

18. Crougan, M. S., Hamel, J. F. and Wang, D. I. C. "Hydrodynamic effects on animal cells in microcarrier cultures," *Biotechnology and Bioengineering*, 29, 130-141, 1987.

19. Wu, S. C. "Influence of hydrodynamic shear stress on microcarrier-attached cell growth: cell line dependency and surfactant protection," *Bioprocess Engineering*, 21, 201-206, 1999.

20. Crougan, M. S., Sayre, E. S. and Wang, D. I. C. "Viscous reduction of turbulent damage in animal cell culture," *Biotechnology and Bioengineering*, 33, 862-872, 1989.

21. Montagnon, B. J., "Polio and rabies vaccines produced in continuous cell lines: a reality of VERO cell line," *Dev. Biol. Std.*, 70, 27-47, 1988.

22. Takagi, M. and Ueda, K., "On-line determination of optimal time for switching from growth phase to production phase in tissue plasminogen activator production in a microcarrier cell culture," *Journal of Fermentation and Bioengineering*, 77（6）, 655-658, 1994.

23. Jo, E. C., Yun, J. W., Jung, K. H., Chung, S. I. and Kim, J. H. "Performance study of perfusion cultures for the production of single-chain urokinase-type plasminogen activator（scu-PA）in a 2.5 l spin-filter bioreactor," *Bioprocess Engineering*, 19, 363-372, 1998.

24. Cote, J., Garnier, A., Massie, B. and Kamen, A., "Serum-free production of recombinant proteins and adenoviral vectors by 293SF-3F6 cells," *Biotechnology and Bioengineering*, 59, 567-575, 1998.

25. Wu, S. -C., Huang, G. Y. -L. and Liu, J. -H. "Production of retrovirus and adenovirus vectors for gene therapy: a comparative study using microcarrier and stationary cell culture," *Biotechnology Progress*, 18, 617-622, 2002.

26. Kino, Y., Sawa, M., Kasai, S. and Mito, M., "Multiporous cellulose microcarrier for the development of a hybrid artificial liver using isolated hepatocytes," *Journal of Surfical Research*, 79(1), 71-76, 1998.

27. Frondoza, C., Sohrabi, A. and Hungerford, D., "Human chondrocytes proliferate and produce matrix components in microcarrier suspension culture," *Biomaterials*, 17, 879-888, 1996.

28. Wang, T. Y., Brennan, J. K. and Wu, J. H. D., "Multilineal hematopoiesis in a three-dimensional murine long-term bone marrow culture," *Experimental Hematology*, 23, 26-32, 1995.

29. Qiu, Q., Ducheyne, P., Gao, H. and Ayyaswamy, P. "Formation and differentiation of three-dimensional rat marrow stromal cell culture on microcarriers in a rotating-wall vessel," *Tissue Engineering*, 4(1), 19-34, 1998.

30. Kilburn, D. "Adventures in the cell trade." In: **American Chemical Society**, Division of Biochemical Technology, abstract no. 62. 1998.

第十一章

基因重組蛋白質表達

RECOMBINANT PROTEIN EXPRESSION

徐祖安

11-1 緒言

基因重組蛋白質（recombinant protein）乃是利用分子生物學的技術，將特定所欲表達的蛋白質的基因（通常皆以 cDNA 型式操作）分離出來，並殖入諸如大腸桿菌（*Escherichia coli*）、酵母菌（Yeast）、或是各種不同的動物細胞內（animal cells），殖入的基因若能在宿主細胞（host cells）內表達或表現（expression），成功地完成轉錄（transcription）、轉譯（translation）、折疊（folding）、以及適當的轉譯後修飾（post-translational modifications）後，即可得到具有生物活性之基因重組蛋白質。

基因重組蛋白質與生物技術產業有者極爲密切的關係，基因重組蛋白質除了本身可作爲臨床用藥外，其於結構生物學（structural biology）、藥物篩選（drug screening）、以及生物催化劑（biocatalyst）等領域，皆扮演著關鍵性的角色。本章將於有限的篇幅之內，介紹基因重組蛋白質之表達技術。

11-2 基因重組蛋白質之表達系統

常用的蛋白質之表達系統，根據所利用之宿主分類，有原核細胞（eukaryotes），如大腸桿菌，及真核細胞（prokaryotes），如酵母菌、植物細胞、昆蟲細胞、哺乳動物細胞與基因轉殖之動物或植物（transgenic animals of plants）等，雖然決大多數的蛋白質表達皆在活的細胞內進行，但是亦有可能在試管內完成蛋白質之表達。

11-2-1　大腸桿菌

由於大腸桿菌的構造相對的簡單，所操作較容易，所需的儀器設備，門檻亦不高。此外，許多商業化表達模組（commercial expression kit）的普及，使得大腸桿菌成爲最廣泛地被使用的蛋白質表達系統。有興趣多了解此表達系統的讀者，可詳讀參考文獻[1～3]，亦可瀏覽諸如 Novagen（http://www.novagen.com），Qiagen（http://www.qiagen.com），Clontech（http://www.clontech.com）等生技公司的網頁。

11-2-2　植物

基因工程在植物方面的應用已十分普及，且大量栽培植物的成本低廉，因此，在考慮基因重組蛋白質的生產方法時，植物是一項很好的選擇。自從番茄一號問世後，植物於生化產業的應用潛力，獲得了更普遍的重視，有興趣多了解此表達系統的讀者，可詳讀參考文獻[4～7]。

11-2-3　基因轉殖動物

已有很多的例子證明，基因轉殖動物可以當做生物反應器使用，以生產特別的基因重組蛋白質。例如，在基因轉殖的牛或羊的乳汁或血液中、基因轉殖的雞的蛋中、基因轉殖的家蠶的蠶絲中，均有可能生產許多高附加價質的基因重組蛋白質產品[8]。

11-2-4　試管內蛋白質表達（cell-free protein expression）

在利用活體細胞製造基因重組蛋白質時，經常遇到蛋白質對宿主有毒性、溶解度低或幾乎不溶、或容易被細胞內之蛋白酶水解等問題，這些經常遭遇，且看似簡單的問題，卻常常需要投入大量的人力及時間來解決。因此，近年來，分子生物學家與生物化學家發展出了在試管內有效製造蛋白質的方法，其原理主要是依據對於大腸桿菌在胞內合成蛋白質的了解，將蛋白質轉錄及轉譯所需之因子，配合原料基質，與適當的反應條件，即可生成有活性的蛋白質。因為此方法所需要的基因物質只要 PCR 產物即可，因此，此方法的推動者特別強調其最大的優點之一在於可以快速地表達所需之蛋白質，並且，此方法的製程放大，在理論上亦不困難[9]。

由於篇幅的關係，本章將謹就若干真核細胞表達系統，包括酵母菌（Yeast）及桿狀病毒蛋白質表達系統，做較為詳細之介紹。

11-3 真核細胞表達系統

11-3-1 酵母菌表達系統

酵母菌就好比真核細胞中的 *E. coli*，其基因序列已完全解開，科學家對酵母菌的細胞生理、代謝、及基因調控等方面已有相當程度的了解。酵母菌是一種很好的蛋白質表現系統，因為它們具有快速分裂、操作培養容易等優點。經常被應用於基因工程之酵母菌包括 *Saccharomyces cerevisiae*，*Pichia pastoris*，*Hansenula polymorpha*，*Kluyveromyces lactis*，*Schizosaccharomyces pombe*，與 *Yarrowia lipolytica* 等[10]。

S. cerevisiae 已非常普遍地被用於基礎研究與生物科技上，並且，更重要的是，美國的食品與藥物管理局（Food and Drug Administrations, FDA）將 *S. cerevisiae* 視為 GRAS（Generally Regarded as Safe）等級的微生物，也就是說，*S. cerevisiae* 本身或其代謝產物，被認為是很安全的。事實上，*S. cerevisiae* 即是烘培麵包時所用之酵母菌，早就與人類共存了有數千年之久了。此外，嗜甲基酵母菌 *P. pastoris* 近年來亦已被廣泛使用於蛋白質表現，因此，本文將回顧 *S. cerevisiae* 與 *P. pastoris* 大量表現蛋白質的基本策略與技巧。

1. *S. cerevisiae* 表現系統（*Saccharomyces cerevisiae* expression system）

相較於大腸桿菌表達系統，*S. cerevisiae* 擁有第一：較真實性的表現能力（轉譯後修飾之能力較 *E. coli* 為強）；第二：酵母菌對於放大量產時，其基因的穩定度佳。在開始建立表現系統前，有四點須加以考慮：①建議使用 cDNA 基因，因為在 *S. cerevisiae* 的基因中，有 95%的基因沒有 intron，此點與 cDNA 相似；②若目標蛋白質需要特殊的轉譯後修飾，如雙硫鍵形成、醣基化等，蛋白質須被引導至分泌路徑上；③若目標蛋白質對細胞是有毒害的，須選擇調控嚴謹的誘導表現系統；④並無法保證一定能表現成功，最好能與其它表現系統同時進行表現。

(1)質體

首先，必需要介紹在操作基因時一定會用到的質體（plasmid），質體是最常被使用的基因載體，質體是一種獨立於染色體外的基因遺傳核酸物質，通常都不大且以環狀形式存在（約數千至上萬個鹼基對），一個質體可以擁有若干個不同的基因，包括抗藥性基因以利篩選含有質體的細胞。質體於特殊的實驗條件下，是可以很容易地進入細胞內，且能在細胞中自我複製。利用質體轉殖系統，人類干擾素 α 在高效率的 alcohol dehydrogenase（ADH）啓動子的控制下成功地在 *S. cerevisiae* 中表現[11]，這是第一個顯示 *S. cerevisiae* 有潛力發展成爲優良的蛋白質表現系統的例子。

(2)轉殖

有三種實驗操作方式可將質體送入 *S. cerevisiae* 細胞內。①在具滲透性緩衝溶液培養基下利用酵素法移除 *S. cerevisiae* 之細胞壁形成 spheroplasts，再加入 Polyethylene glycol（PEG）與 Ca^{2+}，便可將 DNA 導入細胞中；②電穿孔法（Electrophoration）；③利用鋰鹽轉殖法[12]。

(3)基因轉錄與轉譯

基因能成功的表現須倚靠有效的轉錄與轉譯，了解越多轉錄與轉譯的過程，便越能清楚的掌握問題所在。

①轉錄

基因要能被有效地轉錄（即產生 mRNA），必須要位於 *S. cerevisiae* 能辨識的啓動子之下，即位於啓動子的3′端，而啓動子最好能具備嚴謹的調控與高轉錄活性。在半乳糖（galactose）調控啓動子中，如 *GAL1*、*GAL7*、*GAL10*，是最常被使用的。它們在培養基中有葡萄糖存在時會被抑制，當葡萄糖耗盡時，加入半乳糖便可以有高於 1,000 倍的基因表達誘導效果[13，14]。

②轉譯

爲了轉譯的順暢，mRNA 的 5'非轉譯區（5' UTR），應儘量避免以下情形：(a)有 AUG 碼位於目標基因之前；(b) G 與 C 鹼基所佔之比例過高，通常酵母菌的 5' UTR 是 A 與 U 鹼基所佔的比例較多；(c)穩定的 stem 結構，因爲此有可能會抑制轉譯。此外也有一些證據證實，cDNA 若包含較多之非酵母菌偏好的基因碼（codon）時，亦有可能會降低整體轉譯的效率。

③蛋白質分泌至胞外

S. cerevisiae 本身分泌性蛋白不但很少而且表現量也極低，然而基因重組蛋白質確實是能夠成功地被分泌至胞外的，如 human serum albumin，與 plasminogen activator inhibitor type 2 等，在 *S. cerevisiae* 中，可達到很好的表現量[15]。以下探討在表達分泌性蛋白質表現時，所需考慮的一些因素。

▶訊息序列：

在蛋白質的胺基端（N 端）需要具有訊息胜肽（signal peptide），才能將所表現的蛋白質送往 *S. cerevisiae* 細胞的分泌路徑。目前最常用的訊息胜肽是 prepro-α-factor（MFα1），此訊息胜肽能將蛋白質送往內質網（endoplasmic reticulum or ER），經過 signal peptidase 切除 pre-peptide 後再進入高基氏體（*Golgi* aparatus），而 pro-region 於此時再被 Kex2p 切除[16]。

(4)轉譯後修飾（post-translational modifications）

當分泌性蛋白質被送往內質網後，便在此處開始進行蛋白質的摺疊，參與此步驟的重要因子至少包含 Kar2p/Bip 與 protein disulfide isomerase（PDI）[17]。適當的蛋白質摺疊是有效表現分泌性蛋白質的關鍵之一，若是摺疊有錯誤，蛋白質便有可能大量累積成爲內含體

（inclusion body），而大大降低具有活性的蛋白質的表現與分泌。此外，醣基化修飾亦是重要的過程，在 N 型醣基化中，核心醣結構連接在 Asn-X-Ser/Thr 序列中之 Asn 上含有胺基的側鏈上，經由內質網與高基氏體加以修飾後得以順利分泌至胞外[18]。然而在 *S. cerevisiae*，許多醣蛋白上的醣是簡單且具長鏈的 mannose，造成 hypermannosylation 的現象，而不同於高等真核醣蛋白質的修飾[19]。另外，*S. cerevisiae* 還能執行其他轉譯後修飾，如 N-terminal acetylation、phosphorylation、myristylation 和 isoprenylation 等。

2. *Pichia pastoris* 表達系統（*Pichia pastoris* expression system）

(1)簡介

嗜甲基酵母菌（*Pichia pastoris*）在早期是用來生產單一細胞蛋白質（single cell protein）之菌株，因其在簡單培養基中能很容易地長到高密度的細胞數[20]。而目前發展出來的高表現系統是使用甲醇誘導性 alcohol oxidase 1（AOX 1）啓動子，並且插入 *P. pastori* 的染色體中。基因重組蛋白質在 *P. pastoris* 中的表現量一般可達到總細胞蛋白質的 5～40%的表現量，遠高於 *S. cerevisiae* 的表現量，此表現量相當於 *E. coli* 與昆蟲細胞/桿狀病毒表現系統可達到的表現量。*P. pastoris* 表現系統主要的優點有：①高胞內蛋白產率；②高分泌性蛋白表現；③簡單醱酵易達高密度；④基因穩定度與放大量產無損產率。例如，高於 12 g/L tetanus toxin fragment 與 1.34 g/L secreted human serum albumin 的表現[21，22]。

(2)表現策略

①基因 copy 數的影響

因為目前尚無穩定的 episomal DNA 質體發展出來，所以染色體嵌入性質體便被採用。對於蛋白質在胞內的表現而言，基因 copy 數通常是影響產量的重要因素，但對於分泌性蛋白質的表現則非如此，太高的 copy 數有時甚至會降低分泌性蛋白質的產量，所以，最佳而非最大的 copy 數才是蛋白質表現時所需要考慮的。

②轉殖的形式

質體可以兩種方式嵌入染色體中，端視轉殖前質體於何處被 DNA 限制酶所線性化。(a)嵌入染色體的 AOX 1 或 HIS 4 區域中：在位於質體上的 AOX 1 啓動子中，或於 HIS 4 中以 DNA 限制酶切一刀，將線性化的質體轉殖進入宿主後，會導致質體以相似的序列在染色體中以同源重組（homologous recombination）方式，將質體嵌入其中。除了單一 copy 數轉殖株外，亦可因爲重複重組的發生，而得到多 copy 數的轉殖株。(b)置換出 AOX 1：質體在用 DNA 限制酶切開後，可得到一個含有兩端相似於 AOX 1 基因的表現片段，這將導致基因重組而置換出染色體上的 AOX 1，產生了 aox 1 株，其表現型是 Mut^s（methanol utilization slow），而與野生株 Mut^+不同。這種方式理論上僅會產生含一個 copy 數的宿主細胞[23]。

(3)宿主細胞一質體與轉殖方法

①宿主細胞

一般較常使用的 *P. pastoris* 菌株有 GS115（*his 4*）與 KM71（*his 4 aox 1 : ARG 4*）。而近來有蛋白質分解酶缺陷株 SMD1168（*his 4 pep 4*）被發展出來可供使用，它可降低基因重組蛋白質被蛋白酶分解的機會[23]。一般而言，KM71 的轉殖效率是 GS115 的 2～4 倍左右。

②質體（plasmid）

（圖 11.1A）中顯示出典型胞內表現質體 pPIC3 與含有 α-factor signal peptide 的分泌性表現質體 pPIC9，pPIC3 與 pPIC9 納入抗 kanamycin 基因之後即成爲 pPIC3K 與 pPIC9K。目標基因必須接入 MCS（multiple cloning sites, 圖 11.1B）中，若是希望於胞內表現的蛋白質則需注意 *Nco I*的存在，因 *Nco I* site 中含有 ATG 序列；若是希望能被分泌至胞外的蛋白質，則需注意其 cDNA 必須與 pPIC9 或 pPIC9K 中 α-factor signal peptide 的序列 in-frame，否則便無法表現

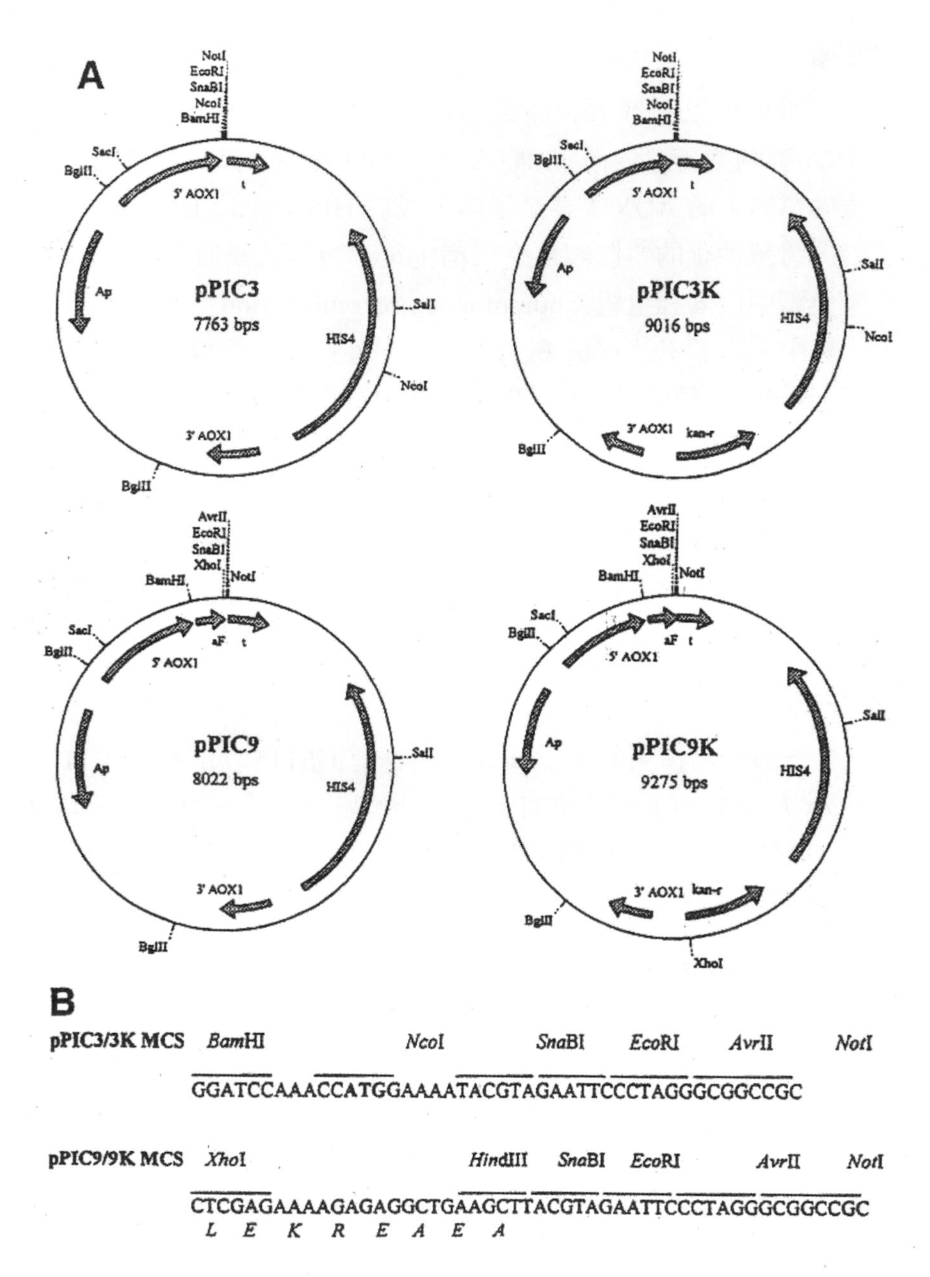

圖 11.1 *Pichia pastoris* 典型之胞內與分泌性表現載體。（A）胞內表現載體 pPIC3 與 α-factor 分泌性載體 pPIC9，加入抗 kanamycin 基因之後的 pPIC3K 與 pPIC9K。（B）Multiple cloning sites 的基因序列。

出目標蛋白質。最近，Invitrogen（Carlsbad, CA, USA）推出 pPICZ 系列質體，是利用 Zeocin 抗生素來做菌株篩選，Zeocin 在 *E. coli* 與酵母菌皆有做菌株篩選功能。由於 pPICZ 質體經過特殊的設計，其大小較傳統所使用的質體小很多，使同源重組有較好的效率，故篩選到多 copy 數轉殖株的機率也較高。pPICZ 序列亦含有 α-factor signal peptide 可供蛋白質的胞外表現所使用。所有的質體皆含有 myc epitope 與（His）$_6$ Tag 的基因序列，使用者可自行決定是否要將這些序列包含在蛋白質的 C 端。此外，pGAPZ 與 pGAPZα 是相似於 pPICZ 與 pPICZ 的質體，但是採用強的持續表現啓動子 GAP（glyceraldehyde 3-phosphate dehydrogenase）來驅動，因此，蛋白質的表現是持續在進行著的，而不需要經由更換培養基的誘導步驟。

③電穿孔轉殖法

電穿孔是一種簡單又快速的 *P. pastoris* 轉殖法，配合上 G418 抗生素篩選程序，成爲能夠快速分離出多 copy 數轉殖株的常用的方法[24]。通常，這種方法配合使用 KM71 菌株的 AOX 1 嵌入法，轉殖效率可達 1000～2000 colonies/μg DNA。而置換法的效率一般都偏低，大約只有嵌入法的二十分之一。

(4)*P. pastoris* 之培養

通氣是 *P. pastoris* 培養與蛋白質表現的重大關鍵因素，因爲當氧氣不足時，細胞生長與誘導蛋白質表現的效率會大大地下降，因此劇烈攪拌且使用表面積與體積比例較大的培養瓶是最佳的選擇。當誘導表現分泌性蛋白質前，應儘量減少培養基的體積以增加細胞濃度來提高培養基中目標蛋白質的濃度，若有需要，可於表達實驗完成後，再進一步濃縮所收取的培養基。而爲了避免蛋白質水解效應，可採用 SMD1168 當宿主細胞，或用 pH 值爲 6.0 含 0.1M 磷酸鈉的緩衝培養基，更可添加 1% casamino acids，可減輕目標蛋白質被水解的程度。

爲了讓細胞生長與蛋白質表現最佳化，*P. pastoris* 的培養常常需要在醱酵槽中進行。*P. pastoris* 的醱酵培養，可以輕易地達到高細胞密度（每升＞130 克乾菌重），只需控制 pH 值、溶氧、溫度、攪拌速度與通氣之流速即可。而培養基則需含有 basal salt、trace elements 與 glycerol。醱酵過程包含三個階段：①批次生長期；②達高密度後，適度的 glycerol 饋料；③甲醇誘導數天[25]。

11-3-2 桿狀病毒表達系統

在選擇一個合適的蛋白質表現系統之前，必須先考慮所欲表現的重組蛋白之生化特性。原核生物中的 *E. coli*，與真核生物中的 *S. cerecisiae* 與哺乳動物細胞蛋白質表現系統已被廣泛應用在生產可用於治療臨床疾病的藥物[26]。但是若從重組蛋白質於基礎研究的使用角度來說，桿狀病毒表達系統（baculovirus expression system）是一種功能十分強大且非常受歡迎的蛋白質表現達統，最重要的原因是，此表達系統爲目前所存在真核細胞表達系統中，最有潛力可以被使用者，在最短的時間內，得到最大量的基因重組蛋白質。以下我們將針對桿狀病毒表現系統（baculovirus expression system）作更進一步之深入探討。

1. 桿狀病毒的特性

廣義的來說，桿狀病毒是由一個相當大的族群所組成，他們是一群環狀雙股 DNA 病毒，且基因體長度介於 80～220 Kb。目前的研究顯示桿狀病毒對於無脊椎動物的感染力有很強的專一性，且宿主主要是節肢動物。基於這個特性，最初生物學家對於桿狀病毒的應用研究，其研究的方向主要著重於如何利用桿狀病毒來進行微生物病蟲害防治[27]。

到目前爲止，已有許多不同種類的桿狀病毒被選殖出來[28]。其中，*Autograph californica* multiple nuclear polyhedrosis virus（AcMNPV）是目前最爲被廣泛地應用來製備及研究基因重組蛋白質的一株桿狀病毒[29]，他的基因體全長約 135 Kb，且已經完成全部定序[30]，主要可感染的宿主昆蟲細胞爲：*Spodoptera frugiperda*（Sf），*Trichoplusia ni*（Tn），

Mamestra brassicae 及 *Estigmene acrea*。由於上述昆蟲細胞生長快速、容易在實驗室中培養，且培養基價格低廉[31，32]，因此在需要利用基因重組蛋白質的研究領域中，桿狀病毒表達系統是一項不可或缺的重要工具。此外，再從蛋白質轉譯後修飾的觀點而言，利用昆蟲細胞所製備而得的重組蛋白質，其轉譯後的修飾模式諸如：磷酸化（phosphorylation）、醣基化（glycosylation）等，已趨近於高等真核生物，此類蛋白質轉譯後修飾的生化反應，在一般原核生物，如大腸桿菌中，是無法進行的。

當然，在昆蟲細胞內所能完成的轉譯後修飾，特別是醣基化修飾，尙有改進的空間[33]，因此，如何利用遺傳工程技術進一步改善昆蟲細胞內的蛋白質轉譯後修飾系統，配合 AcMNPV 的高度專一性感染力，使其所製備出來的重組蛋白質具有和高等真核生物內生性蛋白質更爲類似，甚至完全相同的轉譯後修飾，是目前科學家們所須要努力的目標之一。

最近幾年的研究指出，在特定條件下，桿狀病毒亦可將其基因攜帶至非其原使宿主的細胞內[34]，其中包括哺乳動物細胞。由於桿狀病毒哺乳動細胞中不能複製及繁殖，因此，亦有研究論文討論使用桿狀病毒作爲基因療法之基因載體的可行性[35]。

2.重組病毒的製備

如何將外來基因構築於桿狀病毒 AcMNPV 之基因體上，是探討此蛋白質表現系統時，所應了解的第一個問題。隨著桿狀病毒 AcMNPV 基因體的定序完成，科學家們已經可以利用病毒同源性基因序列互換的技術（homologous recombination），將外來基因精準地安插於具有強烈轉錄活性的啓動子區位，進而構築成一株帶有外來基因的重組病毒（recombinant virus）[36，37]。

到目前爲止，在桿狀病毒 AcMNPV 的基因體序列上，已經發現至少有兩個區位的基因序列可以被置換出來，而不至於影響到病毒複製的能力，這兩個基因分別是 *Polyhedrin* 及 *p10*，它們皆是病毒生活史中，於晚期所表現的基因，主要的功能在於形成 occlusion bodies，occlusion bodies

的主要生物功能爲保護其所包埋的桿狀病毒的病毒顆粒，可以避免病毒遭受外在惡劣環境的物理或化學性的傷害。實驗室中的研究證明，AcMNPV 若缺乏 *Polyhedrin* 及 *p10* 這兩個基因，仍然能夠在實驗室中被完整地保存，因此，實驗室中 AcMNPV 的基因重組，幾乎都控製使其發生在這兩個基因所在的區域。由於 *Polyhedrin* 及 *p10* 皆是由很強的啓動子所調控，因此當我們分別利用外來基因將此兩基因置換出來所構築而成的重組病毒，即可在宿主昆蟲細胞內大量表現所欲表現的重組蛋白質。

其次，由於重組病毒主要是經由病毒同源性基因序列互換（homologous recombination）所製備而得，因此，當我們將一個帶有病毒同源性基因序列及外來基因序列的載體 DNA 連同桿狀病毒 DNA 一起送入宿主昆蟲細胞內進行基因序列互換的同時，如何有效提升基因序列互換的頻率，及建構一套快速的重組病毒選殖系統，一直也是科學家們所持續積極研究的目標，且已經有許多良好的成果發表[38]，至於是否有其他區位的病毒基因序列可以被置換，且不影響到病毒原有的生活史，仍是科學家們所正在探索的目標。

科學家們近年來發現，基因重組病毒也可以使用 *E. coli* 或 yeast 來製備，並且已證明了，如此可以有效地提升重組病毒選殖的效率，並且大大地縮短了重組病毒製備所需的時間[39，40]。此外，藉由報導基因（reporter gene），如 *Lac Z* 及綠螢光蛋白基因（Green fluorescent protein, GFP）與紅螢光蛋白基因（DsRED）的引入所構築而成的重組病毒，配合光學技術的應用，亦可大幅提升重組病毒選殖時的效率[41]。至於在提高病毒同源性基因序列互換的機率方面，可以利用重組酵素（recombinase），配合酵素專一性基因序列的引入，來進行細胞內或者是試管中重組病毒基因體的構築，Cre-Lox 專一性基因序列重組系統及即一個很典型的例子[42]。

如前所述，桿狀病毒的基因體爲環狀結構，而加工而成的線型病毒 DNA（linearized virus DNA），乃是目前被大家廣爲用來製備重組病毒的一項工具[38]，此項技術主要是利用 DNA 限制酶將純化之病毒基因體上的一段重要基因序列（essential gene sequence）切除，如此一來所製備而得的線型病毒 DNA，由於缺少此一重要基因序列，即使能夠回復爲原有的環狀結構，也不能夠恢複病毒複製及繁殖的能力。但是，此時若配合救援質體（rescue vector）的構築，此救援質體除了帶有原先線型病毒所缺失的重要基因序列外，還帶有我們所欲表現的重組蛋白基因序列，經過線型病毒 DNA 與救援質體之間的同源性基因序列互換後，便能夠產生具有複製能力的基因重組桿狀病毒。一般說來，使用線型病毒技術來製備重組病毒時，所得到的病毒後代，幾乎 100%都是帶有外源基因的重組病毒，相對地，若以傳統的方法來製備重組病毒時，則僅有＜0.1%的病毒後代是帶有外源基因的。

除此之外，我們還可以將螢光標記基因或是報導基因一同構築於救援質體上，當我們將線型病毒 DNA 連同救援質體 DNA 一起送入宿主昆蟲細胞時，藉由活體內病毒同源性基因序列互換系統的作用，我們即可成功的構築出一株帶有重組蛋白基因序列及標記基因（marker gene）序列並且具有複製繁殖能力的重組病毒，由於此重組病毒帶有標記基因序列，因此將更有利於我們接下來選殖純系重組病毒株工作的進行。

3. 病毒表面蛋白質展示技術（baculovirus display technology）

目前，科學家們已經能夠極有效率地利用重組桿狀病毒來製備各種不同的重組蛋白質，這些蛋白質可以直接地表現在宿主昆蟲細胞內的特定區域。本小節將介紹一種特殊的重組蛋白質表現模式，即是將重組蛋白質直接展示在桿狀病毒的表面膜蛋白外層。

在 1995 年，Boublik 等人的研究報告指出，將一段外來的蛋白質基因序列安插於桿狀病毒表面膜蛋白（即 GP67）的基因序列當中，之後經由宿主昆蟲細胞的蛋白質表現系統作用，即可將外源重組蛋白質直接展示於病毒的表面膜蛋白的外層[43]。病毒表面蛋白展示技術已廣泛地被應用於許多基礎應用的研究，相較於以原核細胞爲基礎的噬菌體表面蛋白展示技術，桿狀病毒表面蛋白質展示技術乃是以真核細胞爲基礎的，因此，需要利用蛋白質展示技術的研究人員，可以根據研究的需求，選擇使用以原核或真核細胞爲基礎的蛋白質展示技術。目前，科學家們亦正努力研究如何將重組蛋白的 cDNA library 構築於病毒的基因體上，配合宿主昆蟲細胞的蛋白質轉譯後修飾系統及病毒表面蛋白展示技術，建構一個具有完整轉譯後修飾模式的重組蛋白資料庫（recombinant protein cDNA library），以利於更進一步生物技術或分子醫學等相關研究工作的進行。

4.宿主昆蟲細胞蛋白質轉譯後修飾系統的改進工程

有別於原核生物的蛋白質表現系統，在真核生物的蛋白質表現系統中最主要的差別之一在於蛋白質轉譯後修飾作用的進行，諸如：磷酸化或醣基化等。僅就醣基化修飾的作用而言，高等哺乳動物的蛋白質轉譯後醣基化修飾模式，就比酵母菌及昆蟲細胞的要複雜許多。根據許多的研究報告顯示，一個具有完整轉譯後修飾模式的重組蛋白質，對於其生物活性的維持及提升，具有一定的影響力，因此，爲了能夠成功地利用桿狀病毒來大量表現具有生物活性的高等哺乳動物重組蛋白，科學家們正積極地運用分子生物學及代謝工程（metabolic engineering）的技術，來提升宿主昆蟲細胞的蛋白質轉譯後修飾的能力，以期能在最有效率的條件下大量製備具有生物活性的高等真核生物重組蛋白。

不同的昆蟲細胞株，其醣基化修飾的能力各自不同。醣蛋白的醣基化修飾分兩種：N-glycosylation 及 O-glycosylation。N-glycosylation 是在昆蟲細胞中蛋白質的胺基酸序列爲 Asn-X-Ser/Thr 時會在 Asn（asparagine）上有醣基化修飾。而 O-glycosylation 主要是發生在 Serine 或 Threonine 上的-OH 基上。

在昆蟲細胞表現系統中，其醣基化修飾不同於哺乳細胞表現系統。如（圖11.2）所示，哺乳類細胞的 N-glycosylation 路徑，從已產生的蛋白質上的寡醣（oligosaccharide）Glc_3-Man_9-$GlcNAc_2$ 上開始。經由一些酵素對葡萄糖的修飾製造出“high mannose”的醣基，如 $Man_9GlcNAc_2$ 或 $Man_{5\text{-}8}GlcNAc_2$ 等。有些 N-linked 的醣基不會再有進一步的轉譯後修飾而保持這種 high mannose 的形式。而其它的則經由 class I α-mannosidase 的修飾除去了四個 mannose

製造出 $Man_5GlcNAc_2$。再經由 N-acetylglucosaminyltransferase I 增加一個 GlcNAc（N-acetyl glucosamine）到醣基上產生 $GlcNAcMan_5GlcNAc_2$。在增加了 GlcNAc 到醣基上後，α-mannosidase II 便能夠再除去兩個 mannose 產生 $GlcNAcMan_3GlcNAc_2$，這個醣基的形成則可經由一些醣轉移酶的作用而進一步的製造出"complex"形式的醣基，醣轉移酶包含了 N-acetylglucosaminyltransferase，fucosyltransferases, galactosyltransferases，及 sialyltransferase 等[18]。

而在許多的昆蟲細胞株中，由於缺乏較高等的醣基化修飾能力，並且有 N-acetylglucosaminidase 會清除醣基上的 GlcNAc，而產生所謂的 paucimannose 形式的醣蛋白，因此，僅有少數已發現的細胞株會產生極少量的 complex 形式的醣蛋白。如 Trichoplusia ni（TN-5B1-4）的幼蟲中，會產生具有 galactose 的醣基，及會產生具有 sialic acid 的醣基[44]。

在哺乳類細胞中醣蛋白主要的 N-glycan 為 complex 的形式，主要為有五個糖分子所構成的一個主架構，即兩個 GlcNAc 及三個 mannose，在 mannose 後會有 GlcNAc，galactose，及 sialic acid 等糖分子接上。由於許多在人類的血液中與細胞表面上的醣蛋白或醣脂質，其醣基的尾端常有 sialic acid，這些有 sialic acid 的醣蛋白在許多細胞與細胞間的交互作用及免疫反應中，扮演者很重要的角色。

利用桿狀病毒表現系統，可以在很短的時間內，產生大量的相較於哺乳類細胞所能生產的具有活性的基因重組蛋白質，此外，維持桿狀病毒表現系統的成本較為低廉，而在製造重組蛋白時在桿狀病毒上的基因調控也很容易，故桿狀病毒表現系統已成為一個非常重要的基因重組蛋白質表現系統。

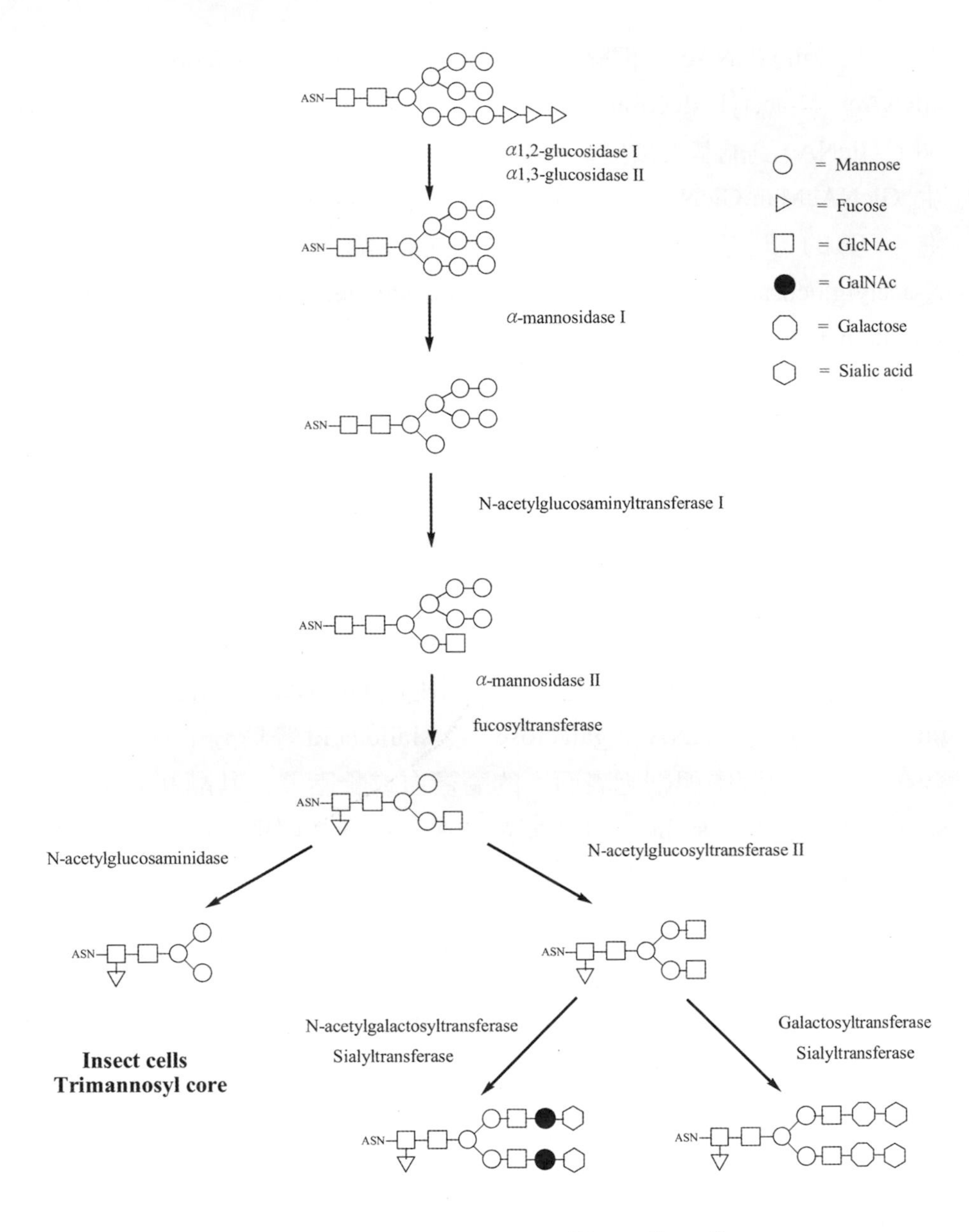

圖 11.2 哺乳類細胞及昆蟲細胞內的醣基化修飾途徑

11-4 結語

在許多需要利用基因重組蛋白質的研究計畫中，皆發現重組蛋白質的產生，常常是研究人員所遭遇的第一個瓶頸，而很多的情況是，研究人員在接觸了這個領域後，並且投資了相當量的儀器設備、人力資源、及很長的時間後，才切身地體會到了經驗在蛋白質表現的重要性，但經常也有錯過了重要的第一時間的情況發生。爲了避免個別實驗室在蛋白質表現方面必需的單打獨鬥，也爲了提升整體研究發展的效率，在世界上許多著名的研究機構、藥廠、生技公司，及一流的大學內，皆有蛋白質表達與純化的核心實驗室的設立，這類的核心實驗室並且已經扮演著一個十分重要的角色，其主要目的在於以一高效率的技術平台，有效率的表現與純化量高質純的蛋白質，以提供各種不同研究的需求，蛋白質表達核心實驗室一般均熟悉二至三種互補性甚高的蛋白質表達系統，以提高整體的成功機率。

很多人常常說，基因重組蛋白質的表現，是一門先進的科學技術，但是這門科學有很多藝術的成份在內，也就是說，用心地實作，是研究人員在這個領域能夠成功的最重要的關鍵。

11-5 問題與討論

1. 請敘述將質體 DNA 導入酵母菌的方法及原理。

2. 當質體DNA進入細胞中後，質體DNA將有何命運？(Hints: episomal, integration, homologous recombination, ...)

3. 在蛋白質表達系統中，表達特定的蛋白質時，有時會遭遇到 codon usage 的問題，請問何謂 preferred codon？

4. 請簡述桿狀病毒表達系統的操作原理。

5. 何謂「蛋白質轉譯後修飾」，試舉五例以說明之？

參考文獻

1. Swartz, J. R., “Advances in Escherichia coli production of therapeutic proteins,” *Curr Opin Biotechnol.*, 12(2): 195-201, 2001.

2. Donovan, R. S., Robinson, C. W. and Glick, B. R., “Review: optimizing inducer and culture conditions for expression of foreign proteins under the control of the lac promoter,” *J Ind Microbiol.*, 16(3): 145-54, 1996.

3. Chen, E., “Host strain selection for bacterial expression of toxic proteins,” *Methods Enzymol*, 241: 29-46, 1994.

4. 楊玉齡譯，《番茄一號—全球第一個上市基改食品「莎弗番茄」的起與落》，遠流出版，2002。（*First Fruit, The Creation of the Flavr Savr Tomato and the Birth of Biotech Food*, by Belinda Martineau, Publisher: McGraw-Hill/Contemporary Books, 2001, ISBN: 0071360565）

5. Mason, H. S., Warzecha, H., Mor, T. and Arntzen, C. J., “Edible plant vaccines: applications for prophylactic and therapeutic molecular medicine,” *Trends Mol Med.*, 8(7): 324-9, 2002.

6. Giddings, G., Allison, G., Brooks, D. and Carter, A., “Transgenic plants as factories for biopharmaceuticals,” *Nat Biotechnol.*, 18(11): 1151-5, 2000.

7. Cramer, C. L., Boothe, J. G. and Oishi, K. K., “Transgenic plants for therapeutic proteins: linking upstream and downstream strategies,” *Curr Top Microbiol Immunol*, 240: 95-118, 1999.

8. Houdebine, L. M., “Transgenic animal bioreactor,” *Transgenic Res.*, 9(4-5): 305-20, 2000.

9. Smutzer, G., “Cell-free transcription and translation,” *The Scientist*, 15(1): 22, 2001.

10. Buckholz, R. G.,and Gleeson, M. A., “Yeast systems for the commercial production of heterologous proteins,” *Biotechnology* N Y., 9(11): 1067-72, 1991.

11. Hitzeman, R. A., Hagie, F. E., Levine, H. L., Goeddel, D. V., Ammerer, G. and Hall, B. D., "Expression of a human gene for interferon in yeast," *Nature*, 293, 717, 1981.

12. Mount, R. C., Jordan, B. E. and Hadfield, C., "Transformation of lithium-treated yeast cells and the selection of auxotrophic and dominant markers," *Methods Mol Biol.*, 53: 139-45, 1996.

13. Bitter, G. A. and Egan, K. M., "Expression of interferon-gamma from hybrid yeast GPD promoters containing upstream regulatory sequences from the GAL1-GAL10 intergenic region," *Gene*, 69(2): 193-207, 1988.

14. Hovland, P., Flick, J., Johnston, M. and Sclafani, R. A., "Galactose as a gratuitous inducer of GAL gene expression in yeasts growing on glucose," *Gene*, 83(1): 57-64, 1989.

15. Sleep, D., Belfield, G. P., Balance, D. J., Steven, J., Jones, S. and Evans, L. R. "Saccharomyces cerevisiae strains that overexpress heterologous proteins," *Bio/Technolohy*, 9, 183, 1991.

16. Kjeldsen, T., "Yeast secretory expression of insulin precursors," *Appl Microbiol Biotechnol.*, 54(3): 277-86, 2000.

17. Umebayashi, K., Hirata, A., Fukuda, R., Horiuchi, H., Ohta, A. and Takagi, M., "Accumulation of misfolded protein aggregates leads to the formation of russell body-like dilated endoplasmic reticulum in yeast," *Yeast*, 13(11): 1009-20, 1997.

18. Helenius, A. and Aebi, M., "Intracellular functions of N-linked glycans," *Science*, 291(5512): 2364-9, 2001.

19. Gemmill, T. R. and Trimble, R. B., "Overview of N- and O-linked oligosaccharide structures found in various yeast species," *Biochim Biophys Acta*, 1426(2): 227-37, 1999.

20. Cregg, J. M., Cereghino, J. L., Shi, J. and Higgins, D. R., "Recombinant protein expression in Pichia pastoris," *Mol Biotechnol.*, 16(1): 23-52, 2000.

21. Clare, J. J., Rayment, F. B., Ballantine, S. P., Sreekrishna, K. and Romanos, M. A., "High-level expression of tetanus toxin fragment C in Pichia pastoris strains

containing multiple tandem integrations of the gene," *Biotechnol.ogy* (N Y), 9(5): 455-60, 1991.

22. Bushell, M. E., Rowe, M., Avignone-Rossa, C. A. and Wardell, J. N., "Cyclic fed-batch culture for production of human serum albumin in Pichia pastoris," *Biotechnol. Bioeng.*, 82(6): 678-83, 2003.

23. Cereghino, J. L., Cregg, J. M., "Heterologous protein expression in the methylotrophic yeast Pichia pastoris," *FEMS Microbiol Rev.*, 24(1): 45-66, 2000.

24. Scorer, C. A., Clare, J. J., McCombie, W. R., Romanos, M. A. and Sreekrishna, K., "Rapid selection using G418 of high copy number transformants of Pichia pastoris for high-level foreign gene expression," *Biotechnology* (N Y), 12(2): 181-4, 1994.

25. Cereghino, G. P., Cereghino, J. L., Ilgen, C. and Cregg, J. M., "Production of recombinant proteins in fermenter cultures of the yeast Pichia pastoris," *Curr Opin Biotechnol.*, 13(4): 329-32, 2002.

26. Andersen, D. C. and Krummen, L. "Recombinant protein expression for therapeutic applications," *Curr Opin Biotechnol.*, 13(2): 117-23, 2002.

27. Inceoglu, A. B., Kamita, S. G., Hinton, A. C., Huang, Q., Severson, T. F., Kang, K. and Hammock, B. D., "Recombinant baculoviruses for insect control," *Pest Manag. Sci.*, 57, 981-987, 2001.

28. Murphy, F. A., Fauquet, C. M., Bishop, D. H. L., Ghabrial, S. A., Jarvis, A. W., Martelli, G. P., Mayo, M. A. and Summers, M. D.（Eds）, "Classification and Nomenclature of Viruses. Sixth report of the international committee on taxonomy of viruses," In: **Virus Taxonomy**, New York: Springer-Verlag; 1995.

29. Smith, G. E., Summers, M. D. and Frazer, M. J., "Production of human beta-interferon in insect cells infected with a baculovirus expression vector," *Mol. Cell Biol.*, 3, 2156-2165, 1983.

30. Ayres, M. D., Howard, S. C., Kuzio, J., Lopez-Ferber, M. and Possee, R. D., "The complete DNA sequence of Autographa californica nuclear polyhedrosis virus," *Virology.*, 202(2): 586-605, 1994.

31. King, L. A., Possee, R. D., **The baculovirus expression system: a laboratory manual**, London: Chapman and Hall, 1992.

32. Sondergaard, L., "Drosophila cells can be grown to high cell densities in a bioreactor," *Biotechnology techniques*, 10, 161-166, 1996.

33. Altmann, F., Staudacher, E., Wilson, I. B. and Marz, L., "Insect cells as hosts for the expression of recombinant glycoproteins," *Glycoconj J.*, 16(2): 109-23, 1999.

34. Lee, D. F., Chen, C. C., Hsu, T. A. and Juang, J. L., "A baculovirus superinfection system: efficient vehicle for gene transfer into Drosophila S2 cells," *J Virol.*, 74(2): 11873-80, 2000.

35. Kost, T. A. and Condreay, J. P., "Recombinant baculoviruses as mammalian cell gene-delivery vectors," *Trends Biotechnol.*, 20(4): 173-80, 2002.

36. Henderson, J., Atkinson, A. E., Lazarus, C. M., Hawes, C. R., Napier, R. M., Macdonald, H. and King, L. K., "Stable expression of maize auxin-binding protein in insect cell lines," *FEBS Lett.*, 371, 293-296, 1995.

37. Davies, A. H., "Current methods for manipulating baculoviruses," *Nat. Biotechnol.*, 12, 47-50, 1994.

38. Kitts, P. A. and Possee, R. D., "A method for producing recombinant baculovirus expression vectors at high frequency," *Biotechniques*, 14, 810-817, 1993.

39. Luckow, V. A., Lee, S. C., Barry, G. F. and Olins, P. O., "Efficient generation of infectious recombinant baculoviruses by site-specific transposon-mediated insertion of foreign genes into a baculovirus genome propagated in Escherichia coli," *J. Virol.*, 67, 4566-4579, 1993.

40. Patel, G., Nasmyth, K. and Jones, N., "A new method for the isolation of recombinant baculovirus," *Nucleic Acids Res.*, 20, 97-104, 1992.

41. Wilson, L. E., Wilkinson, N., Marlow, S. A., Possee, R. D. and King, L. A., "Identification of recombinant baculoviruses using green fluorescent protein as a selectable marker," *Biotechniques*, 22, 674-681, 1997.

42. Peakman, T. C., Harris, R. A. and Gewert, D. R., “Highly efficient generation of recombinant baculoviruses by enzymatically medicated site-specific in vitro recombination,” *Nucleic. Acids Res.*, 20, 495-500, 1992.

43. Boublik, Y., DiBonito, P. and Jones, I. M., “Eukaryotic virus display : engineering the major surface glycoprotein of the Autographa californica nuclear polyhedrosis virus（AcNPV）for the presentation of foreign proteins on the virus surface,” *Nat. Biotechnol.*, 13, 1079-1084, 1995.

44. Davis T. R. and Wood H. A. “Intrinsic glycosylation potentials of insect cell cultures and insect larvae,” *Vitro Cell Dev Biol Anim*. 31(9): 659-63, 1995.

第十二章

功能性基因體學

FUNCTIONAL GENOMICS

李文乾

12-1 發展沿革

隨著人類基因體計畫（Human Genome Project）染色體 DNA 定序工作的完成，以及近百種微生物與動、植物生物體的基因體定序的陸續完成或者緊鑼密鼓的在進行，我們說處在這種鉅量的序列訊息的現在是後基因體時代（post-genome era）。一般人把功能性基因體學（functional genomics）定義爲後基因體時代的主要及熱門研究領域。功能性基因體學一詞最近廣泛被使用，但被賦予不同的意義。雖然基因體（genome）這個名詞有八十年以上的歷史，基因體學（genomics）這個名詞則在 1986 年才由 Thomas Roderich 提出並定義爲建立圖譜（mapping）、定序、以及分析基因體的科學[1]。建構一個生物體之高解析度遺傳圖譜（genetic map）、基因體定位（physical map）、以及轉錄圖譜（transcript map）的研究稱爲結構基因體學（structural genomics），完整的 DNA 定序結果最終就是完成基因體定位。功能性基因學則代表不同面貌的基因體分析，結構基因體學所產生的龐大的訊息提供一肥沃的土地，讓創造性的思考滋生，各種新的技術也因應而生。因此 Hieter 與 Boguski 將功能性基因體學定義爲：「發展及應用具有廣泛性（基因體或系統層次）的實驗方法，利用結構基因體學所提供的資訊與試劑（reagents）來確定（assess）基因的功能」[1]。更明確一點，這是利用定序一個生物體所得的所有訊息、數據，透過研究開發的各種高處理量技術（high-throughput technologies）有效率地定量分析所有的 mRNA、蛋白質、以及代謝物[2]。

其中最熱門的高處理量技術之一就是建立 cDNA 或 mRNA 的微列陣（microarrays），利用這種微列陣可以獲得基因體的表現（在 mRNA 層次），當然也對單一生物體或代謝途徑探討其基因網路及調節機制。各種跡象顯示，光是微列陣即 mRNA 層次的探討還是不夠，必須搭配蛋白質層次的表現一起探討才能對特定的目標有一完整的分析[3]。也就是說，轉錄層次的表現還不是真正的生物之 phenotype，一個生物體的基因序列分析研究最後必然導向蛋白質層次，即蛋白體的研究。細胞內的蛋白質最主要的功能就是催化代謝物之間的轉化反應，細胞內代謝反應的總和代表大部份的生命機能，因此量測代謝物濃度變化可觀察基因表現之最終結果。

功能性基因學的研究是針對整個基因體，一個基因的表現首先是轉錄 DNA 片段上的訊息合成 mRNA，再轉譯這個訊息合成蛋白質，對應整個基因體，一個生物體或細胞內所表現的全部 mRNA 稱爲轉錄體（transcriptome），所有的蛋白質即稱蛋白體（proteome），蛋白質的運作即造成細胞之各種功能的發揮，而大部份的蛋白質參予了代謝反應，造成代謝物濃度的改變，所有的代謝物即稱爲代謝體（metabolome）。它們之間的關聯如（圖 12.1）所示。

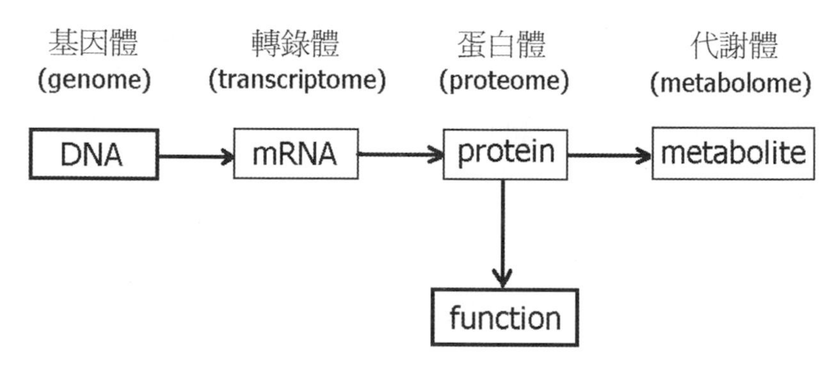

圖 12.1 功能性基因體學研究之關聯圖

隨著各生物之基因體的定序完成，龐大的序列資料雖然上網隨手可取，卻也考驗著電腦與統計學者以及生物學家如何註解這些序列資訊，因此有生物資訊學（bioinformatics）的蓬勃發展。加上各種高處理量技術分析轉錄體、蛋白體、代謝體產生的各項實驗數據，生物資訊學因此成為後基因體時代研究的重要工具。

12-2 微列陣（Microarray）

功能性基因體學主要的研究是探討基因藍圖（DNA 序列）與生物體的結構與行為之間的關聯，各種工具與技術因研究需要而發展。利用 cDNA 螢光標記的微列陣即其中之一[4]，它可以檢測細胞內 mRNA 的表現，因此可以將基因系列訊息與相關的功能與結構連貫起來。微列陣（microarray）或叫做 DNA 微列陣（DNA microarray），通俗名稱為生物晶片（biochip）、基因晶片或 DNA 晶片（DNA chip），是研究細胞內所有 mRNA 表現的主要工具。一個生物體或細胞整體的 mRNA 表現稱為轉錄體，與基因體及蛋白體對應，因此應用微列陣的研究也有人稱做轉錄體學（transcriptomics）。

（圖 12.2）為典型的 DNA 微列陣操作之示意圖，其技術是將成千上萬個 cDNA（長度約 500～5000 個鹼基）或寡核苷酸（長度約 20～25 個鹼基）探針以特定的微矩陣排列方式，藉由點墨（spotting）或就地合成（in situ synthesis）的方法，固定在經特殊處理之玻璃或其他材質的晶片上，即得 DNA 微列陣（晶片）。接著，根據不同的研究目的與需要，將生物體內之 RNA（或逆轉錄 PCR 放大之後的 DNA）樣品以螢光標記處理，待測與參考樣品分別標記不同波長的螢光分子，之後與所得晶片上之 DNA 探針進行雜合（hybridization），經過高靈敏度之雷射光的激發及掃瞄後，放射出來的兩種波長的螢光可同時被收集並數位化，以用來估量基因表現的程度，即可獲得大規模之基因表現圖譜（gene expression profile）。

雜合之 DNA 微列陣經掃描之後，藉由電腦及分析軟體，可同時獲得、分析成千上萬個基因資訊。與傳統基因表現測定方法如北方墨點法（Northern Blot）比較，DNA 微列陣技術具有體積小、高處理量、快速、應用範圍廣、樣品需求少以及可同時獲得大規模的基因表現等特性，已被公認爲最強效的基因體分析工具，廣泛應用於差異性基因表現分析、新藥開發、疾病診斷分析等各種用途。DNA 微列陣是學界、醫界與產業界科學家們常用來觀察基因表現的工具，探討不同的基因表現類型，樣品來源包括發育的各個階段，疾病時，或者不同型態的體細胞或組織。

事實上，除了 DNA 微列陣技術之外，基因表現連續分析法（serial analysis of gene expression，簡稱 SAGE）也是分析基因表現（轉錄體分佈）的主要方法。SAGE 是 1995 年 Velculescu 等人所提出的方法[5]，SAGE 是與微列陣不同的另外一個高效率分析方法。每一個從細胞的 mRNA 得到的 cDNA 都被賦予一個識別標記（a SAGE tag），長度約 10～14 個鹼基對，可以單獨的鑑定每一個轉錄產物。利用定序方式計算細胞內各個 mRNA 識別標誌的種類與數目，即可分析細胞內所有基因的表現種類與數量，因此這個方法比一般的微列陣更有定量的功能。

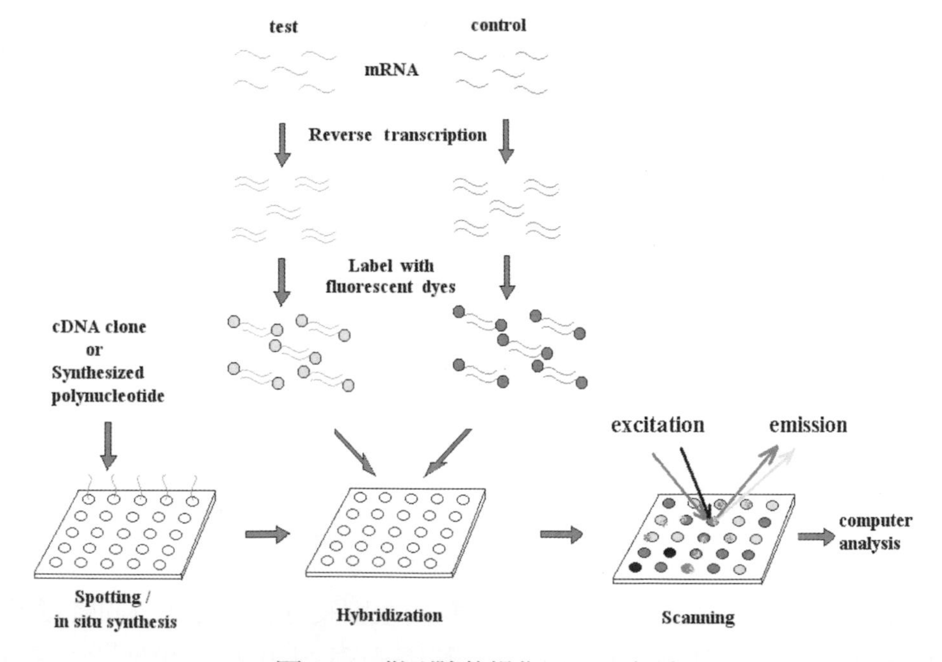

圖 12.2 微列陣的操作原理示意圖

12-3 蛋白體學（Proteomics）

蛋白體學研究的是細胞內所有蛋白質的表現，亦即各項細胞功能的發揮，也就是生命現象的特徵，是後基因體時代最重要的研究工作，也是功能性基因體學的核心。根據 Swiss Institute of Bioinformatics（SIB）有關蛋白體分析的伺服系統 ExPASy（**Ex**pert **P**rotein **A**nalysis **Sy**stem）Molecular Biology Server（http://www.expasy.org/），蛋白體學可以定義為定性與定量地比較不同情況之下的蛋白體進而了解整個生物程序（*the qualitative and quantitative comparison of proteomes under different conditions to further unravel biological processes*），所謂蛋白體即對應基因體之蛋白質（PROTEin complement to a genOME），一生物細胞之蛋白體即細胞之所有蛋白質。蛋白體學是一新的跨科系的學科，其研究可望大大的幫助 phenomics 的研究，從功能性分子的層次解開會產生複雜多變的疾病之生化與生理機制。

蛋白體的研究大約可歸納為以下三個範疇[6]：①表現蛋白體學（expression proteomics），即發現蛋白質表現量的差異（“differential display”），可應用在各種疾病成因的探討；②研究蛋白質間之交互作用（protein-protein interaction）；③蛋白質之微觀定量研究，目的在大量地鑑定蛋白質及其轉譯後修飾（post-translational modification）。Blackstock and Weir 則將第二個範疇研究蛋白質與蛋白質之間交互作用稱為細胞圖譜蛋白體學（cell-map proteomics）[7]。另外，結構蛋白體學也被視為蛋白體學的一個獨立研究範疇。蛋白體學係研究與功能、疾病、環境有關的蛋白質；主要的研究工具是用二維電泳膠片（2DE gel）分離標的蛋白質，再用質譜儀及其他技術來鑑定此等蛋白質。

蛋白體的研究無疑是目前最熱門的研究新領域，也是世界各大藥廠及生技公司競技的主要場所。雖然人類的基因已解碼並且估計共約有 3～4 萬個基因，但蛋白質專家認為人類的蛋白質種類的數目遠大於這個數目，應該是介於 20 萬與 200 萬之間。也就是說人的一生中基因可能沒有太大的改變，蛋白質卻一直在變，不同的組織、不同年齡、甚至早餐吃的東西不同，蛋白質都不一樣。這也是爲什麼蛋白體遠比基因體複雜，蛋白體的研究較爲困難與吸引人的地方。傳統的蛋白體分析方法，即用二維膠體電泳分離所有的蛋白質再搭配質譜儀鑑定所分離的蛋白質，顯然只能完成部份的工作，其中最大困難的地方就是蛋白質表現量的分佈範圍太廣（10^6），只有高含量的蛋白質才能在二維電泳膠片上被看得到。非二維膠體電泳分離的蛋白體分析策略（圖 12.3）虛線以下的部份，是透過各種高效液相層析（HPLC）的分離方法，通常是多種不同層析模式的組合稱爲多維液相層析（MDLC）系統，來分離胰蛋白酶水解過的胜肽片段。在這種情況下，由於是所有蛋白質直接酵素消化，所得胜肽種類與數目相當龐大，其分離純化是一大工程，因此消化前將蛋白體做適度的分離分類，對減少胜肽混合物的複雜度提高分離效率有相當大的幫助。

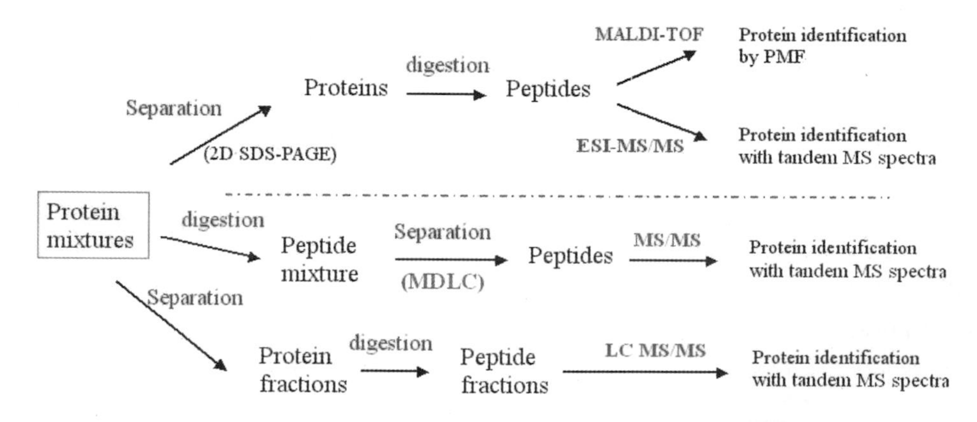

圖 12.3 表現蛋白體學研究的主要策略，虛線以上是二維膠體電泳分離爲基礎（gel-based）之方法

蛋白體分析很明顯是因技術的開發所發展出來的研究領域，同時也是一個受限於技術瓶頸的發現性科學[8]。至目前爲止，除非有更進一步的新技術開發，否則蛋白體分析的研究發展仍會有一定的限制，只有不斷透過新技術與方法的發明與使用，才能處理這領域所涵蓋之複雜的問題。透過蛋白體學的專門網站 http://proteomicssurf.com/，可隨時獲得這個領域發展的新知。

12-3-1 二維膠體電泳與質譜分析

二維膠體電泳（two-dimensional gel electrophoresis）分析雖然不是新的技術，在蛋白體的整體蛋白質的分離與分析上卻是目前尚無其他方法可以取代的利器。實際應用上，由於固定 pH 梯度乾膠條（IPG strip）的開發，儀器設備的改良，最適操作條件的確定，簡化與自動化的步驟，使得高解析度的二維電泳膠片以可分離 3000 個以上的蛋白質，當然這數目還要視樣品及染色的解析度而定，每片膠解析一萬個點也是可能的[9]。目前許多著名的蛋白體公司如 Gene Port、Oxford GlycoSciences（OGS）與加州的 Large Scale Biology 主要還是以二維膠體電泳作爲蛋白質的分離方法，這些公司使用二維膠體電泳分析的目的在比較不同的組織細胞，如健康與癌化的組織，其蛋白質表現的直接差異。

蛋白體分析中所謂的二維膠體電泳分析，通常是蛋白質樣品先在含有 pH 梯度及高尿素濃度之聚丙烯醯胺膠體內進行等電焦集法（isoelectric focusing，簡稱 IEF），再於 SDS-聚丙烯醯胺膠體內進行第二維的分離。蛋白質係依其電荷（第一維）與質量（第二維）不同而分開，這二維分別可回歸得各點蛋白質的等電點（pI）與分子量。二維膠體電泳分析的進展之一就是 1991 年 Pharmacia Biotech 上市的乾膠條（DryStrip），含有固定 pH 梯度（IPG），這使得 IEF 的操作更方便與格式化。圖 12.4 顯示 *E. coli* 的蛋白質經二維膠體電泳分析後銀染顯色所得影像。

目前二維膠體電泳分析的操作已有標準化的 protocol 可參考，網頁所在爲 http://www.expasy.ch/ch2d/protocols/protocols.fm.html。跑完 IEF 與 SDS-PAGE 二維電泳之後的膠片，非同位素的蛋白質染色呈現通常使用 Coomassie Brilliant Blue 或銀染（silver staining），以後者靈敏度較佳。銀染後乾燥之膠片，可用連接個人電腦的掃描機掃描得到數位化的影像，常用的蛋白質膠片掃描機器是 Molecular Dynamics 出產的 Laser Densitometer（4000 ×5000 pixels; 12 bits/pixel）以及 Bio-Rad 的 GS-700。二維電泳膠片的影像分析方面也有兩種軟體可用，一是 Melanie IV（或其舊版），一是 Bio-Rad 的 PDQuest™。這兩個二維膠體影像分析軟體的功能主要在確定膠片上蛋白質的點（spot）並定量，包括計算這些點的 OD 值、面積、體積等。另外，二維膠體影像分析最主要的功能即做膠片的比對，比對兩個或兩個以上的膠片影像可以找出相同蛋白質的點稱爲 pairs，並且可以合成出一個膠片顯示比對的結果。

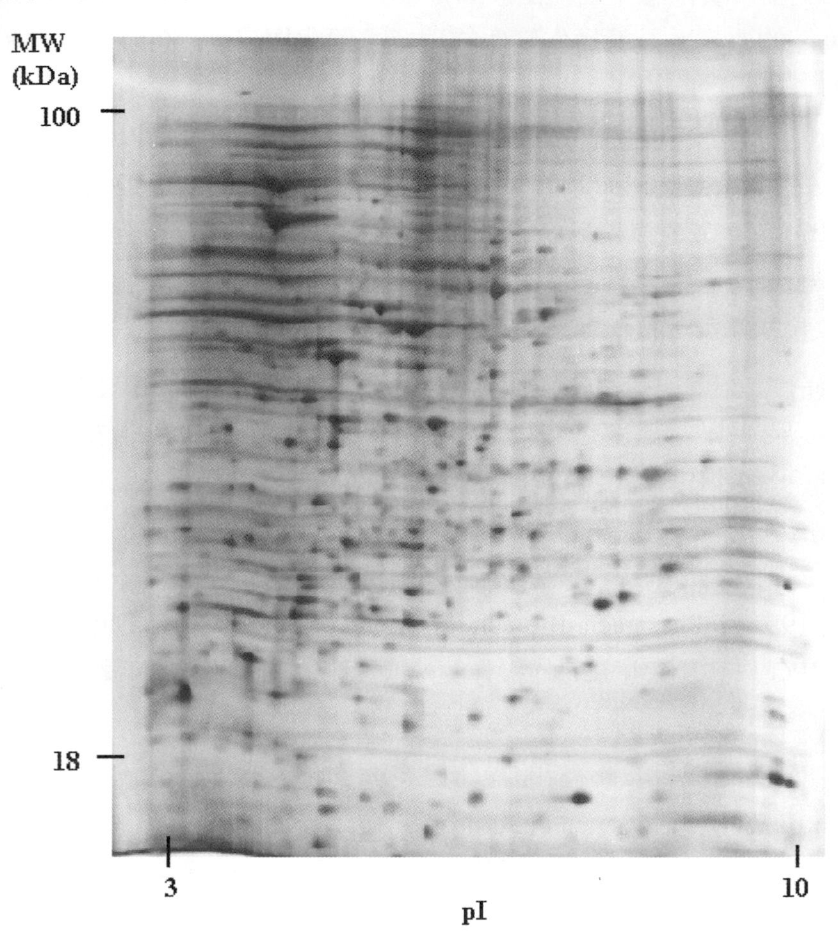

圖 12.4 *E. coli* 的蛋白質二維膠體電泳分析圖（鄭仲賢提供）

在蛋白質的鑑定方面，1990 年代質譜儀儀器及分析方法有突破性的發展與大量的應用[10，11]。基質輔助雷射脫附游離—飛行時間質譜儀（MALDI-TOF）分析的是從膠片上的蛋白質點切下來之後胰蛋白酶之分解物（tryptic peptides），主要是切在 Arg 與 Lys 兩個胺基酸的位置，質譜儀所檢測的質量分佈可與資料庫的蛋白質理論切下的片段比對。在串聯式質譜儀（MS/MS）的應用方面，胜肽（peptides）片段是蛋白質與氣體分子磁碰撞造成，片段間相差一個胺基酸的分子量，由檢測的質量可推知胺基酸的種類，因此串聯式質譜儀有定序的功能。如（圖 12.5）所示，配合這兩種質譜儀，蛋白質鑑定之軟體工具因此也不同。

第一種鑑定方式稱爲 peptide mapping，主要是將量測的胜肽質量分佈（質譜）比對資料庫中每一蛋白質經蛋白質分解酵素切段之後胜肽的理論質量分佈，基本上每個蛋白質之胜肽質量分佈圖譜不同，稱爲胜肽質量指紋（peptide mass fingerprint），簡稱 PMF。另一類鑑定方式稱爲 peptide fragmentation，主要是比對蛋白質中個個小段已知序列的胜肽，叫做 peptide sequence tag。比對 peptide sequence tag 的方式，可以是串聯式質譜儀的結果推得胜肽序列（這個動作叫 *de novo* sequencing）再來比較，也可以直接比較 MS/MS 圖譜，從而鑑定該蛋白質爲何者。

應用質譜儀數據之蛋白質鑑定工具的網路資源很多，主要的提供（發明）者及其軟體名稱與網址所在如下[10]：① Eidgenossische Technische Hochschule（MassSearch）（http://cbrg.inf.ethz.ch），② European Molecular Biology Laboratory（PeptideSearch）（http://www.mann.emblheidelberg.de），③ Swiss Institute of Bioinformatics（ExPASy）（http://www.expasy.ch/tools），④ Matrix Science（Mascot）（http://www.matrixscience.com），⑤ Rockefeller University（PepFrag, ProFound）（http://prowl.rockefeller.edu），⑥ Human Genome Research Center（MOWSE），⑦ http://www.seqnet.dl.ac.uk，⑧ University of California（MS-Tag, MS-Fit, MS-Seq）http://prospector.ucsf.edu，⑨ Institute for Systems Biology（COMET）（http://www.systemsbiology.org），以及⑩ University of Washington（SEQUEST）（http://thompson.mbt.washington.edu/sequest）等。

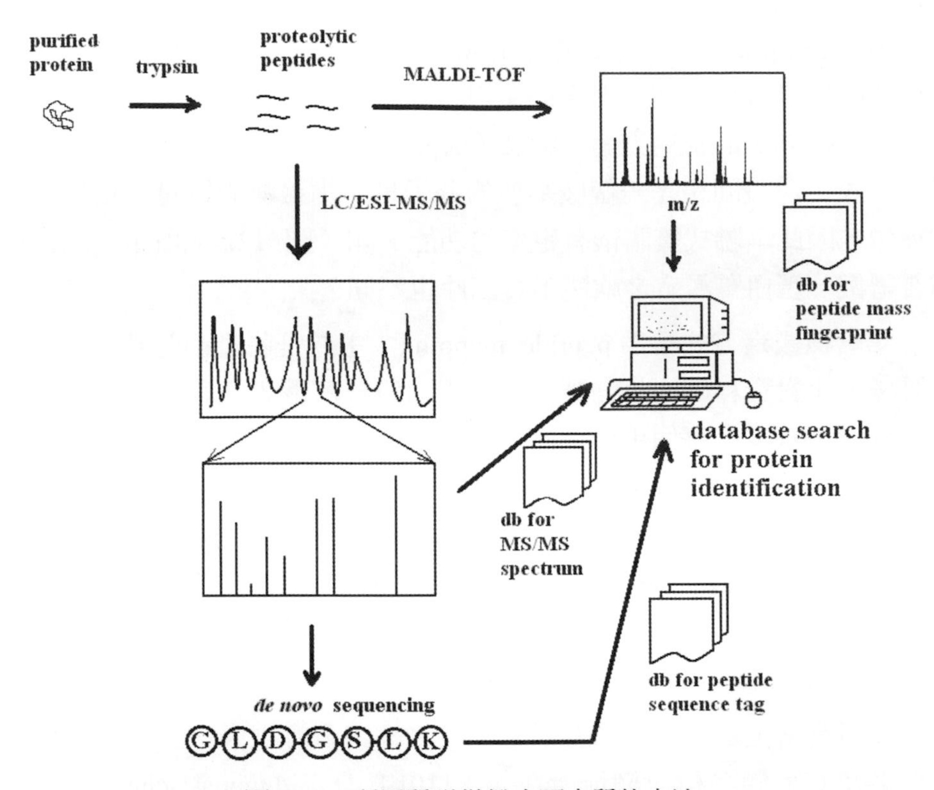

圖 12.5　利用質譜儀鑑定蛋白質的方法

質譜儀在蛋白體研究上的應用除了蛋白質鑑定之外，可以做蛋白質一蛋白質複合體的分析，以及蛋白質後轉譯修飾的分析等[10]。利用質譜儀鑑定蛋白質的方法通常是分析已純化的單一蛋白質其組成的胜肽片段，再與資料庫比對，這種利用多重相關胜肽的鑑定方法其先決條件就是要有純的單一蛋白質，通常是要搭配高解析度的二維膠體電泳分析。爲使膠片分離出來的蛋白質的鑑定更爲有效率，結合層析或毛細管電泳於質譜儀之前，乃是發展的必然趨勢，而且這種結合於質譜儀的濃縮與提高靈敏度之方法朝微型化與自動化方向發展，即以微流體晶片的方式做層析或毛細管電泳分離，串聯在質譜儀之前使高效率之蛋白質鑑定與定量成爲可能。

12-3-2 蛋白質與蛋白質之間的交互作用

找出蛋白質—蛋白質之間交互作用（protein-protein interaction）的圖譜是釐清分子代謝途徑的重要一步，研究蛋白質間交互作用的方法可分爲兩類：一是所謂的由上而下（top-down）的蛋白體分析法，主要是利用質譜儀或蛋白質晶片分析鑑定自然形成之蛋白質複合體（complexes），獲得這些蛋白質複合體的方法包括免疫沉澱法（immunoprecipitation）、交聯法（cross-linking）、以及親和層析法（affinity chromatography）；另一類是所謂的由下而上之基因體分析法（bottom-up genomic），這是基因體內的對應之蛋白質經由基因表現而觀察其交互作用，這類方法主要有酵母雙雜合系統（yeast two-hybrid system）與噬菌體呈現法（phage display）[12]。除此之外，螢光共振能量移轉法（fluorescence resonance energy transfer，FRET）可用來研究蛋白質之間的暫態結合[13]。

酵母雙雜合系統是其中最常用的研究方法，這是利用 reporter 基因表現的活化來檢測出會相互結合的蛋白質夥伴對[14]。Sawyer 認爲研究蛋白質與蛋白質之間的作用就是蛋白體各蛋白質的結構與功能的分析[15]，以人體的蛋白體爲例，任一細胞功能的發揮代表蛋白體的動態改變，也就是蛋白質間交互作用的結果，這方面的蛋白體學研究對治療疾病之藥物的開發相當有幫助。除了酵母雙雜合之外，免疫沉澱法或親和層析法也是常用的方法。通常蛋白質由一些模組式的 domains 所組成，這些 domain 很多是主導蛋白質—蛋白質交互作用的非催化性部位。利用免疫親和性吸附方式抓住目標蛋白質以及與其結合的蛋白質，再經質譜儀鑑定即定量，可以建立蛋白質之間交互作用的圖譜[16]。

使用質譜儀鑑定結合的蛋白質複合體（complex），是一個發現蛋白質—蛋白質交互作用的有效方法，最近 Ho 等人[17]利用他們所說的高效質譜蛋白質複合體鑑定方法（high-throughput mass spectrometric protein complex identification，簡稱 HMS-PCI），以 10%的蛋白質爲“餌”，檢測出會與這些蛋白質作用的蛋白質共有 3617 個，約佔蛋白質總數的 25%。所找出的這些蛋白質複合體有許多新發現，所代表的包括有訊息傳導以及 DNA 受損有關的交互作用。他們比較所得結果也發現，HMS-PCI 的成功率比大規模之雙雜合系統高三倍。尤其是這些細胞程序（功能的發揮）是包含多蛋白（兩個以上）的複合體，因此質譜儀的使用就相當需要而有效。蛋白質之間的交互作用在大部分的生命現象中都扮演關鍵的角色，細胞內所有的蛋白質—蛋白質交互作用總和也稱為交互作用體（interactome）。

12-3-3 結構蛋白體學

在個別蛋白質的結構分析方面，X-ray crystallography 以及 NMR 光譜是獲得蛋白質 3D 結構的主要方法，這在探討蛋白質的結合 domain 或催化位置是不可或缺的工具。從蛋白質的結構推導得蛋白質的功能，這是學者努力的目標，這方面的研究稱為結構蛋白體學（structural proteomics）。實驗上，蛋白質結構的發現主要是依靠 X-ray crystallography，因此先要得到高純度的蛋白質（10～50mg），再使其結晶為晶體，這是困難度相當高的技術。所以利用理論計算與統計的方法，建立蛋白質結構的模式，配合已有的結構資料，發展從蛋白質序列推導得蛋白質 3D 結構的技術就變得相當重要，這方面的研究也被稱為計算蛋白體學（computational proteomics）[18]。

蛋白質的結構模式，旨在從序列的比較分析推導得蛋白質的結構，這些建立模式模擬蛋白質結構的研究方法主要有相似性模擬（homology modeling）與穿織（threading）技術等基於現有知識的預測方法。與 X-ray crystallography 等實驗方法獲得蛋白質結構比起來，蛋白質結構模式當然是絕對的快速與低成本，是否正確則是另外一回事。從網際網路可以找到許多蛋白質 3D 結構之資料庫與軟體工具。

12-4 代謝體學（Metabolomics）

遺傳訊息的最終表現以代謝物（metabolites）的方式呈現，事實上許多遺傳上、發育上、或者環境上引起的改變最終即表現在代謝物濃度的改變。這可能是中間代謝物在近似穩態下（quasi-steady-state）的濃度，或者是末端代謝產物的累積濃度[2]。一個代謝體（metabolome）是指在某一時間存在於生物體或細胞裡面所有代謝物（低分子量成份）的完整分佈，此等分佈（profiling）爲生物體之基因體及其表現的結果。代謝物分佈某種程度代表一生物體的瞬間之化學組成，比較在不同狀態之下、不同的時間空間、或者基因之改變前後的代謝物分佈，可確立基因體功能的差異。

代謝體學指有系統的量測不同生物體之代謝體，並且統計分析所得到的大量數據及相關之研究。量測代謝體所用的分析工具包括 NMR、GC-MS、LC-MS、以及 FT-IR 等，其中以前兩者爲主要的工具；但至目前爲止，高處理量與高靈敏度的代謝體（代謝物分佈）分析技術仍待開發。另外，代謝體學還要探討調節代謝通量的生化上及基因上的機制，通量（flux）指單位時間經由代謝路徑（metabolic pathway）被轉化的物質之質量（摩爾數），瞭解某一代謝路徑的通量如何被調節，即可讓研究者知道如何調控通量以便從該代謝路徑中獲得最佳之代謝物濃度。雖然代謝通量與代謝物濃度分佈兩者不同，調節通量造成的改變還是可以從代謝物分佈看出來。

基因定序及註解（annotation）的完成使得基因體規模的代謝網路（genome-scale metabolic networks）得以拼構出來，在建構以代謝路徑爲主的網路方面，就需要考慮將各高處理量技術量測轉錄體、蛋白體、及代謝體所得數據整合進來。在代謝模式的建構方面，已經有各種處理方式被想出來，包括動力學模式、隨機模式、cybernetic 模式、以及有限制條件之代謝通量均衡模式等。這其中以 Palsson 等所提的有限制條件（constraints-based）之代謝通量均衡模式（flux-balanced model），這種建構能整合代謝與酵素的基因調節，可以有效的模擬 *E. coli* 的主要代謝路徑 [19]。在真核細胞方面，代謝路徑網路更爲複雜，除了各種不屬於酵素反應的路徑如訊息傳導、基因調節、膜傳送等牽涉到各式蛋白質-DNA，蛋白質—蛋白質交互作用會間接影響到代謝需要考慮之外，同時也要考慮次細胞區域內的代謝。

代謝體學的發展使得傳統代謝工程（metabolic engineering）的研究有更寬廣的視野與舞台，從原來少數一兩個基因或單一路徑的探討延伸到整個基因體及代謝路徑網路，因此有所謂的代謝路徑工程（metabolic pathway engineering）一詞的提出。代謝路徑工程基本上就是代謝工程的延伸，但嚴格區分兩者並無意義。代謝工程是起源於十年前的一門跨領域學問，目的在利用新興的遺傳工程技術修改代謝途徑以增進細胞的特性與功能[20]。基本上是將工程分析的原理與方法應用在細胞功能的解析，建構數學模式、開發數值演算法，配合從基因序列及各項實驗所得之表現數據，再透過基因重組技術，造成細胞的整體功能的改變，進而獲得高產量的目標產物。例如，Liao 等人即利用代謝路徑工程技術，改變主要代謝的路徑開發能生產生化產品的菌株[21]。在實驗方面，代謝工程的應用主要在原核及真核細胞之代謝修改，開發新工具（技術）以便引進基因控制以及評估所得細胞生理的結果。另一方面，數學方法用來闡釋代謝路徑的結構與動態控制之分佈，同時數學方法也配合 NMR 及 GC-MS 的量測結果，利用代謝物與同位素化物質的質量平衡 in vivo 的估計細胞內的通量。後面這部份實際上跟代謝體學的研究幾乎是不可分的，代謝工程這個領域也受惠於轉錄體與蛋白體分析的新工具，因此朝向細胞表現 phenotype 的探索邁進[22]。

12-5 生物資訊學（Bioinformatics）

功能性基因體學是利用各種高處理量技術分析生物體所有的 mRNA、蛋白質、以及代謝物的研究，即分別成爲轉錄體學、蛋白體學、以及代謝體學。除了較原始的 DNA 與蛋白質序列數據之外，這些“歐米”（omics）學研究產生的大量數據（data）要靠生物資訊學的工具與理論來幫忙消化整理。以應用在蛋白質與蛋白體方面的研究爲例，生物資訊學的方法可用來研究蛋白質的穩定度、組裝（assembly）、摺疊（folding）、蛋白質與蛋白質之間交互作用的預測以及視覺化（visualization）等等。

生物資訊學係結合數學、計算科學與生物學的工具，發掘各種生物性數據之間的類型（pattern）與關聯性。因此生物資訊的研究包括開發各種資料庫的方法來儲存基因及結構的訊息，以及發展計算程式與軟體來處理及評估這些訊息。生物資訊學使用的計算技術與應用相當廣泛，包括序列與結構的對齊（alignment）、資料庫設計與資料採礦（data mining）、巨分子幾何學、系統發育樹（phylogenetic tree）的建構、蛋白質結構與功能之預測、基因發掘（gene finding）、以及表現數據之叢聚（clustering）等等[23]。

生物資訊學是應用各種計算技術分析生物分子相關的大規模訊息，簡單的說生物資訊學是分子生物學的一個管理資訊系統及其多方面的實際應用[24]。但基本上，生物資訊學是從資訊創造知識的學問。嘗試從龐大的 DNA 鹼基或蛋白質胺基酸的排序中找出規律和生物意義，並且從功能性基因體學各高處理量技術產生的實驗結果中，歸納各基因的功能，進而發現生命的全貌，此即微生物資訊學的最大目標。

基因體的定序完成之後，各種基因的衍生產物必須有完整的描述才能幫助我們對複雜的生命體現象作進一步的闡釋，這些複雜的過程必須有方便的生物資訊軟體輔助，才能快速推展。從基因序列及各項高處理量技術的實驗所得之基因表現數據，這些原始數據萃取出有用的資訊是工程人員、統計學者與資訊科學學者追逐的目標，這種資訊的努力需要依賴統計分析方法分析原始數據，例如使用叢聚分析（clustering analysis）法，即將有相似性的表現特性（expression profiles）結成一群，使得原始數據更加一層資訊。配合對生物程序的數學描述，這種生物資訊的努力更可以延伸到某一基因網路或代謝途徑的分析與設計。

12-6 結語

功能性基因體學基本上是開發高處理量的實驗方法來探討基因表現的科學，分別在 mRNA、蛋白質以及代謝物的層次觀察基因的表現，因此有所謂的轉錄體學、蛋白體學以及代謝體學，這些字母以 omics 結尾的學問創造了基因體序列之外另一類的鉅量訊息與數據，藉由生物資訊學工具的輔助，探討一個生物體基因體在各層次的基因表現所呈現的功能性資訊，分析、解釋及預測基因體各基因產物發揮活性之後所營造的整體細胞功能，構成後基因體時代研究的主流。善用功能性基因體學的各種工具與研究成果，可望掀起另一波生物技術應用的風潮。

12-7 問題與討論

1. 功能性基因體學的定義為何？包括那些研究範疇？
2. 敘述如何利用微列陣檢測正常與異常細胞之基因表現的差異。
3. 二維膠體電泳（2-DE）為蛋白體學研究的基本工具，敘述其原理，並說明其應用上的限制或弱點。
4. 在處理各種高處理量技術所產生的實驗數據方面，生物資訊學能有何幫助？
5. 如何利用基質輔助雷射脫附游離—飛行時間質譜儀（MALDI-TOF）鑑定二維膠體電泳膠片上的蛋白質？

參考文獻

1. Hieter, P.and Boguski, M., "Functional genomics: It's all how you read it," *Science*, 278, 601-602, 1997.

2. Oliver, D. J., Nikolau, B.and Wurtele, E. S., "Functional genomics: high-throughput mRNA, protein, and metabolite analyses," *Metabolic Engineering*, 4, 98-106, 2002.

3. Hatzimanikatis, V. and Lee, K. H., "Dynamic analysis of gene networks requires both mRNA and protein expression information," *Metabolic Engineering*, 1, 275-281, 1999.

4. DeRisi, J. L., Iyer, V. R.and Brown, P. O., "Exploring the metabolic and genetic control of gene expression on a genomic scale," *Science*, 278, 680-686, 1997.

5. Velculescu, V. E., Zhang, L., Vogelstein, B. and Kinzler, K. W., "Serial Analysis of Gene Expression," *Science*, 270, 484-487, 1995.

6. Pandey, A. and Mann, M., "Proteomics to study genes and genomes," *Nature*, 405, 837-846, 2000.

7. Blackstock, W. P. and Weir, M. P., "Proteomics: quantitative and physical mapping of cellular proteins," *Trends in Biotechnology*, 17, 121-127, 1999.

8. Lee, K. H., "Proteomics: a technology-driven and technology-limited discovery science," *Trends in Biotechnology*, 19, 217-222, 2001.

9. Lopez, M. F., "Proteome analysis I. Gene products are where the biological action is," *Journal of Chromatography B*, 722, 191-202, 1999.

10. Aebersold, R. and Goodlett, D. R., "Mass Spectrometry in Proteomics," *Chemical Reviews*, 101, 269-295, 2001.

11. Mann, M., Hendrickson, R. C.and Bandey, A., "Analysis of proteins and proteomes by mass spectrometry," *Annual Review of Biochemistry*, 70, 437-473, 2000.

12. Bhattacharya, S., Chakrabarti, S., Nayak, A. and Bhattacharya, S. K., "Metabolic networks of microbial system," *Microbial Cell Factories*, 2:3, 1-9, 2003.

13. Boulton S. J., Vincent, S. and Vidal, M., "Use of protein-interaction maps to formulate biological questions," *Current Opinion in Chemical Biology*, 5, 57-62, 2001.

14. Leung, Y. F. and Pang, C. P., "Trends in Proteomics," *Trends in Biotechnol.ogy*, 19, 480-482, 2001.

15. Sawyer, T. K., "Proteomics-structure and function," *BioTechniques*, 31, 156-160, 2001.

16. Figeys, D., McBroom, L. D. and Moran, M. F. "Mass spectrometry for the study of protein-protein interactions," *Methods*, 24, 230-239, 2001.

17. Ho, Y., Gruhler, A., Heilbut, A., Bader, G. D., Moore, L., Adams, S.-L., Millar, A., Taylor, P., Bennett, K., Boutilier, K., Yang, L., Wolting, C., Donaldson, I., Schandorff, S., Shewnarane, J., Vo, M., Taggart, J., Goudreault, M., Muskat, B., Alfarano, C., Dewar, D., Lin, Z., Michalickova, K., Willems, A. R., Sassi, H., Nielsen, P. A., Rasmussen, K. J., Andersen, J. R., Johansen, L. E., Hansen, L. H., Jespersen, H., Podtelejnikov, A., Nielsen, E., Crawford, J., Poulsen, V., Sùrensen, B. D., Matthiesen, J., Hendrickson, R. C., Gleeson, F., Pawson, T., Moran, M. F., Durocher, D., Mann, M., Hogue, C. W. V., Figeys and D., Tyers, M., "Systematic identification of protein complexes in *Saccharomyces cerevisiae* by mass spectrometry", *Nature*, 415, 180-183, 2002.

18. Maggio, E. T. and Ramnarayan, K., "Recent developments in computational proteomics", *Trends in Biotechnol.ogy*, 19, 266-272, 2001.

19. Covert, M. W. and Palsson, B. O., "Transcriptional regulation in constraints-based metabolic models of Escherichia coli," *Journal of Biological Chemistry*, 277, 28058-28064.

20. Bailey, J. E., "Toward a science of metabolic engineering," *Science*, 252, 1668-1681, 1991.

21. Liao, J. C., Hou, S.-Y.and Chao, Y.-P., “Pathway analysis, engineering, and physiological considerations for redirecting central metabolism,” *Biotechnol.ogy and Bioengineering*, 52, 129-140, 1995.

22. Stafford, D. E. and Stephanopoulos, G., “Metabolic engineering as an integrating platform for strain development,” *Current Opinion in Microbiology*, 4, 336-340, 2001.

23. Luscombe, N. M., Greenbaum, D. and Gerstein, M., “What is bioinformatics? A proposed definition and overview of the field,” *Methods of Information in Medicine*, 40, 346-358, 2001.

24. Luscombe, N. M., Greenbaum, D. and Gerstein, M., “What is bioinformatics? An introduction and overview,” *Yearbook of Medical Informatics*, 83-100, 2001.

第十三章

生化分離程序

BIOSEPARATION PROCESS

朱一民

13-1 緒言

生化製程就像所有化學品的生產程序一樣，除了反應步驟之外，回收純化的步驟也不可免。其實在許多狀況下，分離純化的程序，佔了整個生化產品製程的絕大部分；不但關係到產品品質、規格，也是影響製造成本的主要部分。可惜的是生化分離程序在我國生技產業的發展中，並未受到相當的重視。一方面是因爲我國生技產業尚未達到一定的規模，生產的技術還不是最重要的關鍵；另一方面也是由於各種與生化產品生產的相關法規，還未訂定的很清楚。諸如工安環保之類的規範，會相當程度影響到分離程序的設計。本章擬對此重要領域做一詳細介紹，希望對發展生技產業有所助益。

13-1-1 生化分離的特性

生化分離程序是指一系列的操作，這些操作把產品從低濃度的混合物中分離、濃縮及純化出來，達到符合要求的水準。我們所謂的低濃度混合物通常是指自醱酵槽出來的溶液，動植物的組織或其他已經經過部分純化的粗製品。這些都是生化分離程序的進料，通常有下列幾個特點：①含水量高，②組成十分複雜，③所含成份相當脆弱，易受溫度、酸鹼值及微生物影響而變質，④含有固型物，造成較複雜的流體性質。特別是細胞，會因爲處理的過程有不同程度的破裂，其所釋放出來的物質也會造成系統極大的干擾。至於一般常使用的幾個意義相似的詞，比如說回收（recovery），純化（purification），分離（separation）等，在這也希望做一個較爲嚴謹的定義。回收與純化是針對某一特定產品的分離而言，回收通常意指將某一產品粗略的自與其本身相當不同的一堆物質中，分離出來。而純化則是指將產品自一些非常相似的物質中分出來，因此其分離程序所需的精密度（resolution）較高。分離則係泛指將混合物分成組成相異的部分，而有助於回收與純化的動作或程序。以上觀念的釐清，有助於後面討論的程序次序的介紹，是非常有用的工程概念。

13-1-2 生化分離的目標

生化分離程序的要求與一般分離程序大同小異，不外是高純度、高產量、低成本等。但在達到這些目標的同時，必須要照顧到許多與生技產業相關的特殊規範。以藥品爲例，製造程序必須滿足優良製造規章 cGMP 的規範，因此程序必須重新設計以便能充分驗證，完整紀錄。化工上面常用的連續製程，因爲不分批次，就不太能符合這些要求。因此雖然生化分離程序與化工單元操作十分近似，在工程技術之外，須要考量不少特殊情形。

再以成本的考量來看，有幾點需要特別注意：

1. 爲了提高收率（yield），每一個操作都必須達到至少 90%以上的收率。由於一個程序通常由十幾個操作串聯而成，單一步驟的收率縱使都達到 90%，整個程序的收率仍然會相當低。所以如果某一步驟會導致 30%產品喪失的話，還是趕緊另謀他途吧。
2. 藥品市場的特殊性，使得藥品上市的快慢影響企業利潤甚鉅。爲了儘速通過上市許可，採用已經驗證過的程序會比較有利。因此一些實驗室用的方法，往往只透過簡單的數量上放大，就派上生產。這樣做，以工程的眼光來看，當然不盡理想，但在商言商，降低整體成本上仍有其存在空間。

13-1-3 生化分離的階段

生化分離程序由始至終大約可分爲四個階段：固液分離、回收、純化及精製。（圖 13.1）所示，每一階段其實又都包含了不少種操作，也有不少選擇空間。以固液分離而論，一開始就會用到，在程序的中間或末尾也有機會用到。回收、純化的區分已經敘述過，係以分離之精密度做一區分，並無嚴格的分野。精製則是與最後產品的形式有關，通常已不再與分離有太大的關係，可以看作配方及包裝的一環。至於一般常見的濃縮、脫水或乾燥等操作，不易定義成回收或純化的操作（就嚴格的定義而言，應屬於回收的領域），也散見於整個生化分離程序中。總之這四個階段應視爲生化分離的基本流程，可做爲程序設計時的參考。以下就分別介紹各種不同操作之原理。

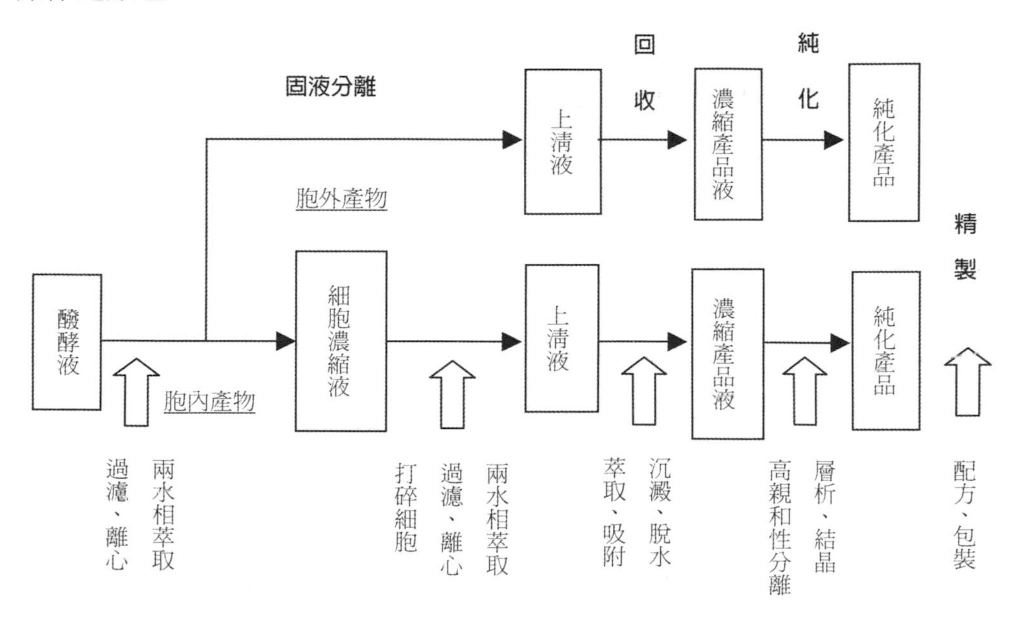

圖 13.1 生化分離程序之各階段

13-2 固液分離操作

醱酵液中含有許多固體顆粒，最常見的有細胞、基質中的固態成分、以及一些在分離程序中可能生成的沉澱物或結晶顆粒。基因重組產品有時會有內涵體（inclusion body）的生成，也是一種需要做固液分離的顆粒。針對固體顆粒的性質，例如大小、濃度、處理量、過濾及壓縮性質等，必須選擇適當的方法與設備來做處理。

13-2-1 過濾

過濾操作可以把固體顆粒從溶液中移去，所用的設備常見於各種工廠，算是一種普遍的技術。一般而言，過濾操作的目的不外下列幾點：得到澄清的液體或高回收率的乾固體，穩定及高效率的操作。過濾的機制是將固體顆粒阻擋在濾布側，只讓清淨的液體通過。然而真正負責大部分阻擋工作的，並不是濾布本身，而是已經累積在濾布上的固體顆粒—濾餅。濾餅的厚度隨著過濾的進行逐漸增加，其帶來的阻力也變大。在固定壓差的操作下，過濾的速度也會因此而遞減。濾速 v（m/s）與其驅動力—壓力差 ΔP 的關係可簡單表達成：

$$v = (1/A)(dV/dt) = \Delta P / \mu (R_m + R_c) \qquad (13.2.1)$$

其中 R_m 與 R_c 爲濾布及濾餅所代表的阻力因子。由於濾餅的厚度隨著濾液通過的量（V）增加，R_c 與 V 的關係爲：

$$R_c = \alpha \rho_0 V/A \qquad (13.2.2)$$

其中 α 爲濾餅之比阻抗係數，此值爲濾餅堆積及其組成的特性參數，愈爲緻密的濾餅其值愈高。將（13.2.2）式代入（13.2.1）式再積分得

$$At/V = K(V/A) + B \qquad (13.2.3)$$

其中 $K = \mu \alpha \rho_0 / 2\Delta P$，$B = \mu R_m / \Delta P$。一般而言，$R_m$ 可忽略，因此

$$t = K(V/A)^2 \qquad (13.2.4)$$

根據這個公式可以估計一段時間內可完成的過濾量，並可制定出何時濾通量 v 太低而應結束過濾週期以清理濾餅渣，再進行下一週期的過濾。參數 α 、 μ 、 ρ_0 皆可由實驗室中的測試濾器獲得。通常僅有具菌絲形態的菌（如青黴菌）適合用過濾的方式來分離，一般的細菌以離心分離爲主。在生化工程中，菌體的過濾，因爲過濾性質不佳，必須採用特殊的過濾器形式及方法。①爲連續移除濾餅採用旋轉真空過濾器（Rotary vacuum filter）。②使用助濾劑，以形成較好的濾餅。助濾劑以矽藻土（diatomaceous silica）及火山灰（perlite）爲主，添加方式爲預塗佈及濾液添加併用。

13-2-2 離心

以離心方式做固液分離是利用比重不同的原理，加速沉降。由於細胞的密度與水差不多，因此通常都需要在高離心力（數千 g）之下才能有效的分離。爲因應高固含量的流體，必須使用連續除渣的離心設備，才能無間斷的操作。這樣的設備成本通常很高，維護保養上也比較複雜，因此離心機是工廠中相當重要的設備。與過濾相比，離心操作通常可以獲得較爲澄清的上清液，但獲得的固體的含水量較大。此外，離心機也常用在萃取操作中，做爲分離溶劑與水兩相之用。工業上常見的形式爲碟式離心機（Disc type），可連續排渣的機型。爲了應付超高的固含量，具螺桿的水平傾析機（decanter）常見於萃取離心的應用。由於離心操作係藉著高速轉動（每分鐘數千轉）來達到分離的效果，因此會在液氣界面產生微小的液滴，又稱爲氣膠（aerosol）。這些氣膠會攜帶微生物或生化產品散佈在離心機機房內，可能造成環境污染。近年來亦有完全隔絕式的離心裝置問世，但通常是以設置離心機專用廠房及專用通氣系統因應。離心程序的設計原理如下。

單一粒子在力場中之終端速度由其受力平衡可以求出：

重力－浮力＝阻力

$$(\pi d^3/6)(\rho_s-\rho)g=3\pi\mu d v_g \quad (13.2.5)$$

$$v_g=(d^2/18\mu)(\rho_s-\rho)g \quad (13.2.6)$$

其中 ρ_s 及 ρ 爲粒子與溶液之密度，d 爲粒子之直徑，μ 爲溶液之黏度。在離心力場下，此單一粒子之終端速度受離心加速度而非重力加速度之影響，因此

$$v_\omega = v_g \ (\omega^2 r)\ /g \qquad (13.2.7)$$

其中 ω 爲轉速（rad/s），r 爲旋轉半徑。值得注意的是這個速度是單一粒子的終端速度，實際狀況下，許多粒子相互作用下，速度會變慢。設計離心分離之準則在要使某一粒徑以上的粒子在設備內，完全沉降。因此粒子之滯留時間必須足夠，使其以 v_ω 速度可以到達一個固體表面。碟式離心機的眾多碟狀物，就是要減少粒子沉降的距離，以便在較短的滯留時間下，完成沉降，如此便能提升一定大小的設備之單位時間處裡量（capacity）。

滯留時間（τ）＝設備容積（V）／進料流率（Q）（13.2.8）

不同的機型及不同的轉速會導致不同的離心分離效果，表現在設計面上的便是可以處理的進料流率的不同。實務上，先以小型標準測試用離心機，測定粒子之性質，包括 v_g、排渣的流變性質及是否形成乳化層、泡沫現象等。再根據處理流體之性質，包括固含量、排渣的流變性質，流率等選擇所適用的離心機形態。最後以下的公式計算出Σ值來選擇適當的大小：

$$Q = v_g \ \Sigma \qquad (13.2.9)$$

其中 Σ 爲代表離心機大小的指標，其單位爲 m^2。從理論上，根據離心機內部流場可以準確計算出一個離心機的 Σ 值，但由於流場過於複雜，且多粒子狀態下的終端速度亦不易估計，因此 Σ 值還是以設備供應商所提供的爲準，至少經過實際測試。這樣就完成了初步設計工作，接著進行週邊設備及管線的設計。必須強調小型標準測試用離心機的使用，可先期發現許多分離時可能出的狀況，是絕對不可或缺的。

離心操作針對較大顆粒，如結晶，其設備與菌體離心不同，通常會以濾網配合，清洗結晶。針對內涵體（inclusion body）之離心時，須選擇適當的轉速及時間以便將細胞碎片及內涵體分開。又可使用一些親和性吸附

或沉澱的方法增加特定物種的密度及大小，以便更有效的以離心方式來處理。此外，超高速離心（Ultra-centrifugal Separator）（幾萬至幾十萬 g）可用來純化蛋白質等可溶之分子。其原理係利用等密度平衡，讓不同密度之分子分佈於一個事先建立之密度梯度中。此一梯度可使用蔗糖或氯化銫（CsCl）溶液建立。此法通常用來純化醫藥用蛋白質（例如從血液中分離 B 型肝炎病毒之抗原），減少其他方法可能導致的產品與環境雙向的污染，因爲此法可在完全密閉系統中完成。此法之設備成本較高，只出現在特定產品之製程中。

13-2-3 細胞破碎

細胞內產品例如胞內酵素，或次級代謝物等必須將細胞膜或細胞壁做一定程度的破壞，才能釋放到水溶液或萃取的溶劑中。這些產品的製程中，都牽涉到細胞破碎（cell disruption）操作。動植物細胞較大，通常以攪拌器（blender）之類的設備即可處理。某一類的產品僅須將細胞在酸或鹼的環境下置放一段時間，待其自身酵素作用即可釋放產物。也有些產物，例如以大腸桿菌生產之重組基因蛋白質，可能被分泌到外間質（periplasmic space），則僅須以化學（添加界面活性劑）方式，將外膜（outer membrane）破壞。這些都是較爲溫和的破碎方式。但絕大部分的細胞破碎需要使用機械破壞法，方能在短時間獲致滿意的結果。機械法常用於實際生產的設備有兩種：高壓均質機（high pressure homogenizer）及球磨機（Ball mill）。實驗室常用的超音波震盪法，尚未能大規模化。無論以何種方式，下列幾項原則必須遵循：

1. 了解產物釋出的機制，不做超過需要的破碎。因爲細胞碎片只能以離心處理，而其大小比細胞還小，離心不易。又過於黏稠，連續排渣有困難。
2. 以機械力破碎時，會產生高熱，即使用冰水冷卻，也不易除去局部的過熱，特別在大規模操作時。
3. 不同細胞或不同培養狀態的同種細胞，其破碎的條件都不一樣，必須由小規模測試獲取資訊。

4. 產品若與膜有結合，即使破碎之後，也不會釋放到水溶液中。此時必須加以化學處理。

高壓均質機是將細胞漿以高壓衝擊一金屬隙縫，藉著高壓釋放的瞬間來脹破細胞。破碎的效果與壓力差的 2.2 到 3 次方成正比（下式中的 n），視菌種而定。

$$dR / dt = -K P^n R \quad (13.2.10)$$

其中 R 爲仍未釋放到細胞外的蛋白質量，K 爲常數。因爲一次通過的時間 t 爲定值（隨機型而定），因此通常是以通過的重複次數代替（10）式中的時間。積分後，得到：

$$\ln[R_m / (R_m - R)] = KNP^n \quad (13.2.11)$$

其中 R_m 爲蛋白質能釋放的總量，N 爲細胞漿通過均質機的次數。

球磨機則是以高速旋轉的攪拌槳葉帶動含有玻璃珠的細胞漿混合物，藉著玻璃珠與細胞間的摩擦，打破細胞。其破碎效果與轉速，玻璃珠大小及數量，細胞之滯留時間 τ（球磨機內之胞漿體積除以胞漿流率）等有關。

$$\ln[R_m / (R_m - R)] = K\tau \quad (13.2.12)$$

此兩種機器均適合大規模的操作，每分鐘可處理達數十公升之多。其設計的原則爲：

1. 以小規模測試裝置先訂定出達到要求之破碎程度之操作條件，如壓力差或轉速、玻璃珠之狀況等，並定出適合的破碎次數（針對高壓均質機而言）或滯留時間（針對球磨機而言）。
2. 選擇大型機具，可滿足上述條件者。

13-2-4　沉澱、結晶

固液分離除了針對細胞或其碎片外，也必須處理沉澱或結晶的粒子。蛋白質以添加鹽類來形成沉澱是很普遍的回收或純化方式，雖然一般而言沉澱所得到的產品，純度不高。結晶則是小分子產物高度純化的方法。因其形成顆粒的機制有些相似，故放在一起討論。

從均相中分出另一相，熱力學上都可歸因於某一種形式的過飽和。造成過飽和的原因可能是溫度、濃度及外加物質造成的組成改變所引起。精確掌握過飽和程度，可以控制晶核的生成，進而控制整體粒子的大小分佈及其他性質。但在實務上，過飽和程度常難以了解，加上溶液的組成原先就很複雜且變異性又大，基本上很難從理論去推算。因此對從業人員而言，類似結晶的操作，特別在生化領域裡，比較像一種藝術，而不像科學。綜合而論，形成顆粒的過程如下：

1. 成核期：晶核形成的速度與過飽和程度有關，不易控制。若以額外添加晶種的方式，在稍有過飽和時就可進入晶核生長，控制較佳。此外因為碰撞碎裂的顆粒亦可做為晶核，也就是所謂次級成核機制（secondary nucleation），與攪拌及容器內混合形態有關，亦不易掌握。
2. 成長期：成核期很快將過飽和程度降低，開始進入成長期。析出的固相物質以擴散方式覆於晶核之上，使其逐漸變大。成長速度與過飽和程度及攪拌狀況有關，因此沉澱與結晶通常在有攪拌之容器內進行。
3. 成熟期：成長之顆粒到一定大小之後，因為碰撞與聚集兩種作用，大小漸趨不變。這段期間，較為鬆散或不規則的顆粒會被汰換，成為較堅固的球型顆粒，有利於爾後的過濾或離心操作。但過長的成熟期會造成過多的碎片，因此必須有所考量。

造成蛋白質過飽和的方式很多，逐一介紹如下：

1. 鹽析法（fractional salting）：蛋白質在某些鹽濃度高的溶液中，溶解度會降低，而會沉澱出來。常用來沉澱蛋白質的鹽類有硫酸銨及硫酸鈉，而以前者較普遍。沉澱的程度，或者說溶解度下降的程度，與蛋白質的種類，當時的 pH 值，及鹽類的種類與濃度有關。甚至和鹽類的添加方式—固體鹽直接添加或以鹽之溶液添加—有關。此法除用以回收蛋白質之外，若能分幾階段，在不同鹽濃度下，將幾種不同蛋白質析分（fractionation）出來，也有純化的效果。

2. 溶劑法：以與水互溶的幾種溶劑加到水溶液中，可改變蛋白質的溶解度。惟此類溶劑易造成蛋白質之變性，因此須在低溫下（-20℃到 0℃）進行。常用的溶劑爲乙醇、異丙醇等，多用來分離血液中之各種蛋白質。

3. 等電點法：pH 值在蛋白質之等電點（isoelectric point）時，蛋白質溶解度較低。調整溶液 pH 可以使蛋白質易於沉澱。本法通常與鹽析或溶劑法併用。

4. 多電解質（polyelectrolyte）結合法：以帶電高分子與電性相反的蛋白質結合，形成複合體沉澱。本法常用的高分子有帶正電之聚乙烯亞胺（polyethylene imine）及負電之 CM 纖維素。此類沉澱很難再做處理，因此多用來沉澱不要的蛋白質。

5. 親和性沉澱：多官能基親和性配位分子可與特定之蛋白質形成複合體而沉澱（例如抗原與抗體），純化程度高。但如何回收使用這些配位分子，攸關成本，需要考量。

13-3 回收操作

這裡定義的回收操作爲萃取、吸附及薄膜操作。這些操作均可實行於大規模方式，並能有效除去與產品性質差異較大的諸成分，達到縮減製程體積的目的，因此通常會放在整個製程的前段。

13-3-1 萃取

以青黴素的回收爲例，醱酵液在以旋轉真空過濾器移除細胞後，即使用有機溶劑萃取水中的青黴素。通常使用的溶劑有乙酸丁酯或甲異丁酮等中等極性的溶劑。青黴素爲一含有酸根的分子，在 pH 值 2 左右成爲中性，才能被溶劑萃取。因此必須以添加硫酸的方式，把 pH 調到適當範圍，再進行萃取。但是青黴素在酸性環境下會加速分解，因此萃取必須在極短的時間內完成。所以需要使用特殊的萃取設備，例如離心式萃取機（Podbielniak extractor）。離心力可以加速兩液相間的對流速度，容許較大的處理量。以下將萃取操作需要注意的項目做一簡要說明。

1. 影響萃取效果的三要素：分配係數、溶劑比（溶劑與被萃取溶液之體積比）、平衡階段數。分配係數與所選擇的溶劑種類有關，溶劑比與操作條件有關，平衡階段數則與設備有關。通常最重要的是溶劑的選擇。
2. 溶劑選擇的原則：按照所欲分離之產品與雜質，選擇最能區分的溶劑。亦即以極性而言，溶劑之極性要與產品接近，而與其他雜質遠離。可以參考一些極性指標，或熱力學上的 solubility factor、dielectirc constant 等。但必須考量溶劑的成本，供應穩定度，安全及最終之回收或排放。溶劑與產品分離之難易也須考量。
3. 溶劑比：溶劑體積通常比萃取溶液體積小，這樣才有縮減體積的效果，也可以濃縮產品。因此多為 1：2 至 1：5 之間，但須考慮到設備是否能處理太懸殊的比例。
4. 平衡階數：一般萃取要求的階數不高，二至三階就足夠了。以 Podbielniak 機而言，可提供三至五階。一般碟式離心機提供一階，可串聯起來用。
5. 假設溶劑與水完全不互溶，且產品之分配係數 K 不受組成之影響而為一常數，溶劑比為 s，則產品經過 N 平衡階段萃取之回收率 Y 為：

$$Y = sK[(sK)^{N} - 1] / [(sK)^{N+1} - 1] \qquad (13.3.1)$$

6. 影響實際萃取操作的項目有：因乳化現象（emulsion）造成的分相困難，蛋白質（例如青黴素醱酵液遇酸）沉澱造成的設備阻塞。乳化現象起因於醱酵液中的界面活性物質，常因不同批次有相異的行為，較難掌握，通常以添加解乳化劑（demulsifier）解決。
7. 超臨界二氧化碳可做為許多生化產品萃取之溶劑，具有良好的萃取能力及方便的溶劑－產品分離，不致造成溶劑殘留。又沒有溶劑毒性、回收或排放的環保、安全顧慮，使用上非常適合食品或藥物之萃取。
8. 若以未除去細胞的全醱酵液（whole broth）直接進行萃取，可能有一些好處。例如節省掉一個步驟，減少一個步驟所可能造成的產品損失等。在某些抗生素回收時，濾餅或離心菌渣的處理相當麻煩，因其帶有高濃度產品，而被視為須隔離處理的物品。若使用全醱酵液萃取，之後的菌渣因產品含量已降低，就容易處置了。全醱酵液萃取需要使用能應付高固含量流體的離心傾析機（見離心部分）。因爲菌體的存在，造成萃取時，乳化現象特別嚴重，必須要尋求有效的解乳劑或其他方法因應。

13-3-2　吸附

胺基酸或抗生素等產品若能找到適當的吸附劑，其回收工作就大爲簡化了。因爲吸附操作選擇性可以相當高，具有純化的效果，而且一般而言，其體積縮減（原溶液比上沖提液體積）相當大。吸附的關係建立在靜電引力，如離子交換樹脂；極性或疏水性作用力，如正或逆相（normal phase，reverse phase）之液相層析；親和性作用力，如使用染料、特異配位基、抗體等製作的親和性層析等（層析與吸附在一般術語中有混用的情形，本節只討論吸附操作）。溶液中的產品經吸附於吸附劑表面之後，再以脫附溶液（即沖提液）將產品洗下，吸附劑再生，完成一個週期的操作。實務上，通常有幾個吸附器並聯使用，讓吸脫附交替進行而整個程序可以連續化。

吸附劑通常是以機械性質及化學安定性良好的材質，在其表面進行改質，接上適當的官能基。官能基的種類、數量、及材質之幾何結構均爲重要的參數。常用的材質有合成高分子，矽膠及多醣類等天然高分子交聯之材料。選擇上須注意化學安定性是否與欲分離之溶液相容，機械強度、是否有非特異吸附（即吸附一些雜質）等。是否採用多孔隙顆粒，顆粒之大小如何都須與製程之流速及壓力降之要求相合。

吸附的設備大致分爲兩種：攪拌槽與固定床。攪拌槽吸附操作簡單，達平衡後，進行脫附。但會付出部分產品流失的代價，因爲至少平衡濃度的產品會無法回收。固定床以突破曲線（breakthrough curve）來決定何時要脫附，因此產品流失較不嚴重，吸附劑的利用率也較高。但固定床有壓力降及床阻塞的問題，規模放大困難。填充正確也很重要，因此操作上較爲複雜。

溶質與吸附劑間的吸附平衡關係，以蘭米爾吸附等溫線（Langmuir isotherm）來表示：

$$q = q_m C / (K' + C) \tag{13.3.2}$$

其中 q_m 爲最大吸附量，K'爲吸附常數，越小表示吸附作用越強。q 爲吸附量（g-溶質／g-吸附劑），C 爲溶質之濃度。Langmuir isotherm 是根據理想的假設導出，實際上的吸附平衡較爲複雜，因此用經驗式來表示：

$$q = K C^n \tag{13.3.3}$$

以上僅爲單一溶質吸附的關係，若有不同物質都有吸附的現象，而且彼此之間還有競爭或其他交互作用的話，其平衡就變的非常複雜。

吸附操作要求產品盡量吸附，而其他物質完全不吸附。因此吸附劑與產品分子間的吸附作用力必須要很大，例如（13.3.2）式中的 K'要很小，這樣在溶質濃度（代表未能回收的部分）低的狀況下，也能達到高吸附量。但如此變造成脫附的困難，因而脫附條件較嚴。除了親和性吸附床操作外，大都以小分子產物爲主。蛋白質分離以層析爲主，因其條件較溫和。蛋白質分離會用到的吸附操作以親和性吸附床爲主，將在層析一節再做討論。

13-3-3 薄膜分離

隨著薄膜技術的精進，各種利用薄膜來達到分離目的的應用也不斷推出，在產業界也帶來新的技術。以下僅針對菌體的微過濾（microfiltration）及蛋白質的超過濾（ultrafiltration）做介紹，電透析會在層析部分再談。

薄膜以合成高分子（polysulfone，PTFE，PS 等）及再製纖維素爲材質，藉著孔洞大小或親疏水性來區分通過分子或顆粒的種類，此種選擇性通過的性質稱爲 permselectivity。薄膜中具有通過選擇性的材質，僅須佔薄膜的一部分，以免造成過大的通過阻力，而減少了程序的通量。因此薄膜可能是所謂的不對稱膜（asymmetric membrane），包括了一層支撐膜及位於支撐膜一側表面的一層極薄的選擇性通過層。無機材料所製備的膜也可用於生化分離，多屬陶瓷材料。其優點爲安定性佳，耐強鹼強酸的清洗，再利用性質好。多應用於乳品、果汁及釀酒工業。惟設備成本高，使用不及高分子膜普遍。

薄膜組件可以是平板狀，圓管狀，捲筒狀或中空纖維狀（類似圓管但直徑僅 100～200 μ m）。平板狀拆卸安裝及清洗均較便利，但單位過濾面積較佔地方。其餘方式則較不易重複使用薄膜。所有薄膜分離均依賴濾膜表面之高切線流速來維持高濾通量，雖然有些應用，如透析，可以無切線流速。高切線流速可防止濾餅的形成，或防止嚴重的濃度極化（concentration polarization）現象。爲達到此一目的，需要紊流產生在膜之表面，因此薄膜組件的流通道（flow channel）需要特殊的紊流引發設計；流通道一般而言均甚狹窄，如此才能在體積流量不高（幫浦不大）的狀態下，達到高切線流速，這兩點都是商用組件技術關鍵。

以薄膜來得到不含微生物或固體顆粒的澄清溶液，一般稱爲微過濾，其去除之顆粒大小在 0.1 μ m 以上。其過濾機制與一般濾餅過濾機制相似，只是濾餅的厚度被切線流速所帶來的剪應力所限制，會達到一個定值。又顆粒侵入濾材所造成的阻塞（fouling）也會比較重要。其恆態濾速 v 與壓力差 ΔP 及切線流速 V_s 之間的關係爲：

$$v = \Delta P / (k + f(\Delta P) V_s^{0.5}) \qquad (13.3.4)$$

其中 f 爲一經驗多項式函數。微過濾操作之 ΔP 甚少超過 1atm，以免造成阻塞。由於濾膜之進出口間也有壓力降（來自於高切線流速），因此 ΔP 在進口處較大，必須審慎。當 ΔP 很小的時候，膜兩側的滲透壓（Osmotic pressure）也要放到計算之中。

超過濾主要用於蛋白質產品之濃縮，脫鹽及與小分子物質之分離。在某些情形下，也可分離不同蛋白質，做一些純化的工作。但先決條件是彼此分子量的差異很大，有時可用親和基對某一蛋白質加以結合，以增大其分子量來達到目的。超過濾的機制與濾餅過濾略有不同，因爲被阻擋的蛋白質基本上不會堆積在濾膜表面形成濾餅。所以一般以濃度極化來描述濾通量 v 與操作變因之關係：

$$v = K V_s^{0.5} \log(C^*/C) \qquad (13.3.5)$$

其中 C* 爲常數，代表蛋白質在溶液中之最高濃度（gelling concentration），C 爲蛋白質在溶液中之濃度。（13.3.5）式所代表的濾速爲該操作條件下之最高濾速，亦即不論 ΔP 再高，濾速也不會變大，因此可視爲一限制濾速。C*雖賦予物理意義，但實際上並非一個定值，因此（13.3.5）式只能當做一種經驗式的基本形式來使用。

13-4 純化操作

前面介紹的固液分離及回收操作裡，有一些可以達到純化的效果。本節主要以各種層析方法加上親和性層析（其實是一種吸附床操作）爲重點。

13-4-1 層析

層析將很小的樣本（pulse）之中的不同成分藉著流經含有吸附劑或多孔性顆粒的管柱（即固定相，stationary phase），區分成許多不同的部分；當解析度高時，甚至區分成純物質。因此許多蛋白質的純化都仰賴此一技術，小分子產品如葡萄糖與果糖的分離及許多掌性（chiral）異構物的分離也是如此。當一物質對管柱顆粒具有較強的作用力或較強的分配係數的話，其在管柱內的運動就會變緩。此運動係來自於在注入波之後，緊跟著在後的沖提液（移動相，mobile phase）將其脫附，因此又繼續隨著沖提液向前走。這種由於對管柱親和性造成的運動遲滯現象，就是層析分離的基本機制。前面提到的吸附操作，其物質與管柱的親和性極大，必須用另一種溶液做爲沖提液才能洗下，且通常僅有該物質被吸附，其他都不會佔據管柱位置（即其間的親和性差異爲全有全無的差異）。而層析操作中，所遇到的物質較爲相似，無法以吸附方式分離，因此只能用處理量規模較小的層析，藉著各物質對固定相親和性的些微差別來分離。值此之故，固定相並不希望對處理流體中的任一成分有太強的親和力。在這一方面而言，調整沖提液成分，也是重要的手段。有時沖提液的成分必須隨時間有所變化，也就是所謂的梯度（gradient）。爲了提高管柱的使用效率，增加處理量，仿照化工操作裡的對流方式（counter current mode）提出所謂模擬流動床（simulated moving bed；SMB）操作，為近年來的新趨勢。此方法在層析或吸附床操作都可行，目前推廣用於葡萄糖與果糖的分離及掌性異構物的分離，可大幅提高產能。層析操作之原理簡述如下。

在管柱中，質量均衡式為：

$$\varepsilon \frac{\partial y}{\partial t} = -v \frac{\partial y}{\partial z} + E \frac{\partial^2 y}{\partial z^2} - (1-\varepsilon) \frac{\partial q}{\partial t} \tag{13.4.1}$$

$$(1-\varepsilon) \frac{\partial q}{\partial t} = ka\ (y - y^*) \tag{13.4.2}$$

$$q = K(y^*) \tag{13.4.3}$$

其中 v 為移動相速度，ε 為移動相在管柱中之體積分率，1－ε 為固定相之分率。E 為軸向分散係數，表示流體偏離柱狀流的程度，ka 為質傳速率，y*為固定相表面的溶質濃度。依邊界條件的不同，上面三式可分別描述吸附床及層析操作。層析操作中 E 的存在會造成波峰的扁平化，ka 會造成波峰的不對稱拖尾，（13.4.3）式之吸附平衡若非所示的線性模式，也會造成波峰的不規則形狀。但溶質在管柱中的平均移動速度可由簡化模式求出。若 E＝0，且無質傳阻力，則上三式可簡化成：

$$\varepsilon\left(\frac{\partial y}{\partial t} + v \frac{\partial y}{\partial z}\right) + K(1-\varepsilon) \frac{\partial y}{\partial t} = 0 \tag{13.4.4}$$

$$u = \frac{\partial z}{\partial t} = -\frac{(\partial y / \partial t)}{(\partial y / \partial z)} = \frac{v}{1 + K \dfrac{1-\varepsilon}{\varepsilon}} \tag{13.4.5}$$

其中 u 為溶質之平均移動速度，或可寫為

$$u = v / (1 + k) \tag{13.4.6}$$

其中 k 稱做 capacity factor，其值等於 $K(1-\varepsilon)/\varepsilon$。假設管長為 L，則此波峰在管柱中之滯留時間（retention time）t_R 為 L / u。

考慮 E 的存在，假設波峰可用常態分布曲線來描述，此曲線之中點爲 t_R，其標準差 σ 爲 $t_R / n^{0.5}$。n 是此一管柱提供的 number of transfer unit（NTU），NTU 一般與溶質種類有關，並非管柱本身之性質，但通常已主要溶質來定義。其估計方式爲：

$$n = 5.54\left(\frac{t_R}{t_{wh}}\right)^2 \qquad (13.4.7)$$

其中 t_{wh} 爲半高寬。這樣我們就可以定義兩個在基線達到完全分離（baseline resolution）的物質之解析度 Rs 爲 1，稍加演算級簡化得：

$$Rs = \frac{t_{R1} - t_{R2}}{2(\sigma_1 + \sigma_2)} \qquad (13.4.8)$$

其中 α 爲兩物質 capacity factor 之比，k_2 / k_1。因此要有好的解析度，最重要的是

$$Rs = \frac{\sqrt{n}}{4}\frac{1-\alpha}{\alpha}\frac{k_2}{k_2+1} \qquad (13.4.9)$$

使 α 偏離1，或增加 n。n 與管長成正比，因此增加管長可以讓原本分不完全的物質分開，但其效果只與管長的平方根成正比。管柱填充的好壞、固定相顆粒之質傳阻力及移動相流速都會影響一定管長下之 n 值，必須以實驗驗證，並逐步放大規模。

13-4-2 親和性層析（Affinity chromatography）

利用蛋白質分子與專一性高的分子間的親和性吸附來做純化，是一個解析度高且體積縮減率大的分離方法。雖叫做層析，一般採用吸附床操作模式：進料至突破點（即有產品因管柱飽和而自管柱出口處顯現時），然後進行沖提。沖提可以是等濃度（isocratic）或梯度的。有些想法認爲將全醱酵液或細胞打破之後的均質液（碎片尚未移除）直接進入親和層析管柱，可以以一個步驟達到分離純化的目的，省掉許多中間步驟。這樣做必須使用膨脹床（Expanded bed）（膨脹床需要使用特殊吸附劑載體，以穩定床內水流，避免過大的擾動致使解析度降低）而非固定床，以免顆粒堵塞管柱。

若以粗上清液直接進行固定床親和層析，也有類似優點。但此一看法受限於親和性層析的管柱材質較為昂貴，規模不大，恐難以處理未經一系列操作而體積過大的溶液，因此實務上尚不多見，仍以排在回收操作（包括沉澱等）之後的傳統方式為主。

親和性的配對有下列幾大類：酵素與其基質、cofactor 或抑制物，抗原及抗體，protein A 與免疫球蛋白 IgG，lectin 與多醣類，biotin 與 avidin，染料分子與部分酵素等。蛋白質可以以基因工程的方式接上上述的一種分子，成為融合蛋白（fusion protein），便可利用親和性層析純化。如何增加專一性減少非專一的結合，是親和性層析目前的研究重點。最近常用的固定化金屬配位親和性層析（IMAC）乃是利用管柱表面螯合銅、鎳離子與蛋白質上外接（在 C 或 N 端）的數個 histidine（所謂的 His-tag）形成配位鍵，再以 imidazol 溶液沖提。相當簡單有效且應用面廣，頗受到注目。不論是融合蛋白或是 His-tag，也可設計特殊的胺基酸序列，用專一蛋白酵素把接上去的部分切掉，回復原有蛋白質的樣子。這是一個從基因工程設計時，就考量到回收純化的例子。

13-4-3 電透析

以陰陽離子交換薄膜交錯配置，區隔一電解池成許多流道，進行類似超過濾的操作，可以有效將帶電分子與中性分子分離。不同於超過率的地方是電動力取代了壓力成為驅動穿越薄膜的動力。陰陽離子可穿越其相應之交換膜。此一程序用來脫鹽有很多應用實例，近年來配合電聚焦法（isoelectric focusing）也可用來分離胺基酸或蛋白質。

13-5 結語

分離技術是生化製程中極為重要的一環，攸關成本及品質。其發展也受到醫藥工業各項規範的影響，有時新的技術不見得很快被接受，反而一些看來不甚經濟的方法卻廣為使用。譬如層析操作，產量少且成本高。然因其與實驗室的設備接近，在開發新藥時，很容易以實驗室的條件轉到生產線。由於開發新藥的時程緊迫，提早獲得上是對產業的收益有很大影響。因此類似 SMB 的製程，雖提高層析產能甚多，卻因須較耗費時間去發展，不一定會被採用。本文介紹了各種分離技術的原理及其應用上應注意的事項，但在實際設計製程時，仍有許多非技術性的考量。這就是考驗一個現代工程師是否能具備跨領域知識，做全方位的思考。從學術的角度來看，近年來微小化製程在基因體（genomics）、蛋白體（proteomics）及診斷分析上，有很大的進展。各種分離原理應用到微米大小的晶片（chip）上，需要許多圍觀的新技術，相信這也是一條值得發展的康莊大道。

13-6 問題與討論

1. 生化分離程序的四個階段為何？各包含哪些操作？

2. 說明下列蛋白質沉澱方法的原理：
 (1)等電點 isoelectric point
 (2)鹽析 salting out

3. 下列製程會包含哪些分離步驟？
 (1)青黴素
 (2)蛋白酵素（細胞外）
 (3)干擾素（細胞內，未形成 inclusion body）

4. 試說明親和性層析之原理與操作方式，並解釋 IMAC 在基因工程蛋白質產物純化上的應用。

參考文獻

1. Belter, P. A., Cussler, E. L. and Hu, W. S., **Bioseparations**, New York: Wiley Interscience, 1988.
2. Ladisch, M. R., Willson, R. C., Painton, C. C. and Builder, S.E., **Protein Purification**, Eds, ACS Symp. Ser. 427, Washington D. C.: American Chemical Society, 1990.
3. Ladisch, M. R., **Bioseparation Engineering**, New York: Wiley Interscience, 2001.

索引

INDEX

A

B

C

D

E

F

G

H

I

J

R

S

T

U

V

W

X

Y

Other

國家圖書館出版品預行編目資料

生物產業技術概論／吳文騰主編. --初版. --
新竹市：清大出版社，民 92
面； 公分 含參考書目
ISBN 957-28986-0-4（平裝）
1. 生物技術

368 92014850

生物產業技術概論

作　　者：吳文騰主編
發 行 人：陳文村
出 版 者：國立清華大學出版社
社　　長：王天戈
地　　址：300 新竹市光復路二段 101 號
電　　話：03-5714337 03-5715131 轉 35050
傳　　眞：03-5744691
網　　址：http://thup.et.nthu.edu.tw/
電子信箱：thup@my.nthu.edu.tw
行政編輯：陳文芳
執行編輯：鄭海鵬
出版日期：民國 92 年 9 月初版一刷
民國 94 年 10 月初版二刷
民國 98 年 3 月初版三刷
定　　價：平裝本新台幣 630 元
GPN 1009202648